मृदा स्वास्थ्य प्रबंधन एवं महत्त्व

AF516499

मृदा स्वास्थ्य प्रबंधन एवं महत्त्व

डा0 एस. के. सिंह
प्राध्यापक
मृदा विज्ञान एवं कृषि रसायन विभाग
कृषि विज्ञान संस्थान काशी हिन्दू विश्वविद्यालय
वाराणसी–221005 (उत्तर प्रदेश)

डा0 ओमकार कुमार
सहायक क्षेत्र अधिकारी
भारतीय मृदा एवं भू–उपयोग सर्वेक्षण
कृषि एवं किसान कल्याण मन्त्रालय
भारत सरकार
बैंगलुरु (कर्नाटक)

SSPH

सतीश सीरियल पब्लिशिंग हाउस
403, एक्सप्रेस टॉवर, वाणिज्यिक परिसर, आजादपुर, नई दिल्ली–110033
दूरभाषः 011–27672852 फेक्सः 91–11–27672046
ईमेलः info@satishserial.com, hkjain1975@yahoo.com
वैबसाईटः www.satishserial.com

Published by :

SATISH SERIAL PUBLISHING HOUSE
403, Express Tower, Commercial Complex, Azadpur, Delhi-110033 (INDIA)
Phone : 011-27672852 Fax : 91-11-27672046
E-mail : info@satishserial.com, hkjain1975@yahoo.com

ISBN 978-93-86200-29-7 (PB)

Composed, Designed & Printed in India

प्राक्कथन

हमारी श्रुतियों में कहा गया है ''शरीर माध्यम खलु धर्म साधनम्'' अर्थात् शरीर ही धर्म का साधन है। भारतीय वाङ्मय मे स्वास्थ्य को अनमोल खजाने के रूप मे वर्णन किया गया है तथा हमारे सारे क्रियाकलाप प्रकृति के सानिध्य में रह कर स्वस्थ रहने से परिलक्षित है। यह धरती हमारी माता है और हम इसके पुत्र हैं। धरती माता हमारे जीवन के अस्तित्व का प्रमुख आधार है, हमारा पोषण करती है। इसलिए वेद आगे कहते है ''उप सर्प मातरं भूमिम् अर्थात् हे मनुष्यों मातृभूमि की सेवा करो।

सर्वाधारे सवं बीजे शक्ति समन्विते।
सर्व कामप्रदे देवी सर्वेष्टं दोहिमे धरे।।

ब्रह्मावैवर्त पुराण में उद्धत इस श्लोक के माध्यम से निवेदन किया गया है कि "हे पृथ्वी देवी तू सबकी आधार, सबकी बीज रूप, सब प्रकार की शक्ति से युक्त तथा समस्त इच्छाओं को पूर्ण करने वाली है, मेरा कल्याण कर।" मृदा सभी जीवधारियों को भोजन, जल एवं सहारा प्रदान करती है । मानव और मृदा का अटूट संबंध है। कहा जाता है कि एक स्वस्थ शरीर में ही स्वस्थ मस्तिष्क का वास होता है और मस्तिष्क द्वारा ही शरीर का सम्पूर्ण संचालन सम्भव हो पाता है। यह सिर्फ जुमला नहीं अपितु एक सार्वभौमिक सत्य है और मृदा इस सत्यता से भला कैसे अछूती रह सकती हैं। एक स्वस्थ मृदा ही जीवधारियों का भरण पोषण करने में सक्षम होती है। इसका अस्वस्थ होना, आश्रय प्राप्त जीवधारियों के अस्तित्व के लिए एक गम्भीर चुनौती है।

पृथ्वी पर 10 सेंटी मीटर मोटी मृदा स्तर बनने में लगभग 2000 वर्ष लग जाते हैं। जिस प्रकार माता के गर्भ में भ्रूण से लेकर नवजात शिशु बनने में नौ माह तक विभिन्न प्रक्रियायों से गुजरना पड़ता है ठीक उसी प्रकार मृदा निर्माण के दौरान इसे अनेक प्रक्रियायों जैसे विचूर्णनन (weathering), परिवहन (transportation), एकत्रण (deposition), अपघटन (decomposition), संश्लेषण (synthesis), निछालन (eluviation), निक्षेपण (illuviation), संचयन (accumulation), समरुपण (homoginization) इत्यादि से गुजरना पड़ता है। इन सभी प्रकियों में सक्रिय (जीवमण्ड़ल एवं जलवायु) तथा निष्क्रिय कारकों (जनक द्रव्य, स्थलाकृति एवं समय) की अहम भूमिका होती है। अतः प्रकृति के इस अनमोल उपहार के स्वास्थ्य संबंधित सभी पहलुओं पर आज विस्तार से चर्चा करने की आवश्यकता है।

लेखक

लेखकों के विषय में

डॉ0 सतीश कुमार सिंह का जन्म सन् 1965 में उत्तर प्रदेश के मिर्जापुर जिले में हुआ। आपने काशी हिन्दू विश्वविद्यालय, वाराणसी से अपनी बी0 एससी0 (कृषि) की उपाधि 1985 में, एम0 एससी0 (कृषि) की 1989 में तथा पीएच0 डी0 की उपाधि 1992 में प्राप्त किया। उन्होने 1990 में प्रवक्ता, कृषि रसायन के पद पर अमर सिंह (पी0 जी0) कालेज, लखावटी, बुलन्दशहर से अपना कैरियर शुरु किया तत्पश्चात् 1999 से सहप्राध्यापक, मृदा विज्ञान, गो0 ब0 पन्त कृषि एवं प्रौद्योगिकी विश्वविद्यालय पन्तनगर एवं 2006 में मृदा विज्ञान एवं कृषि रसायन विभाग काशी हिन्दू विश्वविद्यालय, वाराणसी में प्राध्यापक के पद पर नियुक्त हुए। डॉ0 सिंह ने 2008 से 2011 तक इस विभाग के विभागाध्यक्ष के पद पर कार्य किया। डॉ0 सिंह को 2009 में भारतीय कृषि रसायन समिति, इलाहाबाद का तथा 2015 में भारतीय मृदा विज्ञान समिति नई दिल्ली का फेलो चुना गया। उन्होंने 20 एम0 एससी0 (कृषि) तथा 06 पीएच0 डी0 शोध छात्रों को निर्देशित किया है। आपके 100 से ज्यादा प्रकाशन हैं जिनमें शोध पत्र, बुक, बुक चैप्टर, प्रयोगशाला मैनुअल, टेक्नीकल बुलेटिन, तथा प्रसार फोल्डर शामिल हैं।

डॉ0 ओमकार कुमार का जन्म सन् 1989 में बिहार के सिवान जिले में हुआ। डॉ0 कुमार ने 2009 में श्री मुरली मनोहर टाउन पी0जी0 कॉलेज, बलिया (उ0प्र0) से बी0 एससी0 (कृषि) की उपाधि प्रथम श्रेणी में प्राप्त की। आपने काशी हिन्दू विश्वविद्यालय, वाराणसी से मृदा विज्ञान एवं कृषि रसायन विषय में स्नातकोत्तर की उपाधि 2011 में प्राप्त की तथा यही से सन् 2016 में पीएच0 डी0 की उपाधि भी प्राप्त की। डॉ0 कुमार के शोध पत्र विभिन्न राष्ट्रीय एवं अन्तर्राष्ट्रीय प्रत्रिकाओं में प्रकाशित हो चुके हैं। वर्तमान में आप भारतीय मृदा एवं भू–उपयोग सर्वेक्षण (कृषि एवं किसान कल्याण मन्त्रालय, भारत सरकार), बेंगलुरु में सहायक क्षेत्राधिकारी के पद पर कार्यरत हैं।

विषय प्रवेश

मृदा राष्ट्र की अमूल्य सम्पदा होती है क्योंकि यह राष्ट्र के सभी निवासियों एवं जीवधारियों के लिए भोजन एवं आश्रय प्रदान करती है। स्वस्थ एवं उर्बरक मृदा ही फसलोत्पादन करने में सक्षम होती है जिससे किसी राष्ट्र की खाद्यान्न समस्या को वैज्ञानिक युक्तियों की सहायता से हल किया जाता है। वैदिक मान्यताओं के अनुसार यह सृष्टि पाँच तत्त्वों (मिट्टी, पानी, हवा, आग एवं आकाश) से मिलकर बनी हुई है। प्राणियों का शरीर भी इन्हीं पाँच तत्त्वों से मिलकर बना है। अतः मिट्टी की महत्ता को प्राचीन काल से ही समझा जा रहा है। परन्तु आधुनिक मनुष्य अपने स्वार्थ में वशीभूत होकर मिट्टी का लगातार दोहन करने से पीछे नहीं हट रहा है। इसी संदर्भ में राष्ट्रपिता महात्मा गाँधी ने ठीक ही कहा है – "विश्व में मानव की आवश्यकता की पूर्ति हेतु भूमि की कोई कमी नहीं है परन्तु मानव के लालच को इससे पूरा नहीं किया जा सकता है।" वर्तमान में एक तरफ वैश्विक जनसंख्या तेजी से बढ़ रही है वही दूसरी तरफ उपजाऊ भूमि का क्षेत्रफल दिन प्रतिदिन घटता जा रहा है। साथ ही एक ही भूमि से वर्ष में दो–तीन फसल लेने से मृदा की उर्वरा शक्ति में लगातार ह्रास हो रहा है। फलस्वरुप खाद्य फसलों का उत्पादन या तो स्थिर हो गया है या इसमें कमी हो रही है।

पृथ्वी पर मृदा एक पतली परत के रूप में पायी जाती है फिर भी इसमें विभिन्न प्रकार की परिस्थिकीय प्रक्रियायों जैसे अपघटन, रूपांतरण, भण्डारण, छनन इत्यादि लगातार चलती रहती है ताकि जीवधारियों के विकास के लिए उपयुक्त परिस्थिति उपलब्ध हो सके। मृदा में अनेक जैविक चक्र जैसे कार्बन चक्र, नत्रजन चक्र, फॉस्फोरस चक्र एवं सल्फर चक्र निरंतर चलते रहते हैं। परिणामस्वरूप, मृदा में पौधों एवं सूक्ष्मजीवों के लिए पोषक तत्त्वों की प्राप्यता बनी रहती है तथा पृथ्वी पर पेड़–पौधे जीवित रहते हैं। मृदा सूक्ष्मजीवों का सबसे अच्छा निवास स्थल है। यह विश्वास करना कठिन होगा कि एक चम्मच मृदा में 4 बिलियन सूक्ष्मजीव निवास करते हैं जो इस धरा पर उपस्थित सम्पूर्ण मानव जनसंख्या का आधा है। मृदा में बैक्टीरिया, कवक इत्यादि सूक्ष्मजीवों से लेकर चींटी, केंचुआ, चूहा इत्यादि बड़े जीव भी पाये जाते हैं। मृदा में पाये जाने वाले जीवों में कुछ हानिकारक हैं तो कुछ इसे स्वस्थ एवं उर्वर बनाने में महत्त्वपूर्ण भूमिका भी निभाते हैं। उदाहरणार्थ – सूक्ष्मजीवों द्वारा कठोर कार्बनिक पदार्थो, विषैले पदार्थो, विषैले पीड़कनाशियों इत्यादि को अपघटित कर उन्हें सरल एवं विषरहित पदार्थो में परिवर्तित कर दिया जाता है जिससे पौधों के लिए आवश्यक पोषक तत्त्व सरलतापूवर्क उपलब्ध हो जाते हैं। इस प्रकार कार्बनिक पदार्थो के अपघटन में असंख्य सूक्ष्मजीव भाग लेते हैं जो खासकर मृदा की उपरी सतह (0–20 से0मी0) में पाये जाते हैं। केंचुआ जो कि किसान मित्र के रूप में विश्वविख्यात है, मृदा में वायु संचरण, जल संचरण एवं जल धारण क्षमता को बढ़ाने में काफी मदद करता है। साथ ही यह मृदा एवं

कार्बनिक पदार्थो को खाकर अपने मल के रूप में काफी पौष्टिक पदार्थ मृदा में मिलाता है जिसे मृदा की उर्वरा शक्ति में वृद्धि होती है। एक उर्वर मृदा में इनकी संख्या 2 मिलियन/हे0 तक आँकी गयी है। इस प्रकार हम कह सकते हैं कि मृदा जैव विविधता का एक सुन्दर बगिया है।

मृदा एक भौतिक (छानना), रसायनिक (अधिशोषण एवं तलहट में बैठाना) एवं जैविक (कार्बनिक अपशिष्ट पदार्थो का अपघटन) छननी की तरह भी व्यवहार करती है। यह जल में उपस्थित बहुत से हानिकारक पदार्थो को छानकर अलग कर देती है जिससे केवल पीने लायक जल ही भू–जल में पुनः लौट पाता है। शहरी क्षेत्रों से निकलने वाले प्रदूषक जैसे तैलीय पदार्थ, भारी धातु इत्यादि भी मृदा द्वारा छान लिए जाते हैं। मृदा में उपस्थित सूक्ष्मजीव तैलीय एवं कार्बनिक पदार्थो को अपघटित कर कार्बन डाईआक्साइड एवं जल में परिवर्तित कर देते हैं। भारी धातु तत्त्वों को मृदा तबतक बाँधकर रखती है जब तक पौधे एवं सूक्ष्मजीव उन्हें अवशोषित नहीं कर लेते। इस प्रकार मृदा के जल छानने के इसी गुण के कारण भू–जल पीने योग्य बना हुआ है तथा मृदा को दुनिया की सबसे अच्छी छननी (फिल्टर) के रुप में जाना जाता है।

मृदा जैविक कार्बन का विशाल भण्ड़ार है। जैविक पदार्थ जो मृदा में मिलाये जाते हैं अथवा इसके उपर एकत्रित किये जाते हैं, धीरे–धीरे सूक्ष्मजीवों की सहायता से अपघटित होते रहते हैं। अपधटन के इस प्रक्रिया के दौरान इनके कुछ भाग कठोर कार्बनिक पदार्थो में परिवर्तित होकर मृदा में लम्बे समय तक पड़े रहते हैं। इस प्रकार इनके कार्बन डाईआक्साइड के रुप में परिवर्तित नहीं होने से ये वापस वायुमण्ड़ल में नहीं लौट पाते हैं जिससे ग्लोबल वार्मिग का खतरा कुछ कम हो जाता है।

पिछले 50 वर्षो (1950–2000) के आँकड़े देखने से पता चलता है कि एक तरफ विश्व की जनसंख्या में 100 प्रतिशत की एवं फसलोत्पादन में 25 प्रतिशत की वृद्धि हुई हैं वही दूसरी ओर 33 प्रतिशत जंगलों के क्षेत्रफल में गिरावट आई है। साथ ही पूरे विश्व में मृदा की उपरी उपजाऊ सतह में 25 प्रतिशत का नुकसान हुआ है। सन् 1965 तक वैज्ञानिक तकनीकों के अभाव के कारण फसलोत्पादन के मामले में हम काफी पीछे थे। परन्तु हरित क्रांति के दौरान उन्नतशील बीजों एवं रसायनिक उर्वरकों के प्रयोग से फसलोत्पादन में आशातीत वृद्धि देखी गई जो मानो अब ठहर सी गई है। वर्ष 1950 के दौरान देश की जनसंख्या 36 करोड़ थी जो अब बढ़कर 125 करोड़ तक पहुँच गई है। वही वर्ष 1950–51 के दौरान हमारा फसलोत्पादन 51 मिलियन टन था जो बढ़कर वर्ष 2013–14 में 263 मिलियन टन तक पहुँच गया है। वर्ष 1950–51 के दौरान प्रतिव्यक्ति भूमि उपलब्धता 0.34 हेक्टेयर (1.36 बीघा) थी जो वर्तमान में घटकर 0.11 हेक्टेयर (0.44 बीघा) रह गई है और ऐसा अनुमान है कि वर्ष 2025 तक 0.08 हेक्टेयर (0.32 बीघा) तक पहुँच जायेगी। इस प्रकार, देश की जनसंख्या में 3.5 गुना तथा खाद्यान्न उत्पादन में 5 गुना से भी ज्यादा का

इजाफा हुआ है। परन्तु प्रतिव्यक्ति भूमि उपलब्धा में 3 गुना की कमी आयी है। वर्ष 1970 में देश में कुल कृषि योग्य भूमि का क्षेत्रफल 141±2 मिलियन हेक्टेयर था परन्तु तीव्र गति से हो रहे शहरीकरण, औद्योगिककरण, आवासीय क्षेत्रों का विस्तार तथा अन्य दूसरे प्रकार के निर्माण के वावजूद भी यह स्थिर बना हुआ है। इसका मुख्य कारण देश के कुल क्षेत्रफल (329 मिलियन हेक्टेयर) में से 120 मिलियन हेक्टेयर भूमि जो भू–क्षरण से बुरी तरह प्रभावित है, का सीमांत एवं लघु किसानों द्वारा खेती हेतु उपयोग में लाना हैं।

वैज्ञानिकों एवं किसानों के अथक परिश्रम के परिणामस्वरुप आज हम खाद्यान्न उत्पादन में आत्मनिर्भर बन गये हैं परन्तु बढ़ती जनसंख्या के भरण–पोषण के लिए भविष्य में खाद्यान्न उत्पादन में और अधिक वृद्धि करने की आवश्यकता पड़ेगी। वैज्ञानिकों का अनुमान है कि वर्ष 2020–21 तक देश में सभी के लिए भोजन की उपलब्धता सुनिश्चित करने हेतु 281 मिलियन टन खाद्यान्न, 53.7 मिलियन टन तिलहन, 22 मिलियन टन दाल, 127 मिलियन टन सब्जी एवं 86 मिलियन टन फलों का उत्पादन हमें हर हाल में करना होगा। इस प्रकार सीमित होती जा रही भूमि पर अधिक फसलोत्पादन का दबाव बढ़ता जा रहा है। इसमें भी यदि हमारी मृदा का स्वास्थ्य ठीक नहीं रहा तो हमे अनुमानित खाद्यान्न, दलहन, तिलहन, फल एवं सब्जियों के लिए दूसरे देशों की तरफ देखना पड़ेगा और हमारी स्थिति पुनः 1950 के दशक के अनुरूप हो जायेगी तब हमें अमेरिका से पी0एल0 480 के अर्न्तगत खाद्यान्न मँगाना पड़ता था। उस समय हमने वैज्ञानिक प्रगति नहीं की थी परन्तु हमारे पास स्वस्थ एवं उर्वर मृदा का क्षेत्रफल पर्याप्त था।

एक स्वस्थ मृदा से ही उपरोक्त चर्चा की गई सभी क्रियाकलापों को भली–भाँति सम्पन्न करने की आशा की जा सकती है। अतः हमें मृदा स्वास्थ्य को लम्बे समय तक अक्षुण बनाये रखने के लिए प्रयास करना चाहिए। आशा है प्रस्तुत पुस्तक पाठकों को मृदा स्वास्थ्य के सभी पहलुओं के बारे में विस्तृत जानकारी देने में समर्थ होगी।

एस0के0 सिंह
ओमकार कुमार

विषय सूची

अध्याय 1

मृदा स्वास्थ्य: एक परिचय

भूमिका

मृदा प्रकृति की एक अद्भुत देन है जो स्वयं में जीवन का संवहन एवं सम्पोषण करने में सक्षम हैं। इसे "असंख्य जीवधारियों के आत्मा (soul of infinite life = soil)" के रुप में भी जानते हैं। मृदा में भी मनुष्य शरीर की भाँति अनेक क्रियाएँ सम्पन होती हैं जिन्हें तुलनात्मक रुप से इस प्रकार देख सकते हैं– मृदा में पाये जाने वाले बालू एवं सिल्ट–मानव शरीर के कंकाल तंत्र के समतुल्य, मृदा में पाये जाने वाला क्ले–मानव शरीर के माँसल भाग के समतुल्य, मृदा में जैव पदार्थो का अपघटन–मानव शरीर के पाचन तंत्र के समतुल्य, मृदा में वायु का संचरण एवं गैसों का विनिमय–मानव शरीर के श्वसन तंत्र के समतुल्य, मृदा में जल तथा लवणों का केसिकाओं में परिसंचरण–मानव शरीर के धमनी एवं शिराओं में बहने वाले रक्त परिसंचरण के समतुल्य, मृदा का तापमान–मानव शरीर के तापमान के समतुल्य, मृदा का रंग–मानव शरीर के रंग के समतुल्य, मृदा की गहराई–मानव शरीर के ऊँचाई के समतुल्य इत्यादि।

मृदा पृथ्वी के उपरी सतह पर हल्की परत के रुप में पायी जाती है जो बीजों के अंकुरण एवं नवांकुर से लेकर वृद्धा अवस्था तक पौधों को पोषण एवं सम्बल प्रदान करती है। यही कारण है कि अर्थववेद का श्लोक "माता भूमिः पुत्रोऽहं पृथ्वीयाः", इसके माता के रुप में स्वीकृति को दर्शाता है। एक स्वस्थ माता को ही स्वस्थ संतान की जननी होने का सौभाग्य प्राप्त होता है। परन्तु आज सबको पोषण एवं सम्बल प्रदान करने वाली हमारी मृदा दिन–प्रतिदिन स्वयं कुपोषण का शिकार बनती जा रही है। साथ ही यह तरह–तरह के अत्याचार जैसे पोषक तत्त्वों का दोहन एवं असंतुलन, विषैले पदार्थो का निस्तारण, कार्बनिक पदार्थो का लगातार हो रहे कमी, अधिक जुताई तथा भारी कृषि यंत्रों के प्रयोग से मृदा संरचना की गुणवत्ता में गिरावट, भू–क्षरण, अम्लीयता, क्षारीयता, जल–मग्नता एवं उपरी सतह की कठोरता में वृद्धि, लाभदायक सूक्ष्मजीवों की संख्या में कमी इत्यादि का शिकार होकर बीमार हो रही है। वैज्ञानिकों का मत है कि मृदा स्वास्थ्य की रक्षा, बीमार मृदा के इलाज से कहीं ज्याद सस्ता एवं सरल है। अतः हम सभी का यह नैतिक कर्तब्य बनता है कि माता स्वरुपा मृदा को बीमार एवं नष्ट होने से बचावें।

मृदा स्वास्थ्य की परिभाषा

"मृदा स्वास्थ्य, मृदा में पाये जाने वाले वनस्पतियों एवं जन्तुओं तथा उनके चारों ओर फैले पारिस्थितिक तंत्र के बीच एक गतिशील सामंजस्य की अवस्था को बनाना है जिसमें सभी पूर्ववर्ती उपापचयी क्रियाओं की गतिशीलता अगामी क्रियाओं से बिना किसी रुकावट, अवरोध या दबाव में सत्त अपनी उच्च अवस्था तक बनी रहे।" (गोस्वामी एवं रतन, 1992)

जोफे एवं सैफले (1997) के अनुसार–जैविक उत्पादकता वायु एवं जल के गुणवत्ता का सम्पोषण करते हुए पौधो पशुओं एवं भुमि उपयोग सीमाओं के बनाये रखने के लिए, एक पारिस्थितिक तंत्र एवं भूमि उपयोग सीमाओं के अन्तर्गत एक सजीव के रूप में मृदा की कार्य करने के अबाध क्षमता को ही 'मृदा स्वास्थ्य' कहा जाता है।

उपरोक्त परिभाषा से यह स्पष्ट है कि मृदा, उत्पादन का एक साधन मात्र ही नहीं अपितु एक सजीव एवं क्रियाशील प्राणी की तरह व्यवहार करती है। अतः पेड़–पौधों, पशु–पक्षियों एवं मानव की तरह ही मृदा का भी अपना स्वास्थ्य है। मृदा स्वास्थ को एक विशेष समय में मृदा की वर्तमान स्थिति के रूप में स्वीकार किया जाता है जो मृदा की परिवर्तनशील (dynamic) गुणों के समतुल्य है और बहुत कम समय में ही परिवर्तित हो सकता है।

मृदा स्वास्थ्य को नियंत्रित करने वाले कारक

मृदा स्वास्थ्य को मुख्य रुप से तीन कारक नियत्रित करते हैं जो निम्नलिखित हैंः

1. भौतिक कारक
2. रसायनिक कारक
3. जैविक कारक

1. **भौतिक कारकः** इसके अन्तर्गत मृदा कणों में सघनता आना, मृदा की उपरी सतह पर कठोर ठोस पपड़ी का बनना, जल जमाव, मृदा अपरदन, मृदा संरचना का नष्ट होना इत्यादि आते हैं।
2. **रसायनिक कारकः** खाद एवं उर्वरको के असंतुलित प्रयोग से मृदा एवं पौधे के बीच पोषक तत्त्वों के माँग एवं पूर्ति के मध्य लम्बी खाई बन गई है। परिणामस्वरुप, मृदा में निरंतर पोषक तत्त्वो की कमी बढ़ती जा रही है। सन 1950 के दशक में मृदा में पौधे हेतु आवश्यक 17 पोषक तत्त्वों में से सिर्फ एक (नत्रजन) की कमी दिखाई देती थी परन्तु वर्तमान में इनकी संख्या बढ़कर 10(N, P, K, S, Fe, Cu, Mn, Zn, B, Mo) हो गयी है। उर्वरक के माध्यम से आपूर्ति किये जाने वाले पोषक तत्त्वों का पोषक उपयोग क्षमता बहुत कम है। उदाहरणार्थः नत्रजन उपयोग क्षमता 30–40 प्रतिशत, फास्फोरस उपयोग क्षमता 15–20 प्रतिशत, पोटैशियम उपयोग क्षमता 50–60 प्रतिशत तथा सूक्ष्मपोषक तत्त्वों की उपयोग क्षमता 3–5 प्रतिशत है। मृदा का

लवणीय एवं क्षारीय होना भी एक समस्या है। भारत में लगभग 25 प्रतिशत अम्लीय मृदा है जो कैल्शियम एवं मैग्नीशियम की कमी से जुझ रही है। मृदा मे लवण एवं क्षारों की उच्च मात्रा भी मृदा स्वास्थ्य के लिए हानिकारक होती है। देश में लगभग 7 मिलियन हेक्टेयर भूमि लवणीयता एचं क्षारीयता की समस्या से ग्रस्त है। उत्तरी पश्चिमी गंगा के मैदानी भागों में सघन कृषि प्रणाली के चलते लगभग 24.7 मिलियन हेक्टेयर मृदा का स्वास्थ्य खराब अवस्था में पहुँच चुका है जिसका इलाज करना समय की माँग है।

3. **जैविक कारकः** मृदा में कार्बनिक पदार्थो का प्रयोग निरंतर घट रहा है जिसके चलते मित्र सूक्ष्मजीवों के लिए भोजन की समस्या बनती जा रही है। परिणामस्वरूप उनकी संख्या लगातार घट रही है। सूक्ष्मजीव, पोषक तत्त्वों को पौधों के अवशोषण के अनुरूप परिवर्तित करते हैं। उदाहरणार्थ, नाइट्रोवैक्टीरिया (नाइट्रोसोमोनास एवं नाइट्रोवैक्टर) नत्रजन के अप्राप्य यौगिकों को नाइट्रेट के रूप मे बदल देते हैं जिसे पौधे आसानी से ग्रहण कर लेते हैं। मृदा में कार्बनिक पदार्थो के मुख्य स्त्रोत के रूप में गोबर की खाद, वर्मीकम्पोस्ट, हरी खाद तथा फसलों के अवशेष का प्रयोग किया जाता है। कार्बनिक पदार्थ एक ओर जहाँ सूक्ष्मजीवों को कार्बन, उर्जा तथा आवश्यक पोषक तत्त्वों की आपूर्ति करते हैं वही दूसरी ओर मृदा संरचना को सुदृढ़ बनाने एवं मृदा उर्वरता को बढ़ाने में भी महत्वपूर्ण भूमिका निभाते हैं।

मृदा स्वास्थ्य का अध्ययन उसके भौतिक, रसायनिक, एवं जैविक गुणों के आधार पर कुछ संकेतकों (indicators) की सहायता से किया जाता है जिन्हें तालिका 1.1 में दर्शाया गया है।

तालिका 1.1 मृदा स्वास्थ्य को रेखांकित करने वाले भौतिक, रसायनिक एवं जैविक संकेतक (indicators)

क0 सं0	भौतिक संकेतक (Physical indicators)	रसायनिंक संकेतक (Chemical indicators)	जैविक संकेतक (Biological indicators)
1.	स्थूल धनत्व (bulk density)	पी0एच0, विधुत चालकता	पौधो के जड़ों का स्वास्थ्य मूल्यांकन
2.	रन्ध्रावकाश (porosity)	मुख्य पोषक तत्त्व– नाइट्रोजन, फॉस्फोरस, पोटाश, कैल्सियम, मैग्नीशियम एवं सल्फर	लाभकारी सूक्ष्मजीवों की संख्या का मूल्यांकन
3.	सूखे ढेले का आकार (0.25 मिली मीटर से कम)	सूक्ष्म पोषक तत्त्व– आयरन, मैंगनिज, कॉपर, जिंक, बोरान, मॉलिबेडनम, क्लोरिन, निकेल	सूक्ष्मजीवों के श्वसन दर का मूल्यांकन
4.	गीले ढेले का आकार (0.25 से लेकर 0. 8 मिली मीटर से कम)	भारी धातु तत्त्व–कैडमियम, क्रोमियम, मरकरी, लेड, आर्सेनिक	जैव पदार्थो के अपघटन की दर का मूल्यांकन
5.	मृदा सतह की कठोरता (पेनेक्ट्रोमीटर द्वारा)	धनायन विनिमय क्षमता	जैव पदार्थो की मात्रा
6.	मृदा अधोसतह की कठोरता (पेनेक्ट्रोमीटर द्वारा)	बफर क्षमता	कार्बनिक पदार्थो का अकार्बनिक पदार्थो में रुपान्तर का दर

मृदा स्वास्थ्य को प्रभावित करने वाले मुख्य कारक

1. **मृदा अपरदनः** देश के कुल क्षेत्रफल का 120.8 मिलियन हे0 (36 प्रतिशत) क्षेत्र अपक्षयन की समस्या से ग्रसित है। मृदा अपक्षयन मुख्य रुप से मृदा अपरदन, जल अपरदन, वायु अपरदन, भौतिक अपक्षयन तथा रसायनिक अपक्षयन के कारण होता है। ब्राउन (1984) के अनुसार विश्व में मृदा अपरदन से 430 मिलियन हे0 भूमि नष्ट हुई है जिसमें वर्तमान कृषि योग्य भूमि का 30 प्रतिशत हिस्सा भी सम्मिलित है। काडोमुरा एवं यामामोटो (1978) के अनुसार वैश्विक स्तर पर मृदा अपरदन की दर पर्वतीय क्षेत्रों में प्रतिवर्ष 1.5 से 7 टन/हे0 है। ध्रुवनारायण एवं रामबाबु (1983) के अनुसार भारतवर्ष में प्रतिवर्ष औषतन 16.3 टन/हे0 की दर से 5.34 बिलियन मृदा का अपरदन हुआ है। इसमें से 61 प्रतिशत अपरदित मृदा दूसरी जगह जाकर पुनः भूमि पर फैल गई है तथा 29 प्रतिशत हमेशा हमेशा के लिए समुद्र में चली गई है। शेष 10 प्रतिशत विभिन्न जल स्त्रोतों के तल में एकत्रित होती रही है जिसके कारण इनके जल धारण क्षमता में 1 से 2 प्रतिशत वार्षिक कमी देखी गई है (शर्मा एवं सिंह, 2002)। साथ ही 8 मिलियन टन पोषक तत्त्वों का मृदा के साथ बहकर अन्यत्र चले जाने से प्रभावित क्षेत्रों की मृदा उर्वरता में काफी ह्मस हुआ है।

वायु अपरदन से भी कृषियोग्य भूमि को काफी नुकसान पहुँच रहा है। गुप्ता 1990 के अनुसार, भारत में थार रेगिस्तान उतर–पश्चिम में 2,86,000 वर्ग किलोमीटर (2.86 मिलियन हे0) भुमि में फैला हुआ है जिसके 68 प्रतिशत हिस्से पर बालू के टीलों एवं बालू के चादर के दूर–दूर तक फैले हुए हैं। ऐसा अनुमान लगया जाता है कि यदि वायु 29 किलोमीटर प्रति घण्टे की वेग से 300 मीटर की चौड़ाई तथा भू–तल से 1 मीटर की ऊँचाई पर चलती है तो यह 222 किलोग्राम मृदा को प्रति धण्टे की दर उड़ाकर अपने साथ ले जाती है। भारत में वायु अपरदन से 12.4 मिलियन हे0 भूमि प्रभावित हैं। इस प्रकार अगर जल एवं वायु से होने वाले भू–क्षरण को सम्मिलित रुप से देखा जाय तो 94.97 मिलियन हे0 भूमि इससे ग्रसित है। भू–अपरदन के बाद, रसायनिक अपरदन का क्रम आता है। इस समस्या से 24.68 मिलियन हे0 भूमि प्रभावित है। अन्त में भौतिक अपरदन का क्रम है इस 1.16 मिलियन हे0 भूमि प्रभावित है। इसके अर्न्तगत खनन के जरीये हो रहे अपक्षयन, औद्योगिक कचरे के निस्तारण, बाढ़ एवं दलदल से प्रभावित भूमि आती हैं (तालिका 1.2)।

तालिका 1.2 भारत में अपक्षयित भूमि का क्षेत्रफल

क्रम संख्या	अपक्षयन का प्रकार	क्षेत्रफल (मिलियन हे0)
1.	भू–क्षरण	
	जल द्वारा (प्रतिवर्ष 10 टन/ हे0 से अधिक)	82.57
	वायु द्वारा	12.40
	योग	94.97
2.	रसायनिक अपक्षरण	
	अधिक क्षारीयता वाली भूमि	5.44
	क्षार एवं जल से अपरदित भूमि	1.30
	अत्यधिक अम्लीयता वाली भूमि	5.09
	योग	12.85
3.	भौतिक अपरदन	
	खादानों की खुदाई एवं औद्योगिक कचरे के निस्तारण से प्रभावित भूमि	0.19
	जलमग्न एवं दलदली भूमि	0.97
	योग	1.16
	कुल योग	120.81

श्रोतः NBSS & LUP (2007)

मृदा अपरदन को बढ़ावा देने वाले प्रमुख कारण निम्नलिखित हैं–

1. मृदा के उपर वनस्पतियों का आच्छादन का कम होना ।
2. जंगलों की कटाई।
3. चरागाहों की समाप्ति एवं अनियंत्रित चराई।
4. स्थानांतरित खेती (झूम खेती)।
5. अवैज्ञानिक कृषि पद्धतियों का अपनाना।
6. खेतों का समतल न होना।
7. मृदा एवं जल प्रबंधन का अभाव।
8. फसल अवशेषों का खेतों में जलाना।
9. खेतों में जैविक पदार्थो की कमी।

2. **मृदा प्रदूषण :** मृदा के भौतिक, रसायनिक एवं जैविक गुणों में किसी भी प्रकार के अवांछनीय परिर्वतन, जिसका दुस्प्रभाव फसलों, पशुओं, मनुष्य एवं अन्य जीवों पर

पड़ता है अथवा जिसके कारण मृदा की प्राकृतिक गुणवत्ता में कमी आती है जिससे उसकी उपयोगिता नष्ट होती है, को मृदा प्रदूषण कहते हैं। मृदा को प्रदूषित करने वाले कारकों को पाँच वर्गो में विभक्त किया गया है जो निम्नलिखित है–

1. पीड़कनाशी (पेस्टीसाइड),
2. कार्बनिक एवं अकार्बनिक प्रदूषक (खाद्य प्रसंस्करण इकाईयों, नगर निगम तथा औद्योगिक इकाईयों से निकलने वाला अपशिष्ट पदार्थ),
3. रसायनिक उर्वरक,
4. नाभिकीय सयंत्र एवं परमाणु परीक्षण के दौरान निकलने वाला अपशिष्ट पदार्थ,
5. अन्य स्त्रोत

1. **पीड़कनाशी रसायनः** पीड़कनाशी (पेस्टीसाइड) के अर्न्तगत वे सभी रसायन आते हैं जिनका प्रयोग कीटों, कवकों, खरपतवारों, नीमोटोड एवं चूहों को मारने हेतु किया जाता है। ये आहार श्रृंखला में प्रवेश कर निम्न उपभोक्ता से शीर्ष उपभेक्ता तक पहुँच जाते हैं जिसके कारण इन्हें "रेंगती मृत्यु" (creeping death) के नाम से भी जाना जाता है। विश्वभर में 500 रसायनों को विभिन्न रूपों में प्रयोग करके 50,000 पीड़कनाशियों का निर्माण किया गया है। विश्व में प्रतिवर्ष 2 मिलियन टन पीड़कनाशी रसायनों का प्रयोग होता है जिसमें से 45, 24 तथा 25 प्रतिशत यूरोप, अमेरिका तथा अन्य देशों की हिस्सेदारी है वही भारत की हिस्सेदार सिर्फ 3.75 प्रतिशत है। अकेले अमेरिका में 600,000 टन कार्बनिक जीवनाशियों का प्रयोग किया जाता है जो विश्व में अन्यत्र की जा रही उपयोग से तीन गुना से भी ज्यादा है। भारत में प्रतिवर्ष 1,00,000 टन पीड़कनाशी रसायनों का प्रयोग हो रहा है। विभिन्न देशों जैसे जापान, कोरिया, यूरोप तथा यू0एस0ए0 में क्रमशः 10.80, 6.10, 1.90 तथा 1.5 किलोग्राम/हे0 की तुलना में भारत में पीड़कनाशी का प्रयोग बहुत ही कम (<0.5 किलोग्राम/हे0) है जबकि वैश्विक खाद्यन्न उत्पादन में इसकी भागीदारी 16 प्रतिशत है। देश में हो रहे कुल उत्पादन का क्रमशः 80, 15, 1.46 तथा < 3 प्रतिशत पीड़कनाशी रसायनों का प्रयोग कीटनाशक, खरपतवारनाशक, कवकनाशक तथा अन्य कार्यों में हो रहा है। वैश्विक स्तर पर यह 47.5, 29.5, 17.5 तथा 5.5 प्रतिशत है। विभिन्न अध्ययनों से यह पता चला है कि देश में पीड़कनाशी रसायनों का प्रयोग गत 30 वर्षो में 11 गुना हो गया है तथा इसमें 2–5 प्रतिशत की दर से वृद्धि रही है जो चिंता का विषय है। पीड़कनाशी रसायन एक बार मृदा एवं जल में प्रवेश पाने के बाद लम्बे समय तक वैसे ही बने रहते हैं जिसका दुरगामी परिणाम देखने को मिलता है। कुछ पीड़कनाशी रसायनों का अर्ध जीवन (Half life) में लगे समय को तालिका 1.3 में दर्शाया गया हैं।

तालिका 1.3 कुछ पीड़कनाशी रसायनों का अर्ध जीवन में लगा समय

पीड़कनाशी रसायन	अर्ध जीवन में लगा समय (दिनों में)	
	मृदा में	**जल में**
	कीटनाशी	
डायजिनॉन	39	140
क्लोरोपायरिफास	30.5	29
कार्बोफ्यूरान	11	289
कार्बारायल	17	11
मैलाथियान	1 से कम	6.3
	खरपतवारनाशी	
एट्राजीन	146	742
मेटोलाक्लोर	26	410
एलाक्लोर	20.4	640
मेट्रीब्यूजिन	172	200 से अधिक
ट्राइफ्यूरालिन	169	32 से अधिक
सिमाजिन	91	32 से अधिक
2–4 डी	2.3	732 से अधिक
डाईयूरान	372	500 से अधिक
ब्रोमोसील	275	300 से अधिक

श्रोतः गिलियोम एवं साथी (2006)

देश में कुल प्रयोग होने वाले पीड़कनाशी रसायनों का 67 प्रतिशत हिस्सा सिर्फ कपास एवं धान की फसल में प्रयोग किया जाता है। कृषि क्षेत्र में पीड़कनाशी रसायनों के अत्यधिक प्रयोग से सतही एवं भूमिगत पेयजल की गुणवत्ता प्रभावित होती है तथा ऐसे भू–भागों पर उगने वाली फसलों के उत्पाद भी संक्रमित होते हैं जिनके उपभोग करने से मनुष्य तथा पशुओं में विभिन्न प्रकार की बीमारियाँ होती हैं। एक तरफ पीड़कनाशियों के सम्पर्क में आने से मृदा में पाये जाने वाले लाभदायक जीवों जैसे वायुमण्ड़लीय नत्रजन को मृदा में स्थिर करने वाले जीवाणु (नाइट्रोसोमोनास, नाइट्रोवैक्टर इत्यादि), फॉस्फोरस को मृदा में घुलनशील बनाने वाले जीवाणु एवं कवक, किसान मित्र के रुप में प्रसिद्ध केचुआ इत्यादि का जीवन भी खतरे में है। वही दूसरी तरफ विश्व भर में लगभग 504 कीड़ों एवं माइट्स, 150 पौध रोगकारक एवं 273 खरपतवार में पीड़कनाशी रसायनों के प्रति सहनशीलता उत्पन्न हो चुकी है।

कवकनाशियों (फंगीसाइड्स) में मुख्य रुप सें सल्फर, कॉपर, मरकरी आदि के यौगिक पाये जाते हैं जो मृदा में पहुँचकर मृदा कोलायड पर अधिशोषित हो जाते हैं। कभी–कभी

कॉपर से संबंधित कवकनाशक रसायनों के प्रयोग से मृदा गुणवत्ता खराब होती है जिनका हानिकारक प्रभाव पौधों के स्वास्थ्य पर देखने को मिलता है।

भारत में खरपतवारनाशी रसायनों का प्रयोग बहुत ही कम है। यहाँ पर 0.5 से 2 किलोग्राम/हे0 की दर से इनका प्रयोग किया जाता है। ये मृदा में 0.25 से 1 मिलीग्राम/ग्राम तक ही अवशेषों के रुप में रह जाते हैं। अतः इनका हानिकारक प्रभाव अगामी ली जाने वाली फसलों पर देखने को नहीं मिलता है।

विश्व स्वास्थ्य संगठन के अनुसार प्रतिवर्ष 5000 लोग पीड़कनाशी रसायनों के विषाक्ता का शिकार हो रहे हैं। भारत में नवजात शिशु, स्तनपान के समय जर्मनी, अमेरिका तथा ब्रिटेन के बच्चों की तुलना में 8 गुना से भी अधिक डी0डी0टी0 का सेवन कर रहे हैं जिससे यकृत या गुर्दे आदि की बीमारियाँ हो रही हैं। वर्ष 1991 से सर्वोच्च न्यायालय ने इंडोसल्फान के उत्पादन एवं बिक्री तथा इसके प्रयोग पर रोक लगा दी है। भारत में सर्वप्रथम पीड़कनाशी रसायनों का दुष्प्रभाव वर्ष 1958 में केरल में देखने को मिला जहाँ 100 लोगों की मृत्यु पैराथियन से दूषित गेहूँ के आटे का सेवन करने से हुआ, वही 102 लोग अनाजों के भण्ड़ारण में प्रयुक्त होने वाले रसायनों के चपेट में आने से काल के गाल में समा गये। सर्वोच्च न्यायालय ने कहा हैं कि संविधान की धारा 21 के अर्न्तगत संविधान प्रदत जीने का अधिकार (right to life) समस्त मानवीय अधिकारो में सबसे प्रमुख है।

2. **कार्बनिक एवं अकार्बनिक प्रदूषकः** इसके अर्न्तगत आवासीय क्षेत्रों, नगर पालिका, औद्योगिक इकाईयों आदि से निकलने वाले अपशिष्ट पदार्थ आते हैं जिनका निस्तारण भूमि पर करने से मृदा का स्वास्थ्य बुरी तरह प्रभावित होता है। आवासीय क्षेत्रों से निकलने वाले अपशिष्ट पदार्थो में मुख्यतः कागज, पॉलिथीन, रसोई घर से निकलने वाले कचरे, काँच, शीशीयाँ, कपड़े के टुकड़े इत्यादि आते हैं। शहरी क्षेत्रों अर्थात् नगर पालिका से निकलने वाले अपशिष्ट पदार्थो में घरेलू कूड़ा करकट, पॉलिथिन, प्लास्टिक के टुकड़ें, मानव मल–मूत्र, अस्पतालों से निकलने वाला कचरा इत्यादि आते हैं, जो मृदा प्रदूषण के साथ–साथ नालियों के माध्यम से नदियों में पहुँचकर नदियों के प्रदूषण का भी कारण बन रहे हैं। मृदा प्रदूषण का सबसे अधिक खतरा औद्योगिक इकाईयों से निकलने वाले कचरों से हैं। इन कचरों में रसायन, उर्वरक, चीनी, कपड़ा, चमड़ा, साबुन–तेल, धातु, खाद्य प्रसंकरण इकाई, सीमेंट, ताप बिजली घर इत्यादि निर्माण इकाईओं से निकलने वाले विशैले रसायन मुख्य हैं।

भारत में 450 से भी अधिक बड़े शहरो से प्रतिदिन 17X 10^6 घन मीटर सीवेज निकलता है जिसे सीवेज ट्रीटमेंट प्लांट में उपचारित करने पर प्रतिदिन 12000 टन सीवेज स्लज प्राप्त किया जा सकता है। परन्तु वर्तमान में हमारे पास सिर्फ 4000 टन सीवेज स्लज पैदा करने की क्षमता है। वर्तमान में उपलब्ध सीवेज से पोषक तत्त्वों की उपलब्धता की बात करें तो

प्रतिवर्ष 350,000 टन नत्रजन, 150,000 टन फॉस्फोरस, तथा 200,000 टन पोटैशियम प्राप्त किया जा सकता हैं (युवारकर एवं साथी (1991)। सीवेज सलज में कुछ हानिकारक रसायनिक पदार्थ भी पाये जाते हैं जैसे फिनॉल, पथैलेट एस्टर, पॉलीएरोमैटिक हाइड्रोकार्बन, पॉलीक्लोरिनेटेड बाइफिनॉल, ट्राइएराइल एलिफेटिक्स, क्लोरिनेटेड पेस्टीसाइड्स, एरोमैटिक एवं एल्काइल एमाइन इत्यादि। पशुजनित अपशिष्ट पदार्थो में प्रोपियोनिक, ब्यूटारिक, वेलरिक, एवें आइसोवेलेरिक एसिड इत्यादि। मुर्गीफार्म से निकलने वाले अपशिष्ट पदार्थो (poulty excreta) में यूरिक एसिड प्रचुर मात्रा में रहता है जो मृदा में पाये जाने वाले स्यूडोमोनास वैक्टीरिया के द्वारा अपघटित हो कर यूरिया में बदल जातें हैं।

यूरिक एसिड → **एलैनटोइन** → **एलैनटोइक** → **यूरिया / ग्लायोजाइलिक**

भारी धातु, मृदा में पाये जाने वाले कार्बनिक एवं अकार्बनिक पदार्थो के सम्पर्क में आते हैं तथा वनस्पतियों द्वारा अवशोषित हो कर मनुष्यों तथा पशुओं में पहुँच जाते हैं। भारी धातुओं में मुख्य रुप से कैडमियम, मरकरी, लेड (शीशा), निकेल, सेलेनियम, आर्सेनिक इत्यादि की गणना की जाती है। कैडमियम की मात्रा उन क्षेत्रों की मृदा में अधिक देखी गयी है जहाँ खनन एवं औद्योगिक इकाईयाँ बड़े पैमाने पर देखने को मिलती हैं। कैडमियम से प्रदूषित भूमि पर उगायी जाने वाली फसल में इसकी मात्रा सामान्य से कई गुना अधिक पायी जाती है तथा इनके सेवन से **'इटाई–इटाई'** नामक बीमारी होती है।

सीवेज एवं औद्योगिक इकाई से निकलने वाले जल से सिंचित भूमि में लेड की मात्रा अधिक दर्ज की गयी है। मृदा में लेड, सल्फर के साथ क्रिया कर के लेड–सल्फेट में परिवर्तित हो जाता है जो बहुत ही कम घुलनशील होता है और वर्षा जल के साथ रिसकर भू–जल में पहुँच जाता है। मरकरी आमतौर पर मरकरी से संबंधित कवकनाशियों जैसे सेरेसान–एम आदि के प्रयोग करने से मृदा में पहुँता है। औद्योगिक क्षेत्रों के नजदीक की मृदाओं में निकेल की मात्रा अधिक (9000 मिलीग्राम/किलोग्राम से भी अधिक) पायी जाती हैं। निकेल के दुस्प्रभाव से मृदा में सूक्ष्मजीवों की संख्या एवं उनकी क्रियाशीलता प्रभावित होती है। क्रोमियम वैसे तो मानव एवं पशुओं के लिए आवश्यक होता है परन्तु पौधो के लिए यह अनावश्यक होता है। मृदा में यह मृख्य रुप से सीवेज स्लज के प्रयोग से आता है तथा खाद्य श्रृंखला में पहुँचकर नुकसान पहुँचाता है। जिन मृदाओं में सेलेनियम की अधिक मात्रा पायी जाती है उन्हें **'सेलेनिफेरस मृदा'** में रुप में जानते हैं। ऐसी मृदाओं में सेलेनियम का मृख्य स्त्रोत सेलेनियम से प्रचुर अपशिष्ट जल द्वारा का सिंचाई तथा सीवेज स्लज का खाद के रुप में प्रयोग करना है। इन मृदाओं में उगायी जाने वाली फसलों में सेलेनियम की मात्रा सामान्य से कई गुना अधिक होती है जो मानव एवं पशु स्वास्थ्य के लिए हानिकारक होती है। उत्तर–पश्चिम भारत के कुछ हिस्सों जैसे पंजाब में सेलेनिफेरस मृदा की उपस्थिति की पुष्टि हुई है (ढीलन एवं ढीलन, 1997)।

आर्सेनिक एक अत्यन्त विषैला तत्त्व है जिसकी बहुत कम मात्रा भी मानव शरीर को प्रभावित करती है। भारत के अलावा विश्व के 20 से अधिक देश आर्सेनिक प्रदूषण से प्रभावित हैं। इनमें चीन, बंगलादेश, ताईवान, चिली, अर्जेन्टिना, अमेरिका, वियतनाम, मेक्सिको, थाईलैंड आदि देश शमिल हैं। यह 200 से अधिक तत्त्वों में तात्त्विक आर्सेनिक, आर्सेनाइड, सल्फाइड, ऑक्साइड, आर्सेनेट तथा आर्सेनाइट के रुप उपस्थित रहता है। आर्सेनिक युक्त खनिज (धातुओं के ऑक्साइड, सल्फाआर्सेनाइड/आर्सेनोपायराइट आदि) प्प्रयः अघुलनशील होते हैं तथा सामान्तयाः विषैले नहीं होते। रसायनिक अभिक्रियों के दौरान पृथ्वी के उपरी पर्त के निक्षेपों में उपस्थित आर्सेनिक युक्त खनिजों से निकल कर आर्सेनिक भू–जल में घुल जाता है और जल को विषैला बना देता है। भू–जल के सामान्य पी0एच0 (6.5–8.5) में यह घुलित अवस्था में रहता है। यह प्रायः अकार्बनिक आर्सेनेट (+3) एवं आर्सेनाइट (+5) रुप में रहता है। खनन कार्यो, कीटनाशक रसायनों, उर्वरकों, पेट्रोल एवं कोयले इत्यादि के जलने के कारण अप्राकृतिक रुप से भी आर्सेनिक होता है। आर्सेनिक प्रदूषित जल के पीने से खासतौर पर त्वचा से संबंधी रोग होने की संभावना अधिक रहती है। आर्सेनिक से पीड़ित व्यक्ति के शरीर पर काले–काले धब्बे दिखाई पड़ते हैं। आर्सेनिक प्रदूषित जल के पीने से अन्य बीमारियाँ जैसे पेट, रुधिर संबंधी रोग, हाइपर केरोटोसिस, काला पाँव, मायोकॉर्डियल इसेचेमिया आदि भी होने की संभावना रहती है। लम्बे समय तक आर्सेनिक युक्त जल पीने से यकृत, फेफड़ा, गुर्दे एवं चर्म कैंसर होने का खतरा रहता है।

गोविल एवं साथियों (2001) ने एक अध्ययन में पाया है कि पटनचेरु औद्योगिक विकास प्राधिकरण (हैदराबाद) के आस–पास की मृदाओं में कैडमियम, क्रोमियम, वेनेडियम, आरन, जिंक, स्ट्राँशियम, बेरियम, मरकरी, लेड (शीशा), निकेल, सेलेनियम, तथा आर्सेनिक की मा्त्रा सामान्य से तीन गुना अधिक है।

कृष्णा एवं गोविल (2007) द्वारा सूरत शहर (गुजरात) के औद्योगिक क्षेत्रों से एकत्र किये मृदा नमूनों के परीक्षण से पता चला है कि उन मृदाओं में भारी तत्त्वों जैसे स्ट्राँशियम, बेरियम, क्रोमियम, कोबाल्ट, निकेल, वेनेडियम, तथा जिंक की मात्रा सामान्य से बहुत अधिक है।

3. **रसायनिक उर्वरकः** देश में 1950–51 के दौरान प्रति हेक्टेयर रसायनिक उर्वरकों का प्रयोग मात्रा 0.55 किलोग्राम था जो बढ़कर 1992–93, 2003–04 तथा 2012–13 में क्रमशः 67, 89.80 तथा 128.34 किलोग्राम हो गया। वर्ष 2012–13 के दौरान रसायनिक उर्वरकों का सबसे अधिक खपत करने वाले राज्य में पहला स्थान पुडुचेरी का है जहाँ 509.35 किलोग्राम प्रति हेक्टेयर उर्वरकों का खपत हुआ। इसके बाद पंजाब, बिहार, हरियाणा, आन्ध्रप्रदेश, उत्तर प्रदेश तथा पश्चिम बंगाल का स्थान आता हैं (तालिका 1.4)। वही रसायनिक उर्वरकों का सबसे कम खपत करने वाले राज्यों में अरुणाचल प्रदेश (2.05 किग्रा0/हे0) तथा नागालैण्ड़ (4.80 किग्रा0/हे0) का नाम आता है।

तालिका 1.4 वर्ष 2012–13 के दौरान राज्य स्तर पर उर्वरकों की खपत (राज्य स्तर, पोषक तत्त्व स्तर)

क्र.सं.	राज्य	प्रति हेक्टेयर उर्वरकों का खपत (किलोग्राम)			
		नत्रजन (N)	फॉस्फोरस (P_2O_5)	पोटाश (K_2O)	कुल खपत
1.	आन्ध्रप्रदेश	122.72	49.20	17.38	189.30
2.	कर्नाटक	68.27	29.83	19.13	117.23
3.	केरल	46.52	23.79	34.40	104.71
4.	तमिलनाडु	99.88	38.77	25.93	164.58
5.	पुडुचेरी	365.81	90.97	52.58	509.35
6.	अण्डमान व निकोबार द्वीपसमूह	22.63	16.84	13.16	52.63
	दक्षिणी क्षेत्र में कुल खपत	**93.88**	**38.66**	**20.66**	**153.19**
7.	उड़ीसा	82.28	21.05	6.24	109.58
8.	मध्य प्रदेश	49.11	32.46	3.22	84.79
9.	छत्तीसगढ़	66.16	31.74	8.20	106.10
10.	महाराष्ट्र	56.85	29.74	16.14	102.73
11.	राजस्थान	37.17	13.70	0.83	51.70
12.	गोवा	17.38	10.19	6.06	33.63
13.	दमन व द्वीव	46.67	6.67	3.33	56.67
14.	दादर व नगर हवेली	26.36	17.27	0.00	43.64
	पश्चिमी क्षेत्र में कुल खपत	**53.25**	**24.69**	**6.71**	**84.64**
15.	हरियाणा	157.26	47.74	2.56	207.56
16.	पंजाब	188.47	58.67	3.05	250.19
17.	उत्तर प्रदेश	132.05	45.95	5.23	183.23
18.	उत्तराखण्ड़	103.67	20.32	6.36	130.35
19.	हिमाचल प्रदेश	35.53	7.19	7.51	50.23
20.	जम्मू व कश्मीर	66.52	21.14	8.55	96.21
21.	दिल्ली	25.68	1.59	0.00	27.27
	उत्तरी क्षेत्र में कुल खपत	**141.43**	**46.30**	**4.59**	**192.32**
22.	बिहार	154.46	45.26	12.51	212.23
23.	झारखण्ड़	89.54	60.91	7.77	158.22
24.	उड़ीसा	58.03	22.88	9.39	90.29
25.	पश्चिम बंगाल	86.17	47.44	29.56	163.17
	पूर्वी क्षेत्र में कुल खपत	**100.79**	**41.80**	**18.50**	**161.08**
26.	असम	36.31	11.80	18.15	66.26
27.	त्रिपुरा	39.09	20.66	12.94	72.69
28.	मणिपुर	26.09	3.68	1.38	31.15
29.	मेघालय	9.94	3.40	1.01	14.35

30.	नागालैण्ड़	2.43	1.53	0.84	4.80
31.	अरुणांचल प्रदेश	1.62	0.11	0.32	2.05
32.	मिजोरम	12.33	0.68	0.23	13.23
	पूर्वोत्तर क्षेत्र में कुल खपत	**29.04**	**9.59**	**13.10**	**51.73**
	भारतवर्श में कुल खपत	**84.54**	**33.44**	**10.36**	**128.34**

श्रोतः डिपार्टमेन्ट ऑफ एग्रीकल्चर एण्ड कोआपरेसन

रसायनिक उर्वरकों का अत्यधिक प्रयोग साथ ही इनकी पोषक उपयोग क्षमता का कम होना, भू–जल एवं सतही जल के प्रदूषण का मुख्य कारण है। जिन क्षेत्रों में नत्रजन का अधिक उपयोग किया जाता है वहाँ पेय जल में नाइट्रेट–नत्रजन की मात्रा अधिक देखी गई है। परिणामस्वरुप, उन क्षेत्रों के नवजात शिशुओं (6 माह से कम आयु) में **ब्लू बेबी सिन्ड्रोम (मेथहेमोग्लोबिनेमिया)** होने की सम्भावना अधिक रहती है। इसके चपेट में आने वाले बच्चों का शरीर नीला पड़ जाता है। विश्व स्वास्थ्य संगठन के अनुसार पेयजल में नाइट्रेट–नत्रजन की मात्रा 10 मिलीग्राम/ली0 से अधिक नहीं होना चाहिए। जुगाली करने वाले पशुओं के आमाश्य में पाये जाने वाले सूक्ष्मजीव नाइट्रेट को नाइट्राइट में परिवर्तित कर देते हैं जो मेथहेमोग्लोविनेमिया का कारण बनता है। गर्भवती गायों में नाइट्रेट–नत्रजन की मात्रा अधिक होने पर गर्भपात होने का खतरा बढ़ जाता है। मनुष्य के शरीर में एमाइन एवं नाइट्रेट आपस में अभिक्रिया करके नाइट्रोसामिन्स बनते हैं जो कैंसर का मुख्य कारक है।

पंजाब के मालवा क्षेत्र में किये गये अध्ययनों से पता चलता है कि रसायनिक उर्वरकों, कीटनाशकों एवं दूसरे अन्य प्रकार के कृषि में प्रयोग किये जाने वाले रसायनों के अत्याधिक प्रयोग से कैंसर के मरीजों की संख्या में लगातार वृद्धि हो रही है। मालवा क्षेत्र के भटिण्डा जिले और आस–पास के अन्य क्षेत्रों में कपास की खेती बड़े पैमाने पर की जाती है जिसके कारण यह क्षेत्र **"कॉटन बेल्ट"** के रूप में प्रसिद्ध है। इन क्षेत्रों में राज्य के उर्वरक एवं कीटनाशकों की कुल खपत का 80 प्रतिशत है जिसके कारण वहाँ की जल, मृदा एवं खाद्य फसलें एवं सब्जियाँ आर्सेनिक, फ्लोराइड के साथ–साथ नाइट्रेट से प्रदूषित होने लगी हैं तथा इनके सेवन करने से बहुत से लोग कैंसर के मरीज हो गये हैं। भटिंडा और बीकानेर के बीच चलने वाली एक ट्रेन का नाम भी लोगों ने **"कैंसर एक्सप्रेस"** रख दिया है। चंडीगढ़ की 'पोस्ट ग्रेज्युएट इंस्टीटच्यूट ऑफ मेडिकल एजुकेशन एंड रिसर्च (पी0जी0आई0 एम0ई0आर0) द्वारा किये गये अध्ययन से पता चला है कि उक्त कैंसर एक्सप्रेस से प्रतिदिन औसतन 70 मरीज बीकानेर स्थित "आचार्य तुलसी कैंसर ट्रीटमेंट एंड रिसर्च सेंटर" इलाज कराने आते हैं। यहाँ प्रतिवर्ष आने वाले एक लाख लोगों में से 51 लोग काल के गाल में समा जाते हैं। अग्रवाल एवं साथियों (1999) ने नाइट्रेट प्रदूषण के खतरे को ध्यान में रखते हुए विभिन्न राज्यों को चार वर्ग में विभक्त किया हैं जिन्हें तालिका 1.5 में दर्शाया गया हैं।

तालिका 1.5 विभिन्न राज्यों के भू–जल में औसत नाइट्रेट की मात्रा

क्र0 सं0	खतरे की सम्भावना	उर्वरकों के माध्यम से औसत नत्रजन की खपत (किग्रा0 / हे0)	भू–जल में औसत नाइट्रेट (मिलीग्राम / हे0)	राज्य
1.	बहुत कम खतरा / कोई खतरा नहीं	2	6–8	जम्मू एवं कश्मीर, एवं पूर्वोत्तर राज्य
2.	कम खतरा	4–11	8–45	हिंमाचल प्रदेश, मध्य प्रदेश, उड़िसा, महाराष्ट्र
3.	मघ्यम खतरा	14–53	13–50	उत्तर प्रदेश, उतराखण्ड़, बिहार, झारखण्ड़, पश्चिम बंगाल, आन्द्र प्रदेश, गुजरात
4.	अधिक खतरा	118–163	55–100	पंजाब, हरियाणा

श्रोतः अग्रवाल एवं साथी (1999)

नत्रजनी उर्वरकों में मुख्य रुप से यूरिया का बड़े पैमाने पर प्रयोग किया जाता है जिसमें उपस्थित मात्र 40–50 प्रतिशत नत्रजन का उपयोग पौधों द्वारा किया जाता है। शेष नत्रजन का विभिन्न प्रक्रियाओं जैसे भू–जल में रिसाव के कारण (2–50 प्रतिशत), अमोनिया गैस के रुप में (5–35 प्रतिशत) तथा डीनाइट्रिफिकेशन के कारण (10–40 प्रतिशत) नुकसान होता है। अमोनिया गैस में परिवर्तित नत्रजन वायुमण्ड़ल में ऑक्सीकरण प्रकिया द्वारा नाइट्रिक अम्ल में बदल जाता है जो पुनः वर्षा जल के साथ धरती पर आ जाता है। इसके चलते मृदा एवं सतही जल की अम्लीयता में वृद्धि होती है। इसके साथ ही बहुमूल्य इमारतों को भी नुकसान होता है। फॉस्फेटिक उर्वरकों में भारी धातु जैसे कैडमियम की मात्रा भी पायी जाती है जो मृदा प्रदूषण में सहायक होता है।

जल द्वारा बहायी गयी मृदा के साथ पोषक तत्त्व भी सतही जल स्त्रोतों में पहुँच जाते हैं जिसके कारण इनमें शैवाल एवं अन्य जलीय पौधों की वृद्धि काफी तेजी से होती है। परिणाम स्वरुप स्वच्छ जल स्त्रोत वानस्पतिक आच्छादन से ढक जाते है तथा जल की गुणवत्ता में भारी गिरावट आती है। इस प्रकिया को विज्ञान की भाषा में **'यूट्रोफिकेशन'** के नाम से जानते हैं। इस प्रक्रिया में नत्रजन एवं फॉस्फोरस अहम भूमिका निभाते हैं। मृदा से मिली हुई वर्षा जल में घुलनशील फॉस्फोरस एवं कुल फॉस्फोरस की मात्रा क्रान्तिक स्तर (क्रमशः 0.01 एवं 0.02 मिलीग्राम / लीटर) से अधिक होता है तो यह यूट्रोफिकेशन के लिए जिम्मेदार होते है (वोलेनवीडर एवं केटेकेक्स, 1980)।

4. **नाभिकीय सयंत्र एवं परमाणु परीक्षण के दौरान निकलने वाला अपशिष्ट पदार्थः** रेडियोएक्टिव तत्त्व मुख्य रुप से न्यूक्लियर पावर प्लान्ट, नाभिकिय अभिक्रिया, परमाणु परीक्षण, चिकित्सा एवं शोध से निकलने वाले अपशिष्ट पदार्थो में पाये जाते

है जो मृदा, जल एवं वायु में पहुँच कर इन्हें दूषित करते हैं। रेडियोएक्टिव तत्त्वों में यूरेनियम, थोरियम, सिजियम, स्ट्रॉन्टियम, रेडियम इत्यादि तत्त्व आते हैं। इन तत्त्वों से मुख्यतः बीटा एवं गामा किरण, अल्फा कण अथवा न्यूट्रॉन के रुप में विकिरणों का उत्सर्जन होता है, जिनके सम्पर्क में आने से जीवधारियों के शरीर में नाना प्रकार के परिवर्तन होने लगते है जैसे—कोशिकाओं के आकार एवं संख्या में परिवर्तन अथवा कोशिकाओं का मृत होना आदि। इसके साथ ही मनुष्य में जी मिचलाना (nausea), डायरिया (diarrhoea), उल्टी—दस्त (vomiting), रक्तस्राव (hemorrhage), ल्यूकेमिया, नपुंसकता अथवा मृत्यु तक होने की सम्भावना होती है। पंजाब में भटिण्डा के जज्जल, मलकाना और गियाना गाँवों के दूध में यूरेनियम क्रमशः 2.38, 1.57 तथा 3.33 माइक्रोग्राम / लीटर तक पाया गया है वही गेहूँ में यह 110, 70 तथा 115 माइक्रोग्राम / किलोग्राम और दालों में 29 से 47 माइक्रोग्राम / किलोग्राम पाया गया हैं। इसप्रकार यूरेनियम का सेवन गियाना में प्रतिदिन खाद्य पदार्थ के माध्यम से 165 माइक्रोग्राम हो रहा है जो विश्व में प्रतिव्यक्ति औसतन यूरेनियम सेवन (5 माइक्रोग्राम) से 33 गुना ज्यादा हैं। जज्जल गाँव में कैंसर से पीड़ित 107 मरीजों की पहचान की गई है जिनमें से 80 महिलायें हैं। यहाँ कैंसर से प्रतिवर्ष 3—4 मौत आम बात है। शरीर में प्रवेश करने के बाद यूरेनियम फेफड़े तथा हड्डी के कैंसर का खतरा बढ़ा देता है। चिकित्सकों का मत है कि इसका पहला और तीव्र असर गुर्दों पर पड़ता है साथ ही इससे श्वसन तंत्र एवं प्रजनन तंत्र भी प्रभावित होते हैं। पानी एवं मृदा में यूरेनियम की अधिक मात्रा पाये जाने वाले गाँवों में गोविन्दपुरा, संगत, बुचो मंड़ी, गेहरीबुत्तार और जयसिंहवाला का नाम आता है। इन गाँवों में यूरेनियम के स्त्रोत के संबंध में भिन्न—भिन्न मत हैं। कुछ लोगों का मत है कि हरियाणा के भिवानी स्थित तोषाम पहाड़ियों से निकलने वाले ग्रेनाइट चट्टानों की वजह से यूरेनियम आ रहा है वहीं कुछ लोगों का यह भी मानना है कि यह यूरेनियम अफगानिस्तान युद्ध के दौरान 6000 से ज्यादा बम एवं मिसाइलों का प्रयोग हुआ था तथा इन हथियारों में 1000 टन से भी ज्यादा डिप्लेटिंग यूरेनियम का इस्तेमाल किया गया था। वैज्ञानिकों का कहना है कि यूरेनियम का दुष्प्रभाव 1000 किलोमीटर के दायरे में हवा, पानी एवं मृदा के जरिए फैल सकता है। यहाँ ध्यान देने योग्य बात यह है कि भारत से अफगानिस्तान की सीमा केवल 400 मील से भी कम दूरी पर है। कुछ अन्य लोगों का यह कहना है कि भटिण्डा में स्थित थर्मल पावर प्लांट की वजह से पैदा हाने वाले कोयले एवं राख में यूरेनियम एवं थोरियम के तत्त्व हो सकते हैं। भटिण्डा के अलावा फरीदकोट, फिरोजपुर, तथा मन्सा जिलें में यूरेनियम होने की पुष्टि हुई है जहाँ से बड़ी संख्या में कैंसर के मरीज सामने आने लगे हैं।

मृदा स्वास्थ्य प्रबंधन

बढ़ती जनसंख्या एवं सिमटते जोत के आकार को देखते हुए मृदा स्वास्थ्य प्रबंधन समय की माँग है। मृदा स्वास्थ्य को अक्षुण्य बनाये रखने के लिए समाज के हर वर्ग जो

किसी न किसी रुप में मृदा स्वास्थ्य को प्रभावित करने वाले कारकों के उत्पादन के लिए जिम्मेदार है, को कदम से कदम मिलाकर कार्य करना होगा तभी हम इस कार्य में सफल हो पायेगें। अन्यथा अपनी उपाजाऊ मृदा के बल पर हम वर्तमान पीढ़ी का पेट भरने में भले ही कामयाब हो जाय परन्तु आने वाली पीढ़ी के सामने खाद्यान एवं पेयजल की गम्भीर समस्या उत्पन्न हो जायेगी। अमेरिका जैसे विकसित राष्ट्र के 22वें राष्ट्रपति **फ्रेंकलिन रूजवेल्ट** ने इस संबंध में चिंता व्यक्त करते हुआ कहा था, **''जो राष्ट्र अपनी मृदा को नष्ट करते हैं मृदा उन्हें स्वयं नष्ट कर देती है''**। सन्त कबीर दास जी ने भी ठीक ही कहा है–

माटी कहे कुम्हार से, तु क्या रोंदे मोय।
एक दिन ऐसा आयेगा, मै रोंदूँगी तोय।।

अतः मृदा स्वास्थ्य का ख्याल रखना हम सबका परम दायित्व है। मृदा स्वास्थ्य प्रबंधंन के कुछ प्रमुख बिन्दु निम्नलिखित हैं–

1. समेकित पोषक तत्त्व प्रबंधन
2. संरक्षित खेती
3. पीड़कनाशी रसायनों का कम से कम प्रयोग
4. ग्रामीण एवं शहरी अपशिष्ट पदार्थो का उचित निस्तारण
5. फसल–चक्र आधारित कृषि प्रणाली को अपनाना
6. कुशल जल प्रबंधंन
7. भूमि का समतलीकरण
8. फसल अवशेषों का अधिकाधिक मृदा में पुनः लौटाना एवं इन्हें खेत में जलाने पर पूर्णतः प्रतिबंध लगाना।

किसानों द्वारा मृदा स्वास्थ्य का मूल्यांकन करने हेतु कुछ प्रमुख बिन्दु

1. **फसलों का निरीक्षण करः** खेतो में लगी हुई फसल के प्रदर्शन को देखकर किसान मृदा स्वास्थ्य का मुल्यांकन कर सकता है। यदि खेत में लगी फसल का प्रदर्शन खराब है तो जानकार किसानों या विशेषज्ञों से सलाह लें।
2. **मृदा परीक्षण कराकरः** मृदा स्वास्थ्य के बारे में सही जानकारी प्राप्त करने के लिए मृदा परीक्षण कराना आवश्यक है। मृदा परीक्षण मुख्य रुप से चार उद्देश्यों से किया जाता है जो निम्नलिखित है–

    क) मृदा में उपस्थित विभिन्न घटकों के निर्धारण द्वारा उसकी उर्वरता स्तर का मूल्यांकन हेतु,

    ख) मृदाओं के विभिन्न लक्षणों के वर्णन एवं वर्गीकरण के लिए आँकड़े प्राप्त करने हेतु,

ग) पौधों को पोषण उपलब्ध कराने के उपरांत मृदा में आयी परिर्वतन की जानकारी हेतु,

घ) संतुलित मात्रा में खाद एवं उर्वरकों का प्रयोग करने हेतु।

3. **फसलों के पत्तियों पर आने वाले लक्षणों को देखकरः** सामान्य अवस्था में पौधों का बढ़वार भँलि–भाँति होता है। परन्तु जब मृदा में किसी तत्त्व की कमी होती है तो उस तत्त्व की कमी के लक्षण पौधों पर दिखाई देने लगते हैं। दूसरी ओर मृदा में पाये जाने वाले हानिकारक सूक्ष्मजीवों के प्रभाव से भी पौधों पर कुछ असमान्य लक्षण उभर कर आते हैं जिन्हें आसानी से पहचाना जा सकता है। इस प्रकार पोषक तत्त्वों की कमी के लक्षण अथवा बीमारी के लक्षण के आधार पर मृदा स्वास्थ्य का उचित प्रबंधन किया जा सकता है।

4. **खाद्य पदार्थों के गुणवत्ता के आधार परः** यदि खेत में उगायी गयी किसी फसल के सेवन से मनुष्य एवं पशुओं में किसी भी प्रकार की असामान्यता प्रदर्शित होती है तो ऐसा माना जाता है कि मृदा में हानिकारक तत्त्वों की मात्रा क्रांतिक स्तर से काफी अधिक पहुँच गई। ऐसे तत्त्वों को मृदा से दूर करने का यथाशीघ्र उपाय करना चाहिए अन्यथा हमारी मृदा फसलोत्पादन के लिए अनुपयोगी हो जायेगी और राष्ट्र का बड़ा नुकसान होगा। मृदा स्वास्थ्य के मूल्यांकन के लिए इससे सम्बन्धित विभिन्न कारकों को चित्र 1.1 में दर्शाया गया है।

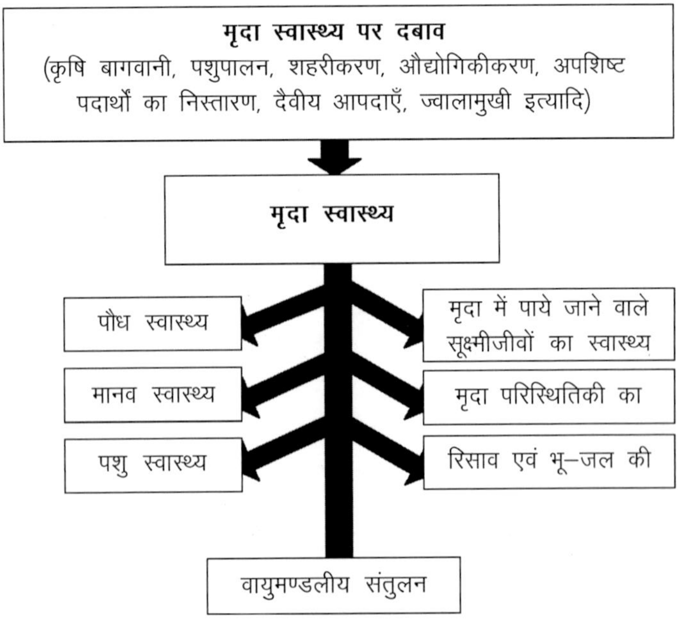

चित्र 1.1 मृदा स्वास्थ्य के मूल्यांकन हेतु कुछ प्रमुख बिन्दु

❑❑❑

अध्याय 2

मृदा गुणवत्ताः एक अध्ययन

भूमिका

मृदा स्वास्थ्य एवं गुणवत्ता में अंतरंग संबंध है अर्थात ये दोनों एक दूसरे के पूरक होते हैं। कनाडा में ये दानों शब्द एक दूसरे के पर्यावाची के रुप में, बिना अपक्षयित हुए फसलों के बढ़वार में सहायक होने की मृदा की क्षमता का वर्णन करने हेतु, इस्तेमाल किये जाते हैं (एक्सन एवं ग्रेगरिच, 1995)। फिर भी इन दानों शब्दों में थोड़ा–सा अन्तर है जिसे समझना आवश्यक है। ऐसा माना जाता है कि मृदा स्वास्थ्य, किसी खास समय में मृदा की वह अवस्था है जो गतिशील प्राकृतिक गुणों के समतुल्य होती है तथा अल्प समय में बदलती रहती है। परन्तु मृदा गुणवत्ता लम्बे समय तक अपरिवर्तित रहने वाली मृदा की आन्तरिक अथवा स्थायी गुणों के सम्तुल्य होती है तथा यह मृदा के क्रियाकलापों पर निर्भर करती है। इस अन्तर को और असानी से समझने के लिए हम मौसम एवं जलवायु के बीच अन्तर अथवा मानव स्वास्थ्य एवं व्यक्तित्व के बीच अन्तर का सहारा ले सकते है जिसमें एक अल्पकालिक परिर्वतनशील होता है जबकि दूसरा दीर्घकालिक।

समान्यतया वैज्ञानिकों द्वारा 'मृदा गुणवत्ता' शब्द इस्तेमाल किया जाता है जबकि किसानों द्वारा 'मृदा स्वास्थ्य'। परन्तु जब बात मृदा के गुणवत्ता या स्वास्थ्य के प्रबंधन की आती है तो वैज्ञानिक भी किसानों के साथ सरलता से सम्पर्क साधने एवं संबंधित ज्ञान के प्रचार–प्रसार हेतु इन दोनों शब्दों का साथ–साथ प्रयोग करते हैं।

मृदा गुणवत्ता की परिभाषा

सरल भाषा में मृदा गुणवत्ता "मृदा की कार्य करने की क्षमता" को कहते हैं। मृदा गुणवत्ता की सही परिभाषा देना काफी मुश्किल है तथा यह अभी भी विकास के क्रम में है। कुछ प्रचिलित परिभाषाएँ निम्नलिखित हैं–

- लारसन तथा पियर्स (1991) के अनुसार "परिस्थितिक तंत्र के सीमाओं के अर्न्तगत मृदा के कार्य करने की क्षमता जो कि सकारात्मक रुप से पारिस्थितिकी तंत्र के वाह्य वातावरण को प्रभावित करती है, मृदा गुणवत्ता कहते हैं"।

- अरसद एवं कोन (1992) के अनुसार "मृदा में स्वस्थ्य वातावरण को संरक्षित रखते हुए मृदाओं की खनिजों, जल, ऊर्जा, इत्यादि के पुनः चक्रण, संग्रहण एवं अंगीकार करने की स्थायी सामर्थ को मृदा गुणवत्ता कहते है"।

मृदा गुणवत्ता का आंकलन

चूँकि मृदा गुणवत्ता एवं मृदा स्वास्थ्य एक दूसरे से संबंधित है, अतः मृदा गुणवत्ता को प्रभावित करने वाले मृदा क्रियाकलापों को जानना अतिआवश्यक है। मृदा गुणवत्ता का आंकलन प्रत्यक्ष रुप से नहीं किया जा सकता है। अतः इनके मूल्यांकन के लिए मृदा गुणवत्ता के संबंध में सूचना देने वाले मृदा क्रियाकलापों (soil functions) तथा उन्हें निर्देशित करने वाले कारकों (factors), जो मृदा के भौतिक, रसायनिक एवं जैविक गुणों को रेखांकित करते हैं, का सहारा लेना पड़ता है। सयोवोल्ड एवं साथियों (1996) ने मृदा क्रियाकलापों तथा उन्हें निर्देशित करने वाले कारकों को चित्र – 2.1 के माध्यम से प्रदर्शित किया।

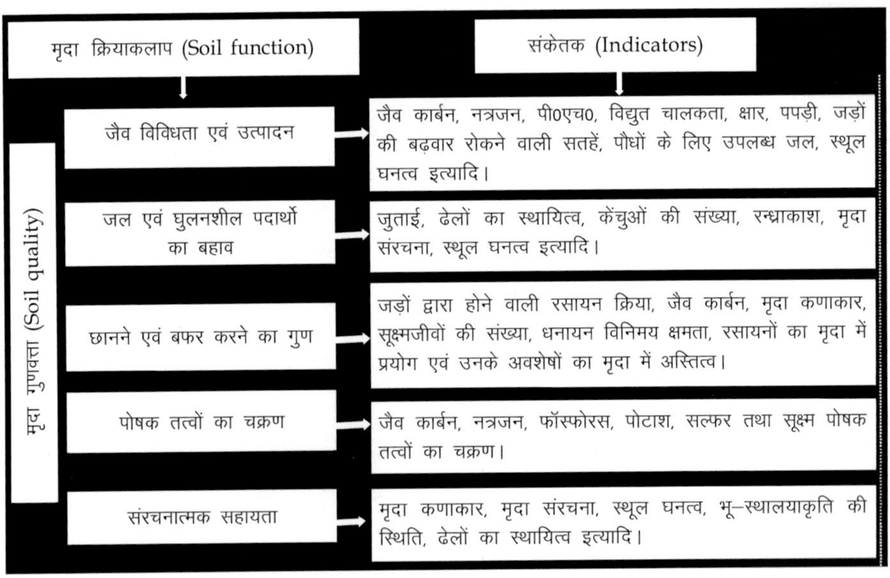

चित्र–2.1 मृदा गुणवत्ता की परिकल्पना

कार्लेन एवं साथियों (1977) के अनुसार, "मृदा द्वारा संचालित पाँच ऐसी क्रियाएँ हैं जो मृदा गुणवत्ता को प्रभावित करती हैं"। वे निम्नलिखित हैं:

1. मृदा द्वारा जैव विविधता एवं उत्पादकता को बनाये रखना,
2. मृदा द्वारा जल एवं घुलनशील पदार्थों के प्रवाह को बनाये रखना,

3. मृदा द्वारा कार्बनिक एवं अकार्बनिक पदार्थों (जिसमें औद्योगिक इकाईओं एवं नगर निगम से निकलने वाले अपशिष्ट पदार्थ भी सम्मिलित है) को छानना, बफर करना, अपघटन करना, सूक्ष्मजीवों द्वारा अपने शरीर में एकत्रित करना तथा विषरहित करना,
4. मृदा द्वारा पृथ्वी पर जीवमण्ड़ल के अर्न्तगत, पोषक तत्वों एवं अन्य तत्वों का भण्डारण एवं पुनःचक्रण करना,
5. मृदा द्वारा मानव के सामाजिक एवं आर्थिक संरचना को सहायता प्रदान करना तथा उसके निवास स्थल से संबंधित पुरातत्वविक धरोहरों को संरक्षण प्रदान करना।

मृदा गुणवत्ता को उत्तम बनाने वाले कारक

1. जैव पदार्थ (Organic matter)
2. फसल अवशेष (Crop residue)
3. हरी खाद (Green manure)
4. फसल चक्र (Crop rotation)
5. कृषि वानिकी (Agroforestry)
6. मृदा सूक्ष्मजीव (Soil microorganism)
7. जैव उर्वरक (Biofertilizer)
8. मृदा नमी संरक्षण (Soil moisture conservation)
9. भू–परिष्करण की विधियाँ (Methods of tillage)
10. खेतों में वर्षा जल प्रबंधन (Rain water management in fields)

1. **जैव पदार्थ (Organic matter):** मृदा जैव पदार्थों के अर्न्तगत वनस्पतियों, जन्तुओं एवं सूक्ष्मजीवों के अपघटित एवं उनके परिवर्तित रुप जो जैव विघटन तथा मृदा में होने वाले संश्लेषित प्रक्रियाओं के परिणाम होते हैं, सम्मिलित हैं। इस परिवर्तित रुप को ह्यूमस कहते हैं। जैव पदार्थों का मृदा में होने वाले रुपांतरण को चित्र–2.2 के माध्यम से समझ सकते हैं।

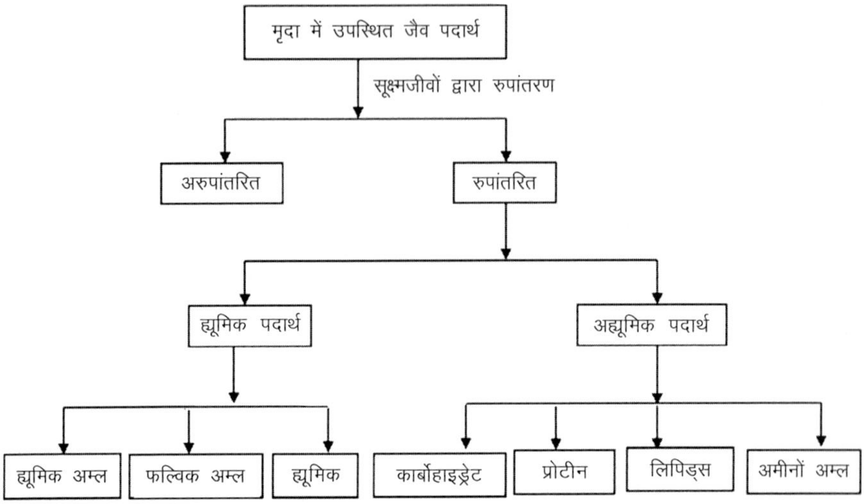

चित्र–2.2 मृदा में जैव पदार्थो का रुपांतरण

मृदा में जैव पदार्थो का कार्य

1. मृदा सतह पर पड़ी जैव पदार्थ की मोटी तह वर्षा के अपरदन प्रभाव को घटा देती है। वर्षा की बूँदे इन जैव पदार्थो पर गिरती हैं तथा जल रिस–रिस कर भूमि के अन्दर चला जाता है। परिणामस्वरुप वर्षा जल से मृदा का क्षरण न के बराबर होता है।

2. मृदा के भौतिक गुणों पर भी जैव पदार्थों का अच्छा प्रभाव पड़ता है। यह मृदा के संरचनात्मक इकाईयों को दृढ़ता पूर्वक बाँधकर उन्हें स्थाई बना देते हैं। परिणामस्वरुप मृदा की संरचना में सुधार हो जाता है जिससे मृदा में जल तथा वायु का संचार भँलि–भाँति होता रहता है। इसके साथ–साथ मृदा की सुघट्यता, अंतराकर्षण आदि गुणों को कम कर जल धारण क्षमता को बढ़ा देते हैं।

3. जैव पदार्थ पोषक तत्त्वों के भंडार का कार्य करते हैं। ये पोषक तत्त्व अपघटन के समय मुक्त होते रहते हैं जिसे पौधों का पोषण होता रहता है। अपघटन के दौरान हार्मोन तथा जीवाणुनाशी भी मुक्त होते हैं जो पौधों की वृद्वि के लिए आवश्यक हैं। ह्यूमस में धनायन अधिशोषण क्षमता, खनिज कोलायड के तुलना में दो से तीन गुना अधिक होती है। इसपर कैल्सियम, मैग्नीशियम, सोडियम, पोटैशियम आदि धनायन विनिमेय प्राप्य रूप में उपस्थित रहते हैं जो आवश्यकता पड़ने पर पौधों को उपलब्ध होते हैं।

4. जैव पदार्थ क्षारीय मृदाओं के लिए सुधारक का कार्य करते हैं। जैव पदार्थों के अपघटन के दौरान कार्बनिक अम्ल पैदा होते हैं वे मृदा की क्षारीयता को कम करने में सहायक होते हैं।

5. अम्लीय मृदाओं में जैव पदार्थ फॉस्फोरस की उपलब्धता को बढ़ा देते हैं। जैव पदार्थ के अपघटन के दौरान कार्बनिक अम्ल जैसे साइट्रेट, टार्टरेट, लैक्टेट आदि लोहा एवं एल्युमिनियम से बँध (चिलेट) जाते हैं। परिणामस्वरूप सूक्ष्मपोषक तत्त्वों की उपलब्धता तो बढ़ती ही है इसके अलावा फॉस्फोरस का लोहा एवं एल्युमिनियम के साथ, लोहा फॉस्फेट एवं एल्युमिनियम फॉस्फेट के रूप में यौगिकरण कम हो जाता है जिससे यह पौधों को आसानी से उपलब्ध हो पाता है।
6. जैव पदार्थ उभय प्रतिरोधी की भाँति कार्य करते हैं तथा मृदा पी0एच0 में होने वाले तीव्र परिवर्तन को रोकते हैं।
7. जैव पदार्थ का आच्छादन रहने पर ये वाष्पीकरण को कम कर देते हैं। साथ ही गर्मी के मौसम में ताप को घटा देते हैं तथा जाड़े में मृदा को गर्म रखते हैं।

2. फसल अवशेष (Crop residue)

फसल अवशेष बहुत ही महत्त्वपूर्ण प्राकृतिक संसाधन है जो मृदा गुणवत्ता को बेहतर बनाने में अहम भूमिका निभाते हैं। हेडगे एवं सुधाकर बाबु (2001) के अनुसार, भारत में प्रतिवर्ष लगभग 335 मिलियन टन फसल अवशेष का उत्पादन होता है जिसमें से 180 मिलियन टन को पुनः मृदा में लौटा कर 3.54 मिलियन टन पौधों के लिए आवश्यक पोषक तत्त्वों का पुनःचक्रण किया जाता है (तालिका–2.1)।

तालिका–2.1 भारत में पुनःचक्रण के लिए उपलब्ध फसल अवशेष

फसल	कुल उपलब्ध फसल अवशेष (मिलियन टन)	पुनःचक्रण हेतु उपलब्ध फसल अवशेष (मिलियन टन)	कुल नत्रजन, फॉस्फोरस एवं पोटाश	पुनःचक्रण हेतु उपलब्ध पोषक तत्त्व (मिलियन टन)
धान	119.2	39.7	2.59	0.86
गेहूँ	93.9	31.3	1.71	0.97
बाजरा	19.9	6.6	0.41	0.14
गन्ना	28.0	28.0	0.52	0.52
सभी दलहनी फसलें	17.9	6.0	0.59	0.19
अन्य	76.7	58.3	1.62	0.76
कुल	355.6	169.9	7.44	3.54

श्रोतः हेडगे एवं सुधाकर बाबु (2001)

फसल अवशेषों का मृदा के भौतिक गुणों को सुधारने में अहम भूमिका होती हैं। इनके प्रयोग से एक तरफ जहाँ मृदा के स्थूल घनत्व (bulk density) में कमी आती है तो वही दूसरी तरफ रन्ध्राकाशों की संख्या तथा आकार में वृद्धि होती है। परिणामस्वरुप मृदा में वायु संचार बढ़ जाता है जिससे जड़ों का विकास भँलि–भाँति होता है। साथ ही मृदा की जल धारण क्षमता भी बढ़ जाती है। दास एवं साथियों (2001) के अनुसार, 5 टन/हे0 की दर से धान एवं गेहूँ के अवशेषों के प्रयोग करने से मृदा के स्थूल धनत्व में कमी होती है तथा जल संचालकता (water conductivity), जल धारण क्षमता (bulk water holding capacity) एवं जैव पदार्थ की मात्रा में वृद्धि होती है।

अगर फसल अवशेषों को मृदा के उपरी सतह पर आच्छादन के रुप में प्रयोग किया जाता है तो भू–क्षरण से इसकी रक्षा होती है। माइकेल एवं साथियों (1995) ने एक अध्ययन में पाया है कि यदि 2 टन/हे0 की दर से फसल अवशेषों को मृदा के उपर आच्छादन के रुप में प्रयोग किया जाता है तो शुष्क अवस्था में वायु से होने वाली भू–क्षरण को 75 प्रतिशत तक कम किया जा सकता है।

धान, गेहूँ तथा गन्ना ज्यादा मात्रा में अवशेष पैदा करने वाली फसल होती हैं। धान एवं गेहूँ के अवशेषों को आसानी से मृदा में पुनःचक्रण किया जा सकता है। यंत्रों की मदद से कटाई की गई धान एवं गेहूँ की फसल से प्रतिवर्ष 10 से 12 टन/हे0 अवशेष प्राप्त होता है। इन अवशेषों को किसान विभिन्न रुप में जैसे मवेशियों के चारे, कम्पोस्ट बनाने, जलावन इत्यादि के लिए इस्तेमाल करता है। भट्ट एवं साथियों (1991) द्वारा लम्बे समय तक धान–गेहूँ फसल चक्र में किये गये अध्ययन से पता चलता है कि एक ओर फसल अवशेषों के प्रयोग करने से मृदा में जैव कार्बन, उपलब्ध नत्रजन, फॉस्फोरस एवं पोटाश की मात्रा में वृद्धि होती है। वहीं दूसरी ओर इन्हे खेत में जलाने से नत्रजन पूर्णतः नष्ट हो जाता है वही फॉस्फोरस पोटाश एवं सल्फर की मात्रा में कमशः 20, 20 एवं 90 प्रतिशत की कमी आती है। गन्ने की अच्छी फसल से प्रतिवर्ष 6 से 8 टन/हे0 पत्तियाँ प्राप्त होती हैं तथा इनके प्रयोग से सूक्ष्मजीवों की संख्या में आशातीत वृद्धि होती हैं। भारतीय गन्ना अनुसंधान संस्थान, लखनऊ में किये गये एक अध्ययन से पता चलता है कि मृदा में गन्ने की पत्तियों को पुनः वापस लौटाने से बैक्टीरिया, कवक, एजोटोवैक्टर एवं एजोस्पिरिलम की संख्या में क्रमशः 2, 1.5, 6 तथा 12 गुना की वृद्धि दर्ज हुई है, वही एक्टीनोमाइसीटिज की संख्या में 11 प्रतिशत की वृद्धि हुई है। इसप्रकार फसल अवशेषों को मृदा में पुनः लौटाने से मृदा की भौतिक, रसायनिक एवं जैविक गुणों में काफी सुधार होता है जिसका सीधा प्रभाव फसलोत्पादन पर पड़ता है और फसल उत्पादन में वृद्धि देखी जा सकती है।

फसल अवशेषों का कार्बन/नत्रजन अनुपात 100:1 के बीच होता है। अपघटन के दौरान यह अनुपात घट कर 10:1 से 15:1 के करीब आ कर स्थाई हो जाता है। कार्बन/नत्रजन अनुपात के घटने के कारण है कार्बन का नत्रजन की तुलना में तीव्र गति

से कम होना। ह्यूमस का कार्बन/नत्रजन अनुपात लगभग 10:1 के करीब स्थिर हो जाता है। दूसरे शब्दों में कह सकते है कि फसल अवशेषों का अनुपात शुरु में चाहे जितना भी क्यों ना हो अपघटन के बाद घट कर 10:1 के करीब पहुँच जाता है। इससे स्पष्ट है कि कच्चे पदार्थों में उपस्थित नत्रजन की मात्रा द्वारा ही स्थाई ह्यूमस के कार्बन की मात्रा निर्धारित होती है। अर्थात् जितनी मात्रा में नत्रजन उपलब्ध होगा उसी अनुपात में ह्यूमस बनेगा, उससे अधिक नहीं। उदाहरण के तौर पर मान लें कि 20 टन फसल अवशेष मृदा में मिलाया गया जिसमें 1000 किलोग्राम (1 टन) कार्बन तथा 10 किलोग्राम नत्रजन उपस्थित है। इस कार्बन का आधा भाग शीघ्र ही आक्सीकृत हो जाता है, शेष 500 किलोग्राम कार्बन सूक्ष्मजीवों के ऊतकों के निर्माण में लग जाता है जिनका अनुपात 10:1 होता है। इसका मतलब यह हुआ कि 10:1 कार्बन/नत्रजन अनुपात को बनाये रखने के लिए 500 किलोग्राम कार्बन तथा 50 किलोग्राम नत्रजन की आवश्यकता है जबकि नत्रजन की उपलब्धता सिर्फ 10 किलोग्राम है। अतः 40 किलोग्राम नत्रजन की व्यवस्था अन्य स्त्रोतों से करने की आवश्यकता होती है। यदि ऐसा नहीं किया गया तो कार्बन का ह्रास हो जायेगा और सिर्फ 100 किलोग्राम ह्यूमस का निर्माण हो पायेगा। अगर 40 किलोग्राम नत्रजन की आपूर्ति हम अन्य स्त्रोतों से कर दे तो 500 किलोग्राम कार्बन ह्यूमस के रुप में प्राप्त हो जायेगा। यदि नत्रजन की मात्रा 50 किलोग्राम से अधिक उपलब्ध होगी तो यह अधिक मात्रा नाइट्रेट में परिवर्तित हो जायेगी जिसे पौधे पोषक तत्त्व के रुप में उपयोग कर सकते हैं।

3. हरी खाद (Green manure)

किसी भी फसल को हरे अवस्था में अथवा फूल आने के तुरन्त बाद मृदा में मिलाने की प्रकिया, जिससे मृदा की गुणवत्ता में सुधार होता है, हरी खाद कहते हैं। सामान्यतया हरी खाद के रूप में दलहनी फसलों का जिनमें वायुमण्ड़लीय नत्रजन को मृदा में स्थिर करनें की क्षमता होती है का प्रयोग किया जाता है जैसे सनई, ढैचा, उर्द, मूंग इत्यादि। हरी खाद के प्रयोग से जहाँ एक तरफ मृदा संरचना में सुधार के साथ–साथ मृदा उर्वरता एवं ह्यूमस की मात्रा में भी वृद्धि होती है वही दूसरी तरफ कीट–पतंगों तथा फसलों में लगने वाली बीमारियों में भी कमी आती है। हेडगे (1992) के अनुसार मूंग की फली तुड़ाई के बाद मृदा में मिलाकर जुताई करने से धान एवं गेहूँ के उपज में क्रमशः 9.6 एवं 5.3 प्रतिशत की वृद्धि देखी गयी है।

सूक्ष्मजीवों द्वारा हरी खाद के अपघटन के समय कुछ ऐसे पदार्थो का संश्लेषण होता है जो आसानी से अपघटित नहीं हो पाते है जैसे गोंद, मोम, रेजिन इत्यादि। ये पदार्थ सूक्ष्मजीवों के उपापचयन के दौरान स्त्रावित होने वाले तरल पदार्थो के साथ मिलकर मृदा कणों को एक साथ बाँधने का कार्य करते हैं जिससे मृदा संरचना में गुणकारी सुधार होता है। इसके साथ ही मृदा में जल धारण क्षमता एवं वायु संचारण में वृद्धि होती है साथ ही स्थूल घनत्व में भी कमी आती है।

कतयाल एवं साथियों (2002) के अनुसार जिन क्षेत्रों में धान–गेहूँ फसल–चक्र मुख्य रूप से अपनाया जाता है वहाँ हरी खाद के प्रयोग से जैव पदार्थों के साथ–साथ नत्रजन, फॉस्फोरस तथा पोटाश की मात्रा में आशातीत वृद्धि होती है। दलहनी फसलों को हरी खाद के रूप प्रयोग करने से खेत में नत्रजन की मात्रा बढ़ने के साथ–साथ अन्य पोषक तत्त्वों जैसे फॉस्फोरस, पोटाश, कैल्शियम, मैग्नीशियम तथा सल्फर के पुनःचक्रण में सहायता मिलती है। साथ ही सूक्ष्मपोषक तत्त्व, जैव पदार्थों के साथ बँध जाते हैं जिससे भू–जल में उनका रिसाव नहीं हो पाता है और वे फसलों को उपलब्ध हो जाते हैं। हरी खाद के प्रयोग से मृदा में सूक्ष्मजीवों की संख्या भी अच्छी खासी बढ़ जाती है जो जैव पदार्थों को अपघटित कर उनमें निहित पोषक तत्त्वों को मृदा में मुक्त कर देते हैं जिसे पौधे आसानी से ग्रहण कर लेते हैं।

4. फसल–चक्र (Crop rotation)

विभिन्न फसलों को एक निश्चित क्षेत्र पर, एक निश्चित क्रम से, किसी निश्चित समय में उगने की क्रिया को फसल–चक्र कहते हैं। इसे 'शस्य चक्र' या 'शस्य आर्वतन' के नाम से भी जानते हैं। इसका मुख्य उद्देश्य पौधों द्वारा पोषक तत्त्वों का सदुपयोग तथा मृदा की भौतिक, रसायनिक और जैविक गुणों में संतुलन स्थापित करना है। फसल चक्र को अपनाकर औसत मृदा क्षरण को कम किया जा सकता है। साथ ही कीटों की जनसंख्या को नियंत्रित किया जा सकता हैं। फसल चक्र से मृदा में कार्बनिक पदार्थो की मात्रा में आशातीत वृद्धि देखी गई है जिसके परिणामस्वरुप मृदा की उर्वरता एवं जल अवशोषण क्षमता में वृद्धि होती है। उथली एवं गहरी जड़ वाली दलहनी एवं अदलहनी फसलों को क्रमवार फसल–चक्र में शामिल करने से मृदा के अधोसतह पर कठोर परत बनने की सम्भावना भी कम हो जाती है, परिणामस्वरुप मृदा की जल धारण एवं जल संवहन क्षमता में वृद्धि होती है। साथ ही दलहनी फसलें मृदा में नत्रजन की मात्रा भी बढ़ाती हैं। उचित फसल–चक्र अपनाने से मृदा के सतह तथा अधोसतह में उपस्थित पोषक तत्त्वों का फसलों द्वारा समुचित उपयोग होता है। अतः मृदा की उर्वरता स्थाई रुप से बनी रहती है। कुछ प्रमुख फसल–चक्र निम्नलिखित हैं–

1. चार वर्षीयः कपास–मैंथी–गन्ना–पेड़ी (ratoon) – सनई (बीज हेतु) – गेहूँ (सघनताः 150%)
2. तीन वर्षीयः (क) हरी खाद–आलू–गन्ना–पेड़ी (सघनताः 133%)
   (ख) मूँगफली + अरहर–गन्ना–मूँग–गेहूँ–मूँग (सघनताः 167%)
   (ग) मक्का–आलू–भिण्ड़ी–टमाटर (सघनताः 133%)
3. द्विवर्षीयः (क) कपास–मटर–परती–गेहूँ (सघनताः 150%)
   (ख) मक्का–जौ–परती–गेहूँ (सघनताः 150%)

(ग) घुइयां–शलजम–भिण्ड़ी–गाजर (सघनताः 200%)

(घ) चरी–गेहूँ–चरी–मटर (सघनताः 200%)

4. एकवर्षीयः (क) परती–सरसों (सघनताः 100%)

(ख) चरी–बरसीम (सघनताः 200%)

(ग) धान–गेहूँ–मूंग (सघनताः 300%)

(घ) टिण्डा–आलू–मूली–करेला (सघनताः 400%)

5. कृषि वानिकी (Agroforestry)

कृषिगत फसलों एवं पशुपालन के साथ वृक्षों एवं झाड़ियों को उगाने की क्रिया को कृषि वानिकी कहते हैं। कृषि वानिकी से एक तरफ खाद्यान, दलहन एवं तिलहन फसलों की प्राप्ति होती है वही दूसरी तरफ पशुओं के लिए हरे चारे भी उपलब्ध हो जाते हैं। साथ ही फलों की विक्री से एक मुश्त लाभ की प्राप्ति होती है। इसके साथ ही मृदा एवं भू–जल की गुणवत्ता में भी सुधार होता है तथा भू–क्षरण में काफी कमी आती है। पहाड़ी क्षेत्रों में जहाँ की भूमि ढालूनुमा होती है वहाँ फलदार वृक्षों एवं घासों को साथ–साथ लगाकर जल द्वारा होने वाले भू–क्षरण को काफी हद तक रोका जा सकता है। इस विधि में उगायी जाने वाली वनस्पतियाँ निम्नलिखित हैंः

1. यूकेलिप्टस–भाबर घास
2. ल्यूसिना–नेपिसर घास
3. बबूल–घास
4. टीक–ल्यूसिना–भाबर घास
5. यूकेलिप्टस–ल्यूसिना–हल्दी
6. पापुलर–ल्यूसिना–भाबर घास
7. तिल–सरसों

वायु से होने वाले भू–क्षरण को रोकने के लिए भी यह विधि काफी उपयोगी है। देश में शुष्क एवं अर्धशुष्क क्षेत्रों जैसे राजस्थान, हरियाणा, गुजरात और पंजाब को मिलकर लगभग 28,600 वर्ग किलोमीटर भूमि वायु से होने वाले भू–क्षरण से प्रभावित है। इनमें से 68 प्रतिशत भूमि पर बालू के टीले तथा बालू के चादर फैले हुए हैं। बालू को एक स्थान से दूसरे स्थान तक उड़ कर जाने से रोकने के लिए वायु–रोधी वनस्पतियों को उगाया जाता है जो निम्नलिखित हैंः

1. विलायती बबूल (*Prosopis juliflora*)
2. अम्ब्रेला थ्रोन (*Accacia planiforns*)

3. इजराइली बबूल (*Accacia torlilis*)
4. खेजड़ी (*Prosopis cineraria*)
5. रोहेड़ा (*Tecomella undulata*)
6. बेर (*Zizyphus manuritianes*)
7. बफेल घास (*Cenchrus ciliaris*)
8. मोड़ धामन घास (*Cenchrus setigaris*)

क्षार एवं लवणों से प्रभावित भूमि को ऊसर भूमि के रूप में जाना जाता है। क्षार एवं लवण से प्रभावित भूमि मुख्यरूप से गंगा के मैदानी भागों में पायी जाती है जिन्हें क्षारीय एवं लवणीय मृदा के रुप में विभक्त किया गया है। इसप्रकार की मृदाओं की गुणवत्ता में सुधार तालिका–2.2 में दी गई वनस्पतियों को लगाकर किया जा सकता है।

तालिका–2.2 क्षारीय एवं लवणीय मृदाओं में उगायी जाने वाली वनस्पतियाँ

क्षारीय मृदा			लवणीय मृदा
पी0एच0	**वृक्ष**	**फलदार वृक्ष**	
10.0 से अधिक	विलायती बबूल (*Prosopis juliflora*) बबूल (*Acacia nilotica*) विलायती सरु (*Casuarina equisetiplia*)	फलदार वृक्ष को लगाने की संस्तुति नही की गई है।	विलायती बबूल (*Prosopis juliflora*) झाऊ (*Tamarix troupli*) फराश (*Tamarix artiulata*) जलेबी (*Pithecellobium dulce*) गुह बबूल (*Acacia farnesiana*) बबूल (*Acacia nilotica*) इजराइली बबूल (*Acacia tortilis*) विलायती सरु (*Casuarina equisetiplia*) रेड गम (*Eucalyptus camaldulensis*) सुबबूल (*Leucaena leucocephala*)
9.0 से 10.0 के बीच	झाऊ(*Tamarix artiulata*) अर्जुन (*Terminalia arjuna*) सिरिस (*Albizia lebbek*) करंज (*Pongamia pinata*) यूकेलिप्टस (*Eucalyptus tereticornis*)	बेर (*Zizyphus manuritianes*) आंवला (*Emblica officinalis*) करौंदा (*Carissa carandas*) खजूर (*Phoenis dactylifera*) अमरुद (*Psidium guajava*) चीकू (*Manikara zapota*) बेल (*Aegle marmelos*)	
8.5 से 9.0 के बीच	शीशम (*Dalbergia sisso*) शहतूत (*Morus alba*) सिल्की ओक (*Grevillia robusta*) नीम (*Azadirachta indica*) महानिंब (*Ailanthus excels*)	अनार (*Punica granatum*) जामुन (*Syzigium cumini*) रीठा (*Sapindus laurifolius*) फालसा (*Grewia asiatica*) आम (*Mangifera indica*)	

भारत में लगभ 11.6 मिलियन हे0 भूमि जलप्लावन की समस्या से ग्रसित है। खेत में लम्बे समय तक पानी का ठहराव होने से मृदा की भौतिक दशा काफी खराब हो जाती है। इन मृदाओं में निम्नलिखित वृक्षों को उगाया जा सकता हैः

1. यूकेलिप्टस (*Eucalyptus tereticornis*)
2. पापुलर (*Populus deltoids*)
3. अर्जुन (*Terminalia arjuna*)
4. बबूल (*Accacia auriculiformis*)
5. जामुन (*Syzigium cumini*)
6. सिरिस (*Albizia lebbek*)
7. शीशम (*Dalbergia sisso*)
8. करंज (*Pongamia pinata*)
9. वाइट विलो (*Salix alba*)

ऐसी भूमि जहाँ पर सीवेज का पानी, कलकारखानों का अपशिष्ट जल एवं कचरा का निस्तारण होता है वहाँ की मृदा की गुणवत्ता भी बुरी तरह से प्रभावित होती है। साथ ही ऐसी मृदाओं पर उगी हुई फसलों का सेवन करने से तरह–तरह की बीमारियाँ होती हैं। इन मृदाओं में भारी धातु तत्त्वों जैसे मरकरी, शीशा, कैडिमयम, क्रोमियम, आर्सेनिक इत्यादि की मात्रा काफी अधिक होती है। अतः ऐसी मृदाओं पर जंगली वृक्षों जैसे यूकेलिप्टस (*Eucalyptus tereticornis*), पापुलर (*Populsus deltoids*), वॉस्केट विलो (*Salix viminalis*) को उगाना लाभदायक होता है। इसके अलावा इन मृदाओं पर फूलों की खेती कर लाभ कमाया जा सकता है।

भारत में नहर एवं बाँध सिंचाई के उपयोगी साधन हैं परन्तु इनसे रिसकर आने वाले पानी से किनारे की भूमि जलमग्न हो जाती है। फिर धीरे–धीरे इनमें लवणों की मात्रा बढ़ने लगती है जिससे मृदा गुणवत्ता प्रभावित होता है। इस दशा में नहरों एवं बाँधों के किनारों पर वृक्षों की चौड़ी पट्टी लगायी जानी चाहिए तथा इनके बीच–बीच में बहुवर्षीय घासों, जिनमें वाष्पोत्सर्जन क्षमता अधिक हो, लगना चाहिए। वृक्ष पट्टी लगाने के लिए निम्न वृक्षों का चयन किया जा सकता है :

1. यूकेलिप्टस (*Eucalyptus tereticornis*)
2. पापुलर (*Populsus deltoids*)
3. जामुन (*Syzigium cumini*)

4. अर्जुन (*Terminalia arjuna*)
5. बबूल (*Accacia auriculiformis*)

6. **मृदा सूक्ष्मजीव (Soil Micro-organisms):** मृदा एक सक्रिय माध्यम है जिसमें विभिन्न प्रकार के करोड़ो–अरबों सूक्ष्मजीव जिनका आकार, कार्य एवं लक्षण भिन्न–भिन्न होता है, पाये जाते हैं। एक ग्राम मृदा में इनकी संख्या 2 से 20 मिलियन (20 लाख से 2 करोड़) या इससे भी अधिक हो सकती है। यह संख्या बहुत आश्चर्यजनक लगती है इनके अति सूक्ष्म आकार (जिन्हें साधारण सूक्ष्मदर्शी से स्पष्ट नहीं देखा जा सकता है) को ध्यान में रखने पर इतनी बड़ी संख्या में उपस्थिति अप्रत्यासित नहीं है। सूक्ष्मजीव अपनी ऊर्जा अधिकांशतः जैव पदार्थो का ऑक्सीकरण करके प्राप्त करते हैं। ये जैव अवशेष पादप, जन्तु या अणुजीवी प्रकार के हो सकते हैं। सूक्ष्मजीवियों द्वारा अपघटित हो कर जैव अवशेष सरल रुप में परिवर्तित हो जाते हैं जो सुगमतापूर्वक पौधों को पोषक तत्त्वों के रुप में उपलब्ध हो जाते हैं। इन सूक्ष्मजीवों में मुख्य रुप से जीवाणु, कवक, एक्टिनोमाइसिटिज, शैवाल, प्रोटोजोआ का नाम आता है। जीवाणु मृदा में सबसे अधिक संख्या में पाये जाने वाले सबसे छोटे सूक्ष्मजीव होते हैं। जीवाणु भी दो प्रकार के होते हैं–स्वजीवी एवं परजीवी। स्वजीवी जीवाणु द्वारा मुख्य रुप में नाइट्राइट एवं नाइट्रेट का उत्पादन, आयरन एवं सल्फर का ऑक्सीकरण, जैव पदार्थों से हाइड्रोजन का उत्पादन किया जाता है। वही परजीवी जीवाणु सहजीवी एवं असहजीवी दो प्रकार से मृदा में वायुमण्डलीय नत्रजन का स्थिरीकरण करते हैं जिससे मृदा में नत्रजन की मात्रा में बढ़ोत्तरी होती है। साथ ही कुछ ऐसे भी जीवाणु होते हैं जिन्हें मृदा में पहले से उपस्थित नत्रजन–युक्त पदार्थो की आवश्यकता होती है।

   मृदा पी0एच0 मान अम्लीय होने पर या जैव पदार्थो के प्रचुर मात्रा में उपलब्ध होने पर जीवाणुओं की तुलना में कवकों की संख्या अधिक होती है। मृदा में इनकी संख्या 10,000 से 1,000,000 प्रति ग्राम हो सकती है। कवक सामान्य रुप से जैव पदार्थो जिसमें सेलूलोज, गोंद, लिग्निन इत्यादि के अपघटन में शामिल होते हैं। ये जीवाणुओं के तुलना में ह्यूमस निर्माण में सक्रिय भूमिका निभाते हैं। साथ ही जैव पदार्थो के अपघटन में कार्बन एवं नत्रजन का ह्रास भी तुलनात्मक रुप से कम होता है तथा अपघटित पदार्थ का 50 प्रतिशत कवक ऊतक में ही संरक्षित हो जाता है तथा इनके मृत्यु के पश्चात् पुनः मृदा में वापस लौट जाता हैं। एक्टिनोमाइसिटिज जो जीवाणु एवं कवक के बीच के कड़ी होते हैं, विशेषकर मृदा में नत्रजन का संचार करने में महत्त्वपूर्ण भूमिका निभाते हैं। ये केवल जैव पदार्थो को सिर्फ तोड़ते ही नहीं अपितु ह्यूमस को भी सरल रुपों में परिवर्तित कर देते हैं जिन्हें पौधे पोषक तत्त्वों के रुप में आसानी से ग्रहण कर लेते हैं।

उन मृदाओं में जहाँ नमी की पर्याप्त मात्रा उपलब्ध होती है तथा प्रकाश असानी से पहुँच जाता है, वहाँ शैवाल प्रचुर मात्रा में देखने को मिलते हैं। इनमें मुख्य रुप से हरा, नीला–हरा, पीला–हरा तथा डायटम आते है। शैवालों का मुख्य कार्य वायुमण्ड़लीय नत्रजन को मृदा में स्थिर करना है। कुछ शैवाल उपयुक्त वातावरण में मृदा में वायुमण्ड़लीय नत्रजन को प्रचुर मात्रा में स्थिर करते हैं। ये मृदा में जैव पदार्थो की मात्रा बढ़ाने का कार्य भी करते हैं। इनमें क्लोरोफिल उपस्थित होता है जो प्रकाश संश्लेषण के परिणामस्वरुप कार्बोहाड्रेड (विशेष रुप से स्टार्च) का निर्माण करते हैं जिससे मृदा में जैव पदार्थो की मात्रा में बढ़ोतरी होती है। ये मृदा में वायु संचार में सुधार करते हैं। धान के खेत में ऑक्सीजन की प्रचुर मात्रा उत्सर्जित करते हैं जो धान के लिए काफी लाभदायक होता है। ये मृदा कणों को बाँधने का कार्य करते हैं जिससे मृदा संरचना में सुधार होता है। अनेक मृदा शैवालों (खासकर नीली–हरी शैवाल) में जिलेटिन–युक्त श्लेष्मा द्रव्यों का आवरण होता है जो संभवतः मृदा कणों को बाँधने में सीमेंट का कार्य करते हैं।

संक्षेप में सूक्ष्मजीव मृदा में उपस्थित जैव पदार्थो के अपघटन, अघुलनशील पोषक तत्त्वों को घुलनशील बनाकर पौधों को उपलब्ध करना, वायुमण्ड़लीय नत्रजन का मृदा में स्थिर करना, मृदा में वायु संचार एवं जल धारण क्षमता बढ़ाने, मृदा कणों को आपस में बाँधने इत्यादि कार्य संपन्न करते हैं। इससे मृदा गुणवत्ता में वृद्धि होती है।

7. **जैव उर्वरक (Biofertilizers):** जैव उर्वरक सूक्ष्मजीवों से बना हुआ खाद होता है जो विभिन्न प्रक्रियों की सहायता से मृदा में पोषक तत्त्वों की मात्रा बढ़ाने का कार्य करते हैं। इनमें से कुछ ऐसे होते हैं जो वायुमण्ड़लीय नत्रजन को मृदा में स्थिर करने का कार्य करते हैं जैसे राइजोबियम, एजोटोवैक्टर, एजोस्प्रिलम, फ्रेंकिया, एजोला, नीला–हरा शैवाल इत्यादि। कुछ ऐसे भी सूक्ष्मजीव होते हैं जो अनुपलब्ध अघुलनशील मृदा फॉस्फोरस को घुलनशील बनाकर पौधों को उपलब्ध कराते हैं जैसे बैसिलस मेगाथेरियम, बैसिलस पॉलिमिक्जा, बैसिलस सबटिलिस, बैसिलस सरकुलेंस, स्यूडोमोनास स्ट्रीएटा (ये सभी बैक्टीरिया हैं), एस्पिरजिलस अवामोरी, एस्पिरजिलस नाइगर, पेन्सिलियम डिजिटेटम, ट्राइकोडर्मा स्पीशिज (ये सभी कवक हैं)। मृदा फॉस्फोरस को घुलनशील बनाने वाले सूक्ष्मजीव कार्बनिक अम्लों जैसे साइट्रिक, ऑक्जैलिक, ऐसेटिक, लैटिक, मैलिक, ग्लूटोनिक, अल्फा कीटो ग्लूटोनिक, सक्सिनिक, ग्लायोजेलिक, मेलेइक, फ्यूमेरिक, अल्फा कीटो न्यूटारिक अम्ल इत्यादि उत्पन्न करते हैं जो हाइड्रोजन आयन का स्त्रोत होते हैं तथा खनिज रुप में उपलब्ध फॉस्फोरस को घुला कर पौधों के उपयोग लायक बनाते हैं। साथ ही इन अम्लों द्वारा कैल्शियम, आयरन तथा एल्यूमिनियम बाँधकर इनसे जुड़े फॉस्फोरस को मृदा घोल (soil solution) में मुक्त कर दिया जाता है जिसे पौधे आसानी से ग्रहण कर लेते हैं। फॉस्फोरस को घुलनशील बनाने वाले जैव उर्वरकों को रॉक फॉस्फेट के साथ प्रयोग कर 30 किलोग्राम/हे0 तक फॉस्फोरस को उपलब्ध बनाया जा सकता है। पौधों के

जड़ों के साथ पाया जाने वाला एक अन्य कवक जिसे माइकोराइजा के नाम से जानते है, का भी पोषक तत्त्वों की उपलब्धता में, पौधों के विकास एवं उत्पादन को बढ़ाने में महत्त्वपूर्ण भूमिका होती है। ये फॉस्फेटिक उर्वरकों के उपयोग क्षमता बढ़ाने के साथ–साथ वायुमण्ड़लीय नत्रजन के स्थिरीकरण में सहायक होते हैं। साथ ही पोटाश, सल्फर, कॉपर एवं जिंक का पौधों द्वारा उदग्रहण (uptake) बढ़ाते हैं।

कुछ जैव उर्वरक, जैव पदार्थो के अपघटन में काफी कारगर होते हैं। इनमें मुख्य रुप से ट्राइकोडर्मा वीरिडी, ट्राइचुरस स्पाइलेरिस, एस्पिरजिलस नाइगर, फेनेरोचिएटी क्राइसोस्पोरियम, पिसिलोमाइसिस फुस्सिपोरियम इत्यादि आते है। ये मात्र 2 से 3 माह में ही सेलुलोज एवं लिग्निन से बने पदार्थो को अपघटित कर देते हैं। कुछ जीवाणु पौधों के विकास में सहायक होते हैं जिन्हें पौध विकास प्रोत्साहक मूलजीवाणु (plant growth promoting rhizobacteria) के नाम से भी जानते है जैसे एग्रोबैक्टीरिया, अर्थोबैक्टीरिया, राइजोबियम, एजोटोबैक्टर, इन्टरोबैक्टर इत्यादि।

8. **भूमि–नमी संरक्षण (Soil moisture conservation):** शुष्क एवं अर्धशुष्क क्षेत्रों में पर्याप्त भूमि–नमी की उपस्थिति के दशा में वायु क्षरण की संभावना कम रहती है। इसके लिए तीन कारकों में सुधार करना आवश्यक होता है जो निम्नलिखित हैं–

   (क) अंतःस्यंदन में वृद्धि करके

   (ख) वाष्पन द्वारा नमी ह्रास को कम करके

   (ग) अच्छादित फसलों द्वारा नमी ह्रास को कम करके

   इस उद्वेश्य के लिए समतल वेदिकायन (level terracing), समोच्च एवं पलवार खेती (mulch farming) के साथ–साथ उपयुक्त फसल–चक्र का अपनाया जाना आवश्यक है। मृदा सतह पर उपस्थित फसल–अवशेष भी नमी संरक्षण में सहायक होते हैं। खरपतवार नियंत्रण कर के भी मृदा–नमी को संरक्षित किया जा सकता है।

9. **भू–परिश्करण की विधियाँ (Methods of tillage):** भू–परिष्करण के उपयुक्त विधि से मृदा सतह खुरदरा (rough) एवं ढेलेदार (cloddy) बन जाती है, जिससे वायु वेग के नियंत्रण में सहायता होती है। साथ ही ढेले एवं फसल–अवशेष रहने से मृदा में अंतःस्यंदन एवं अंतस्त्रावण की दर में सुधार होता है। मृदा सतह का बहाव कम होता है। प्राथमिक एवं द्वितीय भू–परिष्करण का बहुत ही महत्त्व है। ढेलेदार सतह के लिए वर्षा के तुरन्त बाद, उपयुक्त नमी पर जुताई करना चाहिए। खेत को क्यारियों में बाँटने के लिए बनायी गयी मेड़ों से भी वायु के वेग को कम किया जा सकता है। साथ ही मेड़ों के बीच वायु वेग में परिवर्तन भी स्वभावतः हो जाता है।

असिंचित क्षेत्रों में जहाँ भू–परिष्करण की क्रियाएँ संचित नमी के संरक्षण में विशेष भूमिका निभाती हैं। ग्रीष्मकालिन गहरी जुताई (summer deep tillage), शून्य परिष्करण (zero tillage), न्यूनतम परिष्करण (minimum tillage) इत्यादि को अपनाना, मृदा गुणवत्ता बढ़ाने में काफी लाभदायक होता है। इससे कम से कम 30 प्रतिशत (1,100 किलोग्राम/हे0) फसल अवशेषों को खेत में छोड़ दिया जाता है जो मृदा में जैव पदार्थ की मात्रा बढ़ाने का कार्य करते हैं साथ ही साथ जल धारण क्षमता एवं वायु संचरण को भी बढ़ाने में सहायक होते हैं।

10. **खेतों में वर्षा जल प्रबंधन (Rain water management in field):** खेत में नमी संचयन के लिए वैज्ञानिक विधियों का चुनाव करना आवश्यक होता है। ऐसा करने से न सिर्फ वर्षा जल का संचयन होता है अपितु विभिन्न स्त्रोतों से संरक्षित नमी के ह्रास को भी रोककर भरपूर फायदा उठाया जा सकता है। भूमि में वर्षा जल के संचयन के लिए, खेत को समतल कर छोटी–छोटी क्यारियों में बाँट देना चाहिए। ऐसा करने से वर्षा जल का बहाव रुकता है तथा अधिकतम जल मृदा में संचित हो जाता है। काली मिट्टी में वर्षा जल संचयन के लिए मेड़बन्दी के बजाय निश्चित दूरी पर खाई खोदना लाभदायक होता है। इसप्रकार वर्षा जल का संचयन कर खेतों से होने वाली उपजाऊ मृदा के बहाव को रोक कर, खेत के उर्वरा शक्ति को नष्ट होने से बचा सकते हैं।

मृदा गुणवत्ता को खराब करने वाले कारक

1. **भारी कृषि यंत्रों का प्रयोगः** भारत में कृषि यंत्र शक्ति का फसलोत्पादन में अहम भूमिका है तथा इसमें हरित क्रांति से लेकर अब तक 3.5 गुणा से भी अधिक की वृद्धि हुई है। देश में 1967 के दौरान कृषि यंत्र शक्ति 0.317 किलोवाट/हे0 थी जो बढ़कर आज 1.35 किलोवाट/हे0 से भी अधिक हो गई हैं। परन्तु अन्य देशों के तुलना में अभी हम काफी पीछे हैं। जपान में जहाँ 13 किलोवाट/हे0 तथा कोरिया में 6 किलोवाट/हे0 कृषि यंत्र शक्ति का इस्तेमाल होता है वही भारत में पंजाब जैसे विकसित राज्य में यह सिर्फ 3.25 किलोवाट/हे0 तक ही सीमित है। देश में कृषिगत यंत्रों का माँग तेजी से बढ़ रहा है और आज यह 30,000 करोड़ रुपये वार्षिक के आँकड़े को भी पार कर गया है। भारत में प्रतिवर्ष करीब 2.5 लाख ट्रैक्टर का उत्पादन होता है। कृषिगत यंत्रों के बढ़ते प्रयोग से फसलों की उत्पादन एवं उत्पादकता में वृद्धि होने से किसानों के लाभ में भी बढ़ोतरी हो रही है।

भारत में बड़े किसान के बीच उच्च क्षमता वाले ट्रैक्टर, कम्बाईन हारवेस्टर, गन्ना हारवेस्टर, ट्रैक्टर चालित कीटनाशक छिड़काव मशीन इत्यादि का प्रचलन बढ़ रहा है। चूँकि ये यंत्र आकार में बड़े तथा वजन में भारी होते है। अतः मृदा के नरम सतह के ऊपर इनके

गुजरने से मृदा दबकर कठोर हो जाती है। परिणामस्वरुप, इसके वायु संचरण एवं जल धारण क्षमता में काफी कमी आती है। साथ ही निराई–गुड़ाई के समय भी परेशानी होती है। प्रतिवर्ष ट्रैक्टर चलित हल से एक ही गहराई पर जुताई करने से मृदा के अधोभाग (subsoil) में कठोर परत का निर्माण हो जाता है जिससे वर्षा जल का रिसाव नीचे के तरफ नहीं हो पाता है। अतः वर्षा जल लम्बे समय तक खेत में टिका रहता है फलस्वरुप फसलों को नुकसान होता है। कठोर परतों के निर्माण के कारण बीजों का अंकुरण तथा पौधों की जड़े नीचे के तरफ विकसित नहीं हो पाती हैं। परिणामस्वरुप, पौधे हवा के झोकों का मुकाबला नहीं कर पाते हैं तथा भूमि पर गिर जाते हैं जिससे उपज में कमी आती है।

एक तरफ भारी यंत्रों के चलने से मटियार एवं दोमट मिट्टी में उपरोक्त समस्या आती है वही बलूई मिट्टी के लिए यह वरदान साबित होते हैं। भारी यंत्रों के चलनें से बलुई मिट्टी में कणों के बीच सधनता बढ़ती हैं जिसे जल धारण क्षमता में वृद्धि होती है। साथ ही वर्षा जल एवं सिचाई जल का रिसाव नीचे के तरफ कम होने से फसलों के लिए नमी लम्बे समय तक बनी रहती है। पौधों की जड़ें मृदा कणों के साथ मजबूती से बँध जाती हैं। अतः हवा के प्रभाव के कारण फसलों को कम से कम नुकसान होता है।

2. **जलवायु** : जलवायुवीय कारकों जैसे वर्षा, तापमान, वायु एवं इसकी आर्द्रता, घनत्व इत्यादि कारक भू–क्षरण को प्रभावित करते हैं। निश्चित अवधि में किसी क्षेत्र में हुई वर्षा की मात्रा एवं मृदा कटाव की मात्रा समानुपाती रुप से संबद्ध होती है। वैसे वर्षा की प्रचण्ड़ता मुख्य रुप से मृदा कटाव को निर्धारित करती है, वर्षा की मात्रा जितनी ही अधिक होगी, जल प्रवाह एवं मृदा कटाव उतनी ही अधिक होने की संभावना रहेगी। हडसन (1971) के अनुसार, यदि वर्षा 1 इंच/घण्टे की दर से ज्यादा है तो वह मृदा क्षरण का कारण बनती है। यदि वर्षा दर 10–15 मिली मीटर/घण्टे की दर से होती है तो उसे भारी वर्षा (heavy rainfall) तथा 50 मिली मीटर/घण्टे से अधिक की दर से होती है तो उसे भीषण वर्षा (severe rainfall) के नाम से जानते है। वर्षा की अवधि जितनी ही अधिक होगी, मृदा कटाव की संभावना उतनी ही अधिक रहेगी।

वायु की गति, अवधि एवं घनत्व तथा विक्षोभ, विशेष रुप से मृदा कटाव को प्रभावित करते हैं जिसके कम या ज्यादा होने पर भी मृदा गुणवत्ता प्रभावित होती है। लगभग 10 किलोमीटर/घण्टे से अधिक वेग पर वायु निश्चित रुप से क्षरणशील हो जाती है। वायु द्वारा मृदा कटाव में जब धूल भरी हवा का वेग कम हो जाता है तो मृदा के मोटे कण टीलों के रुप में एकत्र हो कर उपजाऊ मृदा को ढँक लेते हैं। इसप्रकार कृषि का एक उपजाऊ क्षेत्र, अनउपजाऊ क्षेत्र में परिवर्तित हो जाता है। वायु द्वारा उपरी सतह के हटाये जाने के कारण भूमिगत परत नंगी हो जाता है जिसके कारण मृदा की उत्पादन क्षमता में ह्रास होता है। वायु द्वारा होने वाली हानियों को निम्नलिखित रुप में व्यक्त किया जा सकता है–

(क) मृदा के महत्त्वपूर्ण संघटनों जैसे मृत्तिका, जीवांश पदार्थ इत्यादि उड़कर अन्यत्र चले जाते हैं जिससे उत्पादन क्षमता कम हो जाती है।

(ख) बालू के टीले बन जाते हैं जिनसे सभी कृषि क्रियाएँ प्रभावित होती हैं।

(ग) परिवहित मृदा कणों के विर्सजन के बाद कृषि क्षेत्र, अवासीय स्थान, परिवहन मार्ग एवं अन्य उपयोगी स्थान पर मिट्टी एकत्र हो जाती है। धूल के साथ ही बीमारियों के कीटाणु भी बहकर चले जाते हैं जो स्वास्थ्य के लिए हानिकारक होते हैं।

3. **मृदा प्रदूषक:** मृदा गुणवत्ता को प्रभावित करने में मृदा प्रदूषकों का महत्वपूर्ण हाथ है। इनके अर्न्तगत घरेलू एवं औद्योगिक इकाईयों से निकलने वाला कचरा, एवं अपशिष्ट जल, प्रदूषित जल का भू–जल में रिसाव, अधिक मात्रा में पीड़कनाशी एवं रसायनिक उर्वरकों का प्रयोग, भारी धातु, पेट्रोलियम हाइड्रोकार्बन, प्लास्टिक, टीन, शीशा, बोतल, कपड़ो के टुकड़े, पॉलिथिन, भवनों के पुराने अवशेष, ईट–पत्थर के टुकड़े, सीमेंट के अवशेष इत्यादि आते है जिनसे मृदा के प्राकृतिक गुणों में ह्रास होता है। भारत में महानगरों से प्रतिदिन 50,000–80,000 मिट्रिक टन ठोस अपशिष्ट पदार्थों का उत्पादन होता है जिसका निस्तारण करना एक बड़ी समस्या है। औद्योगिक इकाईओं से निकलने वाले अपशिष्टों में भारी धातुओं जैसे क्रोमियम, कैडमियम, निकेल, शीशा, आर्सेनिक, मरकरी इत्यादि की बहुलता होती है जो मृदा में अपशिष्ट जल एवं ठोस अपशिष्ट के माध्यम से पहुँचते हैं। विभिन्न प्रकार के कवकनाशियों के निर्माण में भी भारी धातुओं जैसे कॉपर एवं मरकरी का इस्तेमाल होता है। वाहनों से निकलने वाले धुँआ में लेड (शीशा) की मात्रा अधिक होती है जो मृदा पर अधिशोषित होते रहते हैं तथा पौधों के लिए हानिकारक साबित होते हैं। एजवेस्टस, ज्वलनशील पदार्थ जैसे मेथेन, कार्बन डाईऑक्साइड, हाइड्रोजन सल्फाइड, कार्बन मोनोऑक्साइड, सल्फर डाईऑक्साइड, पेट्रोल इत्यादि भी मृदा गुणवत्ता को बुरी तरह से प्रभावित करते हैं। रेडियोएक्टिव पदार्थ जैसे यूरेनियम, थोरियम, स्टॉनटियम, इत्यादि से प्रभावित मृदा में उगायी जाने वाली फसल एवं वहाँ की भू–जल का प्रयोग मानव एवं पशुओं में कैंसर जैसे घातक रोग को जन्म देता है जिसका उदाहरण पंजाब के भटिण्डा जिले के कुछ गाँवों में देखा जा सकता है। खासकर रॉक फॉस्फेट से बनाये जाने वाले फॉस्फेटिक उर्वरकों में आर्सेनिक, कैडमियम एवं लेड भी सूक्ष्म मात्रा में पाये जाते हैं जो उर्वरक प्रयोग के साथ ही मृदा में चले जाते हैं तथा जल्दी अपघटित नहीं होते हैं। इन फॉस्फेटिक उर्वरकों के अत्यधिक प्रयोग से मृदा में इनकी मात्रा काफी बढ़ जाती है जो पौधों के स्वास्थ्य के लिए हानिकारक होता है।

4. **मृदा का वनस्पतिविहिन होनाः** मृदा के ऊपर वनस्पतियों के आच्छादन नहीं होने से वर्षा जल एवं वायु का सीधा प्रहार मृदा पर होता है जिसे मृदा कण समूह से अलग हो कर जल एवं वायु द्वारा अन्यत्र स्थानांतरित कर दिये जाते हैं। इसप्रकार मृदा की ऊपरी उपजाऊ भाग नष्ट हो जाता है साथ ही केसिकाओं के अवरुद्ध होने से मृदा की जल धारण क्षमता में भी कमी आती है। वनस्पतिविहिन मृदा में वाष्पन एवं वाष्पोत्सर्जन की दर कम हो जाती है जिसके कारण मृदा में एक बार जल की अत्यधिक मात्रा हो जाने पर यह लम्बे समय तक गीली रहती है जिसके कारण उसपर खेती करना मुश्किल होता है। वनस्पतियों की जड़ें मृदा कणों को आपस में बाँधे रहती हैं तथा जड़ें मृत्यु के पश्चात् सड़कर मृदा में जीवांश पदार्थ की मात्रा बढ़ाते हैं। साथ ही लाभकारी सूक्ष्मजीवों को पर्याप्त भोजन मिलने के कारण उनकी संख्या में बढ़ोतरी होती है। वनस्पतियों के नष्ट होने से संसार से बहुत से पादप एवं जंतुओं की प्रजातियाँ विलुप्त हो रही हैं जो कार्बन डाईऑक्साइड को अवशोषित करने में महत्त्वपूर्ण भूमिका निभाते हैं।

5. **फसल अवशेषों को खेत में जलानाः** फसल अवशेषों को जलाने से मृदा की उर्वरा शक्ति कम होती है। साथ ही इन्हें जलाने के समय निकलने वाली गैसें जैसे कार्बन डाईऑक्साइड, कार्बन मोनोऑक्साइड, सल्फर डाईऑक्साइड इत्यादि स्वास्थ्य पर भी प्रतिकूल प्रभाव डालते हैं। दूसरी ओर फसल अवशेषों में पाये जाने वाले आवश्यक पोषक तत्त्व जल कर नष्ट हो जाते हैं तथा इनके जलने से जहरीली गैसे निकलती हैं। मृदा में पाये जाने वाले मित्र जीव भी जल का नष्ट हो जाते हैं। गेहूँ के फसल से प्रति हेक्टेयर लगभग 60 कुंटल फसल अवशेष प्राप्त होता है जिन्हें मृदा में मिलाने से लगभग 2400 किलोग्राम कार्बन, 36 किलोग्राम यूरिया, 5 किलोग्राम फॉस्फोरस, 264 किलोग्राम पोटैशियम, 5 किलोग्राम सल्फर, 17 किलोग्राम कैल्सियम तथा 5 किलोग्राम मैग्नीशियम प्रति हेक्टेयर पोषक तत्त्व के रुप में मृदा में पुनः वापस लौटा दिया जाता है। वही फसल अवशेषों को जलाने पर 50–85 प्रतिशत पोषक तत्त्व नष्ट हो जाते हैं। यदि पोषक तत्त्वों से प्रचुर इन फसल अवशेषों को 10 किलोग्राम यूरिया के साथ खेत में सड़ा दिया जाये तो सम्पूर्ण पोषक तत्त्व अगामी फसल के लिए उपलब्ध हो जाते हैं। पंजाब, हरियाणा एवं उत्तर प्रदेश के कुछ जिलों में फसल अवशेषों को बड़े पैमाने पर जलाया जाता है जिससे वायु प्रदूषण के साथ–साथ वैश्विक तापन (ग्लोबल वार्मिग) का खतरा भी बढ़ गया है। अभी हाल ही में हरियाणा सरकार ने सभी जिला प्रशासन को निर्देश दिया है कि वर्तमान फसल कटाई मौसम में फसल अवशेष जलाने वालों के खिलाफ कड़ी करवाई की जाय। हरियाणा सरकार ने इसके साथ यह भी निर्देश दिया है कि अगर कोई भी किसान या व्यक्ति ऐसा करते हुए पाया गया तो उसके खिलाफ विशेष पर्यावरणीय अदालतो में मामलें दर्ज किया जायेगा (गाँव कनेक्शन, 12 अक्टूबर 2016)। प्रधानमंत्री श्री नरेन्द्र मोदी ने भी अपने एक भाषण में फसल अवशेषों को जलाने से उत्पन्न हो रहे समस्यों का

जिक्र करते हुए किसानों से अपील किया है कि वे फसल अवशेषों को जलाना छोड़ दें। इसे मृदा स्वास्थ्य खराब होने के साथ–साथ वैश्विक तापन में वृद्धि हो रही है। राष्ट्रीय हरित प्राधिकरण (National Green Tribunal) ने फसल अवशेषो को खेतों में जलाने पर प्रतिबंध लगा दिया है। फसल अवशेष खेतों में जलाना अब दण्डनीय अपराध होगा। फसल अवशेष जलाने पर किसानों को जिनके पास 2 एकड़ से कम खेत है उन्हें रू0 2500, जिनके पास 2–5 एकड़ खेत है उन्हें रू0 1500 तथा बड़े किसान जिनके पास 5 एकड़ से अधिक खेत है उन्हें रू0 15000 का हरजाना फसल अवशेष जलाने के कारण पर्यावरण को होने वाले नुकसान के एवज में देना होगा।

6. **अत्यधिक भू–परिष्करणः** अत्यधिक एवं अवैज्ञानिक ढ़ंग से भू–परिष्करण अर्थात् भूमि की जुताई करने से जल एवं वायु द्वारा मृदा क्षरण की समस्या उत्पन्न हो जाती है। इसके साथ ही बार–बार जुताई करने से एक खास गहराई पर कठोर परत का निर्माण हो जाता हैं जो जल को नीचे जाने से रोकता है। परिणामस्वरुप मृदा की जल धारण क्षमता में कमी आती है तथा खेत में जल ठहराव होने से फसलों को नुकसान होता है। अधिक भू–परिष्करण से मृदा कण ऊपर–नीचे उलटे–पलटे जाते हैं जिससे उनमें निहित कार्बनिक पदार्थ ऑक्सीजन के सम्पर्क में आने से ऑक्सीकृत हो कर कार्बन डाइआक्साइड में परिर्वतित हो कर वायुमण्ड़ल में पहुँच जाते हैं तथा ग्लोबल वार्मिंग (वैश्विक तापन) में योगदान करते हैं। अत्यधिक जुताई से मृदा की संरचना खराब होती है जिससे ये पौधों को बाँधकर खड़ा रखने में असमर्थ हो जाते हैं। परिणामस्वरुप, पौधे हवा के हल्के झोकों के प्रभाव में आने से ही गिर जाते हैं जिससे उत्पादन में भारी गिरावट आती है। इसके साथ ही बार–बार जुताई करने से अधिक धन भी खर्च करना पड़ता है जिससे फसल उत्पादन लागत भी बढ़ जाती है।

7. **सिचाई जल का प्रभावः** सिंचाई जल से मृदा कणों का आपस में बाँधने रखने की शक्ति का ह्रास होता है जिससे मृदा संरचना को नुकसान पहुँचा है। सिंचाई जल के सम्पर्क में आने से मृदा कणों को बाँधने वाले कारक घुल जाते हैं तथा कणों के बीच लगने वाला ससंजन बल (cohesion force) भी कमजोर हो जाता है (मार्सल एवं साथी, 1996)। गीली अवस्था में मिट्टी को ज्यादा दिन तक रहने से भी मृदा संरचना बुरी तरह से प्रभावित होती है। यदि सिंचाई जल तेज गति से मृदा के उपर से गुजरती है तो इस दशा में भी मृदा कण एक स्थान से दूसरे स्थान पर स्थानांतरित होते रहते हैं। सिंचाई जल के साथ यदि बालू मिश्रित रहता है तो यह पूरे खेत में सिंचाई जल के साथ फैल जाता है जिससे मृदा गुणवत्ता प्रभावित होती है। सूखी मिट्टी में मृदा कण मजबूती से एक–दूसरे से जुड़े होते हैं परन्तु सिंचाई जल के सम्पर्क में आने पर तेजी से घुलने लगते हैं तथा मृदा संरचनाविहिन हो जाती है। यदि मृदा में

मॉन्टमोरिलोनाइट प्रकार की क्ले प्रचुर मात्रा में हो तो सिंचाई जल के संपर्क में आने से मृदा फैलने लगती है तथा सूखने पर अत्यंत कठोर हो जाती है जिससे उसमें दरारे पड़ जाती हैं तथा कृषि कार्य करना काफी मुश्किल हो जाता है।

मृदा के भौतिक एवं रसायनिक गुण तथा फसलों के वृद्धि एवं विकास में सिंचाई जल की गुणवत्ता का भी विशेष प्रभाव पड़ता है। सिंचाई जल में लवण उपस्थित नहीं होना चाहिए अन्यथा मृदा में लवणीयता, क्षारीयता, अधिक मात्रा में उपस्थित तत्त्वों के कारण विषात्क्ता, मृदा संरचना का खराब होना इत्यादि समस्याएँ उत्पन्न होंगी। इस प्रकार की समस्याएँ लम्बे समय तक खराब गुणवत्ता वाले सिंचाई जल के प्रयोग करने से देखने को मिलती है। खासकर शुष्क एवं अर्धशुष्क क्षेत्रों में भू–जल सिंचाई के लिए प्रयोग किया जाता है, जिसमें लवणों की सान्द्रता अधिक होती है। ऐसे सिंचाई जल का लम्बे समय तक प्रयोग करने से एक सामान्य प्रकृति की मृदा लवणीय में परिवर्तित हो जायेगी, परिणामस्वरुप फसलोत्पादन में भारी गिरावट आयेगी। सिंचाई जल में कुछ सूक्ष्म तत्त्वों की अधिकतम संस्तुत मात्रा तालिका–2.3 में दी गयी है। सिंचाई जल में इन तत्त्वों की सान्द्रता संस्तुत मात्रा से अधिक होने पर इसे सिंचाई के लिए कत्तई प्रयोग न करें।

तालिका–2.3 सिंचाई जल में सूक्ष्म तत्त्वों की अधिकतम संस्तुत मात्रा

तत्त्व	सूक्ष्म तत्त्वों की अधिकतम संस्तुत मात्रा (मिलीग्राम/ली0)
मॉलिब्डेनम	0.01
कैडमियम	0.01
कोबाल्ट	0.05
आर्सेनिक	0.1
वेनेडियम	0.1
मैंगनीज	0.2
कॉपर	0.2
जिंक	2.0
आयरन	5.0
लेड	5.0

श्रोत–राष्ट्रीय विज्ञान अकादमी (1972) एवं प्रट (1972)

सिंचाई जल की गुणवत्ता का आंकलन कुछ पैमानों को ध्यान में रख कर किया जा सकता है जिन्हें तालिका–2.4 में दर्शाया गया है।

तालिका–2.4 सिंचाई जल की गुणवत्ता का आंकलन हेतु दिशानिर्देश

पैमाने	उपयुक्त	संयत रुप से उपयुक्त	उपयुक्त नहीं
विधुत चालकता (मिली साइमन/मी0)	25 से कम	25–75	75 से अधिक
सोडियम अवशोषण अनुपात	10 से कम	10–18	18 से अधिक
समायोजित सोडियम अवशोषण अनुपात	3.0 से कम	3–9	9 से अधिक
अवशेष सोडियम कार्बोनेट (मिली समतुल्य/ली0)	1.25 से कम	1.25–2.5	2.5 से अधिक
बाईकार्बोनेट (मिली समतुल्य/ली0)	1.5 से कम	1.5–8.5	8.5 से अधिक
नाइट्रेट–नत्रजन (मिली समतुल्य/ली0)	5.0 से कम	5–30	30 से अधिक
बोरान (मिलीग्राम/ली0)	0.75 से कम	0.75–2.0	2.0 से अधिक
क्लोरीन (मिली समतुल्य/ली0)	4.0 से कम	4–10	10 से अधिक
फ्लोराइड (मिली समतुल्य/ली0)	1.0 से कम	1–15	15 से अधिक
पी0एच0	6.5–8.4	8.4–9.5	9.5 से अधिक

श्रोत–खाद्य एवं कृषि संगठन (1994)

8. **ईंट उद्योगः** ईंट निर्माण उद्योग प्रतिवर्ष हेक्टेयर के हेक्टेयर उपजाऊ मृदा को ईंट बनाने के उद्देश्य से भट्ठों में झोंक रहे हैं। भू–स्वामी भी चंद पैसों या ईंट के लोभ में अपनी उपजाऊ मिट्टी को बेचकर नीचे की बची अनउपजाऊ मिट्टी से फसल लेने के लिए अधिक पैसे खर्च करते हैं। कुछ किसान अपने खेत से 3–4 फीट तक की मिट्टी बेच देते हैं जिससे एक उपजाऊ भूमि गड्डे में तब्दील हो जाती है जिसकी भरपाई कभी भी नहीं की जा सकती। साथ ही आस–पास के भूमि के क्षरण का खतरा भी बढ़ जाता है। जैसा कि पहले हम चर्चा कर चुके हैं कि 10 से0मी0 मृदा को बनने में करीब–करीब 2000 वर्ष लग जाते हैं परन्तु इसप्रकार से नष्ट होने में 2 घण्टें का समय भी नहीं लगता है। देश में अधिकांश ईंट उद्योग के पास मिट्टी खनन के लिए आवश्यक अनुज्ञा पत्र भी नहीं है और अवैध तरीके से ही उपजाऊ मिट्टी को मौत के भट्टी में झोंक कर पैसा कमा रहे है। ईंट भट्ठों की धधकती हुई चिमनियों से निकलने वाला धुँआ पर्यावरण के लिए काफी हानिकारक होता है। ईंट भट्ठों से सटे गाँवों में इनसे निकलने वाली जहरीली गैसें एवं धुल–कण से स्वास्थ्य पर बुरा असर पड़ रहा है। इसके साथ ही आस–पास की फसलें, बाग–बगीचे बर्बादी के कागार पर खड़े हैं। यही नहीं यह कारोबार नियमित नहीं होने से सरकार को प्रतिवर्ष लाखों रुपये के राजस्व की भी क्षति हो रही है।

❏❏❏

अध्याय 3

मृदा स्वास्थ्यः मानव एवं पशु स्वास्थ्य हेतु अपरिहार्य

सभी जीवधारी प्रत्यक्ष या अप्रत्यक्ष रूप से भोजन हेतु पौधों पर निर्भर करते हैं। पेड़–पौधे अपना भोजन सूर्य की प्रकाश की उपस्थिति में मृदा से प्राप्त खनिज लवण एवं जल तथा वायुमण्डलीय कार्बनडाइ आक्साइड की सहायता से अपने हरी पत्तियों में बनाते हैं। मनुष्य भोजन के रूप में पौधों के उत्पाद के साथ–साथ पशुओं के उत्पाद जैसे दूध, अण्ड़ा, माँस इत्यादि को ग्रहण करता है। इस प्रकार मृदा–पौधे–पशु के बीच खाद्य–चक्र अनवरत चलता रहता है। खाद्य–चक्र का सबसे महत्वपूर्ण घटक मृदा है जो अपने आप मे सभी तत्वों का भण्डार है।

मृदा स्वास्थ्यः वर्तमान स्थिति

भारतीय मृदाओं की उर्वरता में काफी गिरावट देखने को मिल रहा है। इसका प्रमुख कारण मृदा से पोषक तत्त्वों का हो रहा लगातार दोहन है। हरित क्रांति के बाद देश में रसायनिक खाद का प्रचलन एवं फसलों की उन्नतशील प्रजातियों का विकास काफी तेजी से हुआ। परिणामस्वरुप एक तरफ किसानों का रसायनिक उर्वरकों के प्रति निर्भरता बढ़ती गई, वही कार्बनिक खादों जैसे गोबर की खाद, वर्मी कम्पोस्ट, हरी खाद इत्यादि के प्रयोग में कमी आने लगी। उन्नतशील प्रजातियों में अधिक उत्पादन देने की क्षमता तो है परन्तु इन्हें देशी प्रजातियों की तुलना में अत्यधिक मात्रा में पोषक तत्त्वों की भी आवश्यकता पड़ती है जिसे वो मृदा से पूरा करती हैं। इस प्रकार गुजरते समय के साथ मृदा से पोषक तत्त्वों का दोहन बढ़ता गया जिसकी भरपाई करना मुश्किल होता जा रहा है।

वर्तमान में फसलोत्त्पादन में एक ठहराव सा आ गया है इसके पीछे मुख्य कारण है द्वितीयक एवं सूक्ष्म पोषक तत्त्वों की कमी। भारतीय मृदाओं में सर्वप्रथम 1950 में सिर्फ नाइट्रोजन की कमी देखी गई थी तथा वर्तमान में 10 पोषक तत्वों (चित्र–3.1) की कमी हो गई है। देश की 90 प्रतिशत मृदाएँ नत्रजन, 80 प्रतिशत फॉस्फोरस एवं 50 प्रतिशत पोटैशियम की कमी से जुझ रही हैं।

विगत कुछ दशकों में सघन कृषि पद्वति का प्रचलन बढ़ा है जिसमें अधिक पोषक तत्त्व चाहने वाली उन्नतशील फसल प्रजातियों का समावेश हुआ है। परिणाम स्वरुप एक तरफ रसायनिक उर्वरकों के प्रयोग में अत्यधिक वृद्धि हुई है वही दूसरी ओर कार्बनिक खादों का प्रयोग दिन प्रतिदिन कम होता जा रहा है जिससे मृदा में लाभकारी सूक्ष्मजीवों की संख्या कम हो रही है। रसायनिक उर्वरकों के असंतुलित प्रयोग से मृदा के पैतृक उर्वरा शक्ति में असंतुलन बढ़ रहा है। अखिल भारतीय समान्वित अनुसंधान परियोजना के अन्तगर्त कराये गये 2.5 लाख मृदा नमूनों के जाँच से पता चला है कि भारत में 47 प्रतिशत मृदा में जिंक, 41 प्रतिशत में सल्फर, 32 प्रतिशत में बोरान, 12 प्रतिशत में आयरन, 4 प्रतिशत में मैंगनीज तथा 3 प्रतिशत में कॉपर की कमी पायी गई है। इनमें सल्फर, जिंक एवं बोरान की कमी बड़े पैमाने पर देश भर की मृदा में देखने को मिल रही हैं (तालिका–3.1)। मृदा से पोषक तत्त्वों का अवशोषण तथा उर्वरकों के माध्यम से पुनः इन्हें मृदा में लौटाने के बीच लगभग 8–10 मिलियन टन का ऋणात्मक असंतुलन बना हुआ है जिसकी भरपाई किये बिना मृदा के बेहतर स्वास्थ्य की बात करना बेमानी है। ऐसा अनुमान है कि वर्ष 2050 तक करीब 324, 130, 11, 11 और 3 हजार टन क्रमशः जिंक, आयरन, मैंगनीज, कॉपर, तथा बोरान की आवश्यकता होगी। अतः भविष्य में हमारी नीति एवं योजनाएँ ऐसी होनी चाहिए कि

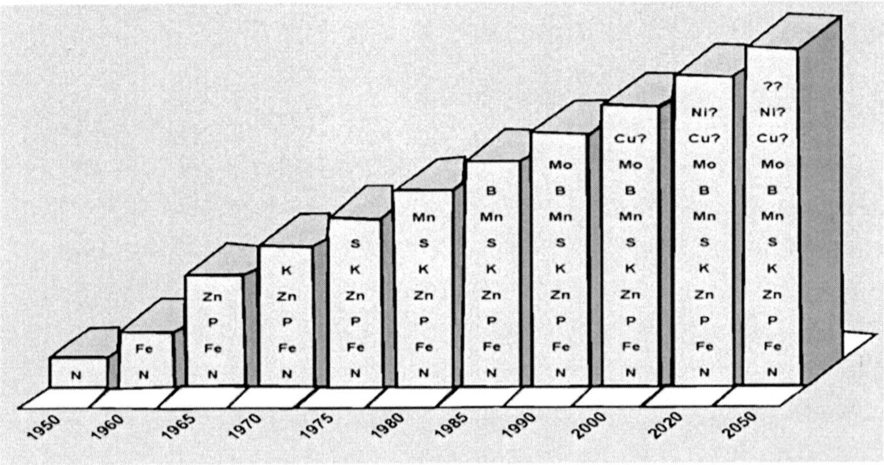

चित्र–3.1 भारतीय मृदाओं में अगामी वर्षों में होने वाले पोषक तत्त्वों की कमी (कत्याल और रतन, 1995)

तालिका–3.1 भारतीय मृदा में सूक्ष्म पोषक तत्त्वों की कमी (राज्य स्तर पर)

पोषक तत्त्व	औसत कमी (%)	पोषक तत्त्वों की औसत कमी
जिंक	47	हरियाणा (61%), पंजाब (47%), उत्तर प्रदेश (45%), मध्य प्रदेश, आन्ध्र प्रदेश और तमिलनाडु (51–56%), बिहार (52%)
आयरन	13	उड़ीसा (54%), बिहार (22%), गुजरात (50–80%), पंजाब, तमिलनाडु, मध्य प्रदेश और हरियाणा (20–45%),
कॉपर	5	बिहार (16%), कर्नाटक (31%), राजस्थान (25%)
मैंगनीज	4	बिहार (11%), कर्नाटक (19%), पंजाब (12%)
बोरान	35	बिहार (39%), पं0 बंगाल (68%), उड़ीसा (69%), असम (17%), पूर्वी उत्तर प्रदेश (24%), कर्नाटक (32%)
मॉलिब्डेनम	–	बिहार (55%), गुजरात (10%), मध्य प्रदेश (18%), हरियाणा (28%)

स्त्रोत–सकल (2001)

हम अनुमानित सूक्ष्म पोषक तत्त्वों की मात्रा को आवश्यकतानुसार उपलब्ध करा सकें। भारतीय मृदाओं में सूक्ष्म पोषक तत्त्वों के कमी के प्रमुख कारण निम्नलिखित हैं–

1. अत्यधिक एवं असंतुलित मात्रा में रसायनिक उर्वरकों का प्रयोग। किसान सिर्फ मुख्य पोषक तत्त्व जैसे नत्रजन, फॉस्फोरस तथा पोटैशियम का ही प्रयोग अधिक करते हैं तथा सूक्ष्म पोषक तत्त्वों का प्रयोग बहुत कम करते हैं।
2. अधिक पोषक तत्त्व चाहने वाली उन्नतशील प्रजातियों का अत्यधिक प्रयोग करना, जो दाने के साथ–साथ भूसा अथवा डण्ठल का भी अधिक मात्रा में उत्पादन करते हैं। फलस्वरुप ये अधिक मात्रा में सूक्ष्म पोषक तत्त्वों का मृदा से अवशोषण करते हैं। जिन्हें किसान पुनः मृदा में उतनी मात्रा में नहीं लौटा पाते हैं।
3. कार्बनिक एवं हरी खादों का प्रयोग कम मात्रा में करना। ये खाद भी कुछ मात्रा में पोषक तत्त्वों को मृदा में बढ़ाते हैं।
4. सूक्ष्म तत्त्व आपूर्ति करने वाले रासायनिक उर्वरकों के उपयोग क्षमता में कमी।
5. अम्लीय मृदाओं में अम्लीयता तथा आयरन एवं एल्यूमिनियम विषाक्तता के कारण मृदा में उपस्थित सूक्ष्म पोषक तत्त्वों का पौधों के लिए उपलब्ध न हो पाना।
6. मृदा की भौतिक, रसायनिक एवं जैविक स्वास्थ्य में गिरावट।

पोषक तत्त्वों के कमी से जुझ रही मृदाओं में समेकित पोषक तत्त्व प्रबंधन (कार्बनिक एवं हरी खाद, जैव उर्वरक एवं रसायनिक उर्वरकों का संतुलित प्रयोग) एवं फसलों पर सूक्ष्म

पोषक तत्त्वों का उचित मात्रा में समय–समय पर छिड़काव करना लाभदायक हो सकता है। इसके साथ ही पादप अनुवांशिकी और अनुवांशिक इंजीनियरिंग अथवा किसी अन्य जैव तकनीक की सहायता से ऐसी प्रजातियों का विकास किया जाय जो कि मृदा में उपस्थित सूक्ष्म पोषक तत्त्वों को ग्रहण कर इनकी मात्रा खाद्य पदार्थो में बढ़ाकर इनकी कमी से उत्पन्न विकार से जुझ रही मानवता की सेवा कर सके।

मानव एवं पशु स्वास्थ्य पर खनिज तत्त्वों का प्रभाव

विश्व स्वास्थ्य संगठन (1976) ने मानव स्वास्थ्य को परिभाषित करते हुए कहा है कि ''मानव स्वास्थ्य, मानव का पूर्ण रुप से शारीरिक, मानसिक तथा सामाजिक विकास की एक उत्तम अवस्था है जिसमें किसी भी प्रकार की बीमारी या कमी की कोई गुंजाइस नहीं होती है।''

विश्व खाद्य शिखर सम्मेलन (1996) में खाद्य सुरक्षा को परिभाषित करते हुए कहा गया ''सभी को हर समय भौतिक एवं आर्थिक आकलन करना होगा ताकि क्रियाशील एवं स्वस्थ जीवन के लिए पर्याप्त, सुरक्षित तथा पौष्टिक भोजन की आवश्यकता को प्राथमिकता के आधार पर पूरा किया जा सके।'' वर्ष 2001 में सम्पन्न वर्ल्ड फोरम ऑन फूड सोवरेनिटि सम्मेलन में यह घोषण की गई कि ''खाद्य सुरक्षा लोगों के लिए है और उनको अधिकार है कि वे सम्पोष्य खाद्य उत्पादन, वितरण एवं उपभोग की अपनी नीति एवं योजनाएँ बनाये जो सम्पूर्ण जनसंख्या को भोजन उपलब्ध करने की गरांटी दें। अल्पसंख्यक एवं बहुसंख्यक जनसंख्या के आधार पर उनके अपने रीति रिवाज के हिसाब से, किसानों को विभिन्नता के आधार पर मछली एवं दूसरे कृषिगत उत्पादों का उत्पादन एवं व्यवसाय करने तथा ग्रामीण क्षेत्रों का प्रबंधन जिसमें महिलाएँ आधारभूत भूमिका निभाएँ, का अधिकार मिले।''

विश्व मे कुल कुपोषित जनसंख्या की आधी अबादी दक्षिण एशिया में निवास करती है जिनमें अधिकांशतः कैलोरी तथा प्रोटीन की कमी से पीड़ित है। अब भी वैश्विक भूख सूचकांक (world hunger index) में भारत का 66वां स्थान है। प्रोटीन, ऊर्जा, सूक्ष्म पोषक तत्त्वों की कमी समन्वित रूप मे कुपोषण को प्रदर्शित करते है। वैज्ञानिकों के अनुसार पौधों, पशुओं तथा मनुष्य को क्रमशः 17, 18 तथा 19 पोषक तत्त्वों की आवश्यकता पड़ती है, जिन्हें तालिका–3.2 में दर्शाया गया है।

तलिका–3.2 विभिन्न जीवधारियों के लिए आवश्यक पोषक तत्त्व

जीवधारी	आवश्यक पोषक तत्त्व
पौधा(17)	कार्बन (C), हाइड्रोजन (H), ऑक्सीजन (O), नत्रजन (N), फॉस्फोरस (P), पोटैशियम (K), कैल्सियम (Ca), मैग्नीशियम (Mg), सल्फर (S), आयरन (Fe), मैंगनीज (Mn), कॉपर (Cu), जिंक (Zn), बोरान (B), क्लोरीन (Cl), मॉलिब्डेनम (Mo) और निकिल (Ni)।
पशु(18)	कार्बन, हाइड्रोजन, ऑक्सीजन, नत्रजन, फॉस्फोरस, पोटैशियम, कैल्सियम, मैग्नीशियम, सल्फर, आयरन, मैंगनीज, कॉपर, जिंक, बोरान, क्लोरीन, मॉलिब्डेनम, सोडियम (Na), आयोडीन (I) और कोबाल्ट (Co)।
मनुष्य(19)	कार्बन, हाइड्रोजन, ऑक्सीजन, नत्रजन, फॉस्फोरस, पोटैशियम, कैल्सियम, मैग्नीशियम, सल्फर, आयरन, मैंगनीज, कॉपर, जिंक, बोरान, क्लोरीन, मॉलिब्डेनम, सोडियम, आयोडीन, कोबाल्ट और फ्लोराइड (F)।

मानव शरीर के वृद्धि एवं विकास के लिए मुख्य रुप से कार्बोहाइड्रेट, प्रोटीन, लिपिड्स, विटामीन, वसीय अम्ल तथा मुख्य एवं सूक्ष्म खनिज तत्त्वों की आवश्यकता होती है (तालिका–3.3)।

तालिका–3.3 मानव जीवन के सम्पोषण हेतु आवश्यक भोज्य अवयव

कार्बोहाइड्रेट	लिपिड़ एवं वसा अम्ल	विटामीन (अमीनो अम्ल)	सूक्ष्मपोशक तत्व	मुख्य पोषक तत्व	प्रोटीन
जल कार्बोहाइड्रेट	लिनोलेइक अम्ल लिनोलेनिक अम्ल	ए0, डी0, ई0, के0 सी0 (एस्कार्विक अम्ल), बी1 (थायमीन), बी2 (राइबोफ्लेबिन), बी3 (पेन्टिथेनिक अम्ल), नायसीन, बी6 (पाईरीडाक्सीन), फोलेट, बायोटीन, बी12 (कोबालामीन)	आयरन, जिंक, कॉपर, मैगनीज, आयोडीन, फ्लोराइड, बोरान, मॉलिब्डेनम, सेलेनियम, निकिल, क्रोमियम, वेनेडियम, सिलिकॉन, आर्सेनिक, लिथियम, स्टैनम (टीन), कोबाल्ट (विटामीन– बी12 में)	सोडियम पोटैशियम, कैल्सियम, मैग्नीशियम, सल्फर, फॉस्फोरस, क्लोरीन	मेथियोनिन, फेनाइलालेनिन, थ्रियोनिन, सिस्टीन, सिस्टाइन, ट्रिप्ओफेन, वेलानिन, हिस्टीडिन, आइसोल्यूसिन, ल्यूसिन, लायसिन
2	2	13	17	7	11

नोटः भोजन में पाये जाने वाले अन्य बहुत से लाभकारी अवयव उत्तम स्वास्थ्य में महत्त्वपूर्ण भूमिका निभाते है (वेल्च 2004)।

संयुक्त राष्ट्र संघ (1991) के अनुसार–खाद्य पदार्थ में आयोडीन, आयरन, जिंक एवं विटामिन की कमी से विश्व मे 3 मिलियन मनुष्य के स्वास्थ्य, मानसिक एवं शारीरिक क्षमता पर प्रतिकूल असर पड़ रहा है जिनमें बच्चे एवं महिलाएँ सबसे ज्यादा पीड़ित है। भारत में

मनुष्य एवं पशुओं में मुख्यतः कैल्सियम (Ca), फॉस्फोरस (P), सोडियम (Na), कॉपर (Cu), जिंक (Zn), कोबाल्ट (Co), आयोडिन (I), आयरन (Fe) तथा सेलेनियम (Se) की कमी देखी गयी है। पशुओं में खनिज तत्त्वों की आवश्यकता को तालिका–3.4 में दिया गया है।

तालिका–3.4 पशुओं के खनिज तत्त्वों की आवश्यक मात्रा

खनिज तत्त्व	पशुओं के लिए आवश्यक मात्रा (मिलीग्राम/किलोग्राम शरीर भार)
जिंक (मिलीग्राम/किलोग्राम)	80
आयरन (मिलीग्राम/किलोग्राम)	50
मैंगनीज (मिलीग्राम/किलोग्राम)	40
कॉपर (मिलीग्राम/किलोग्राम)	10
आयोडीन (मिलीग्राम/किलोग्राम)	0.6
कैल्सियम (मिलीग्राम/100 ग्राम)	0.43
फॉस्फोरस (मिलीग्राम/100 ग्राम)	0.23

शरीर में खनिज तत्त्वों का पर्याप्त एवं संतुलित मात्रा में होना अति आवश्यक है (तालिका–3.5)। चूँकि मानव एवं पशु भोजन के लिए पौधों पर निर्भर रहते हैं तथा पौधे मृदा पर। अतः मृदा में पोषक तत्त्वों की कमी का सीधा प्रभाव पौधों पर देखा जा सकता है तथा ऐसे पौधों के उत्पाद को खाने से मानव एवं पशुओं में भी इनके कमी के लक्षण स्पष्ट दिखाई देते हैं। खनिज लवणों की कमी सबसे पहले पशुओं में दिखाई देती है। लम्बे समय तक असंतुलित खनिज लवण वाले भोज्य पदार्थ का सेवन करने से, मनुष्य में खनिज लवण की कमी हो जाती है तथा भिन्न–भिन्न प्रकार के लक्षण देखने को मिलते हैं। मानव के लिए आवश्यक पोषक तत्त्वों का विवरण तालिका–3.5 में दिया गया है।

मानव स्वास्थ्य को सुचारु रुप से बनाये रखने के लिए खाद्य पदार्थों के अतिरिक्त सब्जियों एवं फलों का विशेष महत्त्व है। ये विटामीन तथा खनिज लवणों के प्रमुख स्त्रोत होते हैं जो कि मानव शरीर को रोग प्रतिरोधी क्षमता प्रदान करते हैं। एक स्वस्थ मनुष्य के लिए लगभग 400 ग्राम फल एवं 280 ग्राम सब्जियों का प्रतिदिन सेवन करना अनिवार्य है। कुछ प्रमुख फलों में पोषक तत्त्वों की मात्रा का विवरण तालिका–3.6 में तथा सब्जियों में इनकी मात्रा तालिका–3.7 में दर्शाया गया है।

अन्डरवुड एवं सूटले (1999) के अनुसार उष्ण प्रदेशों की मृदाओं में खनिज तत्त्वों के असंतुलन के कारण पशुओं में कुपोषण तथा बंझापन की गम्भीर समस्या उत्पन्न होती है। साथ ही ऐसी मृदाओं में उत्पादित फसल जनित एवं पशुजनित खाद्य–पदार्थ में भी खनिज

तलिका—3.5 मानव भारीर के पोषक तत्त्वो की संस्तुत मात्रा

समूह	उम्र	मिलीग्राम/किलोग्राम					माइक्रोग्राम/किलोग्राम						
		Ca	P	Mg	K	Na	Zn	Cu	Cr	S	Mo	Na	Cl
व्यस्क	19—50 वर्ष	1000	700	360	4700	1500	11*	0.90	25* 35**	150	1500	1500	2300
व्यस्क	51 वर्ष	1200	700	360	4700	1300 1200**	9**		30* 20**	130	1300	1300	2000
शिशु	0—6 माह	210	100	30	400	120	2	200	0.2	110	120	120	180
बच्चे	7—12 माह	270	275	75	700	370	3	220	5.5	130	370	370	570
	1—3 वर्ष	500	460	80	3000	1000	5	340	4	90	1000	1000	1500
	4—8 वर्ष	800	500	130	3800	1200	8	440	15	90	1200	1200	1900
	9—13 वर्ष			240	4500	1500			25* 21**	120	1500	1500	2300
	14—18 वर्ष	1300	1250	410*	4700 360**		11* 9**	890	35 24	150	1500	1500	2300
गर्भवती	18 वर्ष से कम	1300	1250	400	4720	500	12	1000	30	220	1500	1500	
	19 वर्ष से अधिक	100	700	350	5100	2300	13						

*पुरूष **महिला, श्रोतः इन्स्टिट्यूट् आफॅ मेडिसिन, संस्तुत की गई औसत खुराक वाशिंगटन डी0 सी0 नेशनल ऐकेडमी प्रेस 1997—2004

तालिका–3.6 कुछ महत्त्वपूर्ण फलों के पोषक तत्त्व

तत्त्व / पदार्थ	पपीता	केला	अमरुद	आम	लीची	कटहल	अंगूर	सेब	आड़ू
नमी (%)	89.60	61.40	76.10	86.10	84.30	72.20	85.50	85.90	90.10
प्रोटीन (%)	0.50	1.30	1.50	0.60	0.70	1.90	0.80	0.30	1.50
वसा (%)	0.10	0.20	0.20	0.10	0.30	0.10	0.01	0.10	0.20
खनिज पदार्थ (%)	0.40	0.70	0.80	0.30	0.70	0.80	0.40	0.30	0.60
रेशा (%)	—	—	6.90	1.10	2.25	1.10	3.00	—	—
कार्बोहाइड्रेट (%)	9.50	36.40	14.50	11.80	9.40	18.90	10.20	13.40	7.60
कैल्सियम (%)	0.01	0.01	0.01	0.01	0.21	0.02	0.03	0.01	0.01
फॉस्फोरस (%)	0.01	0.05	0.04	0.20	0.03	0.03	0.02	0.02	0.03
आयरन (%)	0.20	0.40	1.00	0.30	—	0.50	0.40	1.70	1.70
निकोटिनिक अम्ल (मिग्रा)*	0.20	0.30	0.20	0.30	—	0.40	—	0.20	0.20
विटामीन ए (आई. यू.)*	2020	सूक्ष्म	सूक्ष्म	4800	14	540	15	सूक्ष्म	सूक्ष्म
विटामीन–बी1 (आई. यू.)*	40	150	30	40	87.50	30	सूक्ष्म	120	20
विटामीन–सी (आई. यू.)*	46	1	299	13			3	2	1
कैलोरी क्षमता*	40	153	66	50	42	84	45	56	38
राइबोफ्लेविन (विटामीन–बी2 मिग्रा)*	250	30	30	50	122.5	—	—	30	1

तालिका–3.7 कुछ महत्त्वपूर्ण सब्जियों के पोषक तत्त्व

तत्त्व / पदार्थ	प्रति 100 ग्राम खाद्यांश								
	आलू	टमाटर	बैंगन	फूलगोभी	बंदगोभी	मूली	गाजर	करेला	परवल
नमी (ग्राम)	74.7	91.3	92.2	90.8	91.9	94.4	86.0	83.2	92.0
प्रोटीन (ग्राम)	1.6	1.9	1.4	2.6	1.8	0.7	0.9	2.1	2.0
वसा (ग्राम)	0.1	0.1	0.3	0.4	0.1	0.1	0.2	1.0	0.3
खनिज पदार्थ (ग्राम)	0.6	0.6	0.3	1.9	0.6	0.6	1.1	1.5	0.5
रेशा (ग्राम)	0.4	0.7	1.3	1.2	1.0	0.8	1.2	4.2	30.0
कार्बोहाइड्रेट (ग्राम)	22.6	3.5	4.0	4.0	4.6	3.4	10.6	9.8	2.2
कैल्सियम (मिग्रा)	10	20	18	33	39	50	80	50	30
मैग्नीशियम (मिग्रा)	20	15	16	20	10	–	4	21	9
ऑक्जैलिक एसिड (मिग्रा)	20	2	18	19	3	9	5	–	7
निकोटिनिक एसिड (मिग्रा)	1.2	0.4	–	1.0	0.4	0.5	0.6	0.4	0.5
आयरन (मिग्रा)	0.7	1.8	0.9	1.0	0.8	0.4	2.2	9.4	1.7
सोडियम (मिग्रा)	1.9	45.8	3.0	53.0	14.1	33.0	35.6	2.4	2.0
पोटैशियम (मिग्रा)	247	114	2	113	114	138	108	171	83
कॉपर (मिग्रा)	–	0.2	0.2	0.1	0.1	–	0.1	0.2	1.1
सल्फर (मिग्रा)	3	24	44	–	6	–	27	21	17
क्लोरीन (मिग्रा)	0.1	38.0	52.0	–	–	–	–	8.0	4.0
थायमीन (मिग्रा)	10.0	0.07	0.04	0.04	0.06	0.06	0.04	0.07	0.95
राइबोफ्लेविन (मिग्रा)	0.01	0.01	0.11	0.10	0.03	0.02	0.02	0.06	0.06
विटामीन–सी (मिग्रा)	17	31	12	6	124	15	3	96	23
विटामीन–ए (आई. यू.)	40	32	124	51	20	5	31	210	255
फॉस्फोरस (आई. यू.)	44	35	47	57	4.40	22	30	140	40
कैलोरी	97	23	24	30	27	17	47	60	20

पदार्थो की मात्रा सामान्य से बहुत कम होता है परिणाम स्वरूप मानव स्वास्थ्य पर प्रतिकूल प्रभाव पड़ता है। सामान्यतया मनुष्य एवं पशु के कुल शारीरिक भार का 5 प्रतिशत खनिज तत्त्व होते हैं जो शरीर के संरचना एवं कायिक क्रियाओं के संचालन में महत्त्वपूर्ण भूमिका निभाते हैं। राज्य स्तर पर सामान्य पशु पोषण में खनिज तत्त्वों की कमी को तालिका–3.8 में दर्शाया गया है।

तालिका–3.8 सामान्य पशु पोषण में खनिज तत्त्वों की कमी (राज्य स्तर पर)

राज्य	क्षेत्र	खनिज तत्त्वों की कमी
अरुणाचल प्रदेश	पहाड़ी एवं पर्वतीय क्षेत्र	सोडियम, पोटैशियम, मैग्नीशियम, कॉपर, मैंगनीज
असम	निचली ब्रह्मपुत्र घाटी	फॉस्फोरस
	ड़परी ब्रह्मपुत्र घाटी	फॉस्फोरस, कैल्सियम, कॉपर
	बरक घाटी	कैल्सियम, फॉस्फोरस, कॉपर
	मध्य ब्रह्मपुत्र घाटी	कैल्सियम, फॉस्फोरस, कॉपर
	उत्तरी तटीय समतल क्षेत्र	कैल्सियम, फॉस्फोरस, कॉपर
	पहाड़ी क्षेत्र	कैल्सियम, फॉस्फोरस, मैग्नीशियम, कॉपर
पश्चिम बंगाल	उत्तरी पहाड़ी क्षेत्र	कैल्सियम, फॉस्फोरस, कॉपर
	तराई क्षेत्र	कैल्सियम, फॉस्फोरस, जिंक, मैंगनीज
	नया जलोढ़ क्षेत्र	कैल्सियम, फॉस्फोरस, कॉपर, जिंक
	पुराना जलोढ़ क्षेत्र	कैल्सियम, फॉस्फोरस, जिंक
	लाल लेटेराइट क्षेत्र	कैल्सियम, फॉस्फोरस, कॉपर
	तटीय लवणीय क्षेत्र	कैल्सियम, फॉस्फोरस, कॉपर, जिंक, मैंगनीज
बिहार	दक्षिणी–पश्चिमी अर्ध शुष्क क्षेत्र	फॉस्फोरस, कॉपर, जिंक, कोबाल्ट, मैंगनीज
	मध्य समतल क्षेत्र	फॉस्फोरस, मैग्नीशियम, कॉपर, जिंक, आयरन
	पूर्वी समतल क्षेत्र	फॉस्फोरस, कॉपर, कोबाल्ट, मैंगनीज
उत्तर प्रदेश	बुंदेलखण्ड़ क्षेत्र	कैल्सियम, फॉस्फोरस, कॉपर, जिंक
	भाबर एवं तराई क्षेत्र	कैल्सियम, कॉपर, मैंगनीज, कोबाल्ट
	पश्चिमी समतल क्षेत्र	कैल्सियम, फॉस्फोरस, कॉपर, जिंक, मैंगनीज
	पूर्वी समतल क्षेत्र	फॉस्फोरस, आयोडीन, सल्फर, जिंक
	विन्ध्य क्षेत्र	फॉस्फोरस, जिंक, आयरन
उत्तराखण्ड़	पहाड़ी क्षेत्र (वर्षा आधारित)	कैल्सियम, फॉस्फोरस, कॉपर, कोबाल्ट
	तराई–भाबर क्षेत्र (सिंचित)	कैल्सियम, कॉपर, कोबाल्ट

गुजरात	वर्षा आधारित	कॉपर, जिंक
	सिंचित	जिंक
	शुष्क	कैल्सियम, फॉस्फोरस, जिंक
	अर्ध शुष्क	कैल्सियम, फॉस्फोरस, जिंक
	पहाड़ी	जिंक
पंजाब	सिंचित	कैल्सियम, फॉस्फोरस, कॉपर, जिंक
मध्य प्रदेश	उत्तरी पहाड़ी क्षेत्र	फॉस्फोरस, जिंक
	कैमूर प्लेटू एवं सतपुड़ा पहाड़ी क्षेत्र	फॉस्फोरस, जिंक
	विन्ध्य प्लेटू	फॉस्फोरस, जिंक, आयरन
	मध्य नर्मदा घाटी	फॉस्फोरस, जिंक, मैंगनीज
	ग्रीड क्षेत्र	फॉस्फोरस, जिंक, आयरन, मैंगनीज
	बुंदेलखण्ड़ क्षेत्र	फॉस्फोरस, जिंक, आयरन, मैंगनीज
	सतपुड़ा प्लेटू	फॉस्फोरस, जिंक, आयरन
	मलवा घाटी	फॉस्फोरस, जिंक, मैंगनीज
	निमार घाटी	जिंक, मैंगनीज
	झाबुआ पहाड़ी क्षेत्र	आयरन, जिंक, मैंगनीज
राजस्थान	अर्ध शुष्क	कैल्सियम, फॉस्फोरस, जिंक
	शुष्क	जिंक, कॉपर
हरियाणा	सिंचित	कैल्सियम, फॉस्फोरस, कॉपर, जिंक, मैंगनीज
हिमाचल प्रदेश	शिवालिक पहाड़ी क्षेत्र	कैल्सियम, जिंक, पोटैशियम
	मध्य पहाड़ी क्षेत्र	कैल्सियम
	उच्च पहाड़ी क्षेत्र	कैल्सियम
	सर्द शुष्क क्षेत्र	कैल्सियम, फॉस्फोरस, जिंक, कॉपर
महाराष्ट्र	उत्तरी कोंकण समुद्रतट	कैल्सियम, फॉस्फोरस, मैग्नीशियम, आयरन
	पश्चिमी घाट	कॉपर, जिंक
	परिवर्तन क्षेत्र–1	कैल्सियम, फॉस्फोरस, मैग्नीशियम, कॉपर, आयरन, जिंक
	परिवर्तन क्षेत्र–2	कैल्सियम, फॉस्फोरस, मैग्नीशियम, कॉपर, आयरन, जिंक
कर्नाटक	उत्तरी–पश्चिमी परिवर्तन क्षेत्र	कैल्सियम, फॉस्फोरस
	उत्तरी–पश्चिमी शुष्क क्षेत्र	कैल्सियम, जिंक

	उत्तरी शुष्क क्षेत्र	कैल्सियम, फॉस्फोरस, मैग्नीशियम, कॉपर, जिंक
	मध्य शुष्क क्षेत्र	कैल्सियम, फॉस्फोरस, मैग्नीशियम, कॉपर, जिंक
	पूर्वी शुष्क क्षेत्र	कैल्सियम
	दक्षिणी शुष्क क्षेत्र	कैल्सियम, फॉस्फोरस, जिंक
	दक्षिणी परिवर्तन क्षेत्र	कैल्सियम, कॉपर, जिंक
	उत्तरी परिवर्तन क्षेत्र	कैल्सियम, फॉस्फोरस, कॉपर, जिंक, आयरन
	पहाड़ी क्षेत्र	कैल्सियम, फॉस्फोरस, कॉपर, जिंक
	समुद्रतटीय क्षेत्र	कॉपर, जिंक
केरल	उत्तरी क्षेत्र	कैल्सियम, फॉस्फोरस, मैग्नीशियम, कॉपर, मैंगनीज
	मध्य क्षेत्र	कैल्सियम, फॉस्फोरस, मैग्नीशियम
	उच्च रेंज क्षेत्र	कैल्सियम, फॉस्फोरस, मैग्नीशियम
	विशेष समस्याग्रस्त क्षेत्र	कैल्सियम, फॉस्फोरस, मैग्नीशियम, कॉपर, जिंक
	दक्षिणी क्षेत्र	कैल्सियम, फॉस्फोरस, कॉपर, जिंक, मैंगनीज
तमिलनाडु	वर्षा आधारित	कैल्सियम, फॉस्फोरस, कॉपर, जिंक
	सिंचित	कॉपर, जिंक, मैंगनीज
	समुद्रतटीय	कैल्सियम, फॉस्फोरस, कॉपर, जिंक
	पहाड़ी एवं पर्वतीय	फॉस्फोरस, कॉपर, जिंक
आन्ध्र प्रदेश	वर्षा आधारित क्षेत्र	कैल्सियम, फॉस्फोरस, कॉपर, जिंक, मैंगनीज
	समुद्रतटीय क्षेत्र	कैल्सियम, फॉस्फोरस, कॉपर, जिंक
	शुष्क क्षेत्र	कॉपर, जिंक, मैंगनीज

जीवधारीयों के लिए आवश्यक पोषक तत्त्वों के अलावा कुछ ऐसे भी तत्त्वों की आवश्यकता होती है जिनकी मात्रा क्रांतिक स्तर (threshold level) से थोड़ा भी अधिक हो जाए तो ये विषतुल्य हो जाते हैं जैसे लेड (Pb), मरकरी (Hg), कैडमियम (Cd), आर्सेनिक (As), फ्लोराइड (F) इत्यादि। इसी प्रकार मृदा में खनिज तत्त्वों कमी एवं अधिकता दोनों ही पौधों, पशुओं एवं मानव स्वास्थ्य पर प्रतिकूल प्रभाव डालते हैं। अतः यहाँ विस्तार पूर्वक इनका चर्चा करना आवश्यक है।

मुख्य पोषक तत्त्व

नत्रजन (N): नत्रजन, नाइट्रेट रूप में रिसाव एवं बहाव के कारण भू–जल में पहुँचता है। जिसे सूक्ष्मजीव नाइट्रेट से नाइट्रोसामीन में परिवर्तित कर देते हैं। नाइट्रेट प्रदूषण से शिशु में **''ब्लू बेबी सिन्ड्रोम''** **(सायनोसीस)** होता है। साथ ही पेयजल में इसकी

अत्यधिक मात्रा, व्यस्क में कैंसर को जन्म देता है। विश्व स्वास्थ्य संगठन के अनुसार पेयजल मे नाइट्रेट की मात्रा 10 मिली ग्राम प्रति लीटर (45 मिली ग्राम नाइट्रोजन ग्राम प्रति लीटर) से ज्यादा होने पर इसे पीना स्वास्थ्य के लिए अच्छा नहीं है। तीन माहः तक के नवजात शिशुओं के यकृत में नाइट्रेट को सूक्ष्म जीवों द्वारा नाइट्राइट में बदल दिया जाता है जो रक्त द्वारा अवशोषित कर लिया जाता है। रक्त में यह हीमोग्लोबीन के साथ मिलकर एक अक्रियाशील मेथेमोग्लोबिन बनाता है जो रक्त की आक्सीजन परिवहन की शक्ति को क्षीण कर देता है। इसके परिणाम स्वरूप शिशुओं के त्वचा का रंग नीला पड़ जाता है। जुगाली करने वाले पशुओं के आमाशय में पाये जाने वाले सूक्ष्मजीव नाइट्रेट को नाइट्राइट में परिवर्तित कर देते है जो **मेथेमोग्लोबिनेमिया** का कारण बनता है। गर्भवती गायों में नाइट्रेट–नत्रजन की मात्रा अधिक होने पर गर्भपात होने का खतरा बढ़ जाता है। मनुष्य के शरीर में एमाइन एवं नाइट्रेट आपस में अभिक्रिया करके **नाइट्रोसामिन्स** बनाते है जो कैंसर का मुख्य कारक है। इस समस्या से निपटने हेतु उचित जल प्रबंधन, जीवांश पदार्थो का प्रयोग करना तथा नाइट्रोजनीय उर्वरकों का थोड़ी–थोड़ी मात्रा में 2 या 3 बार में प्रयोग करना चाहिए।

फॉस्फोरस (P): शारीरिक विकास के लिए यह दूसरा सबसे महत्त्वपूर्ण तत्त्व है। शरीर में कुल फॉस्फोरस का 80 प्रतिशत हिस्सा हड्डियों एवं दाँतों के निमार्ण में तथा शेष कोशिकाओं एवं तरल पदार्थो के संघटन में खर्च होता है। यह कंकाल तंत्र, तंत्रिका तंत्र तथा माँसपेशियों में समान रुप से पाया जाता है। यह न्यूकिलियो प्रोटीन (डी0एन0ए0 एवं आर0एन0ए0) एवं एडिनोसिन ट्राई फॉस्फेट (ए0टी0पी0) का संघटक अवयव है तथा खनिज तत्त्वों के अवशोषण, ग्लूकोनिओजेनेसिस (ग्लूकोज का संश्लेषण), अमीनों एसिड (amino acid) एवं प्रोटीन संश्लेषण, वसीय अम्लों (Fatty acid) के स्थानांतरण तथा सोडियम–पोटैशियम के संतुलन में अहम भूमिका निभाता है। इसकी कमी से बच्चों में **सूखा रोग (rickets)** तथा व्यस्क में **अस्थिमृदुलता (osteomalacia)** की समस्या उत्पन्न होती है। वही रक्त–सीरम में इसकी सान्द्रता कम होने से **हाईपोफॉस्फेटेमिया (hypophosphatemia)** नामक बीमारी होती है।

पोटैशियम (K): शरीर में लवणों (salts) के संतुलन में यह महत्वपूर्ण भूमिका निभाता है। इसकी कमी से भूख का न लगना, बालों के चमक में कमी तथा रक्त–प्लाज्मा में कमी आना इत्यादि महत्वपूर्ण लक्षण हैं। यह शरीर में माँसपेशियों के मरम्मत, उत्तेजित तथा उन्हें स्वस्थ रखने वाले इलेक्ट्रोलाइट्स में संतुलन बनाने का कार्य करता है। कोशिकाओं में इसकी सान्द्रता 100–160 मिलीमोल/लीटर तक होता है जो प्लाज्मा में इसकी सान्द्रता का 25–30 गुना ज्यादा है। यह तंत्रिका तंत्र से संबंधित माँसपेशियों को उत्तेजित करने में महत्त्वपूर्ण भूमिका निभाता है। यह सभी प्रकार के रासन में पर्याप्त मात्रा में उपलब्ध होता है। मनुष्य एवं पशु में इसकी कमी के लक्षण बहुत कम देखने को मिलता है। इसकी कमी उन पशुओं में अधिक देखने को मिलती है जिन्हें हरा चारा नहीं दिया जाता

है। इसके कमी से पशुओं में भूख कम लगना, बालों का रुखापन (चमक की कमी) तथा रक्त में पोटैशियम की कमी हो जाती है। आमतौर पर पशुओं में इसकी कमी के अपेक्षा इसकी अधिकता से होने वाली समस्याएँ अधिक देखने को मिलती हैं।

कैल्शियम (Ca): यह हड्डियों के निर्माण में अहम भूमिका निभाता है। दुधारु पशुओं में कैल्शियम की मात्रा पर्याप्त नहीं होने से उनका स्वास्थ्य क्षीण होने लगता है। इसका मुख्य कारण दुध मे कैल्शियम की मात्रा (1.2 ग्राम प्रति लीटर) को पूरा करने के लिए हड्डियों से कैल्शियम का क्षरण होना है। परिणाम स्वरूप हड्डियाँ क्षणभंगुर हो जाती हैं तथा पशु कमजोर हो जाता है। भारत में सुखे चारे पर पलने वाले पशुओ में कैल्शियम की न्यूनता देखी गई है क्योंकि सूखे चारे में ऑक्जेलेट की मात्रा अधिक पाई जाती है जो कैल्शियम के साथ मिलकर अघुलनशील कैल्शियम ऑक्जेलेट का निर्माण करता है। इसप्रकार कैल्शियम की कमी से जुझने वाले पशु के दुध मे कैल्शियम की कमी पाई जाती है जिसे सेवन से कैल्शियम की पूर्ति नहीं हो पाती है। मृदा में कैल्शियम की कमी का मुख्य कारण मृदा का अम्लीय होना, सघन फसल उत्पादन पद्धति का अपनाया जाना एवं आवश्यकतानुसार कैल्शियम का मृदा में प्रयोग न करना है। परिणामस्वरूप खाद्य–चक्र के माध्यम से इसकी कमी मानव मे भी दिखाई देती है।

कैल्सियम का फॉस्फोरस के साथ आन्तरिक संबंध है। अतः रक्त में कैल्सियम : फॉस्फोरस के अनुपात का बहुत महत्त्व है। यह रक्त के थक्का जमने में एक महत्त्वपूर्ण कारक है। साथ ही हृदय के माँसपेशियों के निर्माण हेतु तथा कोशिका झिल्ली के सुचारू रूप से कार्य हेतु यह अतिआवश्यक होता है। इसकी कमी से **रिकेट्स** नामक बीमारी होती है जिसके कारण हड्डियाँ कमजोर हो जाती है तथा इनका विकास भी बहुत धीरे–धीरे होता है।

मैग्नीशियम (Mg): यह मनुष्य और पशु शरीर में लगभग 300 एंजाइमों को क्रियाशील बनाने में अहम भूमिका निभाता है। साथ ही माँसपेशियों के मजबूती, प्रोटीन, लिपिड्स एवं न्यूक्लिक अम्ल के संश्लेषण में, राइबोजोमल आर.एन.ए एवं डी.एन.ए को नियंत्रित करने में इसकी अहम भूमिका होती है। यह माइटोकांड्रिया (कोशिकाओं के ऊर्जा गृह) के झिल्ली की पारगम्यता में महत्त्वपूर्ण भूमिका निभाता है। इसकी कमी से प्रारमभिक अवस्था में ही माइटोकांड्रिया के सूक्ष्म संरचना में परिर्वतन आने लगता है। साथ ही माइटोकांड्रिया में सुजन तथा व्यवधान आ जाता है। यह कंकाल तंत्र के ऊतक एवं हड्डियों में पाया जाता है तथा नाड़ी तंत्र की संवेदनाओं के स्थानांतरण में एवं माँसपेशियों के सिकुड़न में महत्त्वपूर्ण भूमिका निभाता है। यह मृदा में पर्याप्त मात्रा में होता है परन्तु इसकी कमी होने पर पशुओं में चिड़चिड़ापन, **ग्रास टिटेनी**, उत्तेजना में वृद्वि, आलस्य, भूख न लगना इत्यादि की समस्या होती है।

सल्फर (S): यह अमीनो अम्ल (मैथियोनीन, सिस्टिन, सिस्टाईन) तथा बायोटीन में पाया जाता है। सामान्यतया मनुष्य एवं पशुओं में इसके कमी के लक्षण नहीं आते हैं परन्तु इसका उपयोग त्वचा संबंधित रोगों के निदान में किया जाता है। जुगाली करने वाले पशुओं (गाय, भैस, बकरी, भेड़, ऊट, नीलगाय इत्यादि) के पेट में चार कक्ष होते हैं जिसमें सबसे बड़ा कक्ष रुमेन होता है। यहाँ खाई हुई वनस्पतियाँ लार के साथ मिला कर आती है और उपस्थित बैक्टीरिया द्वारा किण्वन होता है। यहीं पर सूक्ष्मजीवों द्वारा अकार्बनिक सल्फर को सल्फरयुक्त अमीनों अम्ल में परिवर्तित कर दिया जाता है जबकि जुगाली नहीं करने वाले पशुओं (कुत्ता, बिल्ली इत्यादि) एवं मनुष्य में यह पौधों से प्राप्त होता है।

सूक्ष्मपोषक तत्व

आयोडीन (I): यह पौधों के लिए आवश्यक नहीं है। परन्तु मनुष्य एवं पशुओं के लिए आवश्यक होने के साथ विषाक्त भी है। मनुष्य एवं पशुओं में यह थायराइड ग्रंथि से स्त्रावित होने वाले हार्मोन थायराक्सिन एवं ट्राईआयडोथायरिन जो मनुष्य के वृद्वि एवं विकास को नियंत्रित करते हैं, के संश्लेषण में महत्त्वपूर्ण भूमिका निभाते हैं। आयोडीन के कमी से **घेघा रोग (goiter)** होता है जिसमें मनुष्य तथा बछड़ों में थायराइड ग्रंथि के बढ़ने के कारण गर्दन का आकार बढ़ जाता है। टक्कर (2003) के अनुसार भारत में लगभग 9 मिलियन लोग घेघा रोग से पीड़ित हैं। मनुष्य को आयोडीन की उपलब्धता 150 माइक्रोग्राम/दिन/व्यक्ति (संस्तुत मात्रा) के नीचे होने पर इस रोग की सम्भावना बढ़ जाती है। विश्व के कुल घेघा से पीड़ित जनसंख्या का 29 प्रतिशत भारत में निवास करती है। समुद्रतल से दूर जैसे जम्मू और कश्मीर, पूर्वोतर राज्य, हिमालय के तलहटी क्षेत्र इत्यादि में निवास करने वाले लोगों में यह रोग ज्यादा देखने को मिलता है। मृदा में आयोडीन की कमी होने से यह पौधों में भी कम मात्रा में उपलब्ध होता है। परिणामस्वरुप ऐसे पौधों के उत्पाद के सेवन करने से मनुष्य एवं पशुओं में आयोड़ीन की पूर्ति नहीं हो पाती है। आयोड़ीन सूर्य के प्रकाश के सम्पर्क में आने के बाद ऑक्सीकृत होकर वाष्पीत होने लगता है। साथ ही जीवांश पदार्थ की कमी, भू–क्षरण, जल बहाव इत्यादि प्रक्रिया से भी मृदा में इसकी हानि होती है। मृदा में क्ले की मात्रा तथा पी0 एच0 मान अधिक होने पर भी यह पौधों द्वारा अवशोषित नहीं हो पाता है।

आयरन (Fe): यह रक्त में पाये जाने वाले हीमोग्लोबीन का महत्वपूर्ण घटक होता है जिससे प्राणवायु ऑक्सीजन का परिवहन शरीर के विभिन्न अंगो में होता है। एक मोल हीमोग्लोबीन, ऑक्सीजन के चार मोल को शरीर के ऊतकों तक पहुँचाने का कार्य करता है तथा कार्बन डाईऑक्साइड को ऊतकों से पुनः फेफड़ों तक पहुँचाने का कार्य करता है। आयरन बहुत से इंजाइम का संरचनात्मक अवयव होता है साथ ही डी0एन0ए0 के संश्लेषण में भी महत्त्वपूर्ण भूमिका निभाता है। इसकी कमी से शरीर में **रक्ताल्पता (anemia)** मॉसपेशियों का पीला होना, भार में कमी. भूख कम लगना इत्यादि समस्याएँ उत्पन्न होती

है। विश्व में 3 बिलियन से अधिक लोग आयरन की कमी से जुझ रहे हैं जिनमें सबसे ज्यादा महिलायें, नवजात शिशु तथा बच्चे हैं।

पशुओं में आयरन की कमी बिरले ही देखने को मिलती है। पशुओं को खिलाये जाने वाले हरे चारे से यह पर्याप्त मात्रा में प्राप्त हो जाता है। टक्कर (2005) के अनुसार उत्तरी–पश्चिमी राजस्थान के मवेशियों तथा पश्चिम बंगाल में चराई पर निर्भर रहने वाले भेड़–बकरियों में आयरन की कमी देखी गई है। अधिक मात्रा में आयरन की उपलब्धता होने पर चराई पर निर्भर रहने वाले पशुओं में कॉपर का स्तर बढ़ जाता है। साथ ही अधिक आयरन शरीर में अघुलनशील आयरन फॉस्फेट का निर्माण करता है जिससे सामान्य रुप से हो रहे फास्फोरस का अवशोषण प्रभावित होता है। परिणामस्वरुप पशुओं में सूखा रोग जैसे लक्षण आने लगते है। पौधों में आयरन की उपल्बधता मृदा के पी0 एच0 मान पर निर्भर करता है। क्षारीय मृदाओं (पी0 एच0 मान 8.5 से अधिक) मे उगने वाली वनस्पतियों में आयरन की मात्रा कम होती है वही अम्लीय मृदाओं (पी0 एच0 मान 7.0 से कम) में उगने वाली वनस्पति में यह प्रचुर मात्रा में पाया जाता है।

जिंक (Zn): मानव स्वास्थ के लिए आयरन के बाद दूसरा सबसे महत्त्वपूर्ण सूक्ष्म पोषक तत्व जिंक है, परन्तु इसकी अधिकता, विषाक्ता का कारण भी बनता है। इसकी कमी से शरीर के भार में कमी, भोजन ग्रहण करने में असमर्थता (anorexia), स्वाद का अनुभव न होना, शरीर की वृद्धि रुक जाना, त्वचा का क्षत–विक्षत होना, सूर्ख एवं खुरदरी त्वचा, प्रतिरोधक क्षमता में कमी आना, बच्चों का मस्तिष्क कमजोर होना प्रमुख लक्षण है। कियकेन्स (1995) के अनुसार 15 माइक्रोग्राम/प्रतिदिन के हिसाब से जिंक का सेवन करना आवश्यक होता है। विश्व स्वास्थ्य संगठन (1996) के अनुसार जिंक का सेवन 45 माइक्रोग्राम/प्रतिदिन से अधिक नहीं होना चाहिए तथा इसकी मात्रा अगर 150 माइक्रोग्राम/प्रतिदिन से ज्यादा लेने पर मानव स्वास्थ्य पर इसका बुरा प्रभाव पड़ता है। गेंहू के आटे से बनी रोटियों में पाये जाने वाला फाइटेट (uristol hexa phosphate) शरीर में जिंक के अवशोषण को कम करता है जिससे शरीर में जिंक की कमी हो जाती है। हरियाणा में किये गये एक अध्ययन के अनुसार वहाँ की 65 प्रतिशत महिलाओं में जिंक की कमी पायी गई है। इसका मुख्य कारण भोजन में जिंक की मात्रा 15 मिलीग्राम/दिन से कम होना है (पाठक एवं साथी, 2008)।

विश्व स्वास्थ्य संगठन (1996) के अनुसार फाइटेट : जिंक अनुपात 15 से ज्यादा होता है तो शरीर में जिंक का अवशोषण कम हो जाता है। यदि चारे में अधिक मात्रा में जिंक 18–40 मिलीग्राम/किलोग्राम हो तो पशुओं में **पैराकेरोटोसिस** (हड्डियों एवं जोड़ो से संबंधित एक बीमारी) होती है। पंजाब एवं हरियाणा में जिन पशुओं के चारे में 20 मिलीग्राम जिंक/किलोग्राम शुष्क भार से कम दिया जाता है उनमें पैराकेरोटोसिस, त्वचा का मोटा होना इत्यादि पाया गया है (वासुदेवन, 1987)। साथ ही हिसार स्थित केन्द्रीय भेड़ प्रजनन

फार्म पर जिंक की कमी से केरिएदल भेड़ों (corriedale sheeps) में **ऊन झड़ने की बीमारी (wool shedding syndrome)** देखी गई है।

कॉपर (Cu): कॉपर की कमी की समस्याएँ बहुत कम देखने को मिलती हैं। विश्व स्वास्थ्य संगठन (1996) के अनुसार कॉपर की कमी कुछ विकाशील देशों तक ही सीमित है। व्यस्क के लिए इसकी मात्रा 2 मिलिग्राम तथा बच्चों के लिए 40 माइक्रोग्राम प्रतिदिन पर्याप्त होता है। यह मेलानिन के संश्लेषण में महत्त्वपूर्ण भूमिका निभाता हैं। इसके कमी से त्वचा रोग से संबंधित रोगियों पर विपरीत प्रभाव पड़ता है। रोगियों के बालों तथा त्वचा के मूल रंग में परिवर्तन होने लगता है। साथ ही सफेद रक्त कोशिकाओं की कमी (neutropenia & leucopoenia), हृदयवाहिका रोग (cardiovascular disorder), अस्थिसुषिरता (osteoporosis), संधि शोथ यानि "जोड़ों का दर्द" (arthritis), बॉझपन (infertility) तथा डायरिया (diarrhoea) भी होने की सम्भावना अधिक हो जाती है। अधिक मात्रा में आयरन और जिंक के सेवन करने से शरीर में कॉपर की कमी होने लगती है। कॉपर : मॉलिब्डेनम के अनुपात में भी असामानता से Cu की कमी की समस्या उत्पन्न होती है। मॉलिब्डेनम की अधिक मात्रा होने पर यह सल्फर के उपस्थिति में कॉपर थायोमॉलिब्डेट नामक एक जटिल यौगिक का निर्माण कर लेता है जिससे जुगाली करने वाले पशुओं में कॉपर का अवशोषण कम हो जाता है। पशु चारागाह में इनका अनुपात 2:1 के अनुपात में होना पशु स्वास्थ्य के लिए अच्छा माना जाता है।

कोबाल्ट (Co): यह जुगाली करने वाले पशुओं जैसे गाय, भैंस, भेड, बकरी इत्यादि के रुमेन में पाये जाने वाले सूक्ष्मजीवों की सहायता से विटामीन B_{12} के संश्लेषण में महत्वपूर्ण भूमिका निभाता है। पशुओं में इसकी आवश्यकता 0.1 मिलीग्राम/किलोग्राम पशु भार के अनुसार होती है। इसकी कमी से पशुओ में **बुश सिकनेस (Bush sickness in New Zealand)**, मवेशियों एवं भेड़ों में **फैलेरिस स्टैगर (Phalaris staggers in Australia)**, भेड़ों के ऊन की गुणवत्ता में गिरावट, **नीरस आँखे एवं कमजोर शरीर (Pining in sheep in Scotland)** और **साल्ट सिक, बर्टन ऐल, ग्रान्ट ट्रेर्वस, नीक ऐल (Salt sick, Burton ail, Grant Travers, Neek-ail in USA)** इत्यादि बीमारियाँ देखने को मिलती है। भारत में इसकी कमी के लक्षण बहुत कम देखने को मिलते हैं। शुटलेवर्थ एवं साथी (1961) के द्वारा 16 माह के बच्चे पर किये गये अध्ययन से पता चला है कि मृदा में कॉपर की कमी होने से वहाँ उत्पन्न चारे को खाने वाली गाय तथा गाय के दूध पीने वाले बच्चे में इसकी कमी का लक्षण देखा गया।

मॉलिब्डेनम (Mo): इसकी कमी से गठिया रोग का खतरा बढ़ जाता है। मॉलिब्डेनम और कॉपर एक दूसरे से प्रतिपक्ष की तरह व्यवहार करते हैं। परिणामस्वरुप, मॉलिब्डेनम की विषाक्तता के कारण पशुओं में कॉपर की कमी हो जाती है वही इसके विपरीत कॉपर की अधिकता से मॉलिब्डेनम की कमी होती है। खराब जल निकास वाली बलुई प्रकृति की

लवणीय मृदाओं में उगाये जाने वाले चारे में इसकी अधिकता देखने को मिलती है। पंजाब में लुधियाना, रोपर, कपूरथाला, होसियारपुर, फिरोजपुर और अमृतसर जिले के बाढ़ग्रस्त क्षेत्रों में उगाये जाने वाले चारे में मॉलिब्डेनम की मात्रा काफी अधिक होती है जिसके सेवन करने से पशुओं में इसके विषाक्तता का दुस्प्रभाव डायरिया, सामान्य स्वास्थ्य में गिरावट इत्यादि के रुप में दिखाई देता है।

फ्लोराइड (F): यह पौधों के लिए आवश्यक नहीं है परन्तु इसकी कमी से मनुष्य में दाँत की बीमारी कैरीज (caries) होती है। इसका मुख्य स्त्रोत पेयजल है और पेयजल में इसकी मात्रा मृदा में पाये जाने वाले फ्लोराइड पर निर्भर करता है। दाँतों में होने वाली कैरीज को रोकने के लिए पेयजल में फ्लोराइड की मात्रा 1 मिलीग्राम/लीटर तक होना चाहिए। इसकी अधिक मात्रा (4.5 मिलीग्राम/लीटर से अधिक) **''फ्लोरोसिस''** नामक बीमारी को जन्म देती है जिसे दाँतों पर धब्बे पड़ जाते हैं। भारत में ''फ्लोरोसिस की समस्या सबसे अधिक आन्ध्र प्रदेश, बिहार, हरियाणा, मध्य प्रदेश, राजस्थान तथा पंजाब में देखी गई है। यहाँ की मृदा, जल तथा चारे में फ्लोराइड की मात्रा अधिक पायी गई है। विश्व स्वास्थ्य संगठन (1996) के अनुसार इसका सेवन प्रतिदिन 0.2 से 2.0 मिलीग्राम के बीच होना चाहिए।

सेलेनियम (Se): यह पौधों के लिए अनावश्यक है परन्तु मानव एवं पशु स्वास्थ्य के लिए इसकी बहुत कम आवश्यकता होती है। यह विटामीन ई की सक्रियता में महत्त्वपूर्ण भूमिका निभाता है। यह एंटीआक्सीडेट सुरक्षा व्यवस्था में महत्त्वपूर्ण भूमिका निभाने वाले इंजाइम ग्लूटाथियान परऑक्सीडेज का मुख्य घटक है। सेलेनियम भी विटामीन ई की तरह ही कोशिकाओं को आक्सीडेटिव क्षति से बचाने का कार्य करता है। इसकी कमी से माँसपेशियाँ पूर्ण रुप से विकसित नहीं हो पाती हैं। सेलेनियम की अधिकता से जी मिचलाना (nausea), कमजोरी एवं डायरिया होने की सम्भावना अधिक होती है। इसका सेवन अधिक मात्रा में लम्बे समय तक करने से अँगुलियों के नाखून का रंग असामान्य होने लगता है, बाल झड़ने लगते हैं तथा तंत्रिका तंत्र (nervous system) को भी क्षति पहुँती है। साथ ही डाई मेथाइलसेलेनाइड के बनने के कारण साँस से लहसुन जैसी गंध आती है। टक्कर (2003) के अनुसार वर्ष 1969–70 के दौरान पंजाब में धान के पुआल खाने से पशु अवसाद युक्त सिन्ड्रोम (लडखड़ाकर चलना) से ग्रसित हो गये थे। इस बीमारी से लगभग 1400 भैंसों के ग्रसित होने की शिकायत मिली थी। साथ ही होसियारपुर जिले में धान–गेहूँ फसल–चक्र में अधिक सिचाई करने से 10 वर्षों में सेलेनियम की सान्द्रता 9 गुना (17.43 माइक्रोग्राम/लीटर) के करीब पहुँच गया है तथा कम प्रभावित क्षेत्रों में इसे 1.91 माइक्रोग्राम/लीटर दर्ज की गयी है।

क्लोराइड (Cl): इसका मुख्य कार्य सोडियम, पोटैशियम तथा अन्य धनायन खनिज तत्त्वों को संतुलित रखना है। यह अम्ल–क्षार संतुलन, परासरण दाब (osmotic pressure)

एवं जल चयापचय (water metabolism) को नियंत्रित करता है। प्रतिदिन नमक के सेवन से मनुष्य में क्लोराइड की आवश्यक पूर्ति हो जाती है।

मैंगनीज (Mn): इसकी कमी से होने वाली समस्याएँ अभी तक मनुष्य एवं पशुओं में नहीं देखी गई हैं। टक्कर (2003) के अनुसार मैंगनीज की कमी होने से बाँझपन, जन्म से अंगों में विकृति, प्रजनन कार्य में असमर्थतता, पुरुषों में अण्ड़कोश के आन्तरिक स्तर क्षय होना, बछड़ों में तंत्रिका तंत्र के दोष पैदा होना इत्यादि लक्षण देखने को मिलता है।

क्रोमियम (Cr): यह कार्बोहाड्रेट एवं लिपिड्स के उपापचयन में महत्वपूर्ण भूमिका निभाता है। साथ ही अमीनों अम्ल के उपयोगिता को बढाता है। मानव शरीर में यह कार्बोहाड्रेट उपापचयन में इन्सूलिन की तरह ही कार्य करता है। एक अध्ययन से ज्ञात हुआ है कि प्रतिदिन आहार में 200 माइक्रोग्राम क्रोमियम शामिल करने से सुगर के उपापचयन में 80 प्रतिशत से अधिक की वृद्धि होती है। यह कोलेस्ट्राल को भी कम करने में सहायक है। इसके कमी से कार्डियोवेस्कुलर से संबंधित समस्याएँ उत्पन्न होती हैं। हरी पत्तिदार सब्जियों में इसकी मात्रा खाद्यान फसलों के अपेक्षा ज्यादा होता है।

विषाक्त तत्व

कैडमियम (Cd): यह एक हानिकारक तत्व है जो जीवधारीयों के यकृत (liver) एवं गुर्दा (kidney) में संचित होता है। मृदा में कैडमियम की मात्रा कम होती है परन्तु औद्योगिक अपशिष्ट, सीवेज स्लज तथा फॉस्फेट उर्वरकों के प्रयोग से मृदा में इसकी सान्द्रता बढ़ जाती है। पौधे बिना किसी हानिकारक लक्षण को प्रदर्शित किए अधिक मात्रा में इसका संचयन कर सकते हैं तथा ऐसे पौधों के उत्पाद का सेवन करने से यह मानव शरीर में आसानी से पहुँच जाता है। विश्व स्वास्थ्य संगठन (1996) के अनुसार कैडमियम की मात्रा बच्चों एवं व्यस्कों के आहार मे क्रमशः 2–25 एवं 15–50 माइक्रोग्राम/दिन से ज्यादा नहीं होना चाहिए। इसकी अधिकता से **इटाई–इटाई** नामक बीमारी होती है। साथ ही यह बाँझपन, जन्म के समय शिशु का शरीर भार कम होना इत्यादि को बढ़ावा देता है। साथ ही यह मानव भ्रूण में कॉपर (Cu) एवं जिंक (Zn) के स्थानांतरण को रोकने का भी कार्य करता है।

लेड (Pb): यह भी कैडमियम की तरह ही विषैला तत्त्व है। इसके सेवन से गुर्दा खराब होना (kidney damage), उच्च रक्तचाप (hypertension), माँसपेशियों में कष्ट होना (muscle discomfort), कब्ज (constipation) बच्चों में बौद्धिक स्तर का कम होना (low IQ in children), जी मिचलाना (nausea), पेट की ऊपरी हिस्से में दर्द (epigastric pain) इत्यादि को बढ़ावा देता है। राजस्थान के कई हिस्सों में सीवर जल से सिंचित बरसीम तथा चारे वाले मक्के में लेड की मात्रा (3.84–4.5 मिलीग्राम) अनुज्ञेय स्तर (permissible limits) से काफी अधिक पायी गई है। पंजाब में लेड से प्रभावित पशुओं

में इसकी मात्रा 13.8 से 35.1 मिलीग्राम/किलोग्राम पायी गयी है जबकि सामान्य रुप से इसे 0.25 मिलीग्राम/किलोग्राम से कम होना चाहिए। टक्कर (1995) के अनुसार लेड के चपेट में आने से मृत भैंसों के यकृत एवं गुर्दे में लेड की मात्रा क्रमशः 96.5 एवं 137.7 मिलीग्राम/किग्रा पायी गयी।

मरकरी (Hg): यह मृदा में कवकनाशियों एवं औद्योगिक कचरे के माध्यम से पहुँचता है जो खाद्य चक्र में प्रवेश कर मनुष्य एवं पशु तक पहुँच जाता है। यह मनुष्य में मेथायल–मरकरी के रुप में पहुँचता है। वर्ष 1950 के दौरान जापान में औद्योगिक कचरे को विभिन्न जल स्त्रोतों में निस्तारण करने के कारण जल में इसकी मात्रा काफी अधिक हो गई थी। फलस्वरूप, मछलियों एवं अन्य जलचरों में इसकी सान्द्रता काफी बढ़ गयी थी। उच्च मरकरी सान्द्रता वाली मछलियों के खाने से मनुष्य **'मिनामाटा' (minamata)** तथा बिल्लियाँ **'नृत्य रोग' (dancing disease)** से ग्रसित हो गयी थी। न्यू मैक्सिको में मेथायल–मरकरी के यौगिक वाले कवकनाशियों का मक्के की फसल में प्रयोग कर तैयार मक्के को खिलाने से वहाँ सूअरो में मरकरी की सान्द्रता काफी बढ़ गयी थी तथा प्रभावित सूअरों के माँस खाने वाले लोग भी मरकरी की विषाक्ता से ग्रसित हो गये थे।

आर्सेनिक (As): यह विषाक्त गुण वाला तत्त्व है जो प्रकृति में विभिन्न रुपों में विद्यमान है। आर्सेनिक–युक्त जल पीने से भारत, अर्जेनटीना, चिली, ताइवान, बंगलादेश, आस्ट्रेलिया इत्यादि देशों में लाखों लोग प्रभावित हैं। भारत में सिर्फ पश्चिम बंगाल में ही 34 मिलियन लोग प्रभावित है। पश्चिम बंगाल के 6 जिले नादिया, मुर्शिदाबाद, माल्दा, बर्धमान तथा उत्तरी एवं दक्षिणी परगना बुरी तरह प्रभावित हैं। यहाँ लोगों में विभिन्न प्रकार के रोग जैसे **त्वचा का बदरंग होना, ल्यूकोमेलानोसिस (leucomelanosis), धब्बेदार मेलानोसिस (spotted melanosis), हाइपरकेराटोसिस (hyperkeratosis), हथेली तथा तलवे पर स्पर्श करने योग्य दानों का बनना (palpable nodules on hand and feet), कैंसर होना (carcinogenesis)** तथा अन्त में मृत्यु तक हो जाती है। विश्व स्वास्थ्य संगठन के अनुसार पेयजल में आर्सेनिक की सान्द्रता 10 माइक्रोग्राम/ली0 से ज्यादा नहीं होना चाहिए। बंग्लादेश एवं पश्चिम बंगाल के प्रभावित सभी 6 जिलों में आर्सेनिक की मात्रा 300–400 माइक्रोग्राम/ली0 तक देखी गयी है जबकि इसका अनुज्ञेय स्तर (0.05 मिग्रा/ली0) है। सौभाग्य से पौधों द्वारा इसका अवशोषण बहुत कम मात्रा में होता है। अतः आर्सेनिक विषाक्ता का खतरा पशुओं में न के बराबर देखने को मिलता है।

आमतौर पर मानव एवं पशु के लिए खनिज तत्त्वों का मुख्य स्त्रोत मृदा में उपस्थित खनिज तत्त्व ही हैं जो फसल एवं उत्पादों के सेवन के माध्यम से शरीर में पहुँचता रहता है। इसप्रकार मृदा–पौध–पशु–मानव में एक अटूट संबंध है। यदि किसी खनिज तत्त्व की मृदा में कमी अथाव अधिकता होती है तो इसका सीधा प्रभाव उनपर उगने वाली वनस्पतियों पर पड़ता है तथा ऐसे वनस्पतियों तथा इनके उत्पाद के सेवन से मानव एवं पशु भी प्रभावित

होते हैं। परिणामस्वरूप इनमें कमी या विषात्क्ता के लक्षण दिखाई देते हैं। उदाहरणार्थ देश में एक तरफ मृदाएँ आयरन की प्रचुरता से भरी पड़ी हैं तथा इनकी अधिकता से कहीं–कहीं जीवों में इनके विषाक्ता के लक्षण भी देखने को मिलता है। दूसरी तरफ खाद्य पदार्थो में इसकी कमी होने से लगभग 85 प्रतिशत महिलाएँ एवं बच्चे इसकी कमी से होने वाली बीमारी 'ऐनेमिया' से पीड़ित हैं। पशुओं में होने वाले कुपोषण में मुख्य भूमिका निभाने वाले तत्त्वों में जिंक, मैंगनीज, कोबाल्ट, कैल्शियम तथा कॉपर हैं। इनमें से जिंक को छोड़कर फसलों को उगाने की दृष्टि से मृदा में इनकी कमी बहुत कम देखी जाती है। मानव या पशु के भोजन में किसी भी प्रकार से खनिज तत्त्वों की कमी होने पर उनका स्वास्थ्य प्रभावित होता है तथा बीमारियों, रुग्णता, बाँझपन, शिशु मृत्यु दर अथवा मृत्यु की सम्भावना बढ़ जाती है (मिलर एवं साथी, 1987)। मृदा स्वास्थ्य का उत्तम होनाः पौध, पशु एवं मानव स्वास्थ्य के लिए अति आवश्यक है। मृदा स्वास्थ्य के प्रति हमारी लापरवाही से एक विशाल जनसमूह को विभिन्न प्रकार के बीमारियों से ग्रसित होने के लिए विवश होना पड़ेगा जैसा कि पंजाब के कुछ जिलों में ऐसा देखने को मिल रहा है। अतः हम सबका का यह नैतिक कर्त्तव्य है कि मृदा स्वास्थ्य को उत्तम बनाये रख कर स्वस्थ एवं खुशहाल समाज की कल्पना को साकार करें। कुछ प्रमुख पोषक तत्वों की कमी से मनुष्यों तथा पशुओं में होने वाली बिमारीयों के लक्षण तालिका–3.9 तथा भारी धातुओं की विषाक्तता से उत्पन्न लक्षणों के चित्र को तालिका 3.10 में दिया गया है।

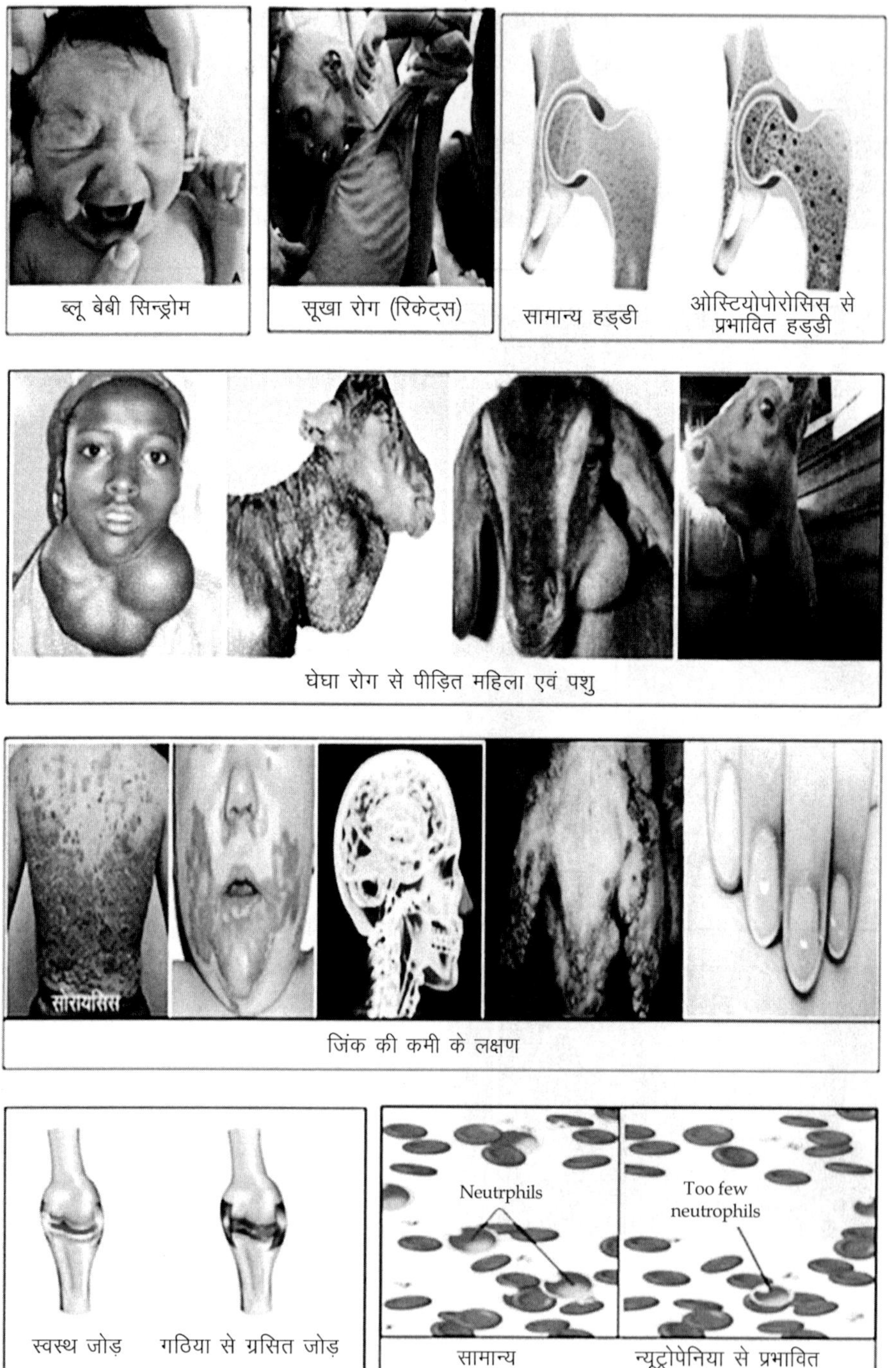

चित्र–3.2 पोशक तत्त्वों की कमी से मनुष्यों एवं पशुओं में होने वाली बीमारियाँ

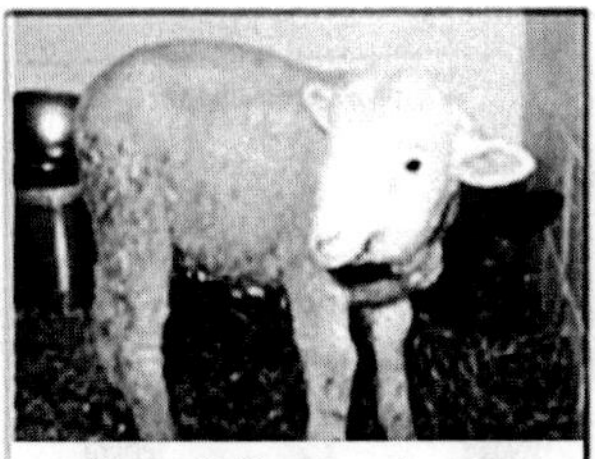

कॉपर की विषाक्ता के लक्षण

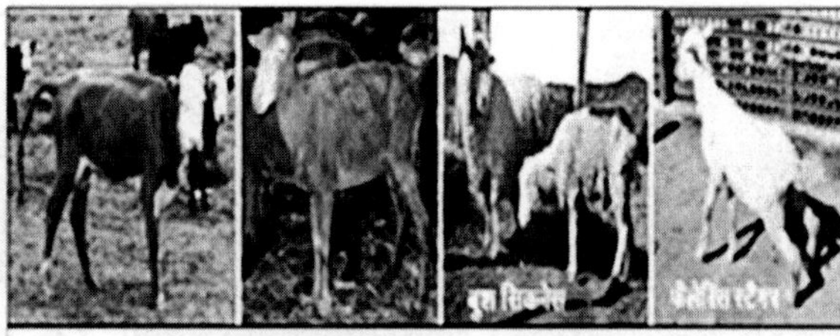

कोबाल्ट की कमी के लक्षण

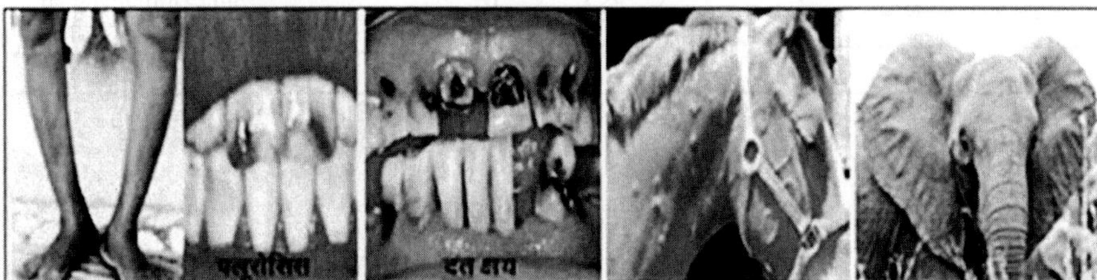

फ्लूराइड की विषाक्ता से ग्रसित मनुष्य एवं पशु

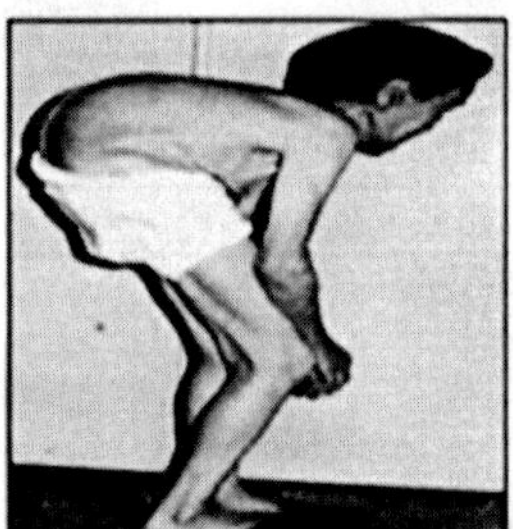

इटाई इटाई बीमारी से पीड़ित

मरकरी विषाक्ता से प्रभावित मछली, बिल्ली एवं मनुष्य

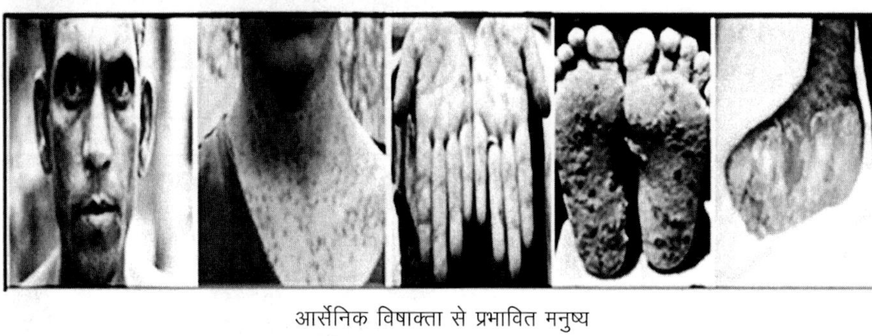

आर्सेनिक विषाक्ता से प्रभावित मनुष्य

चित्र–3.3 भारी तत्वों की विषाक्तता के लक्षण

❑❑❑

अध्याय 4

जैविक खेती एवं मृदा स्वास्थ्य

जैविक खेती पर्यावरण को बिना नुकसान पहुँचाये, मानवता की रक्षा के लिए, फसलोत्पादन करने की एक कृषि प्रणाली है जो स्वास्थ्य, पारिस्थितिकी तथा मृदा के सभी अवयवों के रक्षा करने के सिद्धान्त पर आधारित है। इस विधि में खेती इस प्रकार से की जाती है कि मृदा के भौतिक, रसायनिक तथा जैविक गुणों पर कोई दुस्प्रभाव न पड़े। इस विधि में रसायनिक उर्वरकों एवं कीटनाशकों का प्रयोग न के बराबर किया जाता है तथा कार्बनिक खादों जैसे गोबर की खाद, वर्मी कम्पोस्ट, हरी खाद, जैव उर्वरकों का प्रयोग पौधों के पोषण हेतु किया जाता है। जैविक खेती की महत्ता को निम्न पंक्तियों से भी समझा जा सकता है।

जैविक खेती से बढ़ जाता है, पशु मानव एवं धरती का प्यार।
जीव अंश पर निर्भर रह कर, देती टिकाऊ खेती का आधार।।

भारत में प्राचीन काल से ही जैविक खेती होती आ रही है। जैविक खेती में कृषि एवं पशुपालन को समान रुप से महत्त्व दिया जाता है। द्वापर युग में भगवान श्री कृष्ण एवं बलराम की जोड़ी जिन्हें हम गोपाल और हलधर के रुप में स्मरण करते है, के जीवन दर्शन से भी यही शिक्षा मिलती है कि कृषि यदि 'शरीर' है तो गौपालन 'प्राणवायु'। सर्वप्रथम 1905 में आधुनिक जैविक खेती को पहचान मिली जब ब्रिटिश वनस्पतिशास्त्री सर अल्बर्ट हवार्ड ने जैविक खेती के परम्परागत विधियों को एकत्र कर एक दस्तावेज का रुप दिया। इसप्रकार उन्हें ''आधुनिक जैविक खेती के पिता'' के रुप में भी जाना जाता है। वर्ष 1940 में जापानी सूक्ष्मजीव वैज्ञानिक मासानोबु फुकुओका जो मृदा विज्ञान एवं पादप रोग विभाग में अनुसंधान वैज्ञानिक के रुप में कार्यरत थे, ने पदमुक्त हो कर अपने पैतृक कृषि प्रक्षेत्र पर अनुसंधान करना आरम्भ किया तथा 30 वर्षो के कठिन परिश्रम के बाद खाद्यान्न उगाने की 'शून्य जुताई जैविक विधि' (no-till organic method) को विकसित किया जिसे 'फुकुओका फार्मिग के नाम से जानते हैं। वर्तमान में जैविक खेती से जुड़ी बहुत सी कृषि प्रणालियाँ देश में मौजूद हैं जैसे ऋषि कृषि, अमृत जल बनाने की पद्धति (नेचुइको फार्मिग), होमा जैविक कृषि (होमा फार्मिग), पंचगब्य कृषि, बायोडायनेमिक फार्मिग इत्यादि।

जैविक खेती की अवधारणा

भारत में जैविक खेती का इतिहास बहुत पुराना है। भारत ने ही विश्व को जैविक खेती से परिचय करवाया है। जैविक खेती मूलरुप से भारत एवं चीन में 4000 वर्षो से होती आ रही है तथा यहाँ के किसानों के पास चार सहस्त्रादि (40 centuries) का अनुभव है। जैविक खेती निम्नलिखित सिद्धान्तों पर आधारित है–

1. जैविक खेती प्रकृति पर आधारित खेती है और इसमें वाह्य आदानों का प्रयोग न के बराबर किया जाता है। यहाँ तक की जल भी उचित मात्रा में ही प्रयोग में लाया जाता है।
2. यह प्राकृतिक प्रक्रियाओं के सामंजस्य एवं उनके एक दूसरे पर प्रभाव के ज्ञान पर आधारित होता है। अतः प्राकृतिक संसाधनों के दोहन के बजाय उनका संरक्षण करते हुए इनका उचित उपयोग किया जाता है।
3. खेती के इस विद्या में मृदा को एक जीवित अंश के रुप में स्वीकार किया गया है।
4. मृदा में पाये जाने वाले जीव, मृदा के उर्वरता वृद्धि में सहायक होते हैं। अतः इनके पोषण एवं सुरक्षा की उचित व्यवस्था की जाती है।
5. खेती की इस विधि में मृदा एवं पर्यावरण संरक्षण पर विशेष ध्यान दिया जाता है।

जैविक खेती की परिभाषा

जैविक खेती कृषि की वह विधि है जो संश्लेषित उर्वरकों एवं कीटनाशकों के बिना प्रयोग या न्यूनतम प्रयोग पर आधारित है इसमे भूमि की उर्वरा शक्ति को बचाये रखने के फसल चक्र, हरी खाद, कम्पोस्ट इत्यादि का प्रयोग किया जाता है।

''जैविक खेती एक ऐसी प्रणाली है, जिसमें सभी संश्लेषित आदानों (जैसे रासायनिक खाद, कीटनाशी, हार्मोन्स इत्यादि) के प्रयोग को नकारते हुए केवल फसल चक्र, जैव अवशिष्ट, फसल अवशिष्ट, अन्य जैविक आदान, खनिज आदान तथा जीवाणु खादों के प्रयोग से फसल उत्पादन किया जाता है'' (कृषि विभाग, संयुक्त राज्य अमेरिका)।

''जैविक खेती एक ऐसी अनूठी कृषि प्रबंधन प्रक्रिया है जो कृषि वातावरण का स्वास्थ्य, जैव विविधता, जैविक चक्र तथा मिट्टी की जैविक प्रणालियों का संरक्षण व पोषण करते हुए उत्पादन सुनिश्चित करती है। इस प्रक्रिया में किसी भी प्रकार के संश्लेषित तथा रसायनिक आदानों के उपयोग के लिये कोई स्थान नहीं है'' (विश्व खाद्य संगठन)।

"जैविक खेती एक ऐसी आदर्श उत्पादन प्रबंधन प्रक्रिया है जो उत्पादन के साथ–साथ कृषि पारिस्थिकी, पर्यावरण स्वास्थ्य, जैवविविधता, प्राकृतिक जैव चक्र तथा मिट्टी की

जैविक प्रक्रियाओं का संधारण कर उन्हें उत्तरोत्तर समृद्व करती है। इस प्रक्रिया में बाहर से लाये गये उपादानों के स्थान पर ऐसी प्रबंधन प्रक्रिया को अपनाया जाता है जो उस स्थान विशेष के लिए सर्वाधिक उपयुक्त हो। इन प्रक्रियाओं में रसायनिक उपादानों के उपयोग को नकारते हुए पूरा उत्पादन शस्य, जैविक व यांत्रिक प्रबंधन तकनीक को अपनाकर किया जाता है। प्राचीन काल में जैविक खेती, फसल उत्पादन विधा के अलग–अलग रूप में न होकर एक संपूर्ण स्वपोषित व स्वप्रबंधित जीवंत प्रक्रिया थी जिसमें संपूर्ण फार्म एक जीवंत जीव था। जैविक शब्द की उत्पत्ति संभवतया खेती के इसी जीवंत स्वरूप से उत्पन्न हुई है" (अंर्तराष्ट्रीय खाद्य मानक ''कोडेक्स एलिमेन्टेरियस'', आइफोम तथा विश्व खाद्य संगठन)।

जैविक खेती का विस्तार

वैशविक स्तर पर जैविक खेती में 2010 की तुलना में अब तक 3 प्रतिशत से ज्यादा की वृद्धि दर्ज की गयी है। विकसित देशो में जैविक उत्पादों की माँग दिन प्रतिदिन बढ़ रही है। पूरे विश्व में 162 देशों में 37 मिलियन हेक्टेयर भूमि पर 1.8 मिलियन लोग खेती कर रहे हैं। विश्व के कुल जैविक खेती के क्षेत्रफल का 33 प्रतिशत (12.1 मिलियन हे0) हिस्सा ओसेनिया का है। इसके बाद यूरोप तथा लेटिन अमेरिका का स्थान आता है जिनकी हिस्सेदारी क्रमशः 29 प्रतिशत (10.6 मिलियन हे0) एवं 23 प्रतिशत (6.8 मिलियन हे0) है। आस्ट्रेलिया एवं चीन विश्व के सर्वाधिक जैविक खेती वाले देश है। कुल कृषि क्षेत्र के सापेक्ष जैविक प्रबंधन के अर्न्तगत सर्वाधिक भूमि फाक्लैण्ड द्वीप (36.9 प्रतिशत), लिस्टैन्स्टीन (29. 8 प्रतिशत) एवं आस्ट्रिया (15.9 प्रतिशत) में दर्ज की गई है। भारत तथा मैक्सिको (1,30,000 उत्पादक) सर्वाधिक जैविक उत्पादकों वाले देश है। विश्व के कुल उत्पादकों में एक तिहाई से ज्यादा जैविक खेती करने वाले किसान दक्षिण अफ्रीका में हैं। गियोवानूकी (2005) के अनुसार अर्न्तराष्ट्रीय कृषि विकास कोष (International Fund for Agricultural Development, IFAD) द्वारा भारत एवं चीन में कियें गये अध्ययनों से ज्ञात हुआ है कि जैविक खेती करने से किसानों के आय में काफी वृद्धि हुई है। पूरी प्रक्रिया का प्रमाणीकरण जैविक उत्पाद का स्तर बढ़ा सकता है जिससे बाजार में अच्छे दाम प्राप्त किये जा सकते हैं।

भारत में 2003–04 में 42000 हे0 भूमि पर प्रमाणित जैविक खेती (certified organic farming) की जाती थी जो बढ़ कर 2013–14 में 7.23 लाख हेक्टेयर तक पहुँच गया। इसप्रकार प्रमाणित जैविक खेती में विगत 10 वर्षो में 17 गुना वृद्धि दर्ज की गयी है। भारत में प्रमाणित जैविक खेती का राज्यवार क्षेत्रफल तालिका–4.1 में दर्शाया गया है–

तालिका–4.1 राज्यवार प्रमाणित जैविक खेती के अर्न्तगत आने वाला क्षेत्रफल (जंगल के अर्न्तगत आने वाला क्षेत्रफल सम्मिलित नहीं है)

क्रम संख्या	राज्यों का नाम	जैविक खेती का क्षेत्रफल (हेक्टेयर में)
1.	अंडमान व निकोबार द्वीप	321.28
2.	आंध्र प्रदेश	12325.03
3.	अरुणांचल प्रदेश	71.49
4.	असम	2828.26
5.	बिहार	180.60
6.	छत्तीसगढ़	4113.25
7.	दिल्ली	0.83
8.	गोवा	12853.94
9.	गुजरात	46863.89
10.	हरियाणा	3835.78
11.	हिमाचल प्रदेश	4686.05
12.	जम्मू व कश्मीर	10035.38
13.	झारखण्ड़	762.30
14.	कर्नाटक	30716.21
15.	केरल	15020.23
16.	लक्ष्यद्वीप	895.91
17.	मध्यप्रदेश	232887.36
18.	महाराष्ट्र	85536.66
19.	मणिपुर	0
20.	मेघालय	373.13
21.	मिजोरम	0
22.	नागालैण्ड	5168.16
23.	उड़ीसा	49813.51
24.	पुडुचेरी	2.84
25.	पंजाब	1534.39
26.	राजस्थान	66020.35
27.	सिक्किम	60843.51
28.	तमिलनाडु	3640.07
29.	त्रिपुरा	203.56
30.	उत्तर प्रदेश	44670.10
31.	उत्तरांचल	24739.46
32.	पश्चिम बंगाल	2095.51
	कुल	723039.00

श्रोतः एपेडा (2013–14)

वर्ष 2013–14 के दौरान जैविक उत्पादों का कुल व्यापार 60 मिलियन अमेरिकी डालर (3,60,000 करोड़ रुपये) था और ऐसा अनुमान है कि अगले 5 वर्षो में यह बढ़ कर 100 मिलियन अमेरिकी डालर (6,00,000 करोड रुपये) के करीब पहुँच जायेगा। भारत में 5000–6000 करोड़ रुपये का जैविक उत्पादों का उत्पादन होता है जो कुल वैश्विक उत्पादन का का मात्र 1 प्रतिशत है। भारत से कुल 31 जैविक उत्पादों का निर्यात किया जाता है। ऐसा अनुमान है कि लगभग 85 प्रतिशत जैविक उत्पाद अकेले मध्य प्रदेश एवं उत्तर प्रदेश से निर्यात किये जाते हैं जिसमें जंगलों से प्राप्त औषधियों को साम्मिल नहीं किया गया है। भारत जैविक चाय के निर्यातक के रुप में विश्व के अग्रणी देश के रुप में जाना जाता है।

जैविक खेती के मुख्य घटक

क) प्राथमिक घटक

1. **कार्बनिक खादें**: गोबर की खाद, कम्पोस्ट, कुक्कट खाद, हरी खाद, गोमूत्र एवं सींग खाद इत्यादि।
2. **सान्द्र कार्बनिक खादें**: तिलहनी फसलों की खलियाँ।
3. **फसल अवशेष**: कृषि प्रक्षेत्र से निकले हुए फसल अवशेष जैसे फसलों के डण्ठल, पुआल, भूसा इत्यादि।
4. **जैव उर्वरक**: राइजोबियम, फॉस्फोरस विलयक जीवाणु/फास्फेटिका (पी.एस. बी.), पोटाश विलयक जीवाणु, एजोस्पाइरिलम, एजोटोबैक्टर, माइकोराइजा इत्यादि।
5. **पशुओं से प्राप्त अवशिष्ट**: मछली का चूरा, हड्डी का चूरा इत्यादि।
6. **कीट एवं रोग नियंत्रण**: ट्राइकोडर्मा, ट्राइकोग्रामा, एन.पी.वी. फेरोमोन ट्रैप, नीम व करंज इत्यादि के उत्पाद।

ख) द्वितीयक घटक

1. डाइजेस्टेड सीवेज स्लज
2. प्रेशमड (चीनी मिल से प्राप्त खाद)
3. कार्पेट अपशिष्ट

ग) सस्य क्रियाएँ

1. गर्मी की गहरी जुताई
2. मृदा सूर्य ताप शोधन

3. फसल चक्र

4. आकर्षित करने वाली फसलें

जैविक खेती के लिए प्रतिबंधित एवं संस्तुत पोषक पदार्थ

1. **संस्तुतः** जिप्सम, रॉक फॉस्फेट, रॉक पोटाश, डोलोमाइट, चूना पत्थर, लकडी का राख, मछली का चूरा, खुर एवं सींग का खाद।
2. **सिमित मात्रा में प्रयोग के लिएः** पोटैशियम सल्फेट, मैग्नीशियम सल्फेट, सुहागा (बोरेक्स)।
3. **प्रतिबंधितः** बुझा हुआ चूना, रयायनिक उर्वरक एवं जीवनाशक रसायन, खून व माँस से बना खाद।

जैविक खेती के लाभ

1. मृदा की भौतिक संरचना सुदृढ़ होती है। साथ ही मृदा की जल घारण क्षमता में वृद्धि होती है। मृदा स्वास्थ्य निरंतर ठीक रहता है।
2. विभिन्न जैविक आदान कम निवेश पर सुगमतापूर्वक उपलब्ध हो जाते हैं।
3. जैविक उत्पादों का बाजार भाव, रसायनिक उत्पादों की तुलना में अधिक होता है। साथ ही इनके उत्पादन पर प्रति इकाई रसायनिक उत्पादों के तुलना में कम खर्च भी आता है। अतः जैविक खेती से अधिक शुद्ध मुनाफा प्राप्त होता है।
4. जैविक खेती से पर्यावरण के विभिन्न घटकों के बीच संतुलन बना रहता है। साथ ही मृदा, जल एवं वायु प्रदूषण का खतरा भी नहीं होता है।
5. पशुओं से प्राप्त गोबर, बिछावन के रुप में प्रयोग में आये फसल अवशेष, अपघटित हो सकने वाले घरेलू कचरे या खेतों से निकलने वाले खरपतवार इत्यादि से अच्छी कम्पोस्ट खाद बनायी जाती है जो जैविक खेती का मुख्य आदान होता है। इसप्रकार अपशिष्ट पदार्थों में उपलब्ध पोषक तत्त्वों को पुनः मृदा में लौटा दिया जाता है।
6. जैविक खादों के प्रयोग से पौधों के लिए आवश्यक सभी 17 पोषक तत्त्व संतुलित मात्रा में धीरे–धीरे पौधों को उपलब्ध होते रहते हैं जिससे पौधों का विकास भँलि–भाँति होता है।
7. जैविक खेती में रसायनिक उर्वरकों एवं जीवनाशक रसायनों का प्रयोग प्रतिबंधित होता है। अतः इनके दुष्परिणाम से मानव, पशु एवं मृदा में पाये जाने वाले सूक्ष्मजीव सुरक्षित रहते हैं।

8. जैविक खेती से प्राप्त उत्पादों में भण्डारण क्षमता अधिक होता है तथा ये खाने मे भी स्वादिष्ट होते हैं।
9. इस पद्धति में सभी प्रकार के फसलों जैसे खाद्यान, दलहन, तिलहन, सब्जियाँ इत्यादि को शामिल किया जाता है। परिणामस्वरुप संतुलित आहार के सभी आदान कृषक परिवार को आसानी से उपलब्ध हो जाते हैं जिससे बाजार पर निर्भरता कम होती है।
10. खेती की यह विधि वातावरण को टिकाऊ एवं सुरम्य बनाने में सहायक होती है।

जैविक खेती के मूलभूत सिद्धान्त

जैविक कृषि आन्दोलन के अर्न्तराष्ट्रीय संघ (International Federation for Organic Agriculture Movement, IFOAM) की परिभाषा में जैविक कृषि के मूलभूत सिद्धान्त निम्नलिखित हैं–

1. स्वस्थता का सिद्धान्त (The Principle of Health)
2. पर्यावरणीय सिद्धान्त (The Principle of Ecosystem)
3. समता का सिद्धान्त (The Principle of Fairness)
4. परिचर्चा का सिद्धान्त (The Principle of Care)

1. **स्वस्थता का सिद्धान्तः** मृदा, पौधे, पशुओं एवं मानव में अन्नोनाश्रय संबंध है तथा जैविक कृषि इनके स्वास्थ्य को टिकाऊ एवं अक्षुण्ण बनाये रखने में महत्त्वपूर्ण भूमिका निभाती है। एक स्वस्थ मृदा से ही स्वस्थ फसल एवं स्वस्थ फसलों से ही स्वस्थ पशु एवं मानव स्वास्थ्य को सुनिश्चित किया जा सकता है। इन सभी को ध्यान में रख कर जैविक खेती में किसी भी प्रकार के संश्लेषित रसायनों का प्रयोग नहीं किया जाता है।
2. **पर्यावरणीय सिद्धान्तः** जैविक खेती जीवंत पर्यावरण, प्राकृतिक जीव चक्र व उनके बीच अटूट समन्वय तथा सबके संधारण के सिद्धान्त पर आधारित है। अतः इस प्रणाली में आवास, भूदृश्य, ऋतु, जैव विविधता, हवा एवं जल संरक्षण को ध्यान में रखते हुए कृषि फार्म का आवास निर्माण, जैव विविधता का समावेश एवं संरक्षण तथा प्राकृतिक संसाधनों का उचित प्रयोग पर विशेष ध्यान दिया जाता है।
3. **समता का सिद्धान्तः** जैविक खेती पर्यावरण के सभी घटकों के बीच समता का वकालत करती है। पर्यावरणीय तथा सामाजिक एवं आर्थिक दृष्टि से न्यायपूर्वक तरीकों को अपनाकर सभी प्रकार के प्राकृतिक संसाधनों का उत्पादन एवं उपयोग

किया जाना चाहिए। अतः मानवीय मूल्यों को सर्वोपरी रखते हुए सभी लोग जैसे किसान, प्रसंस्करणकर्ता, वितरक उपभोक्ता इत्यादि के साथ न्यायपूर्वक समता का संबंध सुनिश्चित करता है।

4. **परिचर्या का सिद्धान्तः** जैविक खेती एक ऐसी जीवंत एवं लचीली प्रक्रिया है जो सभी आन्तरिक एव वाह्नय कारकों के साथ शीघ्र ही सामंजस्य बना लेती है। जैविक प्रबंधन में समय–समय पर नई तकनीकों का समावेश कर एवं पुराने तरीकों में सुधार कर उत्पादन बढ़ाया जाता है।

जैविक खेती के प्रमुख बिन्दु

1. स्थानीय प्राकृतिक संसाधनों का उपयुक्त प्रयोग।
2. मृदा उर्वरता का संरक्षण।
3. जैव अंश एवं फसल अवशेषों का पौध पोषण हेतु पुनःचक्रण करना।
4. सूर्य के प्रकाश एवं विभिन्न जैव रुपों की जैविक क्षमता का प्रभावी उपयोग।
5. संश्लेषित उर्वरकों एवं पीड़कनाशियों का प्रयोग न करना।
6. जैव विविधता का संरक्षण एवं उसका उत्तोरोत्तर विकास।
7. सभी के प्रति आदर एवं समता का भाव।

जैविक खेती की विशेषताएँ

भारत जैसे देश में छोटे एवं मझोलों किसानों के लिए जैविक खेती किसी वरदान से कम नहीं है। जैविक खेती खाद्यान सुरक्षा के साथ–साथ गरीबी उन्मूलन में भी सहायक होती है। इसकी निम्नलिखित विशेषताएँ हैं–

1. यह कम उत्पादकता एवं निम्न आदान का प्रयोग कर क्षेत्रों से अधिक उत्पादन सुनिश्चित करती है।
2. यह खेतों एवं उसके आस–पास, जैव विविधता एवं प्राकृतिक संसाधनों का संरक्षण करती है।
3. इस विधि में उत्पादन लागत कम होने से शुद्ध लाभ में वृद्धि होती है।
4. यह विभिन्न प्रकार के पौष्टिक भोज्य एवं पेय पदार्थो की उपलब्धता बढाने का कार्य करती है।
5. जैविक खेती पूरी कृषि प्रक्रिया को दीर्घकालिक टिकाऊ रुप प्रदान करती है।

जैविक खेती के प्रथम चरण में ध्यान देने योग्य बातें

1. **मृदा उर्वरता प्रबंधनः** जैविक खेती में मृदा को उर्वर बनाये रखने के लिए कार्बनिक खाद एवं जैव उर्वरकों का प्रयोग किया जाता है। साथ ही फसल चक्र अपनाना, फसल अवशेषों का प्रयोग, बहुफसली प्रणाली का समावेश करना, अधिक एवं गहरी जुताई को त्यागना, फसल अवशेषों द्वारा पलवार (मल्चिंग) करने इत्यादि पर विशेष ध्यान दिया जाता है।

2. **तापमान प्रबंधनः** मृदा में पर्याप्त तापमान बनाये रखने के लिए इसे ढक कर रखा जाता है। साथ ही खेतों के मेड़ों पर वृक्ष एवं झाड़ियाँ लगायी जाती हैं।

3. **वर्षा जल संचयन एवं संधारणः** वर्षा जल के संचयन एवं संधारण के लिए खेतों में गड्ढे खोदे जाते हैं तथा खेत के मेड़ों को ऊँचा बनाया जाता है। खेत को समतल कर किसी एक किनारे वर्षा जल संचयन हेतु तालाब बनाया जाता है ताकि अधिकाधिक वर्षा जल का संचयन कर मृदा में पर्याप्त मात्रा में नमी बनाये रखा जा सके। यही संचित जल आवश्यकता पड़ने पर सिंचाई हेतु प्रयोग में लाया जाता है।

4. **सूर्य के प्रकाश का अधिकाधिक प्रयोगः** जैविक खेती में फसलों का समायोजन इस प्रकार किया जाता है कि प्रत्येक पौधों को सूर्य का प्रकाश पर्याप्त मात्रा में प्राप्त हो सके।

5. **स्थानीय आदानों पर निर्भरताः** जैविक खेती में बाजारों पर निर्भरता न के बराबर होती है। किसान बीज, कम्पोस्ट, वर्मीकम्पोस्ट, वर्मीवाश, फसल सुरक्षा से संबंधित आदान इत्यादि को अपने घर पर ही तैयार कर लेते हैं तथा जैव उर्वरकों के लिए उन्हें बाजार या कृषि विश्वविद्यालयों पर निर्भर रहना पड़ता है।

6. **प्राकृतिक चक्र एवं जीवों की सुरक्षा एवं प्रोत्साहनः** कृषि की इस विधा में स्थानीय प्राकृतिक चक्र को किसी भी प्रकार से नुकसान नहीं पहुँचाया जाता है। परिणामस्वरुप प्राकृतिक चक्र स्वतः चलता रहता है। इसमें मृदा में पाये जाने वाले जीवों जैसे केंचुआ, लाभकारी सूक्ष्मजीवों इत्यादि की संख्या बढ़ाने का भरपूर प्रयास किया जाता है।

7. **पशुधन समन्वयः** जैविक प्रबंधन में पशुधन महत्वपूर्ण भूमिका निभाते हैं। ये पशु उत्पाद के साथ–साथ मृदा समृद्धि हेतु पर्याप्त गोबर तथा मूत्र भी उपलब्ध कराते हैं। साथ ही पशुधन का प्रयोग खेत की जुताई, भार ढोने तथा कृषि यंत्रों को चलाने में किया जाता है।

कैसे करें जैविक खेती का प्रबंधन

जैविक खेती प्रबंधन में स्थानीय स्त्रोतों का अधिकतम उपयोग कर उत्पादन करने पर जोर दिया जाता है। खेती की इस विधि में मृदा स्वास्थ्य एवं पर्यावरण संरक्षण को ध्यान में रख कर सभी क्रियाकलाप किये जाते हैं। इस विधि में पौधों को उचित मात्रा में पोषक तत्त्व उपलब्ध कराने तथा मृदा स्वास्थ्य को उत्तम बनाये रखने के लिए जैव उर्वरकों, कार्बनिक खादों, फसल चक्र, पशुओं के मल–मूत्र, फसलों के अवशेषो, खेतों से निकलने वाले खरपतवार इत्यादि का समुचित प्रबंधन किया जाता है।

मृदा का जैविक रूपान्तरण

1. **रसायनों पर प्रतिबंधः** जैविक कृषि में रसायनिक उर्वरकों एवं पीड़कनाशियों का प्रयोग प्रतिबंधित है। मृदा में पोषक तत्त्वों की आपूर्ति एवं सूक्ष्मजीवों की संख्या बढाने के लिए गोबर की खाद, कम्पोस्ट, जैव उर्वरकों इत्यादि के प्रयोग पर जोर दिया जाता है।

2. **न्यून/कम आदान विकल्पः** न्यून या कम आदान विकल्प के रुप में निम्न क्रिया कलापों को अपनाया जाना चाहिए–

   - प्रथम वर्ष में पहली 60 दिनों वाली फसल (जैसे मूंग), दूसरी 90 से 120 दिनों वाली फसल (चौलाई या सोयाबीन) एवं तीसरी 120 दिनों से ज्यादा वाली दलहनी फसलों (जैसे अरहर) की बुआई करना चाहिए।
   - पोषक तत्त्व प्रबंधन हेतु कम्पोस्ट एवं वर्मी कम्पोस्ट का मिश्रण 2:1 के अनुपात में 2.5 टन प्रति एकड़ की दर से प्रयोग करना चाहिए। जैव उर्वरक के रुप मे एजोटोबैक्टर (4 किग्रा0/एकड़) एवं फास्फोरस को घुलनशील बनाने वाले बैक्टीरिया अर्थात पी.एस.बी. (4 किग्रा0/एकड़) या जैव उर्वरक मिश्रण (4 किग्रा0/एकड़) का प्रयोग करने से लाभ मिलता है।
   - राइजोबियम जैव उर्वरक द्वारा दलहनी फसलों के बीजों को उपचारित करना चाहिए।
   - अगर मृदा में फास्फोरस की मात्रा कम हो तो 300 किलो खनिज रॉक फास्फेट को कम्पोस्ट के साथ मिलाकर डालना चाहिये।
   - मृदा सतह पर जैव अवशिष्ट की एक मोटी परत बिछाकर जीवामृत 200 लीटर प्रति एकड़ की दर से फैला दें। इसप्रकार बीजों का अंकुरण भँलि–भाँति होता है। बुआई के 25 से 30 दिनों के बाद सिंचाई के साथ या वर्षा के दौरान जीवामृत की दूसरी खुराक डालनी चाहिये।

- खेत या फार्म में गेंदा या लाल आम्बाडी (हिबिसकस सबदारिफा) या अन्य उपयुक्त पौधे (जो कीटों को अपनी ओर आकर्षित करें) बिखरे हुए रूप में लगाने चाहिए ताकि जैवविविधता बनी रहे।
- सब्जियों वाले पौधे जैसे मिर्च, टमाटर, बैंगन आदि एवं हल्दी, अदरक आदि के बल्ब या कंद बिखरे हुए रूप में घर में इस्तेमाल हेतु लगाने चाहिये।
- फल/फलियों एवं सब्जियों को तोड़ लेने के पश्चात् बचे हुए पौध अवशेष को पलवार (मल्चिंग) हेतु प्रयोग करें।
- फसलों के अवशेषों को एकत्र कर ढेर के रूप में लगाकर उस पर जीवामृत छिड़कें और फिर 5 से 7 दिनों बाद मल्च के रूप में प्रयोग करें।
- 60 से 120 दिन वाली फसलों की कटाई के बाद खाली हुए स्थान पर कम अवधि की सब्जी वाली फसलें जैसे पालक, मेथी, धनिया इत्यादि की बुवाई कर सतह पर जीवामृत से उपचारित फसल अवशेष फैला दें।
- इन फसलों की कटाई के पश्चात् बाकी बचे अवशेषों को भूमि में ही मिला देना चाहिये।
- आगामी मौसम में कम्पोस्ट एवं वर्मी कम्पोस्ट का मिश्रण 2.5 टन प्रति हेक्टेयर की दर से भूमि में डालें और अन्न एवं दालों वाली फसल बीच–बीच में सह फसल के तौर पर या मिश्रित फसल के रूप में बुवाई करें।
- सिंचाई के पर्याप्त साधन उपलब्ध होने पर गर्मी में होने वाली दलहनी फसलों को सब्जी वाली फसलों के साथ बुआई करनी चाहिए।
- प्रत्येक फसल में मृदा उपचार हेतु 3 से 4 बार तरल खाद (जैसे जीवामृत) का प्रयोग करना चाहिये। लगभग 12–18 महीने बाद भूमि जैविक उत्पादन हेतु उपयुक्त हो जायेगी।
- इस बात का ध्यान रहे कि अगले दो तीन वर्ष तक धान्य फसलों के साथ दलहनी फसलों को सह व मिश्रित फसल के रूप में अवश्य लगायें।
- मल्चिंग के रुप में प्रयोग किये जा रहे फसल अवशेषों में एक तिहाई दलहनी फसलों के अवशेष मिलाकर तरल खाद से उपचारित करना चाहिए।

3. **अधिक आदान विकल्पः** अधिक आदान विकल्प होने पर निम्न बातों का ध्यान रखना चाहिए–

- 2.5 से 3.0 टन कम्पोस्ट/वर्मी कम्पोस्ट या 1.5 टन बायोडायनामिक कम्पोस्ट, 500 किलो खली चूर्ण खाद, 500 किलो रॉक फास्फेट, 100 किलो नीम

केक/खली, 5 किलो एजोटोबैक्टर एवं 5 किलो पी.एस.बी. जैव उर्वरक को एक एकड़ मृदा में छिड़काव पद्धति द्वारा फैला दें।

- 3–4 प्रकार की फसलों की पंक्तियों में बुआई करें। इसमें 40% दलहनी फसलें होनी चाहिये। विविधता बनाये रखने के लिए 100 से 150 पौधे गेंदे और सब्जियों के लगाने चाहिये।
- फसल कटाई के बाद बचे हुए फसल अवशेषों को मिट्टी में अच्छी तरह से मिला देना चाहिए या अगामी फसल में पलवार (मल्चिंग) के रूप में उपयोग करना चाहिए।
- दूसरी फसल लेने के लिए भी उपरोक्त मात्रा में खादों का प्रयोग करें। 200 लीटर तरल खाद (जीवामृत) प्रति एकड़ की दर से जल में मिलाकर फसल तैयार होने तक 3–4 बार उपयोग करना लाभदायक होता है। अधिक फसलोत्पादन हेतु वर्मीवॉश या वर्मीबॉश के साथ गौमूत्र या पंचगव्य का पर्णीय छिड़काव भी किया जा सकता है।
- फलों के बाग में 3–4 प्रकार की दलहनी फसलों को मिश्रित रूप से उपरोक्त खादों की मात्रा डालकर लगानी चाहिए। फसल कटाई के पश्चात् बचे हुए अवशेषों को मृदा में अच्छी तरह मिला कर जीवामृत का दो बार उपयोग करना चाहिए। इसप्रकार 12 से 18 महीने पश्चात् किसी भी मिश्रित फसल को जैविक रूप से बोने हेतु मृदा तैयार हो जायेगी।
- 25 लीटर मक्खन न निकला हुआ गाय के दही से बना छाछ को 7 दिन तक ताबें के बर्तन में मुँह बंद करके छाया में रखें एवं फल–फूल लगने से पहले उसमें 250 लीटर पानी में मिलाकर प्रति हेक्टेयर की दर से फसलों पर छिड़काव करने से 25–30 प्रतिशत तक उत्पादन में बढ़ोतरी होती है।
- देशी गाय का 35 किग्रा. ताजा गोबर, 35 लीटर गोमूत्र एवं 35 लीटर पानी में मिट्टी का घोल बनाकर इसमें 1.5 किलो गुड़ पानी में घोलकर घड़े में मिलाकर घड़े का मुँह कपड़े से बाँधकर मिट्टी में अच्छी तरह से 4 से 5 दिनों के लिए दबा दें। तत्पश्चात् इसमें 500 लीटर पानी मिलाकर प्रतिहेक्टेयर की दर से छिड़काव करने से पौधों में नत्रजन की कमी पूरी हो जाती है। इस घोल का प्रयोग पूरे फसल अवधि में 4 से 5 बाहर करने से उत्पादन में वृद्धि होती है।

4. **बहुफसल प्रणाली:** बहुफसल प्रणाली में कई प्रकार की फसलों को एक साथ मिश्रित रूप में या अलग–अलग समय पर एक ही भूमि पर बोया जाता है जिसमें लगभग 40 प्रतिशत दलहनी फसलें अनिवार्य है। ऐसा करने से पौधों के प्रकाश संश्लेषण क्षमता में वृद्धि होती है तथा पौधों के बीच पोषक तत्वों के लिये

प्रतिस्पर्धा में कमी आती है। दलहनी फसलें वायुमण्डल से अत्याधिक मात्रा में नत्रजन एकत्र करती हैं और अपनी सहचरी फसलों को भी उपलब्ध कराती हैं। गहरी जड़ों वाले पौधे गहराई से अपने पोषक तत्वों को ग्रहण करते हैं और पेड़ से गिरने वाले पत्तों के रूप में उन्हे पुनः मृदा के तल पर ला देते हैं। मिश्रित फसलों में मक्का, बीन्स व खीरा एक साथ तथा टमाटर, प्याज और गेंदा की फसलों को एक साथ उगाया जा सकता है। बीन्स के साथ प्याज नहीं उगाना चाहिए। हर समय 8 से 10 प्रकार की फसलों को पूरे खेत में उगाया जा सकता है। जैवविविधता बनाये रखने, कीट नियंत्रण एवं घरेलू इस्तेमाल हेतु सब्जियों (50 से 150) तथा गेन्दा (100) पौधों के प्रति एकड़ की दर से पूरे खेत में फैलाकर लगाना चाहिए। अधिक पोषक तत्त्व चाहने वाली फसलों (जैसे गन्ना) को दलहनी फसलों एवं पत्तेदार सब्जी वाली फसलों के साथ उगाकर अधिक उपज प्राप्त किया जा सकता है।

5. **फसल चक्रः** फसल चक्र से मृदा की उर्वराशक्ति तथा लाभकारी जीवाणुओं की कार्यक्षमता में वृद्धि होती है। जैविक प्रबंधन हेतु 3 से 4 वर्षीय फसल चक्र अपनाना लाभदायक होता है। अधिक पोषक तत्त्व चाहने वाली फसलों की बुआई से पहले तथा कटाई के बाद में दलहनी फसलों की बुवाई करनी चाहिए और बचे हुए फसल अवशेषों को मृदा में पुनः अच्छी तरह मिला देना चाहिए। इस प्रकार फसल चक्र अपनाने से सभी पौधों को समान रुप से पोषक तत्वों की उपलब्धता, मृदा की संरचना में सुधार, कीट एवं खरपतवार नियंत्रण में सहायता मिलती है।

भारतीय कृषि अनुसंधान परिषद के अर्न्तगत संचालित राष्ट्रीय जैविक खेती की नेटवर्क परियोजना के तहत कृषि प्रणाली अध्ययन के दौरान अनेक केन्द्रों पर किये गये परीक्षणों के आधार पर निम्न फसल चक्रों की अनुशंसा की गई है–

1. सोयाबीन–बरसीम / सरसों / चना (रायपुर, छत्तीसगढ़)
2. टमाटर / बंधगोभी–फूलगोभी, मटर एवं मक्का, बाजरे के साथ लहसुन (हिमाचल प्रदेश)
3. धान–गेंहू / आलू / सरसो / मसूर (रांची, झारखण्ड़)
4. मूंगफली–रबी ज्वार, सोयाबीन–ड्यूरम गेहूँ, आलू, मूंग, मिर्च+कपास एवं मक्का–मूंग
5. सोयाबीन–ड्यूरम गेहूँ / सरसों / मूंग / इसबगोल (भोपाल, मध्यप्रदेश)
6. धान–ड्यूरम गेहूँ / बरसीम, चावल–आलू भिंडी एवं धान–लहसुन, ज्वार+ग्वार–जई–मूंग (लुधियाना, पंजाब)
7. मक्का–कपास, मिर्च–प्याज एवं बैंगन–सूरजमुखी (कोयम्बटूर)
8. ज्वार–मटर–भिंडी (मोदीपुरम, उत्तरप्रदेश)

9. गाजर/धान (खरीफ पूर्व) धान (खरीफ), आलू/धान (खरीफ पूर्व), धान (खरीफ), टमाटर/धान–धान (खरीफ पूर्व), धान (खरीफ), फ्रैंच बीन/धान (खरीफ पूर्व), धान (खरीफ) (उमियम, मेघालय)

6. **उर्वर एवं जीवंत मृदा की अवस्थाः** एक उर्वर तथा जीवंत मृदा में जीवाश्म कार्बन का स्तर 0.8 से 1.5 प्रतिशत के बीच होना चाहिए। कुल सूक्ष्मजीवों (बैक्टीरिया, फफूंद तथा एक्टोनोमाइसिस) की संख्या $1x10^8$ प्रति ग्राम तथा केंचुओं की संख्या 3–4 प्रति घन फिट होना चाहिए। इसके साथ ही कम जीवन अवधि वाले कीट पतंगे तथा छोटी चींटियों की संख्या भी पर्याप्त होना चाहिए।

7. **बीज/रोपण सामग्री का उपचारः** किसान भाई फसलों के बीजों एवं रोपाई हेतु प्रयुक्त पौधों को तालिका–4.2 में बताये गये विधि से उपचार कर लाभ प्राप्त सकते हैं–

तालिका–4.2 बीज/रोपण सामग्री के उपचार की विधि

क्र.सं.	बीज/रोपण सामग्री का उपचार
1.	गोमूत्र अथवा गौ मूत्र–दीमक टीला मृदा पेस्ट
2.	हल्दी पाउडर + गौ–मूत्र
3.	बीजामृत
4.	हींग (Asphoetida) 250 ग्रा./10 कि.ग्रा. बीज की दर
5.	पंचगव्य सत
6.	दशपर्णी सत
7.	ट्राईकोडर्मा विरीडी (4 ग्रा./किग्रा. बीज) या स्यूसोडोमोनास (10 ग्रा./किग्रा बीज)
8.	जैव उर्वरक (राईजोबियम/एजोटोबैक्टर+पी.एस.बी.)

बुआई से एक दिन पूर्व बीजों को उपरोक्त आदानों से उपचारित कर बुआई करने से अंकुरण भलि–भाँति होता है। साथ ही पौधे स्वस्थ एवं मजबूत होते है।

तापमान प्रबंधन

गर्मियों में तापमान नियंत्रण हेतु मृदा पर पलवार (मल्चिंग) किया जाता है। इससे मृदा की नमी बनी रहती है और जल संग्रहण क्षमता में बढ़ोतरी होती है। इक्रीसेट में किये गए दीर्घावधि परीक्षणों से ज्ञात हुआ है कि सबसे अधिक गर्मी वाले दिन (30 अप्रैल 2002) मृदा पलवार करने से 5 से 10 सें.मी. की गहराई तक मृदा तापमान में 6.5 से 7.3 डिग्री सें.ग्रे. की कमी दर्ज की गयी (रूपेला एवं साथी, 2005)। तापमान को खेतों की मेड़ों पर विभिन्न

प्रकार के पेड़ जैसे नीम, ऑवला, इमली, गूलर, बेर झाडियां एवं ग्लिरीसीडिया इत्यादि लगाकर भी नियंत्रित किया जा सकता है।

मृदा उर्वरता

जैविक खेती में जैविक खादों जैसे गोबर की खाद, वर्मीकम्पोस्ट (केंचुआ खाद), सम्वर्धित कम्पोस्ट, काऊ पैट–पिट कम्पोस्ट, सांद्र खाद जैसे खली चूर्ण खाद, मुर्गी खाद, सब्जी बाजार कचरा कम्पोस्ट, जैव शक्तिमान खाद, प्रभावी सूक्ष्म जीवाणु खाद, वर्मीवाश, सींग खाद, हरी खाद एवं जैव उर्वरकों का जैविक आदानों के तौर पर समुचित मात्रा में प्रयोग करने से प्रारंभिक स्तर पर मृदा उर्वरता बनाये रखने में मदद मिलती है। ये जैविक आदान सूक्ष्मजीवों के भोजन के रूप में कार्य करते हैं। फसल अवशेष, कुछ जैविक आदानों जैसे अखाद्य तिलहन की खली, कुक्कुट खाद, जैव उर्वरक, रॉक फॉस्फेट, चूना इत्यादि उपलब्ध नहीं होने पर किसान भाई इन्हें बाहर से मँगा सकते हैं। जीवांश कार्बन एवं पोषक तत्त्वों से भरपूर स्वस्थ मृदा फसलों की भँलि–भाँति वृद्धि एवं विकास में सहायक होती है।

जैव उर्वरकों एवं जीवाणु कल्चर का उपयोग

उर्वरता के प्रबंधन और पोषक तत्वों की निरंतर उपलब्धता बनाये रखने हेतु जैव उर्वरकों जैसे राइजोबियम, एजोटोबैक्टर आदि अत्यंत उपयोगी आदान हैं। स्थानीय जलवायु के आधार पर कुछ ऐसे सूक्ष्म जीवों द्वारा उर्वरक तैयार किये जा रहे हैं जो अलग–अलग स्थान और जलवायु में कारगर सिद्ध हुए हैं। अनेक प्रयोगों द्वारा यह सिद्ध हो चुका है कि जहाँ रासायनिक उर्वरकों का उपयोग नहीं होता है वहाँ ये जीवाणु आदान अधिक प्रभाावी हैं। अतः खेती की प्रत्येक अवस्था में तथा सभी फसलों में इनका प्रयोग करना सुनिश्चित करें। जैव उर्वरकों का प्रयोग विधि सम्बन्धित विवरण तालिका 4.3 में दिया गया है।

तालिका 4.3 जैव उर्वरकों की मात्रा तथा प्रयोग विधि का विवरण

प्रयोग विधि	जैव उर्वरक एवं मात्रा	विवरण
बीजोपचार	नत्रजन स्थिरीकरण जैव उर्वरक एवं पी.एस.बी. जैव उर्वरक (200 ग्राम)	दिये गये जैव उर्वरक की मात्रा को 300 से 400 मि. ली. पानी में अच्छी तरह मिला कर घोल तैयार करते हैं। घोल को 10 से 12 किलो बीजों पर डालकर हाथ से तब तक मिलाते जब तक कि समस्त बीजों पर समान परत न चढ़ जाए। इसके बाद बीजों को छायादार एवं हवादार स्थान पर सूखते हैं।

		यदि अम्लीय और क्षारीय मिट्टी में बुवाई करनी हो तो जैव आधारित बीजों को एक किलो बुझा हुआ चूना से (अम्लीय मृदा हेतु) या जिप्सम पाउडर (क्षारीय मृदा हेतु) द्वारा उपचारित करते हैं।
जड़ोंपचार	नत्रजन स्थिरीकरण जैव उर्वरक (एजोटोबैक्टर/ एजोस्पारिलम) एवं पी.एस.बी. जैव उर्वरक (1–2 किग्रा.)	**पहली विधिः** दी गई जैव उर्वरक की मात्रा को 5 से 10 लीटर या एक एकड़ में लगाये जाने वाले पौधों की संख्या के अनुसार घोल बनाते हैं। तत्पश्चात् रोपाई किये जाने वाले पौधों की जड़ों को तैयार घोल में 20 से 30 मिनट तक रोपाई करने से पहले डुबो कर रखते हैं। **दूसरी विधिः** धान की रोपाई के लिए खेत में (2 मी. X 1.5 मी. X 0.15 मी.) की क्यारी बनाते हैं तथा इसे 5 से.मी. तक पानी से भर देते हैं। इसके बाद दो किग्रा. एजोस्पाइरिलम एवं दो किग्रा. पी.एस.बी. डालकर धीरे–धीरे मिलाया जाता है। इसके बाद रोपे जाने वाले पौधों की जड़ों को 8 से 12 घंटों के लिए या पूरी रात डुबोकर रखते हैं तथा अगले दिन रोपाई हेतु प्रयोग करते हैं।
मृदा उपचार	एजोटोबैक्टेर/ एजोस्पाइरिलम/(2–4 किग्रा./एकड़)	दोनों प्रकार के जैव उर्वरकों को 2–4 लीटर पानी में अलग–अलग मिलाकर 50 से 100 किग्रा. कम्पोस्ट के अलग–अलग ढेरों पर छिड़कर रात भर के लिए छोड़ देते हैं। 12 घंटे बाद दोनों ढेरों को आपस में अच्छी तरह मिला दें। यदि अम्लीय मृदा का उपचार करना हो तो 25 किलो चूना इस ढेर के साथ मिला देते हैं। पेड़ो के उपचार करने के लिए इस मिश्रण को पेड़ के चारों ओर जड़ के फैलाव के पास खुरपी की सहायता से गड्ढ़ा खोद कर प्रयोग करते हैं। खेतों में बोई जाने वाली फसलों के लिए पूरे खेत में बुवाई से पहले इस मिश्रण को अच्छी तरह छिड़कर मिला देते हैं। गन्ने की फसल में जैव उर्वरकों को बुआई के 30–40 दिनों बाद जड़ों के पास डालकर मिट्टी से ढ़क देते हैं। आलू व गन्ने की फसल में दो बार जैव उर्वरक से उपचार किया जा सकता है। पहली बार बुवाई के समय कंदों व गन्ने के टुकडों को जैव उर्वरक घोल

में डुबोकर उपचारित करते हैं तथा दूसरी बार मिट्टी चढ़ाते समय अंकुरित पौधों के जडों के पास डालकर मिट्टी चढाते हैं।

समस्त जीवित अवयवों की सुरक्षा

पौध अवशेषों व फसलों एवं खरपतवार से तैयार मल्च के प्रयोग से मिट्टी के विभिन्न जैव स्वरूपों को संरक्षित किया जा सकता है। रसायनिक उर्वरकों, कीटनाशकों का उपयोग निषिद्ध करने से भी जीवित अवयव सुरक्षित रहते हैं। विभिन्न जीवित अवयवों का पालन सुनिश्चित करने के लिये मृदा में सूखा, अर्द्धअपघटित व पूर्ण अपघटित जीवाष्म का होना आवश्यक है। सूखे जैविक तत्व छोटे कीट पतंगों और छोटे जानवरों के लिए भोजन हैं, अल्पविघटित जीवाश्म केंचुओं के भोजन के लिए उपयुक्त हैं एवं पूर्ण विघटित तत्व सूक्ष्म जीवों का भोजन हैं ये सभी कीट पतंगे, छोटे जानवर केंचुए एवं सूक्ष्म जीव प्राकृतिक रूप से स्वस्थ मृदा के अभिन्न अंग हैं और ये सभी मिल–जुलकर विभिन्न कार्य करते हैं। छोटे जानवर एवं कीट पतंगे हानिकारक कीटों के लार्वा को खा लेते हैं जिससे कीटों का नियंत्रण होता है। केंचुए अल्प विघटित पदार्थो को खाकर उसे पूर्ण विघटित मल के रूप में बाहर निकालते हैं जो उत्कृष्ट खाद है। केंचुओं की उपस्थिति मृदा के रंध्रों को खोलकर उसकी वायवीय अवस्था में सुधार लाती है। मृदा में उपस्थित जैविक कार्बन जिस पर पर्याप्त मात्रा में उपयोगी सूक्ष्म जीव पलते हैं। ये नत्रजन स्थिरीकरण, अघुलनशील फॉस्फेट को घुलनशील बनाने, प्रकाश संश्लेषण क्रिया में एवं सैल्यूलिटिक प्रक्रिया में सहायक होते हैं। जैविक खेती में यह हमेशा सुनिश्चित किया जाना चाहिये कि मृदा में उपस्थित समस्त जीवित अवयवों की सुरक्षा हर समय हो।

नाशी जीव प्रबंधन (Insect pest management)

जैविक खेती प्रबंधन में रसायनिक कीटनाशकों का प्रयोग वर्जित है। अतः नाशीजीव प्रबंधन मुख्य रुप से निम्न विधियों द्वारा किया जाता है।

1. जुताई का विकल्प (Cultural Alternative)
2. यांत्रिक विकल्प (Mechanical Alternative)
3. जैविक विकल्प (Biological Alternative) तथा
4. स्वीकार योग्य वनस्पितक अर्क या कुछ रसायन जैसे कॉपर सल्फेट, सॉफ्ट सोप आदि द्वारा।

1. **जुताई विकल्प**

- गर्मी की गहरी जुताई करने से जमीन के अन्दर छिपे कीटों एवं रोगों की विभिन्न अवस्थाएँ, खरपतवारों का बीज इत्यादि ऊपर आकर तेज धूप एवं पक्षियों द्वारा नष्ट कर दिये जाते हैं।
- खेतों की निराई–गुड़ाई कर नाशीजीवों की संख्या को कम किया जा सकता है।
- प्रतिरोधी या सहनशील फसल प्रजातियों का चुनाव करना।
- मेड़ों एवं नालियों को हमेशा खरपतवार मुक्त रखना।
- फसलों की बुवाई निर्धारित समय एवं निश्चित दूरी पर करना।
- पोषक तत्त्वों का संतुलित मात्रा में प्रयोग करना।
- उचित जल प्रबंधन एवं जल निकास की व्यवस्था करना।
- फसल चक्र अपनाना।
- बहुफसली पद्धति को अपनाना जिसमें कीटों को आकर्षित करनी वाली फसलें भी सम्मिलित हों।

2. **यांत्रिक विकल्प**

- रोग प्रभवित पौधे तथा रोग ग्रस्त भाग को अलग हटाना,
- कीटों के अंड़े तथा लार्वा समूहों को इकट्ठा करके नष्ट करना,
- चिडियों के बैठने के स्थान की स्थापना,
- प्रकाश पिंजरा (Light Traps),
- चिपचिपी रंगीन पट्टी तथा
- फैरोमेन ट्रेप्स लगाना।

3. **जैविक विकल्प**

जैविक कीट नियंत्रण एक प्रभावशाली एवं आर्थिक दृष्टि से महत्त्वपूर्ण सस्ती एवं प्रदूषणरहित कीट नियंत्रण विधि है। इस विधि से मानव स्वास्थ्य पर कोई हानिकारक प्रभाव नहीं पड़ता है साथ ही इसका प्रभाव लम्बे समय तक कीट नियंत्रण पर बना रहता है। जैव उत्पाद के रुप में कीट, जीवाणु, कवक, विषाणु एवं सुत्रकृमि का प्रयोग किया जाता है जो हानिकारक कीटों को नष्ट करते हैं अथवा उनकी संख्या कम कर देते हैं। कुछ ऐसे ही जैविक उत्पाद निम्न हैं।

1. कीट – ट्राइकोग्रामा, इपिरिकेनिया मिलेनोल्युका व क्राइसोपर्ला कानिर्या
2. सूक्ष्मजीव

कवक – व्युवेरिया वेसियाना, मेटारहायजियम, वार्टिसिलियम, ट्राइकोडर्मा

जीवाणु – बी. टी. (वेसिलस थुरिन्जयेन्सिस)

विषाणु – एन. पी. वी. (न्युक्लियर पोलीहाइड्रेसिस वायरस)

सुत्रकृमि – ई. पी.एन. (इंटोमोपैथोजेनिक निमैटोड)

1. कीटः ट्राइकोग्रामा

यह एक सूक्ष्म कीट है जो फली बेधक एवं पत्ती लपेटक कीटों के अण्ड़ों पर अपना जीवन यापन करता है तथा नाशीजीवों को उनके अण्ड़े की अवस्था में ही नष्ट कर देता है। इस कीट की मादा ततैया फसलों को हानि पहुँचाने वाले कीटों के अण्ड़ों में अपना अण्डा देती है जिससे परजीवित अण्ड़ों से ट्राइकोग्रामा के व्यस्क कीट बाहर आते हैं और फसलों के हानि पहुँचाने वाले बेधक कीटों के अण्ड़े को ढूँढ़ कर नष्ट कर देते हैं।

एक ट्राइकोग्रामा लगभग 100 हानिकारक कीट के अण्ड़े को नष्ट कर देती है। प्रयोगशालाओं में इन कीटों को ट्राइकोकार्ड के रुप में विकसित किया जाता है। इसप्रकार 5 ट्राइकोकार्ड/हे0 की दर से एक सप्ताह के अन्तराल पर प्रयोग किया जाता है। ट्राइकोकार्ड का प्रयोग व्यस्क निकलने के एक दिन पूर्व शाम के समय करते हैं। इसके लिए ट्राइकोकार्ड को 12 टुकडों में काट लेते हैं जो एक एकड़ के लिए पर्याप्त होता है। इन टुकडों को समान दूरी पर पौधों की पत्तियों के निचली सतह पर उलट कर धागे की सहायता से इसप्रकार बाँधते है कि अण्ड़े भूमि के तरफ रहें। ट्राइकोग्रामा की विभिन्न प्रजातियों द्वारा विभिन्न फसलों में कीट नियंत्रण तथा प्रयोग विधि तालिका–4.4 में दी गई है।

तलिका–4.4 ट्राइकोग्रामा के विभिन्न प्रजातियों द्वारा विभिन्न फसलों पर कीट नियंत्रण एवं प्रयोग विधि

कीट का नाम	परजीवी की प्रजाति	प्रयोग की दर
धान का तना बेधक धान का पत्ती लपेटक	ट्राइकोग्रामा जपोनिकम	पौध रोपण के 30 दिन बाद या कीट के दिखाई देने पर 100,000 अण्ड़े प्रति हेक्टेयर की दर से 8–10 दिन के अन्तराल पर 6 बार छोड़ना चाहिए।
भिण्डी का प्ररोह एवं फल बेधक दलहनी सब्जियों के फली बेधक	ट्राइकोग्रामा किलोनिस	बुवाई के 30 दिन बाद या कीट के दिखाई देने पर 100,000 अण्ड़े प्रति हेक्टेयर की दर से 7 दिन के अन्तराल पर 4–6 बार छोड़ना चाहिए।

मक्के का तना बेधक	ट्राइकोग्रामा किलोनिस	बुवाई के 15 दिन बाद या कीट के दिखाई देने पर 100,000 से 150,000 अण्ड़े प्रति हेक्टेयर की दर से 7 दिन के अन्तराल पर 4–5 बार छोड़ना चाहिए।
गन्ने का चोटी बेधक	ट्राइकोग्रामा जपोनिकम	बुवाई के 60 दिन बाद या कीट के दिखाई देने पर 100,000 से 150,000 अण्ड़े प्रति हेक्टेयर की दर से 10 दिन के अन्तराल पर 4–6 बार छोड़ना चाहिए।
गन्ने का अगेती तना बेधक	ट्राइकोग्रामा किलोनिस	बुवाई के 45 दिन बाद या कीट के दिखाई देने पर 100,000 से 150,000 अण्ड़े प्रति हेक्टेयर की दर से 10 दिन के अन्तराल पर 6–10 बार छोड़ना चाहिए।
गन्ने का प्ररोह बेधक, गन्ने का पोरी बेधक, गुरदासपुर बेधक		बुवाई के 90 दिन बाद या कीट के दिखाई देने पर 100,000 से 150,000 अण्ड़े प्रति हेक्टेयर की दर से 10 दिन के अन्तराल पर 6–10 बार छोड़ना चाहिए।
कपास का सूड़ी, कपास का लाल सूड़ी, कपास का धब्बेदार सूड़ी		बुवाई के 45 दिन बाद या कीट के दिखाई देने पर 100,000 से 150,000 अण्ड़े प्रति हेक्टेयर की दर से 7 दिन के अन्तराल पर 6 बार छोड़ना चाहिए।
डी.बी.एम गोभीवर्गीय सब्जियाँ	ट्राइकोग्रामा ब्रेसिलिएन्सिस	पौध रोपण के 20 दिन बाद या कीट के दिखाई देने पर 100,000 से 150,000 अण्ड़े प्रति हेक्टेयर की दर से 7 दिन के अन्तराल पर 4–6 बार छोड़ना चाहिए।
टमाटर का फल बेधक		पौध रोपण के 45 दिन बाद या कीट के दिखाई देने पर 100,000 से 150,000 अण्ड़े प्रति हेक्टेयर की दर से 7 दिन के अन्तराल पर 6 बार छोड़ना चाहिए।

सूक्ष्मजीव

जैविक कीट नियंत्रण में सूक्ष्मजीवों जैसे जीवाणु, कवक, विषाणु तथा सुत्रकृमियों की महत्त्वपूर्ण भूमिका होती है, जिन्हें तालिका–4.5 में दर्शाया गया है।

तालिका–4.5 विभिन्न सूक्ष्मजीवों द्वारा विभिन्न फसलों पर कीट नियंत्रण

सूक्ष्मजीव		फसल	कीट	प्रयोग की मात्रा (किग्रा / है0)
जीवाणुः यह कीटों में रोग पैदा कर उनकों नुकसान पहुँचाता है। सुंड़ियों द्वारा बी.टी. के स्पोर खाने के बाद यह इनके उदर को प्रभावित करता है जिससे भोजन ग्रहण करने में परेशानी होती है। परिणामस्वरुप संक्रमित सुड़ी 2–3 दिन में मर जाती है।	बैसिलस थुरिनजियेन्सिस (बी.टी)	टमाटर, भिन्ड़ी, चना, अरहर, कपास, सुरजमुखी	फलबेधक	1.0–1.5
		बन्दगोभी, फूलगोभी	डायमंड बैक माथ एवं बन्दगोभी की तितली	
		कपास, मिर्च, बन्दगोभी, फूलगोभी	तम्बाकू की सूँड़ी	
		बैंगन	तना एवं फलबेधक	
कवकः कीटों को नष्ट करने वाले कवकों को इंटोमोपैथोजेनिक फंगस के नाम से जानते है। कवकों के बीजाणु या कोनिडिया कीटों के शरीर के अन्दर पहुँचकर अंकुरित होने के बाद माइसिलिया बनाती है जो त्वचा को फाड़कर शरीर से बाहर आ जाती है। कीट के ऊपर कवक उग आते हैं जिससे कीट के शरीर में सुजन आ जाती है। परिणामस्वरुप इन्हें खाने एवं स्वसन करने में समस्या आती है जिससे 3–4 दिनों के बाद इनकी मृत्यु हो जाती है।	व्युवेरिया वेसियाना (*Beauveria Bassiana*)	टमाटर, चना, अरहर, कपास, बन्दगोभी, धान	फलबेधक, तम्बाकू की सुंड़ी, सेमीलूपर, दीमक, वी.पी.एच. टिड्डा, डी . वी.एम.,माहू, पत्तीलपेटक	5.0
	नोमुरिया रियाली (*Nomuraea rileyi*)	टमाटर, चना, अरहर, कपास, बन्दगोभी	फलबेधक, तम्बाकू की सूँड़ी, सेमीलूपर, पत्तीलपेटक, डी.वी.एम.	
	मेटारायजियम (*Metarhizium anisopliae*)	टमाटर, चना, कपास, गन्ना	फलबेधक, पायरिला	
विषाणुः यह कीटों में उदर में पहुँचकर श्वसन को प्रभावित करता है जिससे कीट फसल के ऊपरी हिस्से पर पहुँच कर उल्टा लटक जाते हैं और 2–3 दिनों के बाद इनकी मृत्यु हो जाती है। कीटों के मरने के समय उसका रंग बदल जाता है और शरीर सड़ जाता है। प्रत्येक कीट का एन.पी.वी. अलग–अलग होता है।	न्यूक्लियर पॉलीहाइड्रोसिस वायरस (एन.पी. वी.)	टमाटर, चना, अरहर, कपास	तम्बाकू की सूँड़ी	250 इल.ई का घोल / हे0

ट्राइकोडर्मा

यह चना, उड़द, मूँग, बैगन, आलू, मिर्च, मूँगफली, सोयाबीन, गेंदा इत्यादि में लगने वाली कवक जनित रोग जैसे बीज गलन, जड़ गलन, आर्द्रपतन एवं उकठा रोग आदि के नियंत्रण में महत्त्वपूर्ण भूमिका निभाता है। ट्राईकोडर्मा विरीडी (*Trichoderma viridi*) या ट्राईकोडर्मा हारजिएनम (*T. harazianum*) 4 ग्रा. / किग्रा0 बीज, अकेले अथवा संयुक्त रूप से अधिकांश बीज जनित या मृदा रोगों के नियंत्रण में प्रभावी है।

ट्राइकोडर्मा का उत्पादन देशी विधि से करने के लिए नमी एवं छायायुक्त स्थान पर एक 3 मी. लम्बा, 2 मी. चौड़ा तथा 1.5 मी. गहरा गड्ढ़ा तैयार करते हैं। तत्पश्चात् इसे गोबर की खाद से भरकर इसके ऊपर 50 ग्राम ट्राइकोडर्मा पाउडर का छिड़काव कर धान की पुआल, गन्ने की पत्ती या किसी अन्य वानस्पतिक पत्तियों से ढँक देते हैं। इसके बाद पर्याप्त नमी बनाये रखने के लिए समय–समय पर पानी का छिड़काव करते रहते हैं। पानी का छिड़काव करते समय ध्यान देना चाहिए कि गड्डे में पानी एकत्र न होने पाये। इसप्रकार

8–10 दिनों के बाद नयी गोबर की खाद डालकर इन्हें वानस्पतिक पत्तियों से पुनः ढँक देते हैं। लगभग 3 माह में ट्राइकोडर्मा से भरपूर अच्छी गुणवत्ता वाली खाद तैयार हो जाती है। इस खाद का प्रयोग मृदा उपचार एवं कीट नियंत्रण के साथ–साथ फसलोत्पादन बढ़ाने में भी किया जा सकता है।

सूत्रकृमिः ई.पी.एन. (Entomopathogenic nematode)

ई.पी.एन. एक घातक परजीवी है जो कीटों के शरीर में पहुँचकर बीमारियाँ पैदा करते हैं जिससे कीटों की मृत्यु हो जाती है। जब मिट्टी का तापमान 12–28^0 सेंटीग्रेट हो तो इसका प्रयोग करना लाभदायक होता है। तापमान अधिक होने की दशा में हल्की सिंचाई करनी चाहिए। इस परजीवी का तृतीय अवस्था (Infective juvenile stage) वाले सूत्रकृमि का प्रयोग घोल बनाने के लिए किया जाता है। घोल में लगभग 2 अरब ई.पी.एन. की संख्या तथा आवश्यकतानुसार पानी की मात्रा एक हेक्टेयर के लिए पर्याप्त होता है। इस घोल में 2–4 बूंद उजाला एवं 5.0 ग्राम/लीटर की दर से डिटर्जेंट पाउडर मिलाने से यह पत्तियों पर अच्छी तरह चिपकता है। सॉलिड/फ्लैट कोन नाजेल का प्रयोग कर इस घोल का छिड़काव फसलों पर करना चाहिए। ई.पी.एन. घोल छिड़काव करने से कीट नियंत्रण में आशातीत लाभ मिला है जिसे तालिका–4.6 में दर्शाया गया है–

तालिका–4.6 ई.पी.एन. घोल छिड़काव करने से कीट नियंत्रण

कीट	नियंत्रण (प्रतिशत)
होलोट्राईकिया कॉनसेनग्यूनिया	90
ऐगरोटीस इपसीलान	86
हेलिकोवर्पा आरमिजेरा	67
प्लयूटेल्ला जाईलोस्टेल्ला	56
कोरसाईरा सिफेलोनिका	47
सेन्टोकोकस	28

फसल सुरक्षा में मित्र कीटों एवं पक्षियों की उपयोगिता

प्रकृति में **"जीवों जीवास्य भोजनम्"** के सिद्धांत पर सभी जीवों की संख्या नियंत्रित होती है। अतः वर्तमान समय में भी हमें इसी सिद्धांत को बढ़ावा देते हुए कीट नियंत्रण पर ध्यान देने की आवश्यकता है। कीट मनुष्यों के शत्रु ही नहीं होते अपितु इनकी बहुत सी प्रजातियाँ मनुष्यों तथा उनके उपयोगी पशुओं एवं फसलों को हानि पहुँचाने वाले कीटों के शत्रु होते हैं। लगभग 25–33 प्रतिशत कीट कृषक के लिए लाभदायक होते हैं जो अन्य नुकसान पहुचाने वाले कीड़ों की संख्या को नियंत्रित करते हैं। इन परभक्षी कीटों का

संवर्धन करके फसलों को नुकसान पहुचाने वाले कीटों पर प्रभावी नियंत्रण संभव है। अतः जैविक खेती में प्रकृति में पाये जाने वाले ऐसे कीट एवं पक्षियों को जो हमारे मित्र हैं तथा फसलों के लिए हानिकारक कीटों को नष्ट कर फसल को संभावित नुकसान से बचाते हैं, का संरक्षण करना आवश्यक है। कुछ ऐसे ही कीट एवं पक्षियों का विवरण तालिका–4.7 में संक्षिप्त में दिया जा रहा है–

तालिका–4.7 मित्र कीट एवं पक्षियों का संक्षिप्त विवरण

झिंगुर		यह तना छेदक, पत्ती लपेटक, सैनिक कीट पत्तियों के चक्र पर लगने वाले कीड़ो के अण्ड़े, भुनगे एवं फुदकों के शिशु कीट को खाकर जीवनयापन करते हैं।
क्रापसोया		यह सफेद मक्खियों, एफिड्स, छोटे कीटों के अण्ड़े, कपास के बीज के पास रहने वाले कीड़ों एवं इल्लियों का भक्षण करते है जिससे उक्त कीटों से होने वाली हानि में कमी आती है।
किशोरी डेसनल एवं चिडरा ड्रेगन मक्खीयाँ		यह पौधों पर उड़ने वाले कीड़ों, भूनगों, कवकों की तलाश में धान की फसल पर उड़ती रहती है। वयस्क मिरिड बग का परभक्षी जोड़ा एक दिन में सात से दस अण्ड़े या एक से पांच भुनगें, फुदकें खा सकता है।
लेडी बर्ड बिटल, इन्द्रगोगभृंग		यह एक मुख्य परभक्षी कीट है जिनकी विभिन्न प्रजातियाँ माहू, जेसिडस, स्केल्स, मिलीबग, आदि कीटों के नियंत्रण में प्रमुख भूमिका अदा करती है। इसके अतिरिक्त सिरफिड मक्खी क्रापसोपा आदि भी प्रभावी परभक्षी हैं।
रावबिटिल		ये धान के पौधों एवं पत्तियों पर लगने वाले भुनगों–फदुकां पत्ती मोडक एवं रोयेदार सुड़ियों की इल्लियों का भक्षण करते हैं।
असेसिन बग		ये एफिड, डायमंड ब्लैक मोथ, कटवर्म इत्यादि के शरीर से तरल पदार्थ को चूसकर इन्हें मार डालते है। साथ ही इनके अण्ड़े एवं लार्वा को भी ये नुकसान पहुँचाते हैं।
ग्रीन लैकवींग एवं ब्राउन लैकवींग	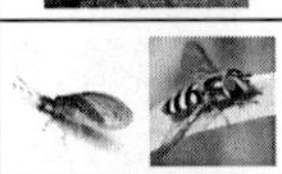	ये एफिड,मोथ के अण्ड़े तथा लार्वा, सफेद मक्खी, माइट और मिलीबग का भक्षणकर पौधों को इनसे होने वाले नुकसान से बचाते है।
होभरफ्लाई		ये एफिड का भक्षणकर पौधों को इनसे होने वाले नुकसान से बचाते हैं।
मकड़ीयां		यह हमेशा कीड़ो की तलाश में रहती है तथा वयस्क कीड़ो को खाकर अपना जीवन निर्वाह करती हैं। अपने कद के अनुसार मकड़ियों एक दिन में 5–15 हानिकारक कीटों का भक्षण करती हैं।
मछली व मेढ़क		बड़ी संख्या में मच्छरों व पानी में रहने वाले कीटों को अपना आहार बनाते हैं।
पक्षी		पक्षियों में रज्जूपुच्छ, मठिडक राजबक, कुन्जनि, स्वेतकोकिल, तीतर, बटेर, कौआ, बगुला, मैना एवं उल्लू आदि प्रमुख हैं जो हल के पीछे खुले कूड़ में से फसलों के लिए हानिकारक कीड़ों का खाते हैं।
छिपकलियाँ		ये अपने आहार हेतु पूर्ण रूप से कीड़ों पर निर्भर रहती हैं। छिपकलियाँ रोशनी में आकर्षित होने वाले झींगुर, ग्रासहॉपर, लीफहापर्स, बग्स एवं अनेक प्रकार के वीटल्स का भक्षण करती हैं जो फसलों के लिए अत्यन्त हानिकारक होते हैं।

वानस्पतिक कीटनाशक

प्रकृति में बहुत से ऐसे पेड़—पौधे पाये जाते हैं जिनमें कीटनाशी गुण विद्यमान होते हैं। ऐसे पेड़—पौधे की पत्तियों या बीजों का सत्/अर्क नाशीजीवों के प्रबंधन में प्रयोग किया जा सकता है। कुछ ऐसे ही पेड़—पौधे के उत्पाद से कीटनाशक बनाने की विधि निम्नलिखित है—

1. **नीम (Azadiracta indica):** यह लगभग 200 नाशी जीव कीटों तथा सूत्रकृमियों के प्रबंधन में प्रभावी पाया गया है। ग्रास हौपर, लीफ हौपर, प्लांट हौपर, एफिड, जैसिड, मौथ व इल्ली के लिए नीम अर्क व तेल बहुत प्रभावी है। नीम अर्क, बीटल, लार्वा, बटर फ्लाई, मौथ व कैटर पिलर जैसे कौक्सिकन बीन बीटल, कोलोरेडो पोटेटो बीटल तथा डाइमंड बैक मोथ के लिए भी बहुत प्रभावी है। नीम उत्पादः ग्रास हौपर, लीफ माइनर, तथा लीफ हौपर जैसे वैरीएगिटिड ग्रास हौपर, धान की हरी पत्ती का हॉपर तथा कपास का जैसिड़ के नियंत्रण में भी बहुत प्रभावी है। बीटल, एफिड्स, सफेद मक्खी, मिली बग, स्केल कीट वयस्क बग, गैमोट तथा स्पाइड़र का प्रबंधन भी नीम अर्क द्वारा किया जा सकता है। नीम के विभिन्न उत्पादों से निम्न प्रकार से कीटनाशक बनाये जाते है—

   - **नीम का तेलः** 30 मिली. नीम के तेल, 1 लीटर पानी में मिलाकर तथा आधा चम्मच कपड़ा धोने का पाउडर मिलाकर तैयार किया घोल नाशी जीव कीटों के नियंत्रण में लाभकारी होता है। कपड़ा धोने का पाउडर घोल को पत्तियों पर चिपकने में मदद करता है।
   - **नीम की खली का सत्ः** 100 ग्राम नीम की खली को अच्छी तरह पिसकर पाउडर बना लेते हैं। इसके बाद सूती कपड़े में बाँध कर 1लीटर पानी में भिंगोकर 12—18 घण्टें के लिए छोड़ देते हैं। तत्पश्चात् इसे छानकर आधा चम्मच कपड़ा धोने का पाउडर मिलाकर इसका प्रयोग फसलों पर करते है।
   - **नीम की पत्तियों का रसः** 2 किग्रा. नीम की पत्ती को 10 लीटर गर्म पानी में भिगोकर 12—18 घण्टें के लिए छोड़ देते हैं। तत्पश्चात् इन्हे अच्छी तरह मसलने के बाद छानकर अलग कर लेते हैं। इसप्रकार छने हुए अर्क में आधा चम्मच कपड़ा धोने का पाउडर मिलाकर इसका प्रयोग फसलों पर करते हैं।
   - **नीम गौमूत्र सत्ः** 5 किग्रा नीम पत्ती को पानी में कुचकर इसमें 5 ली. गौमूत्र तथा 2 किग्रा. गाय का गोबर मिलाकर 24 घंटे तक सड़ने के लिए छोड़ देते हैं। थोड़े—थोड़े अंतराल पर मिश्रण को हिलाते रहते हैं। तत्पश्चात् मिश्रण को निचोड़कर छान लेते हैं तथा 100 ली. पानी मिलाकर एक एकड़ क्षेत्र में पर्णीय छिड़काव हेतु प्रयोग करते हैं। इससे चूसने वाले कीटों तथा मिली बग का नियंत्रण किया जा सकता है।

- **नीम की पत्ती, निबौली (बीज) एवं गौ मूत्र से तैयार सत्:** एक तांबे के पात्र में 3 किलो कुचली हुई ताजी नीम की पत्तियां एवं 1 किलो नीम की निबौली का चूर्ण (पाउडर), 10 लीटर गौ मूत्र में मिलाऐं। पात्र को अच्छी तरह से बंद करके 10 दिनों तक सड़ाते हैं। इसके बाद मिश्रण को तब तक उबालते हैं जब तक कि यह आधा न रह जाये। 250 ग्राम लहसुन को पानी में डालकर रात भर के लिए छोड़ देते हैं। एक दूसरे पात्र में 500 ग्राम हरी मिर्च कुचलकर एक लीटर पानी में डालकर रात भर के लिए छोड़ देते हैं। अगले दिन उबला हुआ मिश्रण, हरी मिर्च का सत् और लहसुन का सत् एक साथ अच्छी तरह से मिलाकर इसे छान लेते हैं। इसप्रकार एक प्रभावी कीटनाशक तैयार हो जाता है। इसका 250 मि. ली. मात्रा को 15 लीटर पानी में मिलाकर छिड़काव कर सभी फसलों में विभिन्न प्रकार के कीटों की रोकथाम कर सकते हैं।
- **नीम, करंज, बेहाया एवं गौ मूत्र से तैयार सत्:** 5 किलो नीम की निंबौली का चूर्ण (पाउडर) + 1 किलो करंज के बीजों का चूर्ण + 5 किलो बारीक कटी बेशरम/बेहया की पत्तियां + 5 किलो नीम की बारीक कटी पत्तियों को एक 200 लीटर क्षमता वाले ड्रम में डालते हैं। इसमें 10 से 12 लीटर गौ मूत्र डालकर ड्रम को 150 लीटर तक पानी से भर देते हैं। ड्रम को ऊपर से अच्छी तरह बंद करके 8 से 10 दिनों तक सड़ने के लिए छोड़ देते हैं। 8 दिनों बाद मिश्रण को अच्छी तरह मिला कर आसवित करते हैं। 150 लीटर मिश्रण से प्राप्त आसवित अर्क एक एकड़ भूमि के लिए पर्याप्त है। यह एक अच्छा कीटनाशक होने के साथ–साथ एक अच्छा वृद्धि कारक भी होता है। इसका उचित घोल बनाकर छिड़काव करना चाहिए। कुछ महीनों तक इसे रखे रहने पर भी इसकी उपयोगिता पर कोई प्रतिकूल प्रभाव नहीं पड़ता।
- **दशपर्णी सत्:** 20 किग्रा. नीम की पत्ती + 2 किग्रा. निर्गुन्डी के पत्ते + 2 किग्रा. सर्पगंधा के पत्ते + 2 किग्रा. गुडुची के पत्ते + 2 किग्रा. शरीफा के पत्ते + 2 किग्रा. करंज के पत्ते + 2 किग्रा. अरंडी के पत्ते + 2 किग्रा. कनेर के पत्ते + 2 किग्रा. आक के पत्ते + 2 किग्रा. हरी मिर्च लुगदी + 250 ग्राम लहसुन लुगदी + 5 ली. गौमूत्र + 3 किग्रा. गाय के गोबर को 200 ली. पानी में कुचलकर एक माह तक सड़ने देते हैं। इस मिश्रण को दिन में दो से तीन बार किसी डण्ड़े की सहायता से हिलाते हैं। इसके बाद सत् अच्छी तरह मसलने के बाद छान लेते हैं। इसप्रकार छाने हुए सत् को छः माह तक भंडारित किया जा सकता है तथा यह एक एकड़ क्षेत्र में छिड़काव हेतु पर्याप्त है।

मिश्रित पत्तों का सत्: तीन किग्रा. नीम की पत्ती 10 ली. गौमूत्र में मिलाकर कुचल लेते है। 2 किग्रा. शरीफा के पत्ते + 2 किग्रा. पपीता के पत्ते + 2 किग्रा. अनार के पत्ते +

2 किग्रा. अरंडी के पत्ते + 2 किग्रा. अमरूद के पत्ते को पानी में मिलाकर कुचल लेते हैं। अब दोनों मिश्रणों को मिला लेते हैं। मिश्रण को थोड़ी–थोडी देर के अंन्तराल में (5 बार) तब तक उबालते हैं जब तक कि यह घटकर आधा नहीं रह जाये। 24 घंटे रखने के बाद पत्तियों को निचोड़कर छान लेते हैं। इसे बोतल में भरकर छः माह तक भंडारित किया जा सकता है। 2.25 ली. सत् में 100 ली. पानी मिलाकर यह घोल एक एकड़ हेतु पर्याप्त है। यह रस चूसने वाले तथा तना व फल छेदक कीटों के नियंत्रण में लाभकारी है।

मिर्च अदरक का सत्: 1 किग्रा. बेशरम (ipomea) पत्ती + 500 ग्राम हरी तीखी मिर्च + 500 ग्राम लहसुन + 500 ग्राम नीम पत्ती सबको मिलाकर 10 ली. गौमूत्र में डालकर कुचलते हैं। इसके बाद इसे तब तक उबालते जब तक कि यह घटकर आधा न रह जाये। तत्पश्चात् सत् को निचोड़कर छान ले तथा शीशे या प्लास्टिक की बोतल में भंडारित कर लेते हैं। 2.5 ली. सत् में 100 ली. पानी मिलायें। यह एक एकड़ छिड़काव हेतु पर्याप्त है। यह अर्क पत्ती लपेट कीट, तना, फल तथा फली छेदक के नियंत्रण में लाभकारी है।

लहसुन का सत्: 100 ग्राम बारीक पिसे हुए लहसुन में लगभग 80 मिली मिट्टी का तेल मिलाकर 48 घण्टे के लिए रख देते हैं। तत्पश्चात् कपड़ा धोने के पाउडर मिला हुआ आधा लीटर पानी में उपर्युक्त मिश्रण को मिला कर छान लेते हैं और प्लास्टिक या ताँबे के बरतन में संग्रहित की लेते हैं। इस प्रकार से तैयार जैविक कीटनाशी की 15 मिली लीटर मात्रा को 1 लीटर पानी में मिलाकर प्रयोग करते हैं। लहसुन में गंधक के कारण ही कीटनाशकों का समूल नष्ट करने की क्षमता पायी जाती है।

तम्बाकू का सत्: 600–700 ग्राम तम्बाकू को 10 लीटर पानी में मिलाकर आधे घण्टे तक ताँबे के बरतन में (यदि उपलब्ध हो) उबालते हैं, ठण्डा होने पर छानने के बाद आधा चम्मच कपड़ा धोने का पाउडर मिलाते हैं। इसका प्रयोग करने के लिए एक भाग घोल को चार भाग पानी में मिलाकर छिड़काव करते हैं। तम्बाकू में निकोटिन होने के कारण कीट मर जाते हैं।

करंज की पत्तियों का सत्: करंज की दो किग्रा पत्ती को 10 लीटर गरम पानी में रात भर भिगो देते हैं। तत्पश्चात् इन्हे अच्छी तरह मसलने के बाद छानकर अलग कर लेते हैं। इसप्रकार छने हुए अर्क में आधा चम्मच कपड़ा धोने का पाउडर मिलाकर इसका प्रयोग फसलों पर करते हैं।

चेलामूथू सत्: इसका विकास इरोड जिला (तमिलनाडु) के कोडुमूडी गाँव के निवासी के.एम.चेलामूथू ने किया हैं। इसे तैयार करने के लिए 1 किग्रा. लहसून, 500 ग्राम अदरक, 500 ग्राम हरी मिर्च, 200 ग्राम काली मिर्च, 200 मिली नीम तेल और 30 ग्राम खड़ी साबुन की आवश्यकता होती है। सर्वप्रथम लहसुन को 100 मिली मिट्टी के तेल में डालकर रात भर के लिए छोड़ देते हैं तथा अगले दिन उसमें हरी मिर्च एवं काली मिर्च मिलाकर बारीक कूट लेते है। तम्बाकू को एक दिन के लिए पानी में भिंगोकर रखते हैं तथा छानने के बाद

उसमें 200 मिली नीम तेल मिलाते हैं। इसके बाद दोनों तैयार मिश्रणों को आपस में मिलाकर इसमें मात्रानुसार खड़ी साबुन मिलाते हैं तथा अच्छी तरह से हिलाते हैं। इसप्रकार 700 मिली. तैयार कीटनाशक को 10 ली. पानी में घोल कर छिड़काव करने से कीट नियंत्रण में लाभ मिलता है।

छाछ या मट्ठा: 10 लीटर छाछ या मट्ठा में 2 किग्रा नीम के पत्ते मिलाकर लगभग 15 दिन तक किसी अंधेरे स्थान पर रख देते हैं। इसके बाद छानकर इसका छिड़काव करते हैं। इस प्रकार से तैयार मात्रा को 150–200 लीटर पानी में मिलाकर प्रयोग करते हैं। इसके प्रयोग से गुरचा रोग का नियंत्रण होता है। मध्य भारत के कुछ भागों में सड़ा हुआ छाछ पानी, सफेद मक्खी एफिड़ आदि के प्रबंधन हेतु भी प्रयोग किया जाता है।

गोमूत्र: गोमूत्र में कुल 33 प्रकार के तत्त्व पाये जाते हैं तथा इसमें उपस्थित गंधक एक शक्तिशाली कीट एवं रोगनाशक का कार्य करती है। गोमूत्र के प्रयोग से विभिन्न प्रकार के जीवाणु, कवक तथा विषाणु इत्यादि से लगने वाले रोगों को नियन्त्रित किया जा सकता है। गोमूत्र द्वारा जैविक कीटनाशी तैयार करने के लिए ताँबे के बर्तन में 10 लीटर गोमूत्र, नीम एवं मदार के पत्ते को मिलाकर 15 दिनो के लिए रख देते हैं। तत्पश्चात् इसमें लहसुन को कुचल कर मिलाते हैं। छानने के पश्चात् कपड़ा धोने का पाउडर मिलाकर इसका प्रयोग फसलों में करते हैं। इस घोल के एक भाग को 50 गुना पानी में मिलाकर छिड़काव करते हैं।

कीरायत से तैयार सत्: एक किलोग्राम कीरायत के पत्तियों एवं मुलायम टहनियों को छोटे–छोटे टुकड़ों में काटकर किसी मिट्टी के बर्तन में रख कर उसमें 4 लीटर पानी मिलाकर तब तक उबालते हैं जब तक इसकी मात्रा 1लीटर तक न पहुँच जाय। इसके बाद इसे छानकर अलग कर लेते है। इसप्रकार से तैयार अर्क की 500 मिली. मात्रा को 9.5 लीटर पानी तथा 100 मिली. साबुन का घोल मिलाकर 10 लीटर बनाकर छिड़काव करते हैं।

कीरायत का काढ़ा: कीरायत या कालमेघ (*Andrographis panculata*) का 3–5 प्रतिशत का काढ़ा बनाकर छिड़काव करने पर बैगन का तना एवं फलबेधक कीट, तुरई का तनाबेधक कीट (Ridge guard stem borer), सहजन का भुड़ली (hairy caterpillar of drum stick), **सैनिक कीट** (army worm) इत्यादि का नियंत्रण होता है।

दही एवं नीम पत्ती से तैयार सत्: 15 लीटर दही के साथ 15 लीटर पानी मिलाकर अच्छी तरह मिश्रण तैयार कर लेते है। इसके बाद इसमें 5 किलोग्राम नीम की पत्ती से निकले गये रस को मिलाकर 15 दिनों के लिए छोड़ देते है। ध्यान रहे मिश्रण को 15 दिनों तक दिन में एक बार डण्डें की सहायता से हिलाना आवश्यक है। इसके बाद मिश्रण को छान कर अर्क प्राप्त कर लेते हैं। यह अर्क कपास पर लगने वाले सूँडी (ballworm) के नियंत्रण में कारगर होता है।

अन्य कीटनाशक उपाय

- जैविक खेती में फसलों को स्वस्थ रखने के लिए बीजों के बुआई के 12 दिन के बाद से लेकर फसल पकने तक हर आठवें दिन तक 12 लीटर देशी गाय के मूत्र में 2.5 लीटर नीम का तेल तथा 500 लीटर पानी मिलाकर प्रति हेक्टेयर की दर से छिड़काव करते रहना चाहिए। फसलों पर गोमूत्र का प्रभाव 7 दिन तक बना रहता है। इसप्रकार एक सप्ताह तक कीट–ब्याधियों के साथ–साथ नीलगाय, खरगोश, हिरण, गिलहरी, चूहे इत्यादि से फसलों की रक्षा होती है।

- अग्निहोत्र द्वारा वायु संस्कार कर पौधों को रोगमुक्त करने में काफी लाभ मिलता है। अग्निहोत्र के लिए मिट्टी का पिरामिड के आकार में बना हुआ यज्ञकुंड़ लिया जाता है। इसके बाद यज्ञकुंड़ में गाय के गोबर से बना हुआ उपली (कंड़ा) को कपूर की सहायता से जलाया जाता है। तत्पश्चात् देशी गाय के शुद्व घी में दो चम्मच चावल डालकर यज्ञकुंड़ में जल रही अग्नि में आहुति दी जाती है। अग्निहो़त्र करने का आदर्श समय सूर्योदय एवं सूर्यास्त होता है। इस समय खेतों या बागों में अग्निहो़त्र करने से वायु शुद्ध होता है जिससे वायु द्वारा होने वाले रोगों के नियंत्रण में मदद मिलता है। अग्निहोत्र से प्राप्त राख को बीजों को उपचारित करने, फसलों पर छिड़काव करने या सिंचाई जल के साथ खेतों में प्रयोग किया जा सकता है।

- एक किलोग्राम गाय के गोबर में 10 लीटर पानी मिलाकर घोल तैयार कर इससे जूट के बोरे की सहायता से छान लेते हैं। फिर छने हुए पानी में 5 लीटर साफ पानी मिलाकर पुनः इसे छान लेते हैं। यह प्रकिया तब तक दोहराते हैं जब तक साफ पानी प्राप्त न हो जाय। इसप्रकार प्राप्त साफ पानी का छिड़काव करने से कद्दू का बीटल, फलियों में लगने वाले कीटों के नियंत्रण में लाभ मिलता है।

- 5 लीटर गाय के मूत्र को प्लास्टिक या मिट्टी के बर्तन में रख कर 15 दिन के लिए छोड़ देते हैं। तत्पश्चात् इसमें 100 लीटर पानी मिला कर इसे छान लेते हैं। इसप्रकार प्राप्त अर्क से खेत के उपचार करने से सभी नाशक जीव खेत से भाग जाते हैं।

- निरगुंडी (*Vitex negundo*) रामबाँस (*Avage cantala*) धतूर (*Datura metel*) मदार (*Calotropis gigantea*) तथा नीम के बीजों की अलग–अलग 1 किलोग्राम मात्रा लेकर आपस में मिला लेते हैं तथा इन्हें कूटकर पेस्ट बना लेते हैं। इसप्रकार तैयार पेस्ट में 5 लीटर गाय का मूत्र मिलाकर किसी प्लास्टिक या मिट्टी के बर्तन में रख कर 15 दिन के लिए छोड़ देते हैं। इसके उपरान्त इसमें 100 लीटर पानी मिलाकर छान लेते हैं। इसप्रकार प्राप्त अर्क से मृदा का उपचार करने पर सभी प्रकार के नाशक जीव खेत से भाग जाते हैं।

दीमक नियंत्रण के उपाय

1. मदार (*Calotropis gigantea*) के 8–10 किलोग्राम पत्तियों एवं फूलों को पर्याप्त पानी में भिंगोकर 24 घण्टे के लिए छोड़ दिया जाता है। इसके बाद इन्हें छानकर अलग कर दिया जाता है। इसप्रकार प्राप्त अर्क को दीमक से प्रभावित क्षेत्र का उपचार करने से लाभ मिलता है।
2. एक भाग देकामली (*Gordenia gummifera*) से तैयार गोंद, 2 भाग हींग, 2 भाग एलोविरा तथा 2 भाग अरण्डी के खली को मिलाकर तैयार किया गया पेंट (paint) दीमक नियंत्रण में काफी कारगर होता है।
3. नोनी (*Morinda citrifelia*) पौधे के छाल से तैयार किया गया भूरा रंग के साथ लहसुन के रस को मिलाकर प्रयोग करने से दीमक द्वारा पेड़ों को होने वाले नुकसान से बचाया जा सकता है।
4. नाई के दुकान से एकत्र किये गये बालों को दीमक की कालोनियों में प्रयोग करने से दीमक के नियंत्रण में लाभ मिलता है। इस विधि से दीमक का नियंत्रण तमिलनाडु के पुटु कोट्टी जिले में बहुत प्रचलित है।

चूहा नियंत्रण

1. बाजरे के दाने को अधपके अवस्था में ही चूल्हे से उतारकर उसे ठण्ड़ा होने देते हैं फिर उसके ऊपर यूरिया/सीमेंट/सफेद सीमेंट का लेप चढाते हैं। फिर इनके छोटे–छोटे पैकेट बनाकर खेत में बिखेर देते हैं। चूहे इन गोलियों को आसानी से खा लेते हैं तथा उदर संबंधी विकार से पीड़ित होकर मर जाते हैं।
2. रुई या थार्मोकोल के छोटे–छोटे टुकडें को गुड़ से तैयार घोल में डुबोकर गोली बनाकर खेतों में प्रयोग करने से चूहों के नियंत्रण में लाभ मिलता है। इन गोलियों को चूहे आसानी से खा लेते हैं जो उनके उदर में जाकर फूलने लगता है। इसप्रकार वे उदर सूजन विकार से ग्रसित हो कर मर जाते हैं।

जैविक कीटनाशक के प्रयोग सम्बन्धी सावधानियाँ

- जैविक कीटनाशकों का प्रयोग सूर्यास्त के पश्चात करना चाहिए क्योंकि ये रातभर पौधों पर पड़े रहने के कारण पौधे इन्हें अंतर्ग्रहण कर लेते हैं। जिसके कारण पौधों की पत्तियाँ खाते ही कीट मर जाता है।
- इनको प्रभावशाली बनाने हेतु वाशिंग पाउडर अवश्य मिलाना चाहिए ताकि पौधों पर कीटनाशक आसानी से चिपक जाये।

- कई कीटनाशकों जैसे तम्बाकू के सत् को बच्चों की पहुँच से दूर रखें क्योंकि इसमें निकोटिन पाया जाता है जो नशीला पदार्थ है जिससे बच्चों को नुकसान हो सकता है।
- यदि फसलों पर तम्बाकू से तैयार किया गया कीटनाशक प्रयोग किया गया हो तो फसल के किसी भाग को 3–4 दिन तक खाने के लिए प्रयोग नहीं करना चाहिए।
- जैविक कीटनाशक का प्रयोग बनाने के तुरन्त बाद अवश्य करें अन्यथा इनका बुरा प्रभाव फसलों पर पड़ना शुरु हो जाता है।

खाद्य पदार्थों का प्रमाणीकरण

जैविक खाद्य पदार्थो के श्रेणीकरण एवं प्रमाणीकरण के लिए जैविक कृषि आन्दोलन के अर्न्तराष्ट्रीय संघ (International Federation For Organic Agriculture Movement, IFOAM),आइरिस, जैविक उत्पाद एवं किसान संगठन, संयुक्त राज्य अमेरिका का कृषि विभाग (USDA) आदि के मापदंड़ो के अनुसार सब्जियों की सस्य तकनीक अपनायी जाती है। हमारे देश में खाद्य समाग्री पर ''एगमार्क'' का चिन्ह लगाया जाता है ठीक उसी प्रकार जैविक उत्पादों पर प्रमाणीकरण के पश्चात् ''इण्डिया आरगेनिक'' का चिन्ह लगाया जाता है। भारत सरकार के विपणन मंत्रालय के अंतर्गत ''राष्ट्रीय जैविक उत्पादन कार्यक्रम'' के अधीन जैविक प्रमाणीकरण तंत्र कार्य कर रहा है जो निम्नलिखित है–

1. एपेडा (APEDA)
2. टी बोर्ड (Tea board)
3. काफी बोर्ड (Coffee board)
4. स्पाइस बोर्ड (Spice board)
5. नारियल विकास बोर्ड (Coconut development board)
6. कोको एवं काजू बोर्ड (Coccoa and cashewnut board)

घरेलू बाजार हेतु राष्ट्रीय जैविक उत्पादन कार्यक्रम, कृषि विपणन सलाहकार द्वारा एगमार्क कानून के अंर्तगत नियंत्रित किया जाता है। इस कार्यक्रम के अंतर्गत 20 प्रमाणीकरण संस्थाओं को प्राधिकृत किया जा चुका है। इस पूरे कार्यक्रम की जानकारी तथा राष्ट्रीय मानकों का विवरण APEDA की वेबसाइट “www.apeda.com/npop” पर उपलब्ध है।

किसानों के समूह के लिए मुफ्त योजना–निःशुल्क घरेलू जैविक प्रमाणीकरण–पी.जी.एस. (भारत)

पार्टिसिपेटरी गारंटी सिस्टम (पी.जी.एस., भारत) स्थानीय स्तर में गुणवत्ता आश्वासन प्रणाली पर आधारित है। यह जैविक प्रमाणीकरण हितधारकों की सक्रिय भागदारी और विश्वास पर आधारित होता है तथा यह सामाजिक नेटवर्क और ज्ञान के आदान–प्रदान की नींव पर बना है। इस प्रणाली में समान स्थिति के किसानों का आंकलन व निरीक्षण किया जाता है और समूह में एक दूसरे के उत्पादन प्रक्रम को सत्यापित करके पूरे समूह को ''जैविक'' के रुप में प्रमाणित किया जाता है। पी.जी.एस. में भागीदारी का दृष्टिकोण, पारदर्शित और विश्वास अन्तर्निहित होता है।

पी.जी.एस. कार्यक्रम मार्च, 2011 में शुरु किया गया था। राष्ट्रीय जैविक खेती क्रेन्द्र, गाजियाबाद को पी.जी.एस. (भारत) के सचिवालय के रुप में घोषित किया गया है। पी.जी. एस. (भारत) वेब पोर्टल http://pgsindia-ncof.gov.in/ का माननीय कृषि मंत्री श्री राधा मोहन सिंह द्वारा 15 जुलाई 2015 को उद्घाटन किया गया। सरकार द्वारा पी.जी.एस. (भारत) समूहों हेतु कई अनुदानों का प्रावधान है। अधिक जानकारी हेतु किसी भी राष्ट्रीय जैविक खेती केंद्र के क्षेत्रीय केंद्रों से संपर्क किया जा सकता है। क्षेत्रीय जैविक खेती केंद्र निम्नलिखित कार्यक्रमों में मुफ्त में जानकारी उपलब्ध कराते हैंः

1. प्रशिक्षण द्वारा मानव संसाधन विकास,
2. जैव उर्वरकों एवं जैविक खादों की साविधिक गुणवत्ता नियंत्रण,
3. जैविक उत्पादन इकाईयों (जैव उर्वरकों/जैव कीटनाशक/फल/सब्जी अपशिष्ट, कृषि अपशिष्ट) की स्थापना हेतु नाबार्ड द्वारा पूंजी निवेश में सहायता प्रदान करना,
4. कम लागत की घरेलू प्रमाणीकरण–पी.जी.एस. (भारत) के लिए क्षमता विकास

पी.जी.एस. संरचना

किसान/किसान परिवार

↓

राष्ट्रीय जैविक खेती केंन्द्र, गाजियाबाद

↓

(सचिवालय)

↓

किसानों का समूह

↓

सुविधा प्रदान करने वाली एजेंसियाँ

↓

(वैकल्पिक)

↓

क्षेत्रीय परिषद्

↓

जोनल परिषद् (क्षे. जै. खे. कें.)

↓

कृषि, सहकारिता एवं किसान कल्याण मंत्रालय में राष्ट्रीय सलाहकार समिति

↓

पी.जी.एस. संरचना

पी.जी.एस. (भारत) के लाभ

1. शुल्करहित प्रमाणीकरण
2. न्यूनतम कागजी कार्यवाही
3. भारी शुल्क एवं थर्ड पार्टी निरीक्षण से मुक्ति
4. विश्वसनीय जैविक गारंटी
5. विपणन के बढ़ते अवसरों के माध्यम से किसानों को समर्थ बनाना।

❑❑❑

अध्याय 5

मृदा परीक्षण, उर्वरक संस्तुति एवं मृदा स्वास्थ्य कार्ड

भूमिका

प्रकृति में मृदा को अस्तित्व में आने के लिए लम्बे समय तक विभिन्न प्रक्रियाओं से हो कर गुजरना पड़ता है। जैसा कि पहले अध्याय में चर्चा किया गया है कि 10 सेंटीमीटर उपजाऊ मृदा को बनने में 2000 वर्ष का समय लगता है तथा इसे नष्ट करने के लिए हफ्ते भर की तेज वर्षा ही काफी है। मृदाओं के निर्माण में चट्टनों के विचूर्णन से लेकर इसमें संस्तरों के विकास में लगे समय एवं इसे नष्ट होने में लगे समय का कोई तुलना हो ही नहीं सकता। मृदा के महत्ता पर विश्व का ध्यान आकर्षित करने के लिए संयुक्त राष्ट्र संघ ने वर्ष 2015 को अन्तर्राष्ट्रीय मृदा वर्ष घोषित किया था तथा प्रतिवर्ष 5 दिसम्बर को विश्व मृदा दिवस के रुप में मनाया जाता है। अन्तर्राष्ट्रीय मृदा वर्ष का मुख्य प्रसंग था–''स्वस्थ जीवन के लिए स्वस्थ मृदा''। साथ ही वर्ष 2015–2024 को संयुक्त राष्ट्र संघ ने 'अन्तर्राष्ट्रीय मृदा दशक' घोषित किया है। देश की बढ़ती आबादी एवं घटते जोत का आकार एक चिंता का विषय है। अतः मृदा स्वास्थ्य, संरक्षण एवं उर्वरता को सुनिश्चित किये वगैर सभी को खाद्य सुरक्षा उपलब्ध कराने की बात करना बेमानी है।

मृदा परीक्षणः एक इतिहास

भारत में सर्वप्रथम 1950 के मध्य माइकाले मृदा अनुसंधान संस्थान, अबरडीन (यू0के0) के वैज्ञानिक डॉ ए0 बी0 स्टेवार्ट के सलाह पर, किसानों के खेतों पर उर्वरकों को लेकर छोटे–छोटे साधारण से प्रयोग एवं माडल शस्य प्रयोग (Modle Agricultural Experiment) की शुरुआत हुई। इन प्रयोग में मिले आशातीत सफलता को देख कर देश में मृदा परीक्षण सेवाओं (Soil Testing services) एवं अखिल भारतीय समन्वित अनुसंधान परियोजनाओं (All India Coordinated Reseach Projects) की शुरुआत राज्य एवं केन्द्र सरकार द्वारा संचालित कृषि विश्वविद्यालयों एवं भारतीय कृषि अनुसंधान परिषद (Indian Council of Agridulture Research) से संबंधित अनुसंधान संस्थानों पर हुई।

सन् 1955–56 में हुए भारत–अमेरिका आपरेशनल संधि (Indo-US Operational Agreement) के अर्न्तगत मृदा उर्वरता एव उर्वरकों के प्रयोग की मात्रा निर्धारण हेतु 16 मृदा परीक्षण प्रयोगशालाएँ स्थापित की गईं और तब से अब तक 1206 ऐसी प्रयोशालाएँ स्थापित हो चुकी हैं (तालिका–5.1)। इनमें से 1018 अचल (स्थाई) तथा 188 सचल (मोबाइल) मृदा परीक्षण प्रयोशाला हैं। कुल स्थापित मृदा परीक्षण प्रयोगशालाओं में 1116 (93 प्रतिशत) राज्य सरकारों द्वारा तथा शेष 90 (7 प्रतिशत) उर्वरक बनाने वाली औद्योगिक इकाईओं द्वारा संचालित की जाती हैं। इसके अतिरिक्त देश भर में 350 से भी अधिक मृदा परीक्षण प्रयोगशालों का संचालन कृषि विज्ञान केन्द्रों एवं निजी संस्थाओं द्वारा हो रहा है।

तालिका–5.1 मृदा परीक्षण प्रयोगशाला एवं उनकी उपयोगिता क्षमता

क्षेत्र	मृदा परीक्षण प्रयोगशालाओं की संख्या							वार्षिक मृदा परीक्षण क्षमता (संख्या मिलियन में)	उपयोगिता क्षमता (प्रतिशत में)
	राज्य सरकारों द्वारा संचालित		उर्वरक बनाने वाली औद्योगिक इकाईओं द्वारा संचालित		राज्य सरकारों + औद्योगिक इकाईओं द्वारा संचालित		कुल योग		
	अचल (स्थाई)	सचल (मोबाइल)	अचल (स्थाई)	सचल (मोबाइल)	अचल (स्थाई)	सचल (मोबाइल)			
उत्तरी	377	43	10	6	387	49	436	5.46	81.0
दक्षिणी	156	31	35	8	191	39	230	2.99	66.9
पूर्वी	101	34	1	2	102	36	138	0.98	71.2
पश्चिमी	321	53	17	11	338	64	402	3.41	88.5
सम्पूर्ण भारत	955	161	63	27	1018	188	1206	12.83	79.0

श्रोतः फर्टिलाइजर एसोसिएशन ऑफ इंडिया (एफ0ए0 आई0), 2012–13

मृदा परीक्षणः एक आवश्यकता

मृदा परीक्षण, मृदा स्वास्थ्य के आंकलन का सबसे कारगर तरीका है। इससे मृदा के भौतिक, रसायनिक एवं जैविक तीनों प्रकार के सेहत के बारे में जानकारी हासिल किया जा सकता है। फसलोत्पादन को ध्यान में रखते हुए एवं संसाधनों की कमी को देखते हुए, सामान्यतयाः इसके रसायनिक स्वास्थ्य को ज्यादा महत्त्व दिया जाता है। मृदा के रसायनिक स्वास्थ्य के अर्न्तगत इसे ताकत प्रदान करने वाले सभी कारक शामिल हैं जिनकी कमी होने पर मृदा कमजोर होने लगती है अर्थात मृदा की उर्वरता में कमी आने लगती है।

फसलें उगती फसलें कटती, भरे खेत खलिहान पर मिट्‌टी के सेहत का, क्या जरा भी रखा ध्यान

मृदा में पोषक तत्त्वों की उपलब्धता ही मृदा की ताकत अर्थात उर्वरा शक्ति है। अतः मृदा उर्वरता के लिए जिम्मेदार पोषक तत्त्वों एवं अन्य कारकों का मृदा परीक्षण द्वारा अध्ययन किया जाता है ताकि अधिक फसलोत्पादन हेतु समय रहते उनका प्रबंधन किया जा सके।

मृदा परीक्षण हेतु आवश्यक कदम

1. मृदा नमूने एकत्र करने हेतु सही समय का चुनाव
2. मृदा नमूने एकत्र करने के लिए आवश्यक समाग्री
3. मृदा नमूना लेने की सही विधि
4. मृदा नमूना तैयार करने का तरीका
5. मृदा नमूना एकत्र करते समय ध्यान रखी जाने वाली सावधानियाँ
6. नमूने को मृदा परीक्षण प्रयोगशाला में भेजना

1. **मृदा नमूने एकत्र करने हेतु सही समय का चुनावः** फसल बुआई या रोपाई से एक माह पूर्व खेत से मृदा नमूना एकत्र कर लेना चाहिए। आम तौर पर वर्ष में दो बार रवी एवं खरीफ की फसल कटाई के उपरांत मृदा नमूने एकत्र किये जा सकते हैं। विशेष परिस्थिति में खड़ी फसलों के बीच के खाली जगह से नमूने एकत्र कर सकते हैं।
2. **मृदा नमूने एकत्र करने के लिए आवश्यक सामग्रीः** मृदा नमूना एकत्र करने के लिए निम्नलिखित समाग्री की आवश्यकता होती है–

   (क) खुरपी

   (ख) फावड़ा/बरमा

   (ग) प्लास्टिक की बाल्टी

   (ध) प्लास्टिक की थैली

   (ड) प्लास्टिक की चादर

   (च) पेन/पेन्सिल

   (छ) सूचना पर्ची

   (क) धागा

3. मृदा नमूना लेने की सही विधि

(क) सर्वप्रथम जिस खेत से मृदा नमूना लेना हो उसे छोटे–छोटे टुकड़ों में मृदा के ढाल, मृदा के रंग, संरचना, ली गई फसल और उपज को ध्यान में रखकर बाँट देना चाहिए। प्रत्येक खण्ड़ से अलग–अलग नमूना लें।

(ख) जिस जगह से मृदा नमूना लेना है वहाँ से घास–फूंस, कंकड़–पत्थर इत्यादि को खुरपी से साफ कर दें।

(ग) इसके पश्चात् अंग्रेजी 'V' के आकार का 15 सेमी0 गहराई तक गड्ढा बना लें (चित्र 5.1) तथा गड्ढ़े की मिट्टी निकाल दें। एक तरफ से खुरपी या फावड़े की सहायता से 2–3 सेमी0 मोटी मिट्टी की परत काट कर निकाल लें तथा बाल्टी में रख लें।

(घ) इसप्रकार एक खेत से 5 एकड़ के एक समान क्षेत्रफल से 15–20 जगहों से मृदा नमूना निकाल कर बाल्टी में एकत्र कर लें । मृदा नमूना इस प्रकार लें की सारे क्षेत्र से समान रुप से मृदा नमूना ले लिया जाये (चित्र 5.2)।

(ड.) एकत्र की गई मिट्टी को प्लास्टिक की चादर या ट्रे में रख कर आपस में अच्छी तरह से मिला कर बारीक कर लें तथा घास–फूंस, पौधों के जड़ों, पत्तियों एवं कंकड़–पत्थर को निकाल दें।

(च) मिट्टी को एक जगह निकाल कर ढेर बना लें तथा अंगुली से इसे चार भागों में बाँट लें।

(छ) आमने–सामने के दो भागों की मिट्टी को रख कर बाकी मिट्टी को फेंक दें। इस प्रक्रिया को तब तक दोहरायें जब तक लगभग आधा किलोग्राम मृदा रह जाये (चित्र 5.3)। इस प्रकार एकत्र किया गया नमूना पूरे खेत का प्रतिनिधित्व करेगा।

(ज) मृदा नमूनें को छाये में रख कर सूखा लें।

(झ) सूखे हुए नमूनें को साफ पालीथिन की थैली में भर लें तथा सूचना पर्ची को पालीथिन के अन्दर रख दें तथा दूसरे पर्ची कों थैली के उपर बाँध दें जिससे रिर्पोट प्राप्त होने पर आप जान सके कि किस खेत की कौन सी रिर्पोट है।

(ञ) सूचना पर्ची पर निम्नलिखित विवरण लिखा होना चाहिए–

सूचना पर्ची	
किसान का नाम..	पिता का नाम..
गाँव का नाम...	पंचायत का नाम...
विकासखण्ड़ का नाम...	जिला का नाम..
खेत की पहचान...	सिंचित / असिंचित..
पिछली फसल का नाम..	प्रयोग की गई खाद एवं उर्वरक की मात्रा........................
आगे ली जाने वाली फसल का नाम....................	जमीन का ढलान...
मृदा नमूना लेने की तिथि...	

इसप्रकार से एकत्र किये गये मृदा नमूनों को किसान जिला मृदा परीक्षण प्रयोगशाला, कृषि विज्ञान केन्द्र, कृषि महाविद्यालय, कृषि विश्वविद्यालय, निजी मृदा परीक्षण प्रयोगशाला अथवा सचल मृदा परीक्षण प्रयोगशाला के माध्यम से परीक्षण करा सकते हैं।

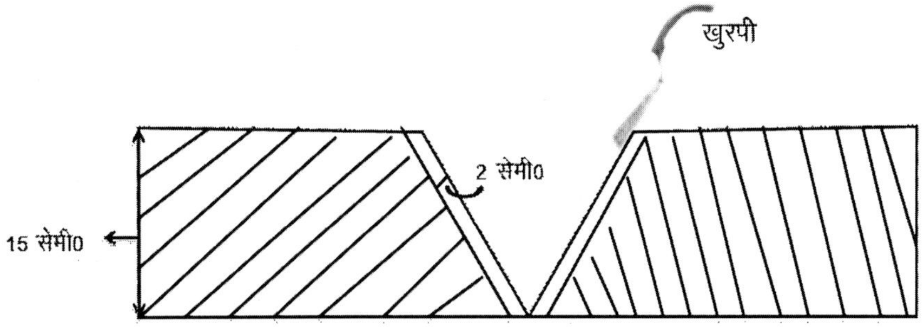

चित्र 5.1 V- आकार का गड्ढ़ा खोद कर मृदा नमूना लेना

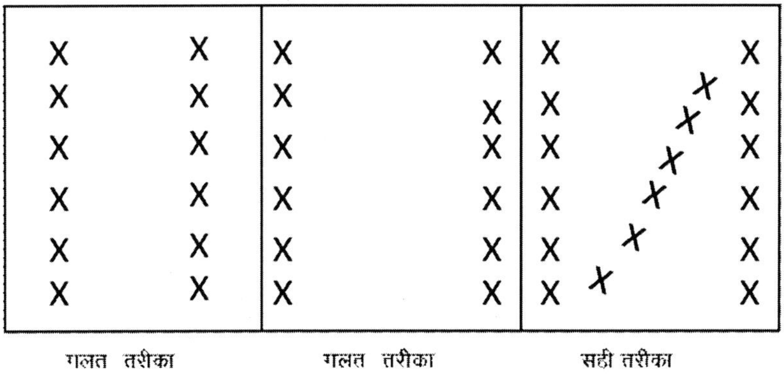

चित्र 5.2 मृदा नमूना एकल करने की सही विधी

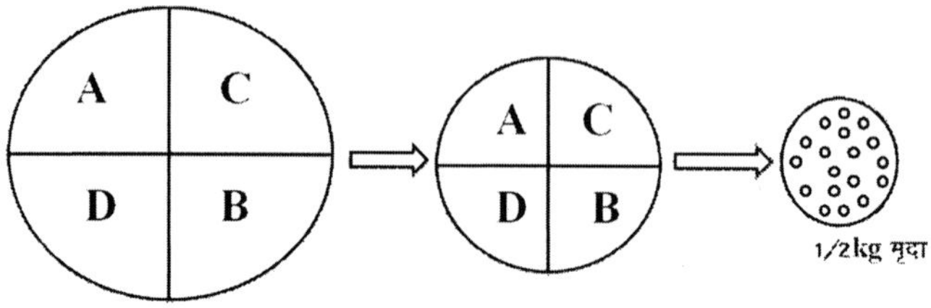

चित्र 5.3 मृदा क्वाटरिग तकनीक

मृदा नमूना एकत्र करने का मापदण्ड

मिट्टी के नमूने जी0पी0एस0 उपकरण और राजस्व नक्शे के मदद से सिंचित क्षेत्रों में 2.5 हेक्टेयर तथा असिंचित क्षेत्रों में 10 हेक्टेयर के एक ग्रिड तैयार कर लिया जाता हैं।

मृदा नमूना लेते समय सावधानियाँ

1. जहाँ तक सम्भव हो गीली मिट्टी का नमूना नहीं लेना चाहिए। यदि नमूना लेना आवश्यक हो तो मिट्टी को छाये में सुखा कर ही प्रयोगशाला में भेजे। मृदा नमूना रबी फसल के कटाई के बाद एवं वर्षा प्रारम्भ हाने के पूर्व लेना चाहिए जिससे समय पर मृदा परीक्षण का रिर्पोट मिल जाय एवं अनुशंसा के अनुरुप खाद, उर्वरकों अथवा सुधारकों का प्रयोग खरीफ की फसल में किया जा सके।
2. जहाँ तक हो सके खड़ी फसल में नमूना न लें। यदि नमूना लेना आवश्यक हो तो दो कतारों के बीच से लें जिसमें जैविक खाद एवं उर्वरक 30–40 दिन पहले तक न डाला गया हो।
3. अलग–अलग खेतों से या अलग प्रकार की मृदा होने पर नमूना भी अलग–अलग ही एकत्र करना चाहिए।
4. सड़क के किनारे, सिंचाई की नाली से, पेड़ के पास या खाद डाले गये स्थान से कदापि मृदा नमूना न लें।
5. खेत में हरी खाद, कम्पोस्ट तथा रसायनिक उर्वरक डालने के तुरन्त बाद मृदा नमूना नहीं लेना चाहिए।
6. हमेशा साफ खुरपी और फावड़े का इस्तेमाल करना चाहिए।
7. वर्षा होने के तुरन्त बाद मृदा नमूना नहीं लेना चाहिए।
8. मृदा नमूनों को खाद एवं उर्वरकों के बोरे पर नहीं सुखाना चाहिए।
9. मृदा नमूने को साफ पालिथिन थैली में रखना चाहिए तथा ऐसी थैली का प्रयोग न करें जो पहले खाद एवं उर्वरक के लिए प्रयोग की जा चुकी हो।

10. सूक्ष्म पोषक तत्त्वों के जाँच के लिए जहाँ तक सम्भव हो मृदा नमूना प्लास्टिक या लकड़ी के औजार से लेना चाहिए। यदि मृदा खोदने के लिए खुरपी या फावड़ा का प्रयोग करना पड़े तो उन्हें अच्छी तरह से साफ कर लेना चाहिए।
11. खेत की मृदा की जाँच तीन साल में एक बार अवश्य करना चाहिए।
12. पूर्ण विवरण के साथ मृदा नमूने के अन्दर एवं बाहर सूचना पर्ची अवश्य लगना चाहिए।
13. ऊसर भूमि के लिए मृदा नमूना अलग ढंग से लें। ऊसर खेत से मिट्टी का नमूना 100 सेमी0 की गहराई तक लेना चाहिए। नमूना लेने के लिए भूमि की सतह पर लवण की पपड़ी को खुरच कर अलग नमूने के तौर पर रख लें। फिर 0–15, 15–30, 30–60 और 60–100 सेमी0 गहराई से अलग–अलग थैलियों में भर कर प्रयोगशाला में भेजना चाहिए।
14. बागवानी के लिए नमूना 2 मीटर की गहराई तक लेना चाहिए क्योंकि पेड़ों की जड़े भूमि में काफी गहरी जाती हैं। भूमि में कठोर परत या पत्थर आदि की समस्या न हो इसलिए मृदा अलग–अलग गहराई जैसे 0–15, 15–45, 45–90, 90–150 तथा 150–200 सेमी0 तक से लेकर अलग–अलग थैलियों में भर कर प्रयोगशाला में भेजना चाहिए।
15. मृदा नमूनों को खाद एवं उर्वरकों के बोरे, ट्रैक्टर की बैट्री, डीजल या अन्य किसी रसायन से दूर रखें।

उर्वरकों की मात्रा का निर्धारण

प्रयोगशाला में उपरोक्त विधि से एकत्र किये गये मृदा नमूने को हवा में सूखा कर, लकड़ी के बेलन से हल्के दबाव के साथ पिसा जाता है जिससे केवल ढेले ही टूटते है तथा कंकड़, ईट के टुकड़े अपरिवर्तित रहते हैं। भलीं–भाँति पिसी हुई मृदा को 2 मिली मीटर छिद्र वाली छननी से छान कर ढक्कनदार पात्र में रख देते हैं। मृदा परीक्षण के दौरान मृदा नमूने में 12 मापदंडो (पी. एच., ई. सी., जीवांश कार्बन, उपलब्ध नत्रजन, फास्फेट, पोटाश, सल्फर, जिंक, लोहा, कॉपर, मैंगनीज तथा बोरान) का परीक्षण किया जाता है। परीक्षण से प्राप्त आँकड़ों के आधार पर मृदा के पी0 एच0 मान के आधार पर वर्गीकरण (तालिका 5.2), विद्युत चालकता के आधार पर वर्गीकरण (तालिका 5.3), प्राथमिक पोषक तत्त्वों (नत्रजन, फॉस्फोरस एवं पोटाश) को अतिन्यून, न्यून, मध्यम तथा उच्च उर्वरता श्रेणियों (तालिका 5.4 क), तथा द्वितीयक एवं सूक्ष्म पोषक तत्त्वों को कम, सीमान्त एवं पर्याप्त उर्वरता श्रेणियों (तालिका–5.4 ख) में विभक्त किया जाता है तथा इन्हीं उर्वरता श्रेणियों के आधार पर खाद एवं उर्वरकों तथा मृदा सुधारकों की अनुशंसा की जाती है।

तालिका–5.2 पी0एच0 मान के आधार पर मृदा का वर्गीकरण

पी0एच0 मान	मृदा वर्ग	पोषक तत्त्वों की उपलब्धता
6.5 से कम	अम्लीय मृदा	अधिकांश पोषक तत्व कम मात्रा में उपलब्ध
6.5 से 8.5	सामान्य मृदा	पोषक तत्व उचित मात्रा में उपलब्ध
8.5 से अधिक	क्षारीय मृदा	अधिकांश पोषक तत्व कम मात्रा में उपलब्ध

तालिका–5.3 घुलनशील लवण (विद्युत चालकता) के आधार पर भूमि का वर्गीकरण

विद्युत चालकता (25°से0ग्रे0) पर डेसी साईमन्स/मी0	ब्याख्या
1 से कम	सामान्य
1 से 2 तक	बीज अंकुरण के लिये क्रान्तिक (बीज अंकुरण में कठिनाई)
2 से 3 तक	लवण क्रियाशील फसलों की वृद्धि के लिये क्रान्तिक
3 से अधिक	अधिकांश फसलों के लिए हानिकारक

मृदा परीक्षण परिणामों के आधार पर खरीफ एवं जायद फसलों के लिए उर्वरक संतुतियों को तालिका 5.5 तथा रबी फसलों हेतु उर्वरक संतुतियों को तालिका 5.6 में दिया गया है। इसके अलावा सल्फर तथा सूक्ष्म पोषक तत्वों के प्रयोग की संतुति का विवरण तालिका 5.7 में दिया गया है।

तालिका–5.4 मृदा परीक्षण परिणाम के आधार पर उपलब्ध पोशक तत्वों की उर्वरता श्रेणियाँ

(क) प्राथमिक पोषक तत्त्व की उर्वरता श्रेणियाँ

प्रमुख पोषक तत्व	अतिन्यून स्तर	न्यून स्तर	मध्यम स्तर	उच्च स्तर
जीवांश कार्बन (प्रतिशत)	0.20 तक	0.21–0.50	0.51–0.75	0.75 से अधिक
उपलब्ध नत्रजन (कि0ग्रा0/हे0)	140 तक	141–280	281–560	560 से अधिक
उपलब्ध फास्फेट (कि0ग्रा0/हे0)	10.0 तक	10.1–20.0	20.1–40.0	40.0 से अधिक
उपलब्ध पोटाश कि0ग्रा0/हे0	50.0 तक	51–100	101–250	250 से अधिक

(ख) द्वितीयक एव सूक्ष्म तत्त्वों की उर्वरता स्तर श्रेणियाँ

द्वितीयक एवं सूक्ष्म पोषक तत्त्व (पी0पी0एम0)	कम स्तर	सीमान्त स्तर	पर्याप्त
सल्फर	10.0 तक	10.1–15.0	15.0 से अधिक
जिंक	0.6 तक	0.61–1.2	1.20 से अधिक
लोहा	4.0 तक	4.10–8.0	8.4 से अधिक
कॉपर	0.2 तक	0.21–0.4	0.4 से अधिक
मैंग्नीज	2.0 तक	2.1–4.0	4.0 से अधिक
बोरान	0.5 तक	0.51–0.75	0.75 से अधिक

तालिका–5.5 मृदा परीक्षण के आधार पर खरीफ एवं जायद की फसलों हेतु उर्वरक संस्तुतियाँ

क्रम संख्या	फसल का नाम	नत्रजन (जीवांश कार्बन प्रतिशत में)				फास्फेट (किग्रा में)				पोटाश (किग्रा. में)			
		अति न्यून 0.20 तक	न्यून 0.21 से 0.50 तक	मध्यम 0.51 से 0.80 तक	उच्च 0.81 से ऊपर	अति न्यून 10 तक	न्यून 10.1 से 20.0 तक	मध्यम 20.1 से 40.0 तक	उच्च 40..1 से ऊपर	अति न्यून 50 तक	न्यून 51 से 100 तक	मध्यम 101 से 250 तक	उच्च 250 से ऊपर
1.	धान (अधिक उपज एवं शीघ्र पकने वाली	130	100	70	40	60	50	44	30	70	60	50	–
2.	धान (अधिक उपज एवं देर से पकने वाली	150	120	90	60	75	60	45	30	80	70	60	–
3.	धान (देशी)	75	60	45	30	40	30	20	10	50	40	30	–
4.	मक्का (संकर)	150	120	90	60	75	60	45	30	80	70	60	–
5.	मक्का (संकर)	100	80	60	40	50	40	30	20	60	50	40	–
6.	मक्का (देशी)	75	60	45	30	40	30	20	10	50	40	30	–
7.	ज्वार	50	40	30	20	30	20	10	–	40	30	20	–
8.	बाजरा	100	80	60	40	50	40	30	20	60	50	40	–
9.	मूंगफली	20	15	10	5	40	30	20	10	60	50	40	–
10.	सोयबीन	30	20	10	5	100	80	60	40	60	50	40	–
11.	अरहर	20	15	10	–	50	45	30	20	–	–	–	–
12.	मूंग/उर्द	20	15	10	–	40	30	25	10	–	–	–	–
13.	तिल	40	30	20	10	20	20	15	10	15	10	–	–

तालिका–5.6 मृदा परीक्षण के आधार पर रबी की फसलों हेतु उर्वरक संस्तुतियाँ

क्रम संख्या	फसल का नाम	नत्रजन (जीवांश कार्बन प्रतिशत में)				फास्फेट (किग्रा. में)				पोटाश (किग्रा. में)			
		अति न्यून 0.20 तक	न्यून 0.21 से 0.50 तक	मध्यम 0.51 से 0.80 तक	उच्च 0.81 से ऊपर	अति न्यून 10 तक	न्यून 10.1 से 20.0 तक	मध्यम 20.1 से 40.0 तक	उच्च 40..1 से ऊपर	अति न्यून 50 तक	न्यून 51 से 100 तक	मध्यम 101 से 250 तक	उच्च 250 से ऊपर
1.	गेहूँ (उन्नतशील)	150	120	90	60	75	60	45	30	60	50	40	–
2.	गेहूँ (देशी)	75	60	45	30	40	30	20	10	50	40	30	–
3.	तोरिया (सिंचित)	75	60	45	30	30	20	10	–	–	–	–	–
4.	तोरिया (असिंचित)	50	40	30	20	30	20	10	–	–	–	–	–
5.	राई (सिंचित)	100	80	60	40	50	40	30	20	60	50	40	–
6.	राई (असिंचित)	50	40	30	20	30	20	10	–	40	30	20	–
7.	चना	15	10	5	–	50	40	30	20	–	–	–	–
8.	मटर	15	10	5	–	50	40	30	20	–	–	–	–
9.	मसूर	15	10	5	–	50	40	30	20	–	–	–	–
10.	आलू	240	200	160	120	80	65	50	40	120	100	70	40
11.	गन्ना	240	200	160	120	80	65	50	40	70	55	40	20
12.	बरसीम	50	40	30	20	10	35	30	20	20	10	–	–
13.	एम.पी.चरी / सुडान (हरा चारा)	80	60	45	15	40	30	25	10	50	40	20	–

तालिका–5.7 मृदा विश्लेषण परिणाम के आधार पर सल्फर एवं सूक्ष्म पोषक तत्वों हेतु उर्वरक संस्तुति

क्र॰ सं॰	उर्वरता श्रेणी	उर्वरक के रूप में (कि॰ग्रा॰/हे॰)					
		सल्फर	आयरन	मैंग्नीज	कॉपर	जिंक	बोरान
		जिप्सम	आयरन सल्फेट	मैंग्नीज सल्फेट	कॉपर सल्फेट	जिंक सल्फेट	बोरेक्स (सुहागा)
1.	कम स्तर	200	50	20	5	50	15
2.	सीमांत कमी	100	25	10	2	25	10

संस्तुत पोषक तत्वों के समतुल्य उर्वरकों के मात्रा का आंकलन

1. मृदा परीक्षण परिणामों के आधार पर उपलब्ध पोषक तत्त्वों का श्रेणी ज्ञात कर लें।
2. तालिका में दर्शायी गयी फसल के सम्मुख पोषक तत्त्वों की संस्तुत मात्रा नोट कर लें।
3. माना आपकी खेत की मिट्टी में नत्रजन–न्यून, फास्फोरस–मध्यम एव पोटाश माध्यम स्तर का है तथा आपको गेहूँ की उन्नतशील प्रजाति बोने हेतु उर्वरकों की गणना करनी है। परिणाम के आधार पर संस्तुत पोषक तत्त्वों की मात्रा 120 कि.ग्रा. नत्रजन, 45 कि.ग्रा. फॉस्फोरस तथा 40 कि.ग्रा. पोटाश प्रति हेक्टेयर की दर से प्रयोग करना है (तालिका–5.6)।
4. यदि किसान के पास यूरिया, सिंगल सुपर फॉस्फेट (एस0एस0पी0) तथा म्यूरेट ऑफ पोटाश (एम0ओ0पी0) उपलब्ध है तो उसकी मात्रा का आंकलन निम्न प्रकार करें।

क) यूरिया की मात्रा $= \frac{100 \times 120}{46} = 260.9 = 261$ किग्रा0 / हे0

ख) सिंगल सुपर फॉस्फेट की मात्रा $= \frac{100 \times 45}{16} = 281.2 = 281$ किग्रा0 / हे0

ग) एम0ओ0पी0 की मात्रा $= \frac{100 \times 40}{60} = 66.7 = 68$ किग्रा0 / हे0

अतः गेहूँ की उन्नतशील प्रजाति के लिए 120 कि.ग्रा. नत्रजन, 45 किग्रा0 फॉस्फोरस तथा 40 कि.ग्रा. पोटाश प्रति हेक्टेयर की दर से प्रयोग करने के लिए क्रमशः 261 किग्रा0 यूरिया, 281 किग्रा0 सिंगल सुपर फास्फेट तथा 68 किग्रा0 एम0ओ0पी0 की आवश्यकता होगी।

5. यदि किसान के पास यूरिया, डी0ए0पी0 तथा म्यूरेट ऑफ पोटाश उपलब्ध है तो उक्त उर्वरकों की गणना निम्न प्रकार से करें।

क) डी0ए0पी0 की मात्रा $= \frac{100 \times 45}{46} = 97.8 = 98$ किग्रा0 / हे0

ख) 98 किग्रा0 डी0ए0पी0 में नत्रजन की मात्रा $= \frac{18 \times 98}{100} = 17.6 = 18$ किग्रा0 / हे0

यूरिया से दी जाने वाली नत्रजन की मात्रा = 120 – 18 = 102 किग्रा0 / हे0

ग) यूरिया की मात्रा $= \frac{100 \times 102}{46} = 221.7 = 222$ किग्रा0 / हे0

घ) एम0ओ0पी0 की मात्रा $= \frac{100 \times 40}{60} = 66.7 = 68$ किग्रा0 / हे0

अतः गेहूँ की उन्नतशील प्रजाति के लिए 120 कि.ग्रा. नत्रजन, 45 किग्रा0 फॉस्फोरस तथा 40 कि.ग्रा. पोटाश प्रति हेक्टेयर की दर से प्रयोग करने हेतु क्रमशः 222 किग्रा0 यूरिया, 98 किग्रा0 डी0ए0पी0 तथा 68 किग्रा0 एम0ओ0पी0 की आवश्यकता होगी। यहाँ पर पोषक तत्वों की मात्रा मृदा परीक्षण द्वारा ज्ञात रहने पर उसे आसानी से उर्वरक के रुप में मात्रा ज्ञात करने के लिए गुणांक तालिका 5.8 में दिया गया है।

तालिका 5.8 उपलब्ध रसायनिक उर्वरक, पोषक तत्त्व एवं उनके गुणांक

उर्वरक का नाम	तत्त्व (प्रतिशत)						गुणांक					
	नत्रजन	फॉस्फोरस	पोटाश	सल्फर	जिंक	बोरान	नत्रजन	फॉस्फोरस	पोटाश	सल्फर	जिंक	बोरान
यूरिया	46	–	–	–	–	–	2.2	–	–	–	–	–
एस0एस0पी0	–	16	–	12	–	–	–	6.3	–	8.3	–	–
डी0ए0पी0	18	46	–	–	–	–	5.5	2.2	–	–	–	–
एम0ओ0पी0	–	–	60	–	–	–	–	–	1.7	–	–	–
एन0पी0एस0	20	20	–	13	–	–	5.0	5.0		7.7	–	–
एन0पी0के0	15	15	15	–	–	–	6.7	6.7	6.7	–	–	–
एन0पी0के0	12	32	16	–	–	–	8.3	3.1	6.3	–	–	–
एन0पी0 (मिश्रण)	20	20	–	–	–	–	5.0	5.0	–	–	–	–
रॉक फास्फेट	–	18	–	–	–	–	–	5.5	–	–	–	–
जिंक सल्फेट मोनोहाइड्रेड	–	–	–	14	33	–	–		–	7.1	3.0	–
जिंक सल्फेट हेप्टाहाइड्रेड	–	–	–	10	21	–	–			10	4.7	–
बोरेक्स	–	–	–	–	–	10.5	–		–	–		9.5

उत्तर प्रदेश के कुछ प्रमुख फसलों की उर्वरक आवश्यकता को तालिका 5.9 में दर्शाया गया है–

तालिका 5.9 प्रमुख फसलों की उर्वरक आवश्यकता

क्र० सं०	फसलों का नाम	प्राथमिक पोषक तत्त्वों की मात्रा (किग्रा०/हे०)			उर्वरकों की मात्रा (किग्रा०/हे०)		
		नत्रजन	फॉस्फोरस	पोटाश	यूरिया	डी०ए०पी०	एम०ओ०पी०
1.	गेहूँ	150	80	50	258	174	83
2.	आलू	150	100	100	241	217	166
3.	सरसों	150	75	75	262	163	125
4.	चना/मटर	20	60	40		130	67
5.	गन्ना	150	75	75	262	163	125
6.	मक्का	150	75	60	262	163	100
7.	धान	150	75	60	262	163	100
8.	बाजरा	150	75	60	262	163	100
9.	बैगन/फूलगोभी	120	80	40	193	174	67
10.	प्याज	100	50	50	175	109	83

कुछ ध्यान देने योग्य बातें

1. अधिक उपज तथा उर्वरक व्यय में बचत के लिए उर्वरकों का संतुलित प्रयोग मृदा परीक्षण के आधार पर ही करें।
2. जीवांश खाद/गोबर की खाद को बुआई से 20–30 दिन पूर्व खेत में डालकर अच्छी तरह मिला दें।
3. सिंचित क्षेत्र में फास्फेटिक एवं पोटैशिक उर्वरकों की सम्पूर्ण मात्रा तथा नत्रजन की एक तिहाई (बलुई मृदा में) से आधी (दोमट एवं मटियार मृदा में) मात्रा बुआई के समय कूड़ों में प्रयोग करें। नत्रजन की शेष मात्रा का प्रयोग पहली एवं दूसरी सिंचााई के बाद करें।
4. असिंचित क्षेत्रों में कुल संस्तुत मात्रा का आधा भाग ही बुवाई के समय कुंड में प्रयोग करें। अगर फसल की बढ़वार ठीक न हो तो फूल आने के एक सप्ताह पूर्व यूरिया के 2 प्रतिशत घोल का पर्णीय छिड़काव करें।
5. जलमग्न क्षेत्रों में अमोनियम सल्फेट का प्रयोग करना लाभदायक होता है। यदि नत्रजन की पूर्ति यूरिया से करनी हो तो यूरिया की मात्रा की दुगुनी भुरभुरी मिट्टी तथा चौथाई गोबर की खाद को खेत में डालने से 24 घण्टें पहले अच्छी तरह मिला दें तथा इस मिश्रण की छोटी–छोटी गोली बनाकर फसल की दो पंक्तियों के बीच डालें।
6. तिलहनी एवं दलहनी फसलों में सल्फरयुक्त उर्वरकों जैसे अमोनियम सल्फेट, अमोनियम सल्फेट नाइट्रेट तथा सुपर फास्फेट आदि का प्रयोग किया जाता है। इनकी संस्तुति की सम्पूर्ण मात्रा का प्रयोग बुवाई के समय कूंड़ों में करें।
7. बरसीम के फसल में नत्रजन, फास्फोरस एवं पोटाश की सम्पूर्ण मात्रा का प्रयोग बुवाई के समय करें। ततपश्चात् प्रत्येक कटाई के बाद आवश्यकतानुसार लगभग 20 किलोग्राम/हे. की दर सें यूरिया का छिड़काव (टाप ड्रेसिंग) के रुप में करें।
8. हरी खाद एवं जैविक उर्वरकों के प्रयोग से 30 प्रतिशत नत्रजन की बचत की जा सकती है जिससे विदेशी मुद्रा में बचत होगी।
9. ऊसर एवं लवण युक्त भूमि के सुधार हेतु ऊसर भूमि के नमूने को फरवरी से जून तक मृदा परीक्षण प्रयोगशाला से परीक्षण कराये तथा दी गई संस्तुति के आधार पर ही उर्वरकों एवं मृदा सुधारकों का प्रयोग करें।
10. खैरा रोग से बचाव के लिए सामान्य भूमि (6.5 से 8.5 पी.एच. मान) में हर तीसरे वर्ष तथा जल भराव एवं ऊसर भूमि (8.5 पी.एच. मान) में प्रतिवर्ष जिंक सल्फेट का प्रयोग

20–30 किग्रा./हे. की दर से अवश्य करें। ऊसर भूमि में फास्फेटिक उर्वरकों का प्रयोग 2 साल तक न करें और नत्रजन हेतु अम्लीय प्रभाव वाले उर्वरकों जैसे अमोनियम सल्फेट, अमोनियम क्लोराइड, यूरिया इत्यादि का प्रयोग करें।

विज्ञान का चमत्कारः मृदा परीक्षण प्रयोगशाला किसान के द्वार

नित्य नये वैज्ञानिक खोजों ने मृदा परीक्षण के जटील वैज्ञानिक विधियों को अब बहुत ही सरल कर दिया है। शुरु में मृदा परीक्षण हेतु अधिक संख्या में रसायनों, कुशल प्रयोगशाला परिचायकों तथा अनेक प्रकार के प्रयोगशाला उपकरणों एवं समाग्रियों की अवश्यकता पड़ती थी जो काफी महँगे होते थे फिर भी मृदा परीक्षण की रफ्तार बहुत धीमी थी। बदलते समय के साथ मृदा परीक्षण के क्षेत्र में हुए वैज्ञानिक अनुसंधानों के फलस्वरुप अनेक अत्याधुनिक उपकरणों का निर्माण हुआ है जो कम समय एवं कम लागत में अधिक संख्या में मृदा नमूनों का परीक्षण करने में सक्षम है। जिसके परिणामस्वरुप सचल एव अचल मृदा परीक्षण प्रयोगशालाओं के कार्य क्षमता में काफी वृद्धि हुई है। आइए कुछ ऐसी ही नई तकनीक के बारे में जानकारी हासिल करते हैं।

1. **सचल मृदा परीक्षण प्रयोगशाला (Mobile soil testing laboratory):** सर्वप्रथम 1970 में संयुक्त राज्य अमेरिका के तकनीकी सहयोग मिशन, भारतीय कृषि अनुसंधान संस्थान (आई0ए0आर0आई0) तथा भारत सरकार के संयुक्त प्रयास से 34 सचल मृदा परीक्षण प्रयोगशाला (Mobile soil testing laboratory) की शुरुआत की गई थी जो दूर–दराज के क्षेत्रों में अपनी सेवा देकर किसानों को लभांवित कर रहे हैं। कृषि एवं सहकारिता विभाग, कृषि एवं किसान कल्याण मंत्रालय, भारत सरकार के अनुसार वर्ष 2012 तक देश में कुल 153 सचल मृदा परीक्षण प्रयोगशालायें है। मृदा परीक्षण की महत्ता को ध्यान में रखते हुए माननीय प्रधानमंत्री श्री नरेन्द्र मोदी एवं वित्तमंत्री श्री अरुण जेठली ने 100 नई सचल मृदा परीक्षण प्रयोगशाला संचालित करने की योजना प्रस्तावित कर चुके हैं जो निश्चित ही हर खेत के मृदा परीक्षण के लक्ष्य को हासिल करने में सहायक होगा।

यह चलती–फिरती प्रयोगशाला है जिसके माध्यम से किसानों के खेत/गाँव में ही उनके मृदा नमूनों की जाँच कर रिर्पोट जारी कर दिये जाते हैं। इस तरह की प्रयोगशाला में मृदा में उपस्थित जीवांश कार्बन, नत्रजन, फास्फोरस एवं पोटाश के साथ–साथ मृदा की पी0एच0 मान (भूमि की अम्लीयता एवं क्षारीयता) एवं लवणों की मात्रा की भी जाँच होती है। ऐसी प्रयोगशालाओं की कार्य करने की अपनी शैली होती है। इन प्रयोगशालाओं के माध्यम से मृदा जाँच कराने हेतु सर्वप्रथम 50–100 किसानों को अपनी खेत से मृदा नमूनों को पूर्व में बतायी गयी विधि से एकत्र एवं तैयार करना होता है। तत्पश्चात् अपने जिले के सहायक/उपनिदेशक (कृषि विस्तार) एवं जिला कृषि अधिकारी, जिला कृषि विभाग को

सामुहिक आवेदन देकर मृदा परीक्षण वैन को अपने गाँव में भेजने के लिए आग्रह कर सकते हैं। इसके बाद ही यह वैन (गाड़ी) गाँव पहुँचती है और किसानों के मृदा नमूनों की जाँच कर उसी दिन मृदा में उपस्थित पोषक तत्त्वों की वर्तमान स्थिति एवं जाँच रिर्पोट के अपुरुप अगामी ली जाने वाली फसलों के लिए खाद एवं उर्वरकों की अनुशंसा तथा उनके प्रयोग की जानकारी दी जाती है। यदि मृदा में कोई समस्या है तो उसका भी निवारण का उपाय बताते हैं। कुल मिलाकर किसान के द्वार पर ही मृदा से संबंधित सभी पहलुओं की जाँच कर किसान को रिर्पोट उपलब्ध करा दी जाती है।

2. **मृदा परीक्षण कीट (Soil testing kit):** यह एक छोटा–सा सन्दूक (box) होता है जिसमें मृदा परीक्षण से संबंधित सभी प्रकार की समाग्रियों जैसे–प्रयोग में आने वाले रसायन, डिस्टील वाटर की बोतल, परखनली एवं परखनली स्टैंड, बीकर, वॉस बोतल, फिल्टर पेपर, कीप, सिरिंज, पेंसिल, मृदा परीक्षण मिलान चार्ट, तौली इत्यादि व्यवस्थित ढंग से रखे रहते हैं।

इस बक्से के साथ एक मृदा परीक्षण पुस्तिका भी होती है जिसमें चित्र के माध्यम से मृदा परीक्षण करने की सभी चरणों को दर्शाया गया होता है। इसे पढ़कर किसान भाई असानी से अपने घर में बैठे मृदा परीक्षण कर सकते हैं।

3. **पूसा एस.टी.एफ.आर. मीटर:** एस. टी. एफ. आर. का अर्थ होता है ''स्वायल टेस्टिंग एण्ड फर्टिलाइजर रिकमंडेशन'' (Soil Testing and Fertilizar Recommendation)'' अर्थात ''मृदा परीक्षण के आधार पर उर्वरकों की संस्तुति''। पूसा एस0टी0एफ0आर0 मीटर यह दोनों कार्य एक साथ करता है वो भी बहुत कम समय और कम लागत में। तो है न यह एक उपयोगी उपकरण।

जैसा कि नाम से ही स्पष्ट है इस उपकरण की वैज्ञानिक तकनीकी भारतीय कृषि अनुसंधान संस्थान, पूसा, नई दिल्ली के मृदा वज्ञानिकों ने विकसित किया है जिसे डब्लू0 एस0 टेलेमशीन प्राइवेट लिमिटेड द्वारा पूसा एस0टी0एफ0आर0 मीटर के नाम से बनाया जा रहा हैं। इस उपकरण की सहायता से मृदा नमूनों में एक साथ पाँच परीक्षण कर सकते हैं। इसमें होने वाले परीक्षणों में मृदा का पी0एच0 मान, ई0 सी0 (विधुत चालकता), जीवांश कार्बन एवं इसके आधार पर नत्रजन की मात्रा, फास्फोरस, पोटैशियम, जिंक, बोरान, सल्फर, तथा चूना एवं जिप्सम की आवश्यकता का परीक्षण डेढ से दो घण्टे में सम्पन्न हो जाता है। सभी मापदंडों के जाँच के उपरान्त इसके द्वारा फसलों के लिए उर्वरकों की संस्तुति भी की जाती है।

यह उपकरण सरल एवं सस्ता होने के साथ कम दाम पर बाजार में उपलब्ध है। वर्तमान में इसके दो मॉडल बाजार में उपलब्ध हैं जिसमें एक की कीमत 30,000 रुपये तथा दूसरे की कीमत 45,000 रुपये है। पहले उपकरण में मृदा परीक्षण के आकड़ो को खुद से

लिखना पड़ता हैं जबकि दूसरे उपकरण के साथ एक थर्मल प्रिंटर लगा रहता है जिससे सभी आँकड़ों को प्रिंट कर प्राप्त किया जा सकता है। साथ ही इस उपकरण को कम्प्यूटर से जोड़ कर मृदा स्वास्थ्य कार्ड भी बनाया जा सकता है। इस उपकरण पर कार्य करना इतना आसान है कि कोई भी व्यक्ति कम्पनी द्वारा दी जाने वाली दो दिवसीय प्रशिक्षण प्राप्त कर आसानी से अपने घर पर अपने खेत की मृदा का परीक्षण कर सकता है। साथ ही इसके माध्यम से कुछ आय की प्राप्ति भी कर सकता हैं। अधिक जानकारी के लिए कम्पनी के वेवसाइट www.wstelematics.com पर सम्पर्क किया जा सकता हैं।

4. **मृदा परीक्षक यंत्र (Soil testing equipment):** मृदा परीक्षण हेतु विकसित यह यंत्र एक लघु प्रयोगशाला है जिसका विकास भारतीय कृषि अनुसंधान परिषद् के अधीनस्थ संस्थान 'भारतीय मृदा विज्ञान संस्थान', भोपाल के वैज्ञानिकों ने मेसर्स नागार्जुना एग्रोकेमिकल्स प्राइवेट लिमिटेड, हैदराबाद के सहयोग से किया है। यह किसानों के दरवाजे पर मृदा परीक्षण सेवा उपलब्ध कराने वाली एक डिजिटल मोबाइल मात्रात्मक मृदा परीक्षण यंत्र है। इसके माध्यम से मृदा स्वास्थ्य की त्वरित वैज्ञानिक जाँच बेहद आसानी से किया जा सकता है। इस यंत्र की सहायता मृदा के पी.एच. मान, विधुत चालकता (ई.सी.), जीवांश कार्बन की मात्रा, उपलब्ध नत्रजन, फॉस्फोरस, पोटाश, सल्फर, जिंक, आयरन और बोरान की मात्रा की जाँच किया जा सकता है। यह एस.एम.एस. के जरीये विशेष फसल एवं मृदा के लिए उर्वरकों की अनुसंशा किसानों के मोबाइल पर भेजती है। मृदा परीक्षक यंत्र को मृदा स्वास्थ्य कार्ड के अनुकूल पाया गया है। मृदा परीक्षक के साथ मृदा नमूना लेने वाले उपकरण जी. पी.एस. बैलेंस, शेकर, हॉट प्लेट और एक स्मार्ट स्वायल प्रो भी उपलब्ध कराया जाता है जो मृदा पैमानों के निर्धारण करने के साथ–साथ पोषक तत्त्व एवं उर्वरक संबंधी अनुसंशा को भी प्रदर्शित करता है। अल्पकालिक प्रशिक्षण लेकर कोई भी युवा शिक्षित किसान, ग्रामीण नौजवान (11–12 पास) भी इसका संचालन आसानी से कर सकता है।

5. **मृदा नमी सूचक यंत्र:** इस बैट्री चालित यंत्र का विकास गन्ना प्रजनन संस्थान, कोयम्बटूर के वैज्ञानिकों ने सीधे खेत में तत्काल नमी की मात्रा जानने के लिए किया है। यह यंत्र सेंसर आधारित है, जिसे खेत की मिट्टी में प्रवेश कराते ही यंत्र का इलेक्ट्रानिक डिस्प्ले सर्किट नमी के स्तर को रंगीन बत्तियों (एलईडी) द्वारा दर्शाता है। इस यंत्र में चार रंगीन बत्तियाँ लगी रहती है। सबसे ऊपर नीला रंग प्रचूर मात्रा में नमी दर्शाता है। हरा रंग उचित मात्रा में नमी दिखाता है और नारंगी रंग सावधान अर्थात सिंचाई का निर्देश देता है वही लाल रंग सामान्य से कम नमी प्रदर्शित करता है। इस यंत्र से जल संरक्षण के साथ ही सिंचाई में अतिरिक्त खर्च की बचत होती है।

मृदा स्वास्थ्य कार्ड योजना

मृदा स्वास्थ्य कार्ड योजना, कृषि एवं सहकारिता विभाग, कृषि एवं किसान कल्याण मंत्रालय, भारत सरकार की महत्त्वपूर्ण योजना है जिसका शुभारम्भ लोगों में मृदा स्वास्थ्य के प्रति जागरूकता बढ़ानें के लिए 19 फरवरी, 2015 को माननीय प्रधानमंत्री श्री नरेन्द्र मोदी ने राजस्थान के श्रीगंगानगर जिले के सूरतगढ़ से यह कहते हुए किया था कि–''उर्वरक, अच्छी किस्म के बीज और ज्यादा पानी डालते रहना काफी नहीं है। किसानों को अपनी मिट्टी के सेहत का ध्यान रखना चाहिए और ये पता रखना चाहिए कि क्या डालना है और कितनी मात्रा में डालना है।'' वे मृदा के महत्ता को रेखांकित करते हुए आगे कहते है– ''कृकृहमारी धरा, हमारी माता, ये हमारी मिट्टी, उसको बीमार नहीं रहने देना चाहिए। उसकी तबीयत की चिंता करनी चाहिए और उसकी जो कमियाँ है, उन कमियों की पूर्ति करने के लिए वैज्ञानिक तौर तरीके अपनाने चाहिए।'' इस योजना को केन्द्र सरकार, राज्य एवं केन्द्रशासित राज्यों के कृषि विभाग के माध्यम से चला रही हैं। इस योजना पर सरकार अब तक 216.4 करोड़ रुपये खर्च कर चुकी है तथा देश में 449 नई मृदा परीक्षण प्रयोगशालाओं का निमार्ण हेतु पैसा भी जारी हो चुका है। केन्द्र सरकार का दावा है कि 18 अक्टूबर 2016 तक 2,04,28,843 मृदा नमूने देश भर से एकत्र किये गये है जिनमें से 1,17,63,473 का परीक्षण सम्पन्न हो चुका हैं।

मृदा स्वास्थ्य कार्ड का प्रारुप

मृदा स्वास्थ्य कार्ड एक छपी हुई विवरण (रिर्पोट) है जिस खेत की मृदा जाँची गयी है उससे संबंधित सभी प्रकार की जानकारी जैसे–किसान का नाम व पता, खेत की पहचान (खसरा संख्या / सर्वे संख्या), नमूना लेने की तिथि, जिस जगह से मृदा नमूना ली गई उस जगह का जी0 पी0 एस0 द्वारा पहचान तथा संस्तुत किये गये 12 पर परीक्षणों (पी0एच0) मान, विधुत चालकता (ई0 सी0 मान), जैव कार्बन, प्राथमिक पोषक तत्त्व (नत्रजन, फॉस्फोरस एवं पोटाश), गौण व द्वितीयक पोषक तत्त्व (सल्फर) एवं सूक्ष्म पोषक तत्त्व (जिंक, बोरान, आयरन, मैंग्नीज एवं कॉपर) का परीक्षण विवरण अंकित होता हैं। साथ ही अगामी ली जाने वाली फसलों के लिए परीक्षण किये गये तत्त्वों के आधार पर उर्वरक एवं गोबर की खाद अथवा केंचुआ खाद की मात्रा संस्तुत की गई होती हैं (चित्र–5.4)।

मृदा स्वास्थ्य कार्ड से लाभ

मृदा स्वास्थ्य कार्ड से मृदा स्वास्थ्य की समीक्षा करने में आसानी होती है। साथ ही गुजरे वक्त के साथ मृदा उर्वरता में हो रहे परिर्वतन का तुलनात्मक अध्ययन करना भी आसान हो जाता है। मृदा स्वास्थ्य कार्ड में अंकित विवरण के आधार पर मृदा स्वास्थ्य सुधार हेतु समय रहते जरूरी कदम उठाये जा सकते हैं। मृदा परीक्षण परिणामों के आधार

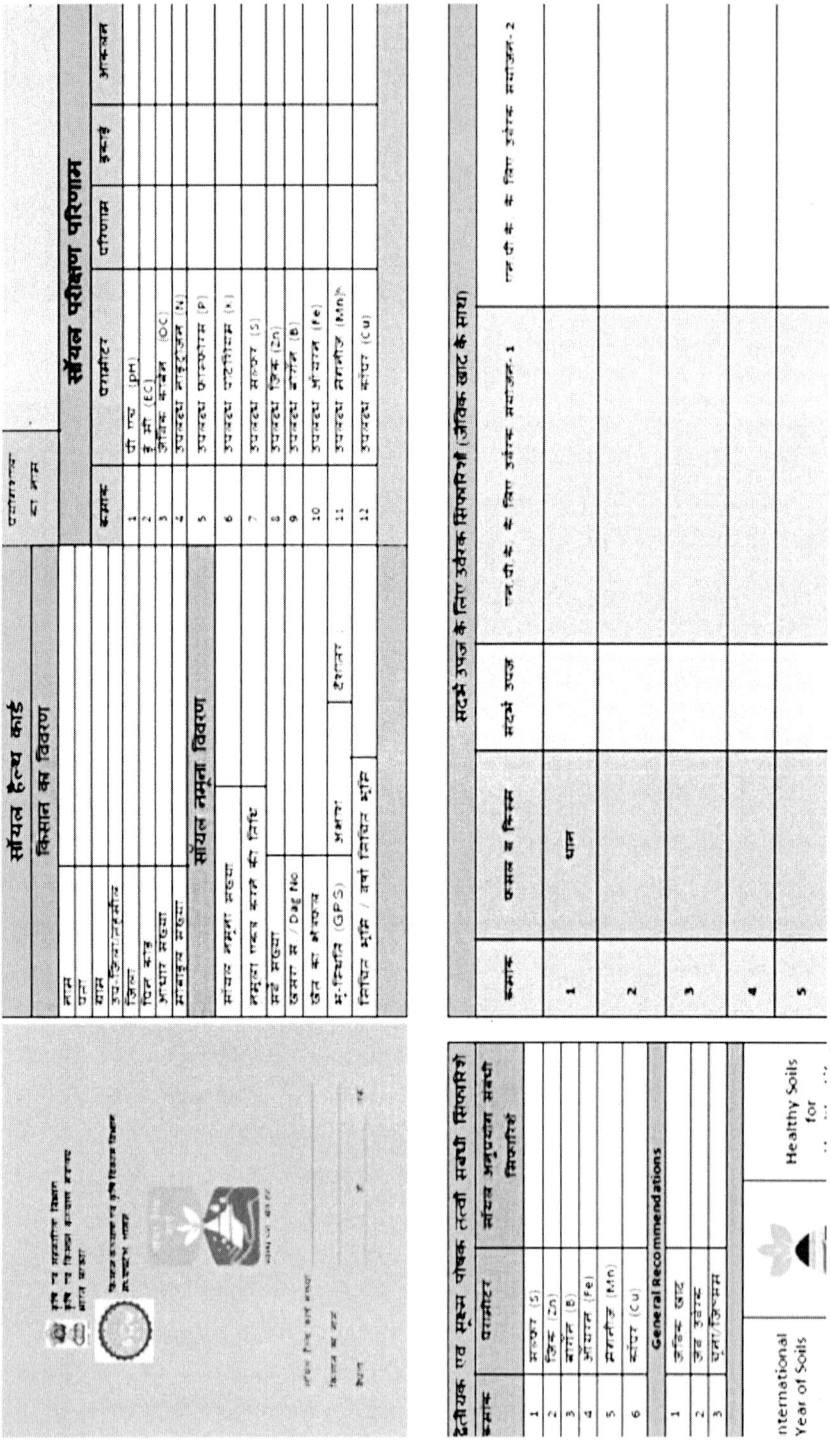

चित्र–5.4 मृदा स्वास्थ्य कार्ड

पर किये गये संतुलित पोषक तत्त्व प्रबंधन तथा संस्तुत जैव पदार्थो की मात्रा की मृदा में आपूर्ति कर मृदा के उर्वरा शक्ति में सुधार किया जा सकता है। इसके साथ ही फसलवार संतुलित उर्वरक प्रयोग से उर्वरकों के खरीद पर हो रहे अनावश्यक खर्च में कटौती की जा सकती है तथा लाभ–लागत अनुपात में सुधार किया जा सकता है। परिणामस्वरुप किसानों की आय में वृद्धि भी होगी तथा मृदा स्वास्थ्य एवं उर्वरता भी बनी रहेगी। साथ ही उर्वरकों का संतुलित मात्रा में प्रयोग, मृदा एवं जल प्रदूषण के खतरे को भी टाल सकता है। मृदा परीक्षण के आधार पर समस्याग्रस्त मृदाओं जैसे लवणीय, क्षारीय, अम्लीय इत्यादि के सुधार हेतु कारगर उपाय किये जा सकते हैं। अतः मृदा स्वास्थ्य कार्ड खेत की मृदा से संबंधित वर्तमान एवं इतिहास को संचित करने का कार्य करता हैं जिससे भविष्य में फसलोत्पादन की योजना बनाने में सहायता मिलती है।

भारत सरकार द्वारा किसानों के मृदा नमूने एवं परीक्षण प्रयोगशाला के विवरण (रिर्पोट) के बारे में जानकारी उपलब्ध कराने के लिए ऑफ लाइन एवं ऑन लाइन वेव पोर्टल www.soilhealth.dac.gov.in शुरु किया है, जिस पर पंजीयन कराना आवश्यक होता हैं। एक बार पंजीयन होने के बाद किसान पोर्टल में निम्नलिखित में से कोइ एक ट्रैक रख सकता हैं–

1. मृदा नमूने का पंजीकरण
2. मृदा परीक्षण प्रयोगशाला द्वारा परिणाम
3. उर्वरक एवं पोषक तत्त्वों की अनुशंसाएँ
4. मृदा स्वास्थ्य कार्ड की पीढ़ी
5. मृदा स्वास्थ्य कार्ड क्या हैं

स्वस्थ धरा हो, खेत हरा हो, खलिहान भरा हो।
ससक्त–समृद्ध किसान बनें, घर–दलान खुशियों से भरे।।

प्रधानमंत्री द्वारा मृदा स्वास्थ्य कार्ड योजना का शुभारम्भ

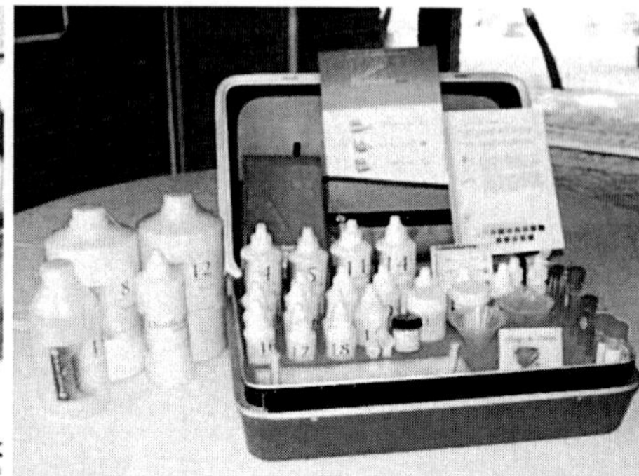

मृदा परीक्षण कीट

आई.ए.आर.आई द्वारा विकसित पूसा एस.टी.एफ.आर. मीटर

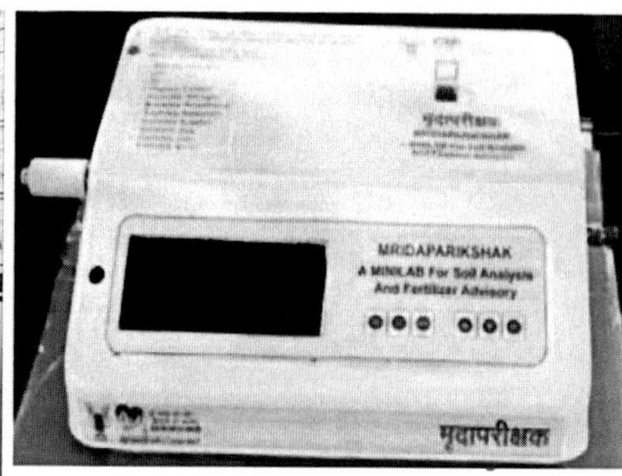

भारतीय मृदा विज्ञान संस्थान द्वारा विकसित मृदा परीक्षक

चलन्त मिट्टी जाँच प्रयोगशाला

चलन्त मिट्टी जाँच प्रयोगशाला का आन्तरिक दभय

□□□

अध्याय 6

मृदा का चिकित्सिय महत्व

प्रकृति में मृदा, महान शक्तियों का खजाना है तथा सभी तत्त्वों का भण्ड़ार गृह है। शास्त्रों के अनुसार हमारा शरीर पंच महाभूतों (मिट्टी, जल, आकाश, वायु एवं अग्नि) से बना है। इन्हीं पाँच महाभूतों का प्रयोग कर शरीर में आने वाले आन्तरिक एवं बाह्य व्याधियों को दूर करने का उपाय प्राकृतिक चिकित्सा कहलाता है। इस चिकित्सा पद्धति को ''नेचर क्योर'' के नाम से जानते हैं। प्राकृतिक चिकित्सा की विकास गाथा अत्यन्त प्राचीन है। हमारे ऋषि मुनि पंच महाभूतों की शक्ति से भँलि–भाँति अवगत थे तथा अपने अनुभवों के आधार पर इस पद्धति का विकास किया जो पीढ़ी दर पीढ़ी आगे बढ़ती रही। ऋग्वेद के एक श्लोक में जल को औषधि के रुप में स्वीकृति प्रदान करते हुए कहा गया है कि–

आपः इद्वा उभेशजीरापो अमीवचातनी
आपः सर्वस्य भेशजीरापो कणवन्तु भेषजम्

अर्थात् ''जल औषधि रुप है, यह सभी रोगों को दूर करने वाली महान् औषधि के तुल्य गुणकारी है। यह जल तुमको औषधियों के समस्त गुण (लाभ) प्राप्त करावें।''

दो हजार पुराने तमिल भाषा में रचित 'कुरल' नामक ग्रन्थ में भी प्राकृतिक चिकित्सा विधियों का विस्तार से वर्णन मिलता है। इसीप्रकार यूरोप के प्रथम चिकित्सक माने जाने वाले हिप्पोक्रेट्स ने लिखा है–''तेरा आहार ही तेरी औषधि हो और तेरी औषधि ही तेरा आहार हो।'' जो कार्य पौष्टिक दवाईयाँ भी नही कर सकती, वह प्रकृति के नियमानुसार रहने से अनायास ही प्राप्त हो जाता है। वेदों में निर्देशित किया गया है–

कुर्वत्रेवेह कर्माणि जिजिविषेच्छतंसमाः

अर्थात् ''काम करते हुए सौ वर्षो तक जीवित रहने की इच्छा रखनी चाहिए।'' प्राकृतिक चिकित्सा को मानसिक चिकित्सा, उपवास, वायु चिकित्सा, मिट्टी चिकित्सा और आहार में बाँटा गया है।

प्राचीन काल से ही प्रकृति में मृदा की महिमा से हमारे ऋषि मुनि भँलि–भाँति परिचित

थे और यह परम्परा पीढ़ी दर पीढ़ी आगे बढ़ती रही। शास्त्रों के अध्ययन से ज्ञात होता है कि बड़े बड़े योगी भूमि के सानिध्य में रह कर कठोर तपस्या से अलौकिक शक्तियों को प्राप्त करते थे। प्रसिद्ध योगी भर्तहरि एवं गोपीचंद भूमि पर सोते थे और नंगे पाँव चलते थे। इससे सिद्ध होता है कि हमारे पूर्वज पृथ्वी की शक्तियों का उपयोग कर आश्चर्यजनक शारीरिक एवं अध्यात्मिक शक्तियाँ प्राप्त कर लेते थे। ऋषि मुनि द्वारा स्थापित आश्रमों में आश्रमवासियों को भूमि पर सोना, नंगे पैर चलना, धूप या वर्षा में छाते का प्रयोग न करना, जल में खड़े हो कर या भूमि पर बैठ कर तप करना, नंगे पैर तीर्थ यात्रा करना, मिट्‌टी के बर्तन में पका हुआ भोजन, मिट्‌टी के ही बर्तन में ग्रहण करना, इत्यादि कठोर नियमों का पालन करना अनिवार्य था। उस समय इन्हें बड़ें धर्म का कार्य समझा जाता था। इन सभी नियमों का संबंध निरोगी काया, शांत मन एवं दीर्घायु जीवन से था। भगवान राम और श्री कृष्ण ने भी शिक्षार्थी के रुप में आश्रमों में बने इन नियमों का पालन किया था। ऐसे नियमों के बनाने का वैज्ञानिक कारण यह था कि बाल्यावस्था से ही शरीर पृथ्वी के औषधियों गुणों को ग्रहण कर वज्र की भाँति कठोर बन सके ताकि गृहस्थ जीवन एवं युद्ध काल में आने वाली समस्यों का सामना किया जा सके। आज भी गाँवों में अखाड़े बने हुए हैं जहाँ अभ्यास करने वाले पहलवान अपने शरीर पर अखाड़े की मिट्‌टी से मालिश करते हैं तथा अभ्यास द्वारा मजबूत शरीर के साथ अपार शक्ति अर्जित करते हैं। बच्चों को ध्यान से देखा जाए तो यह ज्ञात होता है कि वे सदा भूमि पर खेलना पसंद करते हैं।

राष्ट्रपिता महात्मा गांधी का मिट्‌टी से उपचार में काफी आस्था थी और उन्होनें बड़े–बड़े रोगों में भी इसी उपचार का सहारा लिया था। अपने अनुभवों का वर्णन करते हुए उन्होनें लिखा है कि "पेट, सिर, आँख के दर्द एवं चोट की सूजन में मिट्‌टी की पुल्टिस से 2 से 3 दिनों में आराम मिलता है। मै पहले पेट के खराबी के कारण 'एनोज फ्रुट साल्ट' के बिना कभी निरोग रह सकता था, लेकिन सन् 1904 में जब मुझे मिट्‌टी की उपयोगिता मालूम हुई तब मैने उसका आश्रय लिया और तब से आज तक कोई ऐसा अवसर नही आया जब कि मुझे फ्रुट साल्ट का प्रयोग करना पड़ा हो। कड़े से कड़े ज्वर में भी इसकी पट्‌टी सिर पर और पेडू पर बाँधने से 1 से 2 घण्टे में ही ज्वर कम हो जाता है। चर्म रोग जैसे खुजली, दाद, और फोड़े इसके उपचार से शीघ्र ठीक हो जाते हैं। जले हुए स्थान पर इसका लेप लगाने से जलन कम हो जाती है और फफोला नहीं पड़ता। गर्मी का रोग भी इससे अच्छा हो जाता है। ज्यादा गर्म पानी से जब हाथ–पैर कुछ कुछ लाल हो जाते हैं तब इसका प्रयोग बहुत लाभ पहुँचाता है। हड्डियों के जोड़ का दर्द भी इससे ठीक होता है। इन अनुभवों से मै इस परिणाम पर पहुँचा हूँ कि इसका प्रयोग घरेलु ढंग से करने पर बहुत लाभदायक सिद्ध होता है।" महात्मा गाँधी मृदा चिकित्सा को ईश्वरीय चमत्कार से कम नहीं मानते थे इसका वर्णन करते हुए प्रभुदयाल विद्यार्थी ने अपने एक लेख में बताया है कि "यूरोप के लोग जब गाँधी जी को सिर या पेट पर मिट्‌टी की पट्‌टी रखे देख कर आश्चर्य करने लगते तो वे हँसते हुए कहते–"मुझे डॉक्टरी इलाज में उतना विश्वास नहीं जितना इस

मिट्टी में है। ''शरीर में कोई तकलीफ होने पर गाँधी जी मिट्टी का ही प्रयोग करते थे। पेट के खराबी, सिर में दर्द, चेचक, ज्वर, खून का दबाव बढ़ने (ब्लड प्रेसर) इत्यादि में वे मिट्टी का ही प्रयोग करते थे। अधिक गर्मी पडती तो बालू मिट्टी की गीली पट्टी का प्रयोग कर इससे निजात पाते थे। बरसाती रोगों से बचने के लिए भी मिट्टी से ही कुनैन का कार्य लेते थे। इंग्लैण्ड के एक प्रसिद्ध प्राकृतिक चिकित्सक डॉ0 पिट कैरन नोल्स ने अपने एक लेख में मिट्टी के गुणों पर प्रकाश डालते हुए लिखा है कि ''रसायनिक प्रभाव के अतिरिक्त गीली मिट्टी की पट्टी लगाने पर जो आर्द्रता एवं उष्णता उत्पन होती है, इन क्रियाओं का प्रभाव रोगों को उखाड़ने में बड़े काम के सिद्ध होते हैं।'' जर्मन डॉक्टर एडाल्फजुस्ट लुई कुन्हे ने भी अपने अनुभवों से यह सिद्ध किया है कि पृथ्वी में अद्भूत रोगनाशक शक्ति है। ऐसी मान्यता है कि शरीर मिट्टी का पुतला है और मिट्टी के प्रयोग से ही शरीर की बीमारियाँ दूर की जा सकती हैं। नये वैज्ञानिक प्रयोगों से भी यह साबित हो चुका है कि मृदा चिकित्सा शरीर को तरोताजा जीवंत और ऊर्जावान बनाने में भी काफी उपयोगी है। मिट्टी उपचार करते समय खाने–पीने में संयम रखना आवश्यक होता है। मसाला, खटाई, मिठाई इत्यादि से परहेज करना चाहिए। सात्विक सुपाच्य भोजन जिसमें शाक–सब्जी सम्मिलित हो, को प्राथमिकता देनी चाहिए।

पृथ्वी की आश्चर्यजनक शक्ति

1. नंगे पाँव चलने से पृथ्वी तल से सीधा स्पर्श होता है जिससे पाँव मजबूत बनते हैं। खेतों, नदियों, या नहरों के किनारे सूखी या कुछ गीली मिट्टी पर नंगे पाँव टहलने से शरीर में चुस्ती फुर्ती आती है। इस प्रक्रिया से पृथ्वी से प्राणशक्ति की प्राप्ति होती है और रुधिराभिसरण भी ठीक प्रकार से होता है। जर्मनी में तो एक प्रकार का आन्दोलन चलाया गया कि नंगा रहना स्वभाविक एवं आरोग्यप्रद है। नंगे पाँव चलने के अपेक्षा भूमि पर बैठना और बैठने के अपेक्षा लेटना अधिक लाभदायक होता है।
2. पृथ्वी पर सोने से कई रोगों में आश्चर्यजनक लाभ मिलता है। सोने के लिए ऐसी भूमि पसंद करनी चाहिए जिस पर घास कम उगी हो।
3. पृथ्वी की आद्रर्ता या सर्दी से न डर कर घूमने–फिरने या यात्रा के समय जमीन पर बैठ कर या सोकर आराम करने से काफी आराम मिलता है।
4. उत्तेजित मस्तिष्क वाले एवं हिस्टीरिया के रोगियों को शान्तिपूर्वक पृथ्वी पर बैठने या सोने से काफी आराम मिलता है।
5. रात्रि के समय पृथ्वी की शक्ति अति प्रबल हो जाती है। अतः इस समय पृथ्वी पर सोने से जर्जर बीमार शरीर पुनः सबल व निरोग हो जाता है। उदर, आँते, हृदय अपना काम सुचारु रुप से करने लगते हैं और अंतड़ियों में लम्बे समय से एकत्र मल एवं रोगकारक जीव इत्यादि सभी आसानी से शरीर से बाहर निकाल दिये जाते हैं।

जिससे शरीर में नई ऊर्जा का संचार होता है।

6. जिन लोगों में बैचेनी, चिंता या घबराहट हो, रात्रि में नींद नहीं आती हो, उन्हें भूमि पर सोने से आराम मिलता है।
7. सूर्य के किरणों से रोगों का नाश होता है। यदि रोगी भूमि पर बिना कुछ बिछाये सूर्य स्नान करे तो काफी आराम मिलता है।
8. विशेष परिस्थितियों में दो हाथ गहरे गड्ढ़े खोद कर रोगी को बैठा कर कंधे तक गड्ढ़े को गीली मिट्टी से भर दिया जाता है तथा 1 घण्टे से लेकर 24 घण्टे के लिए छोड़ दिया जाता है। इसमें गर्दन और सिर खुले हुए ऊपर रखा जाता है। इस क्रिया से खाया हुआ विष पदार्थ उल्टी से बाहर निकल जाता है। साँप का जहर, मिट्टी द्वारा अवशोषित कर लिया जाता है और व्यक्ति बच सकता है। बिजली के आघात से पीड़ित व्यक्ति का हृदय फिर से पृथ्वी की गर्मी पा कर कार्य करने लगता है, पानी में डूबे हुए व्यक्ति के शरीर के हिस्से से भरा पानी पृथ्वी की शक्ति से बाहर निकल जाता है और पुनः रक्त संचार होने लगता है।
9. गर्मी के दिनों में पानी से तर की गई भूमि पर सोने से स्वास्थ्य पर अच्छा प्रभाव पड़ता है।

मृदा के चिकित्सिय गुण

मृदा में निम्नलिखित चिकित्सिय गुण प्रचुरता से पाये जाते हैं–

1. यह शरीर की आंतरिक गर्मी को खींचकर बाहर करती है तथा आवश्यक ठण्ड़क पहुँचाती है।
2. इससे शरीर को चुम्बकीय शक्ति की प्राप्ति होती है जिससे शरीर के अन्दर स्फूर्ति एवं शक्ति का संचार होता है।
3. यह शरीर के पुराने मल को उखाड़ती है।
4. यह शरीर के अन्दर से दुषित पदार्थो को खींचकर बाहर कर देती है।
5. इससे सूजन, दर्द, फोड़ें, फुन्सी आदि में लाभ मिलता है।
6. जहरीले जन्तुओं के काटने पर इसका लेप लाभकारी होता है।
7. यह त्वचा के रोमकूपों को खोलती है, रक्त को शरीर के ऊपरी भाग में खींचती है, अन्दर के दर्द एवं रक्त के इकट्ठे होने को दूर करती है। साथ ही रक्त के संचार को तेज करने में सहायक होती है।

8. गुर्दे की खराबी, मूत्रासय के रोग, पेट के भीतर फोड़े, गर्भाशय के विकार, दिल की धड़कन, फेफड़ो का क्षय, जिगर की सूजन आदि में मिट्टी के उपचार से लाभ मिलता है।

9. पेट का दर्द, कब्ज, आँतों का दाह, संग्रहणी, पेचिस, जलोदर, पाण्डु आदि में पेट पर मिट्टी का पट्टी बाँधना लाभप्रद होता है।

10. अधिक मूत्र, बून्द बून्द करके मूत्र टपकना, मूत्र पीला एवं चिकना होना, स्त्रियों का प्रदर मासिक धर्म एवं गर्भाशय संबंधी रोगों में पेडू पर मिट्टी बाँधने से लाभ मिलता है।

11. बुखार, प्लेग, हैजा जैसे रोगो में पेट पर मिट्टी बांधनी चाहिये।

12. चूल्हे की जली हुई मिट्टी से दाँत माँजने से दाँत साफ रहते हैं और पायरिया की बीमारी नहीं होती है।

13. मिट्टी के ढेले पर पानी डालकर उसमें से निकलने वाली गन्ध को सूँघने से नकसीर फूटना, जुकाम, पीनस आदि अच्छे हो जाते हैं।

14. लू लगने पर पैरो के ऊपर मिट्टी थोपने से तथा सिर पर मिट्टी के लेप लगाने से लाभ मिलता है।

15. एक सेर पानी में एक छटांक मिट्टी घोल कर 6 घण्टे के बाद जब मिट्टी नीचे बैठ जाय और पानी साफ हो जाय तो उस पानी को पीने से ज्वर, तृष्णा, दाह, निद्रानाश, उन्माद, गर्मी इत्यादि से होने वाले रोग में लाभ मिलता है।

16. चोट लगने पर प्रभावित स्थान पर मिट्टी के लेप लगाने से आराम मिलता है। इसे घाव भी जल्दी भर जाते हैं।

17. बालू से रगड़–रगड़ कर शरीर धोने से दाद, खाज, खुजली, फुन्सी इत्यादि विकारों से मुक्ति मिलती है तथा त्वचा कोमल, निर्मल, स्वच्छ एवं चमकदार हो जाती है।

18. जुकाम की अवस्था में गले पर, सिर दर्द में सिर पर, दाँत दर्द में जबड़े पर, आँख दर्द में आँखों को बन्द कर पलकों पर, कान दर्द में कान के चारों ओर, पेट दर्द में पेट पर, अण्ड़कोष मे वृद्धि होने पर अण्ड़कोष पर, कमर दर्द में कमर पर तथा ज्वर, हैजा आदि में पूरे शरीर पर, अफरा, आँव आदि उदर रोग में उदर पर मिट्टी का लेप लगाने से आराम मिलता है।

19. जहरीले जानवर, साँप, बिच्छू, बर्रे आदि के काटने पर प्रभावित हिस्से पर मिट्टी का लेप लगाने से आराम मिलता है।

मृदा प्रयोग की विधि

जमीन से मृदा खोद कर लेते समय इस बात का ध्यान रखना चाहिए कि पहले मृदा को कुछ दिनों के लिए खोदे हुए स्थान पर ही छोड़ देना चाहिए जिससे खुली हवा, तेज धूप और चाँदनी का सुप्रभाव मृदा ग्रहण कर सके और भँलि–भाँति सूख जाय। प्रयोग से पूर्व मृदा से कंकड़, पत्थर, वनस्पतियों के अवशेष आदि निकाल कर पिस लेना चाहिए। तत्पश्चात् मोटे कपड़े से छान कर किसी मटके में संभाल कर रखना चाहिए। मृदा को हमेशा ताजे जल से घोलना चाहिए तथा कपड़े में लीप कर पट्टी के रुप में इस्तेमाल करना चाहिए।

विभिन्न प्रकार के मृदाओं का प्राकृतिक चिकित्सा में महत्व

1. **काली मिट्टी (करैल मिट्टी):** इस मृदा का रंग टिटेनिफेरस मेग्नैटाइड (titaniferrous magnetite) की उपस्थिति के कारण काला होता है। इनमें क्ले की मात्रा 30–80 प्रतिशत होती है जिसके कारण यह चिकनी होती है। इसके लेप को शरीर पर लगाने से ठण्ड़क महसूस होती है। यह जलन, घाव, विषैले फोड़े तथा चर्मरोग जैसे खाज में अत्यन्त उपयोगी है। इसके प्रयोग से सूजन कम होता है। साथ ही रक्त के गंदा होने और उसमे विषैले पदार्थ के जमाव को भी यह कम कर देती है। पेशाब रूकने की दशा में यदि पेट के ऊपर या पेट के नीचे इसका लेप किया जाता है तो पेशाब की रूकावट समाप्त हो जाती है तथा वह खुलकर आता है। मधुमक्खी, कनखजूर, बरै, बिच्छू, मकड़ी इत्यादि के डंक मारने पर प्रभावित स्थान पर तुरन्त काली मृदा का लेप लगााने से काफी आराम मिलता हैं। त्वचा पर यदि सफेद दाने हो तो नींबू का रस इसके साथ मिलाकर लगाने से काफी लाभ मिलता है। अन्दरुनी सूजन तथा जिगर या आँतों के सूजन में भी यह काफी उपयोगी है। हथियार के घाव, रक्त विकार, नासूर, फफोले, गाँठ, कोढ़, हड्डी का टूटना, बादी का दर्द इत्यादि में काली मिट्टी की पट्टी बाँधना लाभप्रद होता है। गहरे घावों में साफ महीन कपड़ा रखने के पश्चात् बारीक पिसी हुई साफ काली मिट्टी को पानी के साथ गुथ कर लगाने पर घाव जल्दी भरते हैं।
2. **पीली, सफेद व लाल मृदा:** मृदा का पीला रंग गोयथाइट (goethite) की प्रचुरता के कारण होता है। यह नदियों तथा तलाबों के किनारे पाई जाती है। इससे काली मृदा के समान ही लाभ मिलता है। मृदा का सफेद रंग कैल्शियम कार्बोनेट की अधिकता के कारण होता है। यह पीली मृदा के समान ही लाभदायक होती है। लाल मृदा का रंग हेमेटाइट के कारण लाल होता है तथा यह सफेद के अपेक्षा कम लाभदायक होती है। लू लगने पर पीली मिट्टी पर पानी छिड़कर लेटने से काफी आराम मिलता है। पीली मिट्टी पर लगातार कई दिनों तक पानी छिड़कने से उसमें

से सुगंध आती है जिसके प्रभाव से आँख, मस्तिष्क और मन को शान्ति मिलती है। गोबर में पीली मिट्टी को मिलाकर घर की लिपाई करने से गोबर के प्रभाव से रोगाणुओं का नाश हो जाता है, वही पीली मिट्टी स्वास्थ्यप्रद सुगंध प्रदान करती है।

3. **मुल्तानी मृदा**: इस मृदा का प्रयोग उबटन की तरह से करने पर त्वचा संबंधी विकार दूर हो जाते हैं और शरीर की कान्ति बढ़ जाती है। तेज बुखार की अवस्था में शरीर पर इसका मोटा लेप लगाने से तापमान तुरन्त कम हो जाता है। गर्मियो में होने वाली घमौरियो के उपचार में भी यह अचुक औषधि है। मुल्तानी मृदा का प्रयोग निम्न प्रकार से भी किया जाता है–

- मुल्तानी मृदा में आवलें का जूस मिला कर लगाने से यह बालों के लिए एक अच्छा कंडीसनर का काम करती है।
- पिसे हुए बादाम या संतरे के छिलके और मुल्तानी मृदा को मिला कर बनाया गया पेस्ट, काले तथा सफेद धब्बे को मिटाने में सहायक होता है।
- गुलाब जल व टमाटर का रस मुल्तानी मृदा के साथ मिला कर लगाने से सनबर्न खत्म हो जाता है।
- नीम की पत्ती व मुल्तानी मृदा को मिलाकर लगाने से मुँहासे के निशान काफी कम हो जाते हैं।
- छाछ में मुल्तानी मृदा को मिला कर बाल धोने से बाल मुलायम व चमकदार होते हैं।
- मुल्तानी मृदा में मैगनीशियम क्लोराइड ($MgCl_2$) की मात्रा अधिक पायी जाती है जो चेहरे के गंदगी को हटाने में सहायक होती है साथ ही चेहरे के बैक्टेरिया मारने में भी सहायक होता है।
- मुल्तानी मृदा में गाजर का रस मिलाकर चेहरे पर लगाने से धब्बे कम हो जाते हैं। साथ ही झुरियाँ व मृत कोशिकाएँ हट जाती हैं और त्वचा नरम, मुलायम तथा चमकदार हो जाती है।

4. **गेरु मृदा**: यह सूजन, मस्तिष्क और नेत्रों के विकार, प्रदर और प्रमेह आदि दूषित पदार्थो से उत्पन्न रोगों में काफी उपयोगी होती है। गेरु मिट्टी को घी में तलकर शहद के साथ मिलाकर मिट्टी खाने वाले बच्चों को देने से स्वास्थ्य में आशातीत सुधार होता है।

5. **बालू**: नदी या समुद्र के किनारे की बालू शरीर के जलन, ताप तथा दाह को शांत करती है। सिर तथा मुँह को छोड़कर सारे शरीर को घण्टे भर के लिए बालू से ढकने

से घबराहट, शारीरिक ताप जलन और दाह दूर हो जाता है। साथ ही चिकनी मिट्टी और बालू को आधी–आधी मात्रा में मिलाकर बनाये गये लेप की पट्टी से बहुत लाभ मिलता है।

शरीर के विभिन्न भागों पर मृदा चिकित्सा

मृदा चिकित्सा प्राचीन काल से ही प्रयोग होने वाली विधा है। मृदा के विभिन्न प्रकार के प्राकृतिक चिकित्सा में उपयोग से सम्बन्धित आकृति को चित्र 6.1 में दिया गया है। इस चिकित्सा में प्रयोग होने वाली वाली विभिन्न विधाओं का वर्णन निम्नलिखित है।

1. **सिर पर काली मृदा (करैल मृदा) का प्रयोगः** सिर पर काली मृदा का प्रयोग सामान्यतया ललाट पर 3 इंच चौड़ी तथा 6 इंच लम्बी पट्टी के रूप में करना चाहिए। इस पट्टी के दोनों छोर, ललाट के दोनों ओर कान तक पहुँचने चाहिए। ललाट पर सीधे भी मृदा का लेप किया जा सकता है। भोजन अथवा स्नान के कम से कम एक घण्टे बाद ही मिट्टी का प्रयोग करें। अनिद्रा, चक्कर आना, सिर दर्द, उच्च रक्तचाप मेनिनजाइटिस, बाल झड़ने अथवा बालों में रूसी होने आदि की दशा में सिर पर काली मृदा की पट्टी रखना लाभदायक है। काली मिट्टी को बालों को धोने के लिए शैम्पू की तरह प्रयोग किया जा सकता है। इसके लिए इस मिट्टी को छाछ में भीगा कर 1 घण्टे के लिए रख देते हैं। इस दौरान यह पूरी तरह मुलायम होकर गल जाता है। इसप्रकार तैयार मिट्टी के गाढ़े घोल को सिर तथा बालों पर अच्छी तरह लगाकर 10 मिनट के लिए छोड़ देते हैं। तत्पश्चात् सिर को पानी से अच्छी तरह से धो देते हैं। इससे सिर के बाल हल्के, साफ एवं मुलायम हो जाते हैं।
2. **आँख पर मृदा की पट्टीः** आखों के सूजन, दर्द, आँख आने तथा चश्मे के नम्बर उतरवाने में आँख पर मृदा की पट्टी रखने से काफी लाभ मिलता है। सामान्यतया आँख पर रखी हुई पट्टी 20 से 30 मिनट में गर्म हो जाती है। गर्म होने पर पट्टी बदल दें। आँख आने के रोग में पट्टी को थोड़े–थोड़े समय के अन्तर पर बदलते रहें।
3. **पेट पर मृदा की पट्टीः** पाचनक्रिया से संबंधित पेट के सभी रोगों में मृदा की पट्टी का प्रयोग किया जाता है। सामान्यतया पेट पर ही मृदा की पट्टी को रखा जाता है। कब्जियत, गैस, आलस, सूजन इत्यादि पेट के रोगों में भी यह लाभदायक है। मृदा की पट्टी को खाली पेट अथवा भोजन करने के दो घण्टे बाद रखना चाहिए। सामान्यतया आधे से एक घण्टे तक पट्टी रखना उचित होता है।
4. **मलदार (गुदा) पर मृदा की पट्टीः** सादे अथवा बवासीर या भगंदर आदि रोगों में गुदा में जलन एवं फुन्सी होने पर तथा कमजोरी के कारण गुदा के बाहर निकल आने पर काली मृदा की पट्टी का प्रयोग लाभदायक है।

5. **त्वचा रोग पर मृदा चिकित्साः** दाद, खाज, खुजली आदि त्वचा के रोगों में मृदा चिकित्सा अत्यन्त लाभकारी है। 15 से 30 मिनट तक सूर्य स्नान करने के बाद पूरे शरीर पर मृदा का लेप लगा दें और पुनः सूर्य स्नान करें। ठण्ड़ी के वजह से यदि पूरे शरीर में मृदा लेप लगाना संभव नहीं हो तो सिर्फ रोग से प्रभावित अंग पर ही लगाना चाहिए। धूप की वजह से 40–50 मिनट में मृदा के सूख जाने पर त्वचा को ठण्ड़े पानी से धो देना। तत्पश्चात् त्वचा को साफ करने के लिए नींबू के रस से समस्त भागों पर मालिश करके नारियल तेल लगाकर स्नान करना चाहिए। ऐसा करने से नींबू के कारण होने वाला जलन एवं रूखापन दूर हो जाता है। कोढ़ एवं रक्त–पित्त में भी मृदा का प्रयोग लाभदायक है परन्तु इन दशाओं में मृदा के थोड़ा सूखने पर (आधे एक घण्टे में) ही पानी से स्नान करना चाहिए। रोगी यदि छाया सहन न कर सके तो कम धूप में बैठायें। फोड़े, फुन्सी या घाव होने पर पहले उसे नीम के ठण्ड़े काढ़े से धोकर फिर उस पर मिट्टी का पट्टी रखने पर लाभ मिलता है।

मृदा स्नान (मड वाथ)

शरीर को शीतलता प्रदान करने में मृदा स्नान का महत्वपूर्ण स्थान है। मृदा, शरीर के दुषित पदार्थो को अवशोषित कर अन्ततः शरीर से बाहर निकाल देती है। मृदा स्नान के लिए जिस क्षेत्र में जैसी मृदा उपलब्ध हो वह उपयुक्त है। परन्तु प्रयोग में लायी जाने वाली मृदा साफ–सुथरी, कंकड़–पत्थर एवं रसायनिक उर्वरक रहित तथा 2 से 3 फुट नीचे की होनी चाहिए। एक बार उपयोग में लायी गई मृदा को दुबारा उपयोग में नहीं लाना चाहिए। यदि मृदा बहुत ज्यादा चिपकने वाली हो तो उसमें थोड़ी सी बालू या रेत मिला कर प्रयोग करना लाभदायक होता है। संक्रमण से ग्रस्त एवं अधिक कमजोर व्यक्ति के लिए मृदा स्नान वर्जित है। ठण्ड़े पानी से स्नान करने के पश्चात् शरीर पर हल्के हाथ से तेल की मालिश करना लाभप्रद होता है। मृदा स्नान दो प्रकार का होता है।

1. **सूखी मृदा से स्नानः** शुद्ध साफ बारीक पीसी हुई मृदा को कपड़े से छानकर शरीर के अंगों पर इसे रगड़कर 15 से 20 मिनट तक धूप में बैठना चाहिए तत्पश्चात् ठण्ड़े पानी से नेपकीन रगड़ कर स्नान करना चाहिए।

2. **गीली मृदा से स्नानः** शुद्ध साफ बारीक पिसी हुई मृदा को कपड़े से छानकर रात भर पानी में भिंगोकर कर रखना चाहिए। सुबह भींगी हुई मृदा का लेप बनाकर पूरे शरीर पर रगड़ कर 20 से 30 मिनट तक धूप में बैठना चाहिए जब मृदा पूरी तरह से सूख जाए तो ठण्ड़े पानी से पूरे शरीर को नेपकीन से रगड़ कर स्नान करना चाहिए।

मृदा पट्टी का प्रयोग

मृदा की ठण्ड़ एवं गर्म पट्टियों का प्रयोग विभिन्न प्रकार के शारीरिक विकारों को दूर करने के लिए भी किया जाता है। इन मृदा पट्टियों की उपयोगिता पर विस्तार से चर्चा करना यहाँ आवश्यक है।

1. **मृदा के ठण्ढ़ी पट्टी का प्रयोगः** सामान्तया मृदा के ठण्ढ़ी पट्टी का प्रयोग बुखार में किया जाता है। प्रयोग करते समय ठण्ढ़ी पट्टी ज्यों ही गर्म हो जाय, उसे हटा कर दूसरी पट्टी रखनी चाहिए। तेज बुखार में रोगी का बेचैनी दूर करने के लिए गीली पट्टी को पेट पर बाँधना चाहिए। साथ ही इसे जल्दी–जल्दी बदलते रहना चाहिए। टायफायड में भी मिट्टी की ठण्ढ़ी पट्टी को पेडू पर बाँधने से लाभ मिलता है। मलेरिया के बुखार के पहले यदि रोगी में कंपकपी के लक्षण दिखाई दे तो ठण्ढ़ी पट्टी का प्रयोग नहीं करना चाहिए।
2. **मृदा के गर्म पट्टी का प्रयोगः** यदि मृदा के लेप को गर्म पानी में उबाल कर बनाया जाय तो उसका अलग लाभ प्राप्त होता है। ऐसे लेप से तैयार की गई पट्टी मृदा की गर्म पट्टी कहलाती है। पट्टी सहने लायक ही गर्म होनी चाहिए। इस पट्टी के ऊपर गर्म कपड़ा या फलालैन लपेटना बहुत जरुरी होता है। गर्म पट्टी आमाशय, छोटी आँत, बड़ी आँत आदि के दीवारों के साथ चिपके मल को बाहर निकालने में मदद करती है। इसके लिए इसे पेडू पर (नाभी से नीचे) सहने योग्य गर्म दशा में बाँधना चाहिए। पेट के रोग जैसे पेचिश, मरोड़, दर्द, ऐठन तथा अतिसार होने पर भी पेडू पर इसे बाँधने से लाभ मिलता है। गठिया में भी यह काफी उपयोगी है। महिलाओं में मासिक धर्म के समय होने वाले पीड़ा भी इस पट्टी को बाँधने से दूर होती है। गर्भाशय से संबंधित समस्त दोषों का भी निवारण इस पट्टी की सहायता से किया जा सकता है। गर्भवती स्त्रियों के लिए इसका प्रयोग पूर्णतः वर्जित है।

मृदा पट्टी लगाते समय कुछ बातों का ध्यान रखना आवश्यक होता है। जैसे यदि पट्टी पेडू या पेट में बाँधनी हो तो रोगी का खाली पेट होना बहुत जरुरी है। यदि रोगी भूखा न रह सकता है तो पट्टी के प्रयोग के तीन घण्टे पूर्व ही उसे भोजन ग्रहण कर लेनाा चाहिए। पट्टी का प्रयोग पेडू या पेट के अलावा किसी और अंग पर करना हो तो भी रोगी का खाली पेट होना आवश्यक होता है। पट्टी के प्रयोग की अवधि आधे से एक घण्टे की हो सकती है। मृदा की पट्टी जहाँ लगायी जाती है वह सिर्फ वहाँ ही नहीं वरन् पूरे शरीर पर असर करती है। यह शरीर से विषैले पदार्थ खींचकर शरीर से बाहर निकाल देती है।

मृदा की मालिश

त्वचा संबंधी रोगों के निवारण में मृदा का पूरे शरीर पर मालिश बहुत उपयोगी होता है। साफ बारीक पीसी हुई मृदा को साफ कपड़े से छानने के पश्चात् पूरे शरीर पर लेप करके

केवल दस मिनट धूप में बैठने से त्वचा स्वस्थ मुलायम और लचकदार बन जाती है। शरीर के रोम–कूप पूरी तरह खुल जाते हैं, फोड़े तथा फुँसियां नहीं होती हैं। इसप्रकार के मालिश से मस्तिष्क संबंधी रोगों के खतरे भी दूर हो जाते है। कमर दर्द, सिर दर्द, सूजन तथा त्वचा संबंधी रोगों के लिए कीचड़ की मालिश भी लाभकारी है। इसके लिए कीचड़ से भरे आदमकद गढ्ढे में रोगी को इस प्रकार खड़ा किया जाता है कि उसके कंधों के ऊपर का भाग अर्थात गला, मुँह और सिर कीचड़ के ऊपर रहे। कीचड़ में खड़ें रहने के लिए रोगी का वस्त्र उतारना जरूरी है अन्यथा लाभ नहीं मिल पाता। कीचड़ में खड़े रहने की अवधि रोगी के शारीरिक क्षमता पर निर्भर करता है। यदि रोगी दुर्बल है तो उसे केवल 5 से 10 मिनट, जबकि मजबूत शरीर वाले रोगियों को 30 मिनट तक कीचड़ में रखा जा सकता है।

मृदा एक बेहतरीन प्राकृतिक शैम्पू

साबुन और शैम्पू से स्नान करने का प्रचलन फैशन के इस दौर में बढ़ा है। वैसे मृदा का प्रयोग साबुन की अपेक्षा हजार दर्जे अच्छा है। साबुन में मौजूद कास्टिक सोडा त्वचा में खुश्की पैदा करता है जबकि मृदा में ऐसा नहीं होता। मृदा मैल को दूर करती है, त्वचा को कोमल, ताजा, चमकीला एवं प्रफुल्ल्ति कर देती है। गर्मी के दिनों में उठने वाली घमौरियों और फुंसियों को यह दूर करती है। सिर के बालों को मुल्तानी मिट्टी से धोने का रिवाज आज भी है। इससे मैल दूर होता है, बाल काले, मुलायम, मजबूत और चिकने रहते हैं तथा मस्तिष्क में बड़ी तरावट पहुँचती है। शरीर पर मिट्टी लगाकर स्नान करना एक अच्छा उबटन माना जाता है।

मिट्टी के बर्तन में भोजन पकाना

एक समय में मिट्टी के बर्तन रसोई घर का एक अभिन्न अंग हुआ करता था। परन्तु बदलते परिवेश में धातु से बने बर्तनों के प्रचलन से इसका प्रयोग कुछ खास कार्यो तक ही सिमट कर रह गया है। मिट्टी के बर्तन में पकाया गया भोजन स्वादिष्ट एवं स्वास्थ्यवर्धक होता है। ऐसे बर्तनों में खाद्य पदार्थ जल्दी खराब नहीं होते हैं जबकि धातुओं जैसे लोहा, तांबा, पीतल, जिंक आदि के बर्तनों में खाद्य पदार्थ ज्यादा देर रखने पर उनमें विष उत्पन्न हो जाता है और वह खाने योग्य नहीं रह जाता। अतः धातु के बर्तन के अपेक्षा मिट्टी की हाँड़ी या प्रेसर कुकर में भोजन पकाना, मिट्टी के तवे पर रोटी बनाना, पानी रखने एवं पीने के लिए मिट्टी के बर्तनों का प्रयोग करना बहुत लाभदायक होता है। और मिट्टी की हाँड़ी में औटाए हुए दूध, कढ़ाई के उबाले हुए दूध की अपेक्षा काफी स्वादिष्ट होता है। मिट्टी के बर्तन में धीमी आँच पर भोजन पकाना लाभप्रद होता है। मिट्टी के बर्तन छिद्रदार होने के कारण नमी एवं उष्णता को बड़ी सरलता से संचित करते हैं, जिससे खाना समान रुप

से धीरे–धीरे पकता है तथा काफी स्वादिष्ट होता है। मिट्टी के बर्तन हेतु प्रयोग किये जाने वाले मिट्टी की प्रकृति क्षारीय होने के कारण यह खाद्य पदार्थो के पी0एच0 मान को उदासीन करने में सहायक होता है। मिट्टी के बर्तन को साफ करने के लिए साबुन का प्रयोग कतई न करें। ऐसा करने से साबुन के अंश मिट्टी द्वारा सोख लिया जाता है जो आगे भोजन बनाने के लिए प्रयोग में लाने से बर्तन विषैले हो सकते हैं। मिट्टी के बर्तनों को केवल पानी में भिंगोकर हल्के हाथ से धोकर इन्हें साफ किया जा सकता है।

गुजरात के मनसुख भाई प्रजापति की कम्पनी 'मिट्टी कूल' ने मिट्टी के तरह–तरह के बर्तन बना कर पूरे विश्व में कीर्तिमान स्थापित कर दिया है। आज रसोई घर में प्रयोग आने वाले हर प्रकार के बर्तन मिट्टी कूल कम्पनी से मँगाये जा सकते हैं। इनमें मिट्टी के थाली गिलास से लेकर कुकर, वाटर प्यूरिफायर तक शामिल हैं। यहाँ तक की गर्मी के मौसम में पानी ठण्ढ़ा रखने के लिए वाटर कूलर तथा खाद्य पदार्थ इत्यादि को खराब होने से बचाने के लिए मिट्टी के फ्रिज भी बाजार में उपलब्ध हैं (चित्र 6.2)। आप भी निम्न पता पर सम्पर्क कर सकते हैं–

मिट्टी कूल क्ले क्रिएशन,

रामकृष्णा नगर, पंचसार रोड़, वानकानेर–363621(गुजरात)

फोन न0 02828–221156

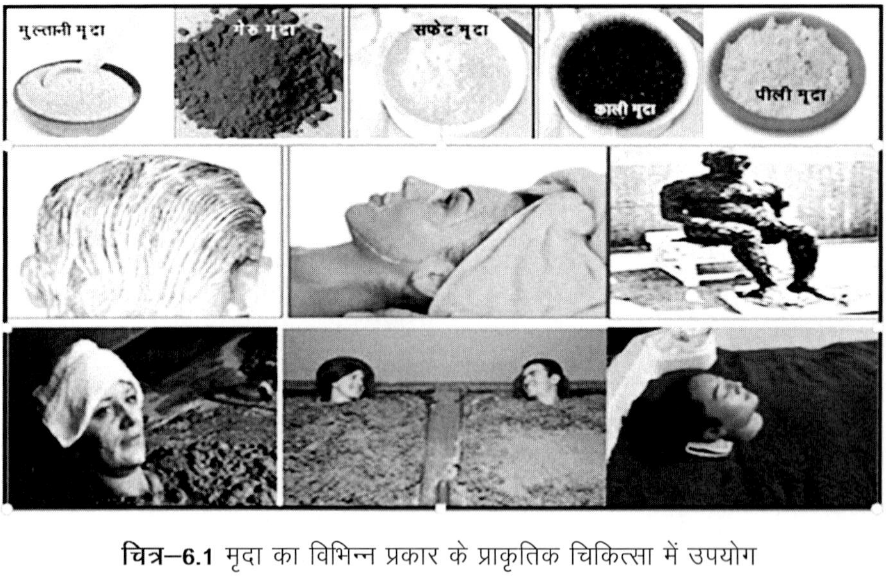

चित्र–6.1 मृदा का विभिन्न प्रकार के प्राकृतिक चिकित्सा में उपयोग

चित्र–6.2 रसोई घर में उपयोग में आने वाली मृदा से बनी सामग्री

□□□

अध्याय 7

उर्वरक एवं फसलोत्पादन

उर्वरक फसलोत्पादन के लिए महत्त्वपूर्ण आधारभूत आदान होते हैं। उर्वरकों का संतुलित मात्रा में मृदा में प्रयोग करने से मृदा उर्वरता में सुधार होता है फलस्वरुप पौधों को आवश्यक पोषक तत्त्व समुचित मात्रा में उपलब्ध रहते हैं। उर्वरकों का संतुलित मात्रा में प्रयोग करने से मृदा उर्वरता के साथ–साथ पर्यावरण एवं पारिस्थितिक तंत्र के संरक्षण में भी सहायता मिलती है। वर्तमान में बढ़ती हुई वैश्विक जनसंख्या को भोजन तथा खाद्य सुरक्षा सुनिश्चित करना उर्वरकों के संतुलित प्रयोग के बिना संभव नहीं है। उर्वरक प्रयोग किये वगैर हम वर्तमान उत्पादन का सिर्फ आधा उपज ही प्राप्त कर पायेगें तथा हमें अपनी खाद्य आवश्यकता को पूरा करने के लिए जंगलों के अर्न्तगत आने वाली भूमि को भी खेती में उपयोग करना होगा। वैश्विक स्तर पर वर्ष 2013 में फसलोत्पादन के लिए 180.6 मिलियन टन पोषक तत्त्वों का उपयोग किया गया जिसमें से क्रमशः 70.2 प्रतिशत तथा 29.8 प्रतिशत विकासशील एवं विकसित देशों द्वारा उपयोग किया गया। चीन एवं भारत विश्व के सबसे अधिक जनसंख्या वाले देश हैं जो संयुक्त रुप से 42.8 प्रतिशत उर्वरकों द्वारा आपूर्ति किये गये पोषक तत्त्वों का उपयोग करते हैं।

भारत में 1950–51 के दौरान प्रति हेक्टेयर रसायनिक उर्वरकों का प्रयोग मात्र 0.55 किलोग्राम/हे0 था। जो बढ़कर 1992–93, 2003–04, 2014–15 तथा 2015–16 में क्रमशः 67.0, 89.8 131.6 तथा 138.9 किलोग्राम/हे0 तक पहुँच गया है। वर्ष 2015–16 के दौरान कुल $N + P_2O_5 + K_2O$ का सबसे अधिक खपत करने वाले राज्य में पहला स्थान पुडुचेरी का है जहाँ 439.6 किलोग्राम प्रति हेक्टेयर उर्वरकों का खपत हुआ। इसके बाद हरियाणा (228.9 किग्रा./हे.), तमिलनाडु (222.8 किग्रा./हे.) तथा तेलंगाना (220.9 किग्रा./हे.) का स्थान आता हैं (तालिका 7.1)। वही रसायनिक उर्वरकों का प्रयोग नहीं करने वाले राज्यों में अरुणाचल प्रदेश, सिक्किम, चण्ड़ीगढ़ तथा लक्ष्यद्वीप का नाम आता है।

तालिका 7.1 भारतवर्ष में वर्ष 2014–15 एवं 2015–2016 के दौरान उर्वरकों का खपत (किग्रा0/हे0)

मण्ड़ल/राज्य	2014–15				2015–16 (अस्थायी)			
	नत्रजन (N)	फॉस्फोरस (P_2O_5)	पोटाश (K_2O)	कुल खपत	नत्रजन (N)	फॉस्फोरस (P_2O_5)	पोटाश (K_2O)	कुल खपत
पूर्वी	**77.0**	**27.3**	**19.1**	**123.4**	**89.4**	**32.7**	**17.8**	**139.9**
अरुणांचल प्रदेश	–	–	–	–	–	–	–	–
असम	37.2	12.0	19.1	68.2	40.3	8.0	9.5	57.8
बिहार	128.6	30.2	14.3	173.1	160.7	43.8	13.6	218.2
झारखड़	55.4	11.8	2.0	69.2	65.7	16.5	2.0	84.2
मणिपुर	35.7	7.0	6.3	48.9	33.3	9.0	5.6	47.9
मेघालय	4.1	1.1	0.9	6.1	6.8	2.5	0.5	9.8
मिजोरम	22.2	0.8	2.3	25.4	13.9	2.6	3.6	20.1
नागालैण्ड़	2.7	1.6	1.0	5.3	2.4	1.7	1.0	5.1
उड़ीसा	62.0	24.9	11.7	98.5	64.5	26.4	11.6	102.5
सिक्किम	–	–	–	–	–	–	–	–
त्रिपुरा	23.3	18.0	10.7	52.0	30.6	13.3	9.0	53.0
पश्चिम बंगाल	78.2	40.4	33.0	151.6	86.6	46.6	33.7	166.9
उत्तरी	**133.3**	**36.0**	**6.8**	**176.1**	**139.2**	**45.6**	**7.0**	**191.7**
हरियाणा	158.9	39.8	5.7	204.4	171.8	53.0	4.1	228.9
हिमांचल प्रदेश	37.0	9.0	10.0	56.0	38.3	11.3	11.2	60.8
जम्मू व कश्मीर	56.0	25.7	13.0	94.7	70.7	24.2	10.3	105.2
पंजाब	171.8	41.7	4.8	218.3	180.2	32.2	5.0	217.4
उत्तर प्रदेश	122.7	35.4	7.3	165.4	125.8	51.1	8.0	184.9
उत्तराखंण्ड़	122.2	22.8	6.5	151.6	133.0	21.8	6.5	161.2

चड़ीगढ़	—	—	—	—	—	—	—	—
दिल्ली	174.9		—	174.9	100.0	17.8	—	117.8
दक्षिणी	**109.1**	**44.6**	**26.7**	**180.4**	**107.6**	**48.9**	**24.0**	**180.5**
आन्ध्र प्रदेश	129.2	53.2	26.2	208.6	122.7	58.8	22.3	203.7
तेलंगाना	.6	[illegible]	15.5	221.6	147.3	56.1	17.5	220.9
कर्नाटक	85.3	42.4	28.3	155.9	83.6	45.2	22.7	151.5
केरल	40.3	16.6	23.9	80.8	35.0	13.0	21.1	69.2
त नाडु	117.0	43.4	37.0	197.4	132.9	51.8	38.1	222.8
पुडुचेरी	306.5	66.5	[illegible]	445.0	321.9	62.3	55.4	439.6
अण्डमान व निकोबार द्वीपससमूह	19.6	15.6	10.4	45.6	20.8	35.2	11.2	67.2
लक्ष्यद्वीप	—	—	—	—	—	—	—	—
पश्चिमी	**59.5**	**25.5**	**8.8**	**93.8**	**60.3**	**28.3**	**7.9**	**96.6**
गुजरात	96.6	27.9	9.1	133.7	87.5	24.5	8.0	120.1
मध्य प्रदेश	48.4	26.2	3.1	77.7	51.8	29.2	4.1	85.1
छतीस	.6	30.8	10.0	106.4	79.5	35.9	8.9	124.3
महाराष्ट्र	70.4	34.8	23.4	128.7	66.	38.5	19.7	124.6
राजस्थान	39.8	13.8	0.6	54.2	44.6	18.5	0.5	63.6
गोवा	15	7.0	5.3	27.7	14.5	8.9	6.3	29.6
दमन व द्वीउ	34.8	7.0	—	41.8	27.5	2.5	2.5	32.5
दादर व नगर हवेली	26.7	18.3	—	45.0	11.7	4.6	—	16.3
सम्पूर्ण भारत	**87.2**	**31.4**	**13.0**	**131.6**	**5**	**36.4**	**12.**	**138.9**

स्त्रोतः फर्टिलाइजर एवं एग्रीकल्चर स्टैटिस्टिक्स (2014–15) एफ0 ए0 आई0, नई दिल्ली।

उर्वरक की परिभाषा

उर्वरक कारखानों में उत्पादित कार्बनिक या अकार्बनिक पदार्थ होते हैं जिनमें एक निश्चित मात्रा में एक या एक से अधिक पोषक तत्त्व रसायनिक यौगिकों के रुप में विद्यमान रहते हैं तथा इन्हें खादों की अपेक्षा कम मात्रा में प्रयोग करने से हीं पौधों को आवश्यक पोषक तत्त्व उचित मात्रा में त्वरित गति से उपलब्ध होते हैं।

उर्वरकों का वर्गीकरण

विभिन्न प्रकार के उर्वरकों का वर्गीकरण चित्र 7.1 द्वारा फ्लो चार्ट के रुप मे दिया गया है।

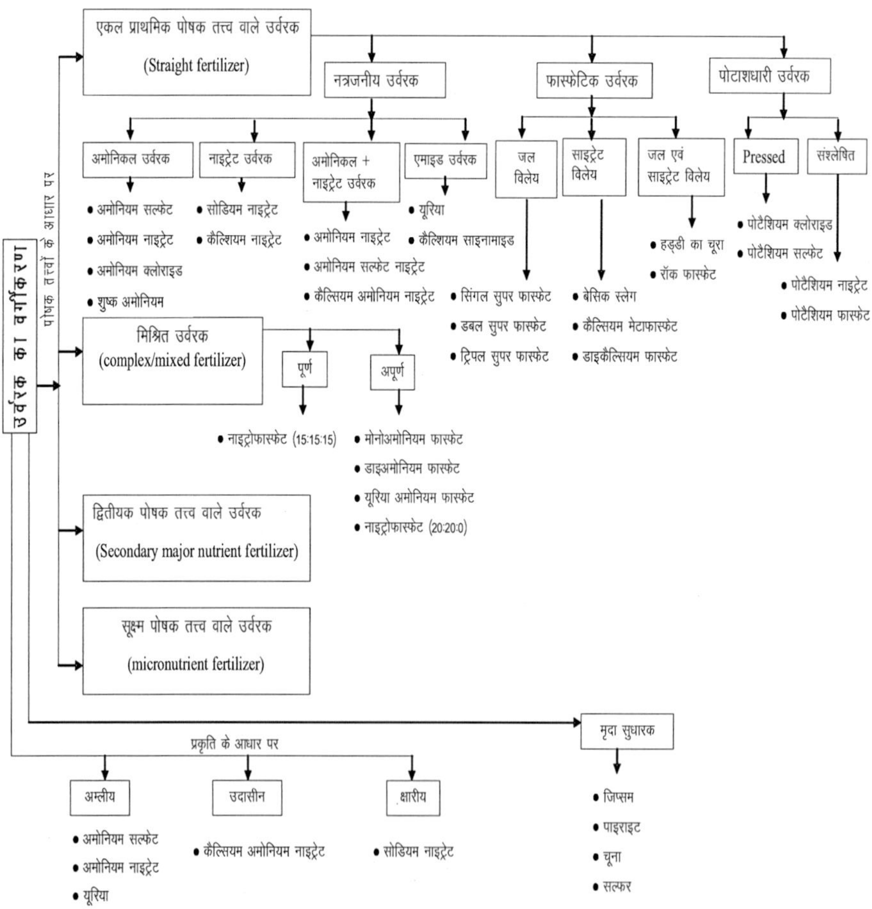

चित्र: 7.1 उर्वरकों का वर्गीकरण

(क) प्राथमिक पोषक तत्व वाले उर्वरक

(i) नत्रजनीय उर्वरक

वे सभी उर्वरक जिनमें नत्रजन विद्यमान रहता है, नत्रजनीय उर्वरक कहलाते हैं। नत्रजनीय उर्वरकों को विभिन्न रसायनिक क्रियाओं की सहायता से कारखानों में संश्लेषित किया जाता है।

मृदा में नत्रजनीय उर्वरकों का प्रबंधन

मृदा में प्रयोग किये गये नत्रजनीय उर्वरकों का सिर्फ 30–50 प्रतिशत ही पौधों द्वारा उपयोग किया जाता है तथा शेष भाग मृदा से विभिन्न माध्यमों जैसे निच्छालन (leaching), गैसों के रुप में (volatilization), डीनाइट्रीफिकेशन (denitrification), मृदा अपरदन (soil erosion), खरपतवार (weed) इत्यादि द्वारा नष्ट कर दिया जाता है। इसप्रकार प्रयोग किये गये नत्रजनीय उर्वरकों का 50 प्रतिशत भाग का नष्ट होना, आर्थिक एवं पर्यावरण के दृष्टिकोण से ठीक नहीं है। अतः नत्रजनीय उर्वरकों के प्रबंधन पर विशेष ध्यान देने की आवश्यकता है। नत्रजनीय उर्वरकों के प्रबंधन के लिए प्रयुक्त कुछ उपायों का तालिका–7.2 में वर्णन किया गया है।

तालिका–7.2 नत्रजनीय उर्वरकों का प्रबंधन

नत्रजन के नुकसान की प्रक्रिया	विवरण	प्रबंधन
वाष्पीकरण	• वाष्पीकरण द्वारा नत्रजन का सबसे अधिक नुकसान कैल्केरियस मृदाओं में होता है फिर क्षारीय, उदासीन एवं अम्लीय मृदाओं का स्थान आता है। • उर्वरकों से वाष्पीकरण द्वारा होने वाला नत्रजन के नुकसान का क्रम–अमोनियम सल्फेट > अमोनियम क्लोराइड > अमोनियम नाइट्रेट है। • यूरिया का प्रयोग उष्ण एवं नमी की दशा में क्षारीय एवं कैल्केरियस मृदाओं में करने से भी वाष्पीकरण द्वारा नत्रजन नुकसान एक सप्ताह के ही अन्दर हो जाता है। • वाष्पीकरण द्वारा होने वाले नत्रजन के कुल नुकसान का 50 प्रतिशत उर्वरक प्रयोग करने के 24 घण्टे के अन्दर ही हो जाता है।	• यूरिया का खेत में प्रयोग करने के बाद जुताई या हल्की सिंचाई करके इसे मृदा में मिला देना चाहिए। यूरिया को भी मृदा सतह पर नहीं छोड़ना चाहिए। • बड़े कणाकार वाले मृदाओं (बलुई एवं बलुई दोमट) में यूरिया का प्रयोग करने के बाद हल्की सिंचाई करना अनिवार्य होता है ताकि यूरिया सिंचाई जल के साथ रिस कर मृदा में पहुँच जाय। • उदासीन एवं अम्लीय मृदाओं में अमोनिकल उर्वरकों जैसे अमोनियम सल्फेट या अमोनियम नाइट्रेट का प्रयोग मृदा सतह पर किया जाता है परन्तु यूरिया के प्रयोग करने के पश्चात् इसे मृदा में अच्छी तरह मिला देनी चाहिए। • उच्च क्षारीय एवं उच्च कैल्केरियस मृदाओं में यूरिया डालने के पश्चात् इसे मृदा में अच्छी तरह मिला देना चाहिए। • नीमलेपित यूरिया के प्रयोग करने से नत्रजन के नुकसान में कमी आती है। • यूरिया का पर्णीय छिड़काव आवश्यकतानुसार करना भी लाभदायक होता है। • यूरिया का प्रयोग कई किस्तों में करना चाहिए।

डीनाइट्रीफिकेशन	• जलमग्न मृदाओं में खासकर डीनाइट्रीफिकेशन की समस्या आती है। इन मृदाओं में नाइट्रेट का डीनाइट्रिफिकेशन होता है जिससे यह नाइट्रस आक्साइड में परिवर्तित होकर वायुमण्ड़ल में चला जाता है। इस प्रक्रिया से 10–40 प्रतिशत तक नत्रजन का नुकसान होता है।	• इस दशा में अमोनियम सल्फेट, यूरिया इत्यादि उर्वरकों का प्रयोग करना लाभप्रद होता है। • नाइट्रेट उर्वरकों का प्रयोग इस दशा में कभी नहीं करना चाहिए। • नीमलेपित यूरिया का प्रयोग करने से भी नत्रजन का इस प्रक्रिया द्वारा नुकसान में कमी आती है। • जलमग्न अवस्था में यूरिया का पर्णीय छिड़काव करना लाभदायक होता है। • यूरिया का प्रयोग कई किस्तों में करना चाहिए।
निच्छालन	• जलमग्न मृदाओं में निच्छालन की सबसे ज्यादा समस्या होती है। इस दशा में यूरिया का हाइड्रोलायसिस होने से पूर्व ही निच्छालन हो जाता है। बड़े कणाकार वाली मृदाओं में बरसात के समय अधिक निच्छालन की समस्या देखने को मिलती है। • नाइट्रोजन का नाइट्रेट के रुप में निच्छालन द्वारा सबसे अधिक नुकसान होता है। • निच्छालन से लगभग 2–50 प्रतिशत प्रयोग किये गये नत्रजन का नुकसान होता है।	• इस दशा में नाइट्रेट उर्वरकों का प्रयोग बिल्कुल नहीं देना चाहिए। • यूरिया एवं अमोनियम सल्फेट का प्रयोग अवकृत क्षेत्र (reduced zone) में करना चाहिए। • नीमलेपित यूरिया का प्रयोग करने से नत्रजन के निछालन में कमी आती है। • यूरिया का पर्णीय छिड़काव करना भी लाभदायक होता है। • यूरिया का प्रयोग कई किस्तों में करने से निच्छालन द्वारा हानि कम होती है।
खरपतवार	• खरपतवार द्वारा अधिक मात्रा में नत्रजन का उपयोग किया जाता है जिससे नत्रजन के लिए पौधे एवं खरपतवारों के बीच प्रतिस्पर्धा बढ़ जाती है। इसके फलस्वरुप फसलोत्पादन में कमी आती है।	• खरपतवारों को खेत से बाहर निकालना अतिआवश्यक होता है। • इन्हें खेत में ही उचित खरपतवारनाशी का प्रयोग करके भी नष्ट किया जा सकता है।

नोटः

1. नत्रजनी उर्वरकों की पूरी मात्रा एक ही बार में न डालकर इन्हें दो या तीन किस्तों में डालना काफी लाभप्रद होता है जिससे पौधों को उनके जरुरत के समय पर्याप्त मात्रा में नत्रजन की उपलब्धता सुनिश्चित हो पाती है तथा नत्रजन का नुकसान कम होता है।
2. अमोनियम सल्फेट या यूरिया का प्रयोग अम्लीय एवं उदासीन भूमि में करने की दशा में 5–6 वर्षो के अन्तर पर चूने का प्रयोग अवश्य करें । चूने की मात्रा का निर्धारण मृदा की अम्लीयता पर निर्भर करता है।

3. बारानी खेती में मृदा सतह पर यूरिया न डालकर कम–से–कम डेढ़ इंच नीचे डालना चाहिए। नीमलेपित यूरिया का प्रयोग होने से नत्रजन के उपयोग क्षमता में वृद्धि होती है।

4. फसलों पर यूरिया का पर्णीय छिड़काव भी किया जाता है। इसके लिए 2–3 प्रतिशत यूरिया का घोल प्रयोग करना चाहिए। यूरिया का पर्णीय छिड़काव पौधों को किसी भी कष्ट (स्ट्रेस) से उबारने के लिए किया जा सकता है। उदाहरण के तौर पर यदि धान या गेहूँ में बाली नहीं निकल पा रही है तो यूरिया का छिड़काव करना चाहिए।

5. यूरिया को चूनारहित नम मृदा के साथ 1:5 के अनुपात में मिलाकर गोली बना कर इसे 24 घण्टे धूप में सूखाने के बाद धान के खेत में जड़ों के पास मिट्टी में दबा देने से नत्रजन पौधों को उपलब्ध हो जाता है। इसप्रकार इसके नुकसान से बचा जा सकता है।

6. धान में अमोनियम सल्फेट, अमोनियम क्लोराइड तथा यूरिया का प्रयोग करना अच्छा होता है। यदि ये उर्वरक उपलब्ध न हो तो अमोनियम सल्फेट नाइट्रेट, अमोनियम नाइट्रेट तथा कैल्सियम नाइट्रेट का प्रयोग करना चाहिए।

7. दलहनी एवं तिलहनी फसलों में अमोनियम सल्फेट का प्रयोग करना लाभकारी होता है क्योंकि इससे इन फसलों की सल्फर की आवश्यकता की पूर्ति भी आसानी से हो जाती है।

8. जूट के फसलों में अमोनिकल उर्वरकों का प्रयोग करना अधिक लाभकारी होता है क्योंकि निच्छालन एवं डीनाइट्रीफिकेशन से नाइट्रेट उर्वरकों का नुकसान अधिक होता है।

9. अम्लीय मृदाओं अथवा कम चूना वाले मृदाओं में अमोनियम सल्फेट, यूरिया, अमोनियम क्लोराइड तथा अमोनियम सल्फेट नाइट्रेट का प्रयोग नहीं करना चाहिए। यदि इन उर्वरकों का प्रयोग करना मजबूरी हो तो साथ में उचित मात्रा में चूना का प्रयोग करें।

10. खड़ी फसलों में यदि नत्रजन की कमी होती है तो नाइट्रेट उर्वरकों जैसे सोडियम नाइट्रेट का छिड़काव करना या फसलों के जड़ों के बगल में प्रयोग करने से नत्रजन की आवश्यकता की पूर्ति त्वरित गति से होती है।

(ii) फास्फेटिक उर्वरक

पौधों को फास्फोरस स्वतः ही प्राकृतिक रुप से मृदा द्वारा उचित मात्रा में प्राप्त नहीं होते हैं। अतः इनकी आपूर्ति खाद एवं उर्वरकों के माध्यम से की जाती है। फास्फेटिक

उर्वरकों में उपस्थित फास्फोरस को पेन्टा आक्साइड (P_2O_5) में व्यक्त किया जाता है जो जल में घुलकर मेटा फास्फोरस अम्ल ($2HPO_3$) में परिवर्तित हो जाता है। प्रमुख फास्फेटिक उर्वरकों के गुणधर्म निम्नलिखित है।

मोनोकैल्सियम फास्फेट

- यह जल में विलेय होने के कारण पौधों को आसानी से उपलब्ध हो जाता है तथा निच्छालन से नष्ट भी नहीं होता है।
- क्षारीय मृदाओं में उगायी जाने वाली सरसों की फसल के लिए यह काफी उपयोगी होता है।
- अम्लीय मृदाओं में इसका प्रयोग नहीं करना चाहिए।

डाइकैल्सियम फास्फेट

- अम्लीय मृदाओं में इसका प्रयोग लाभप्रद होता है लेकिन अधिक चूने वाली मृदाओं में इसका उपयोग कम लाभप्रद होता है।

ट्राइकैल्सियम फास्फेट

- ये उर्वरक अम्लीय व कार्बनिक मृदाओं के लिए अधिक उपयुक्त होते हैं। हरी खाद के साथ इन उर्वरकों का प्रयोग करने पर पौधों को फास्फोरस की प्राप्यता बढ़ जाती है।

सिंगल सुपर फास्फेट

- यह विश्व का पहला संश्लेषित उर्वरक है जिसे 1843 में सर्वप्रथम इंग्लैण्ड़ में बनाया गया था। भारत में इसे 1906 में सर्वप्रथम बनाया गया था तथा देश में इसका प्रयोग कुल फास्फेटिक उर्वरक का 20 प्रतिशत तक है।
- इसमें 16 प्रतिशत फास्फोरस पेंटा आक्साइड, 12 प्रतिशत सल्फर तथा 20 प्रतिशत कैल्सियम पाया जाता है।
- इसे सभी प्रकार के मृदाओं में एवं सभी प्रकार के फसलों में प्रयोग किया जा सकता है लेकिन उदासीन, हल्की क्षारीय मृदाओं तथा तिलहन, दलहन, एवं कपास की फसलों के लिए यह काफी उपयोगी होता है।
- इसके प्रयोग से बीजांकुर नष्ट नहीं होते है। अतः इसका प्रयोग जड़ों के समीप करना चाहिए।

- धान के पौधों की जड़ों को रोपाई से पूर्व एस.एस.पी के घोल में डूबाकर रोपाई करने से जडों का विकास तेजी से होता है।
- खेत में प्रयोग करने के समय इसे यूरिया, कैल्सियम अमोनियम नाइट्रेट, म्यूरेट ऑफ पोटाश इत्यादि के साथ मिलाया जा सकता है लेकिन चूना, बेसिक स्लेग, रॉक फास्फेट आदि के साथ इसे नहीं मिलाना चाहिए।

सिंगल सुपर फास्फेट को कुछ सूक्ष्मपोषक तत्त्वों के साथ मिलाकर इसे संवर्धित किया गया है जो निम्न है–

1. **बोरोनेटेड सिंगल सुपर फास्फेटः** इस सिंगल सुपर फास्फेट में 16 प्रतिशत फास्फेट (P_2O_5) के साथ 0.18 प्रतिशत बोरान मिलाकर सवर्धित किया गया है।
2. **जिंकेटेड सिंगल सुपर फास्फेटः** इस सिंगल सुपर फास्फेट में 16 प्रतिशत फास्फेट (P_2O_5) के साथ 2.5 प्रतिशत जिंक वाले जिंक सल्फेट को मिलाकर संवर्धित किया गया है। यह क्षारीय मृदाओं के लिए वरदान है जिसमें फास्फोरस एवं जिंक की कमी पायी जाती है।

ट्रिपल सुपर फास्फेट

इसमें 45–50 प्रतिशत मोनोकैल्सियम या जल विलेय फास्फेट तथा 17–20 प्रतिशत चूना होता है।

हड्डियों का चूरा

हड्डियों में 4 प्रतिशत तक नत्रजन तथा 25 प्रतिशत तक फास्फोरस की मात्रा होती है। अतः यह फास्फोरस के स्त्रोत के रुप में फसलों में प्रयोग किया जा सकता है। चूँकि इसमें कार्बनिक रुप में नत्रजन पाया जाता है। अतः यह धीरे–धीरे पौधों को उपलब्ध होता है। इसमें उपलब्ध फास्फोरस सभी प्रकार के फसलों तथा मृदाओं के लिए उपयोगी होता है। इसे गोबर की खाद के साथ प्रयोग करने पर अच्छा परिणाम देखने को मिलता है।

बेसिक स्लेग

- इसे थोमस फास्फेट भी कहते है। इसे कच्चे लोहे से पृथक कर प्राप्त किया जाता है। इसमें फास्फोरस, कैल्सियम, सिलिकान, सल्फर आदि तत्त्व पाये जाते है।
- सामान्यतया इसमें 10–20 प्रतिशत पेन्टा आक्साइड फास्फोरस पाया जाता है परन्तु भारत में पाये जाने वाले बेसिक स्लेग में 2–5 प्रतिशत पेन्टा आक्साइड फास्फोरस पाया जाता हैं।

- इसे मृदा में मिलाने से पोषक तत्त्व शीघ्रता से पौधों को प्राप्त हो जाते हैं।
- इसमें चूने की मात्रा अधिक होने के कारण अम्लीय मृदाओं में प्रयोग हेतु यह काफी उपयोगी होता है।
- इसका प्रयोग बीज बोने से पूर्व मिट्टी में अच्छी तरह मिलाकर किया जाता है।

रॉक फास्फेट

- इसमें फास्फोरस के अतिरिक्त कैल्सियम, मैग्नीशियम, लोहा आदि तत्त्व पाये जाते हैं।
- रॉक फास्फेट का प्रयोग पाउडर के रुप में अम्लीय मृदाओं (पी.एच. मान 3.5 से 6.5) में या लम्बी अवधि की फसलों के लिए लाभकारी होता है।
- महीन रॉक फास्फेट के पाउडर को मृदा में बुवाई के एक महीना पूर्व प्रयोग करना चाहिए। इसे मृदा में गोबर की खाद, कम्पोस्ट, हरी खाद इत्यादि के साथ मिलाकर प्रयोग किया जा सकता है।
- इसका प्रयोग अम्लीय मृदाओं में सीधे तथा क्षारीय मृदाओं में ताजा गोबर व पी.एस. बी. के साथ 40 दिन रखने के उपरान्त करने पर लाभकारी पाया गया है।
- यह दलहनी फसलों के लिए काफी उपयोगी होता है। इसे कपास, गन्ना तथा मूँगफली में भी प्रयोग किया जा सकता है।

डाइअमोनियम फास्फेट (डी0ए0पी0)

- यह सबसे महत्त्वपूर्ण फास्फेटिक उर्वरक है। इसमें 46 प्रतिशत फास्फेट तथा 18 प्रतिशत नाइट्रोजन होता है जो पौधों को शीघ्र उपलब्ध हो जाते हैं।
- डी.ए.पी. का प्रयोग जल्दी पकने वाली फसलों तथा उदासीन एवं क्षारीय भूमि में अधिक उपयोगी मानी जाती है। डी.ए.पी. का प्रयोग बीजों के साथ मिलाकर भी बुआई की जा सकती है। इसे चूना, बेसिक स्लेग, रॉक फास्फेट आदि के साथ नहीं मिलाना चाहिए।
- इसे हल्की एवं भारी दोनों प्रकार की मृदाओं में प्रयोग किया जा सकता है।
- इसे फसलों के बुवाई या रोपाई के समय प्रयोग किया जाना लाभकारी होता है।

फास्फेटिक उर्वरकों के संबंध में कुछ महत्त्वपूर्ण जानकारियाँ

1. फास्फेटिक उर्वरकों की पूर्ण मात्रा एक साथ ही खेत में बुआई के समय देनी चाहिए।

2. उर्वरकों का प्रयोग बीज की पंक्ति से डेढ़ इंच अलग पट्टी के रुप में करना अधिक लाभदायक होता है। दानेदार फास्फेटिक उर्वरक काफी प्रभावी होते हैं। अम्लीय, चूनायुक्त, लवणीय एवं क्षारीय मृदाओं में फास्फेटिक उर्वरकों का प्रयोग करना काफी लाभदायक होता है। जहाँ तक सम्भव हो उर्वरक का बीज से सम्पर्क न हो।
3. अगर फास्फोरस का प्रयोग धान–गेहूँ फसल–चक्र में करना हो तो इसको गेहूँ की फसल में डालना अधिक लाभदायक होता है अर्थात् गेहूँ में फास्फोरस का प्रयोग करने पर धान में इसका प्रयोग नहीं भी किया जा सकता है।
4. विभिन्न फास्फेटिक उर्वरकों का धान एवं गेहूँ के फसलों के ऊपर प्रभाव निम्नलिखित क्रम में पाया गया है–

   इफको खाद (12:32:16) > सिंगल सुपर फास्फेट > ट्रिपल सुपर फास्फेट (त्रिवेणी खाद) > डाइ अमोनियम फास्फेट
5. चूनायुक्त मृदा में घुलनशील फास्फेटिक उर्वरक का प्रभाव धान पर घुलनशील फास्फेटिक उर्वरक की अपेक्षा अच्छा पाया गया है। उर्वरक का धान के ऊपर प्रभाव फास्फेटिक उर्वरकों की घुलनशीलता एवं उनके दानों के आकार पर निर्भर करता है।

(iii) पोटाशधारी उर्वरक

भारत में पोटाश उर्वरकों का आयात यूरोपियन देशों से होता है। पोटाश की आवश्यकता फसलों के लिए पूरे जीवन काल तक होती है। अतः बुआई, सक्रिय बढ़वार, फूल आते समय, बाली निकलते समय इसकी कमी मृदा में नहीं होनी चाहिए। कुछ प्रमुख पोटाशधारी उर्वरकों को तालिका–7.3 में दिया गया।

तालिका–7.3 पोटैशिक उर्वरकों का गुणधर्म एवं फसलों में प्रयोग हेतु व्यवहारिक सुझाव

उर्वरक	गुणधर्म	प्रयोग हेतु व्यवहारिक सुझाव
म्यूरेट ऑफ पोटाश (KCl)	• यह सफेद से लेकर लाल रवेदार तथा जल विलेय होता है। • यह उदासीन पी.एच. मान का होता है तथा इसमें 60 प्रतिशत K_2O होता है। • इसमें उपस्थित पोटैशियम आयान मृदा कोलायड पर अधिशोषित हो जाता है जिससे इसका नुकसान निच्छालन से नहीं होता है। • मृदा में अभिक्रिया $KCl \longrightarrow K^+ + Cl^-$	• इसे सभी प्रकार की मृदाओं में सभी प्रकार के फसलों में प्रयोग किया जा सकता है। परन्तु अम्लीय मृदाओं में उगायी जाने वाली फसलों के लिए यह काफी उपयोगी होता है। • इस उर्वरक को बुवाई से पूर्व या बुवाई के समय प्रयोग किया जा सकता है। • इसका प्रयोग कपास, गन्ना आदि फसलों में अधिक उपयोगी होता है। इसे धान, मक्का, आलू, टमाटर, तम्बाकू या चुकन्दर की फसलों में प्रयोग नहीं करना चाहिए क्योंकि इसमें उपस्थित क्लोरीन इन फसलों के लिए हानिकारक होता है। • क्षारीय मृदाओं में इससे प्रयोग करने पर क्लोरीन की मात्रा में वृद्धि होने से ये आयन फसलों के लिए विषाक्त हो सकते है। • क्षारीय मृदाओं में इन उर्वरकों का प्रयोग जैविक खाद के साथ करना चाहिए। • इस उर्वरक को अधिकांश उर्वरकों के साथ मिलाया जा सकता है लेकिन यूरिया और कैल्सियम अमोनियम नाइट्रेट के साथ इसके मिश्रण का भण्ड़ारण नहीं करना चाहिए।
पोटैशियम सल्फेट (K_2SO_4)	• इसमें 54 प्रतिशत तक पोटाश एवं 18 प्रतिशत सल्फर पाया जाता है। • इसमें पोटाश K_2O के रुप में होता है। • मृदा में अभिक्रिया $K_2SO_4 \longrightarrow 2K^+ + SO_4^=$	• यह हल्की एवं मध्यम मृदाओं के लिए अधिक उपयोगी होता है। • यह उदासीन एवं क्षारीय मृदाओं में उगाये जाने वाले फसलों के लिए काफी उपयुक्त होता है। • यह अधिक सल्फर चाहने वाली फसलों जैसे तम्बाकू, गाजर, आलू, प्याज, मिर्च, सरसो तथा दलहनी फसलों के लिए बहुत उत्तम होता है। • जिन पौधों में फल नहीं लगते है या कम लगते है, उन पौधों में इस उर्वरक के प्रयोग से फलत में वृद्धि होती है। साथ ही इससे फलों के रस में वृद्धि होती है। • इस उर्वरक को बुवाई से पूर्व या बुवाई के समय प्रयोग किया जा सकता है। • इस उर्वरक को अधिकांश उर्वरकों के साथ मिलाया जा सकता है लेकिन यूरिया और कैल्सियम अमोनियम नाइट्रेट के साथ इसके मिश्रण का भण्ड़ारण नहीं करना चाहिए।

पोटैशियम नाइट्रेट (KNO_3)	• यह सफेद रवेदार तथा जल में विलेय होता है। • इसमें 44 प्रतिशत पोटाश तथा 13 प्रतिशत नाइट्रोजन की मात्रा पायी जाती है। • मृदा में अभिक्रिया $KNO_3 \longrightarrow K^+ + NO_3^-$	• पोटैशियम नाइट्रेट के प्रयोग से पोटैशियम एवं नाइट्रेट आयन मृदा में अलग हो जाते है जिसे पौधों ग्रहण कर लेते है या ये मृदा से नष्ट हो जाते है। • अम्लीय मृदाओं में इसे प्रयोग करने से यह पहले मृदा को उदासीन करता है तथा बाद में क्षारीयता उत्पन्न करता है।

(ख) द्वितीयक पोषक तत्त्वधारी उर्वरक

इस वर्ग के उर्वरकों में सल्फर धारी उर्वरकों का विशेष महत्व है। कैल्सियम एवं मैगनीशियम युक्त उर्वरकों का प्रयोग केवल अम्लीय मृदाओं में होता है। विभिन्न उर्वरकों में पोषक तत्व की प्रतिशत मात्रा तथा इनके प्रयोग हेतु कुछ व्यवहारिक सुझाव तालिका 7.4 में दिया गया है।

तालिका–7.4 द्वितीयक पोषक तत्त्वधारी उर्वरक एवं फसलों में प्रयोग हेतु व्यवहारिक सुझाव

पोशक तत्त्व	संबंधित उर्वरक	पोशक तत्त्व (प्रतिशत)	प्रयोग हेतु व्यवहारिक सुझाव
कैल्सियम	कैल्सियम नाइट्रेट	19.5	• अम्लीय मृदाओं में कैल्सियम की कमी होने पर चूना, रॉक फॉस्फेट आदि का प्रयोग किया जाता है। इन मृदाओं में कैल्सियम के प्रयोग से फॉस्फोरस की उपलब्धता में वृद्धि होती है। • क्षारीय मृदाओं में कैल्सियम की कमी होने पर जिप्सम, सुपरफास्फेट, कैल्सियम अमोनियम नाइट्रेट आदि का प्रयोग किया जाता है। • झारखण्ड की अम्लीय मृदाओं में अरहर, मसूर, मटर, चना इत्यादि की फसल लेने के लिए 300–400 किग्रा . चूना/हे. की दर से कुंड में प्रयोग करने की संस्तुति की गई है।
	कैल्सियम अमोनियम नाइट्रेट	8.1	
	कैल्सियम सायनामाइड	39.1	
	जिप्सम	16–19	
	सिंगल सुपर फार्स्फेट	19.5	
	ट्रिपल सुपर फॉस्फेट	14.3	
	डाइकैल्सियम फॉस्फेट	22.9	
	बेसिक स्लेग	23.9	
	अनबुझा चूना	70	
	बुझा चूना	50	
	रॉक फास्फेट	20	
	प्रेसमड	11	
मैग्नीशियम	डोलोमाइट	11	• मृदा में इप्सोम सॉल्ट या मैग्नीसियम सल्फेट का प्रयोग करना लाभकारी होता है। कुछ फसलों के लिए इसकी संस्तुति निम्न है– **फसल** — **इप्सोम सॉल्ट (किग्रा./हे.)** आलू — 60–100 शकरकंद — 200 मूली — 220–280 सोयाबीन — 220 सूरजमुखी — 100 टमाटर — 60–200 अनन्नास — 400 सेव — 400 • डोलोमाइट (2.5–3.0 टन/हे.) का प्रयोग भी मृदा में किया जा सकता है। • इप्सोम सॉल्ट या मैग्नीसियम सल्फेट का प्रयोग पर्णीय छिड़काव (1–2% घोल) के लिए भी किया जाता हैं। परन्तु मैग्नीशियम नाइट्रेट एवं मैग्नीशियम क्लोराइड का पर्णीय छिड़काव इप्सोम सॉल्ट की तुलना में काफी लाभदायक होता है।
	मैग्नेसाइट	27.2	
	मैग्नेशिया	55	
	पोटैशियम मैग्नेशियम सल्फेट	11.1	
	इप्सोम सॉल्ट या मैग्नीसियम सल्फेट	9.7	
	मैग्नीशियम नाइट्रेट	16	
	मैग्नीशियम क्लोराइड	11.8	

<table>
<tr><td rowspan="12">सल्फर</td><td>अमोनियम सल्फेट</td><td>24.4</td><td rowspan="12">

• विभिन्न फसलों द्वारा प्रति हे . मृदा से ग्रहण की जाने वाली सल्फर की मात्रा निम्न है–

<table>
<tr><th>फसल</th><th>सल्फर (किग्रा./हे.)</th></tr>
<tr><td>तिलहन, अल्फा–अल्फा</td><td>70</td></tr>
<tr><td>गन्ना, कॉफी, नारियल</td><td>50 से कम</td></tr>
<tr><td>धान्य फसले एवं चारे की फसलें</td><td>20–30</td></tr>
</table>

• विभिन्न फसलों में सल्फर की प्रयोग की जाने वाली मात्रा

<table>
<tr><th>फसल</th><th>सल्फर (किग्रा./हे.)</th></tr>
<tr><td>धान्य (धान, गेहूँ, मक्का, बाजरा)</td><td>25–40</td></tr>
<tr><td>दलहन (चना, मटर, मूँग, उर्द मसूर, अरहर)</td><td>20–40</td></tr>
<tr><td>तिलहन (सरसों, तोरिया, सूरजमुखी, मूँगफली)</td><td>30–80</td></tr>
<tr><td>कन्द (आलू)</td><td>25–60</td></tr>
<tr><td>चारे की फसल (ज्वार, बाजरा, बरसीम)</td><td>50–100</td></tr>
</table>

• यदि किसी कारण से मृदा में सल्फर का प्रयोग बुवाई के समय किसान भाई नही कर पाते है तो एक बोरी यूरिया (50 किग्रा) में 4 किलोग्राम बेटेबल सल्फर पाउडर मिलाकर प्रति हेक्टेयर की दर से फसल में प्रयोग करना चाहिए।

</td></tr>
<tr><td>अमोनियम सल्फेट नाइट्रेट</td><td>12.1</td></tr>
<tr><td>जिप्सम (100% शुद्धता वाला)</td><td>18.6</td></tr>
<tr><td>फेरस सल्फेट</td><td>18.8</td></tr>
<tr><td>कॉपर सल्फेट</td><td>12.8</td></tr>
<tr><td>जिंक सल्फेट</td><td>17.8</td></tr>
<tr><td>सुपर फास्फेट</td><td>13–14</td></tr>
<tr><td>पोटैशियम सल्फेट</td><td>17.8</td></tr>
<tr><td>पायराइट (100% शुद्धता वाला)</td><td>52.5</td></tr>
<tr><td>पायराइट (व्यवसायिक ग्रेड)</td><td>22</td></tr>
<tr><td>सल्फर (100% शुद्धता वाला)</td><td>100</td></tr>
<tr><td>बेसिक स्लेग</td><td>3</td></tr>
</table>

(ग) सूक्ष्म पोषक तत्त्वधारी उर्वरक

इस वर्ग के उर्वरकों में जिंक एवं बोरान का विशेष महत्व है क्योंकि भारतवर्ष की लगभग 41 प्रतिशत मृदा में जिंक तथा 33 प्रतिशत मृदाओं में बोरान की कमी है। मालिब्डेनम युक्त उर्वरकों का प्रयोग अम्लीय मृदाओं में आवश्यक होता है। इन उर्वरकों में पोषक तत्वों की प्रतिशत मात्रा तथा इनके प्रयोग हेतु कुछ ब्योहारिक सुझााव तालिका 7.5 में दिए गये हैं।

तालिका–7.5 सूक्ष्मपोषक तत्त्वधारी उर्वरक एवं फसलों में प्रयोग हेतु व्यवहारिक सुझाव

पोषक तत्त्व	संबंधित उर्वरक	पोषक तत्त्व (%)	प्रयोग हेतु ब्योहारिक सुझाव
जिंक (Zn)	जिंक सल्फेट मोनोहाइड्रेड	33	• जिंक सल्फेट हेप्टाहाइड्रेड (21 प्रतिशत जिंक) का प्रयोग मृदा में 20–25 किलोग्राम/हे0 की दर से तथा जिंक सल्फेट मोनोहाइड्रेड (33 प्रतिशत जिंक) का प्रयोग 16 किलोग्राम/हे0 की दर खेत की तैयारी के समय ही करना चाहिए। एक बार इनका प्रयोग करने के बाद सामान्यतया तीसरे साल पुनः प्रयोग करने की संस्तुति है। • खड़ी फसल में जिंक की कमी दिखाई देने पर 0.5 प्रतिशत जिंक सल्फेट (हेप्टाहाइड्रेड) तथा 0.25 प्रतिशत चूने का घोल को आपस में मिलाकर 10 दिन के अन्तराल पर 2–3 बार पौधो पर पर्णीय छिड़काव करना चाहिए। • जिंक आक्साइड का प्रयोग बीज शोधन के लिए किया जा सकता है। इसके लिए जिंक आक्साइड का 2–4 प्रतिशत का घोल बनाते है तथा इसमें बीजों को डुबाने के बाद छाये में सुखाकर बुआई हेतु प्रयोग करते है। • खरीफ के फसलों में जिंक का प्रयोग रबी की फसलों के तुलना में अधिक लाभकारी होता है। • धान के बीजड़ों को 2 प्रतिशत जिंक आक्साइड के घोल में डुबो कर रोपाई करने से भी जिंक का फसल पर अच्छा प्रभाव पड़ता है।
	जिंक सल्फेट हेप्टाहाइड्रेड	21	
	जिंक आक्साइड	78	
	जिंक चिलेट	14	
	जिंक फॉस्फेट	51	
बोरान (B)	बोरेक्स	11	• बोरेक्स का मृदा में प्रयोग हेतु 5–10 किग्रा./हे. की दर से संस्तुति की जाती है तथा यह पर्णीय छिड़काव के अपेक्षा अधिक प्रभावकारी होता है। • बलुई मृदा में वर्षा ऋतु में बोरेक्स के अपेक्षा बोरोसिलिकेट शीशा का प्रयोग करना अधिक लाभकारी होता है।
	बोरिक अम्ल	17	
	सोडियम पेन्टा बोरेट	18	
	सोडियम ट्रेटा बोरेट	14	
	सालूबोर	21	
	ग्रेन्यूबोर	15	

			• खड़ी फसल में बोरान की कमी दिखाई देने पर बोरिक एसिड का 0.2 प्रतिशत का घोल का फूल आने के समय पर्णीय छिड़काव करना लाभकारी होता है।
आयरन (Fe)	फेरस सल्फेट फेरिक सल्फेट फेरिक आक्साइड आयरन चिलेट आयरन फ्रिट्ज	19 23 69 5–14 22	• फेरस सल्फेट सबसे अधिक प्रयोग किया जाने वाला आयरन उर्वरक है। फेरस सल्फेट का मृदा में प्रयोग हेतु 45–50 किग्रा./हे. की दर से संस्तुति की गई है। • धान की नर्सरी में आयरन की कमी होने पर फेरस सल्फेट का 1 प्रतिशत घोल चूने के 0. 5 प्रतिशत के घोल में मिलाकर 7 दिन के अन्तराल पर 2–3 बार पर्णीय छिड़काव करना लाभकारी होता है। • अम्लीय मृदाओं में आयरन फ्रिट्ज का प्रयोग किया जाता है।
मैंगनीज (Mn)	मैंगनीज सल्फेट मैंगनीज आक्साइड मैंगनीज चिलेट मैंगनीज फ्रिट्ज	26–28 41–68 12 10–25	• मैंगनीज सल्फेट का 10–15 किग्रा./हे. की दर से मृदा में प्रयोग करना चाहिए। मृदा में मैंगनीज सल्फेट का प्रयोग मैंगनीज आक्साइड एवं मैंगनीज फ्रिट्ज के अपेक्षा अधिक प्रभावी होता है। • फसलों पर पर्णीय छिड़काव के लिए 1 प्रतिशत मैंगनीज सल्फेट का घोल 0.5 प्रतिशत चूने के घोल में मिलाकर प्रयोग करना चाहिए। मैंगनीज की कमी की दशा में इस घोल का प्रयोग 3–4 बार करने से काफी लाभ मिलता है।
कॉपर (Cu)	कॉपर सल्फेट क्यूप्रस ऑक्साइड कॉपर चिलेट कॉपर अमोनियम फॉस्फेट	25 89 13 32	• मृदा में 5–10 किग्रा./हे. की दर से कॉपर सल्फेट का प्रयोग, पर्णीय छिड़काव के अपेक्षा अधिक उपयोगी होता है। • पर्णीय छिड़काव के लिए 0.1 प्रतिशत कॉपर सल्फेट का घोल, 0.05 प्रतिशत चूने के घोल में मिलाकर प्रयोग करना चाहिए।
मालिब्डेनम (Mo)	अमोनियम मालिब्डेट सोडियम मालिब्डेट	54 39	• मृदा में प्रयोग करने के लिए 0.4 से 0.5 किग्रा. मालिब्डेनम/हे. कर दर से प्रयोग किया जाता है।

मालिब्डेनम सल्फाइड 60	• इन्हें पर्णीय छिड़काव हेतु भी प्रयोग किया जा सकता है।
मालिब्डेनम ट्राइआक्साइड 66	• मालिब्डेनम से संबंधित उर्वरकों का घोल बीजोपचार हेतु प्रयोग किया जा सकता है।

नोटः सूक्ष्मपोषक तत्त्वधारी अम्लीय उर्वरकों को छिड़काव से पहले चूना मिलाकर उदासीन किया जाता हैं ताकि फसलों पर इनका हानिकारक प्रभाव न पड़े। चूने को एक दिन पूर्व ही पानी में मिलाकर रख देते हैं तथा अगले दिन महीन कपड़े से छान कर ही इसके पानी को उर्वरकों के साथ मिलाना चाहिए। अन्यथा स्प्रे यंत्र जाम हो जायेगा।

द्वितीयक एवं सूक्ष्म पोषक तत्त्वधारी उर्वरकों के संबंध में कुछ महत्त्वपूर्ण जानकारियाँ

1. जिंक सल्फेट का प्रयोग मृदा में संस्तुत मात्रा में एक बार करने के बाद यह चार फसलों के लिए पर्याप्त होता है जबकि बोरान एवं सल्फर का प्रयोग दो फसलों के लिए लाभकारी होता है।
2. यदि धान के खेत में खैरा रोग दिखाई दे तो 100 लीटर पानी में 2 किलोग्राम यूरिया तथा आधा किलोग्राम जिंक सल्फेट मिलाकर छिड़काव करने से लाभ होता है।
3. यदि किसान भाई खेत में फसलों पर बोरान की कमी के लक्षण जैसे सब्जियों में नई निकली हुई पत्तियों का सिकुड़ जाना तथा आसानी से टूट जाना, फूल तथा फलों का झड़ना, फलों का फटना, धान्य फसलें जैसे धान, गेहूँ इत्यादि में पइया (दानों का नहीं बनना) जैसे लक्षण प्रकट हो तो 200 ग्राम बोरेक्स को एक लीटर गर्म पानी में घोलकर इसे 100 लीटर पानी में मिला लें तथा फूल आने के ठीक पहले तथा फल एवं दाने बनने के बाद फसलों पर इसका छिड़काव करें।

उर्वरकों की मात्रा का आँकलन

आवश्यक पोषक तत्त्वों की मात्रा ज्ञात करने के लिए उपलब्ध खादों या उर्वरकों की मात्रा तथा प्रयोग की जाने वाली खाद एवं उर्वरकों की मात्रा तालिका–7.6 की सहायता से ज्ञात कर सकते हैं। उदाहरण के तौर पर यदि किसान भाई 200 किलोग्राम सरसों की खली प्रयोग करना चाहते हैं तथा यह जानना चाहते हैं कि इससे कितना नत्रजन तथा फास्फोरस खेत में गया। तालिका–7.6 के अनुसार सरसों की खली में नत्रजन एवं फास्फोरस के लिए गुणांक क्रमशः 0.048 तथा 0.020 है। इसप्रकार 200 में 0.048 तथा 0. 020 से गुणा करने पर गुणनफल क्रमशः 9.6 तथा 4.0 होगा जो यह बताता है कि 200 किलोग्राम सरसों की खली के प्रयोग करने पर 9.6 किग्रा. नत्रजन तथा 4.0 किग्रा. फास्फोरस की प्राप्ति होगी।

इसी प्रकार यदि 120 किग्रा. नत्रजन का प्रयोग यूरिया के रुप में करना है तो तालिका–7.6 के अनुसार 2.17 से गुणा करें। इसका गुणनफल 260.4 आयेगा अर्थात् किसी फसल में 120 किग्रा/हे. की दर से नत्रजन का प्रयोग करना है तो इसके लिए 260.4 किलोग्राम/हे. की दर से यूरिया का प्रयोग करना होगा।

तालिका–7.6 खाद एवं उर्वरकों में पोषक तत्त्वों का निर्धारण तथा पोषक तत्त्वों के आधार पर खाद एवं उर्वरकों का निर्धारण हेतु गुणांक

खाद एवं उर्वरक की वांछित मात्रा ज्ञात करने के लिए आवश्यक पोषक तत्त्व की मात्रा में गुणा करें	जैविक खाद एवं रसायनिक उर्वरक का नाम	प्राप्त पोषक तत्त्व की मात्रा ज्ञात करने के लिए व्यवहार की गई खाद या उर्वरक की मात्रा में गुणा करें
	नाइट्रोजन	
200.0	गोबर की खाद	0.005
250.0	कम्पोस्ट	0.004
100.0	गन्धक आधारित प्रेसमड	0.010
23.8	अण्डी की खली	0.042
18.5	नीम की खली	0.054
25.0	करंज की खली	0.040
20.8	सरसों की खली	0.048
2.17	यूरिया	0.460
4.85	अमोनियम सल्फेट	0.206
2.86	अमोनियम नाइट्रेट	0.350
3.85	संजीवन	0.260
7.69	पोटेशियम नाइट्रेट	0.130
5.56	डाई अमोनियम फास्फेट	0.180
5.00	सुफला भूरा	0.200
6.67	सुफला गुलाबी	0.150
5.56	सुफला पीला	0.180
3.57	ग्रोमोर	0.280
4.00	अमोनियम क्लोराइड	0.250
6.25	सोडियम नाइट्रेट	0.160
	फास्फोरस	
333.0	गोबर की खाद	0.003
250.0	कम्पोस्ट	0.004
35.7	गन्धक आधारित प्रेसमड	0.028
52.6	अण्डी की खली	0.019
90.6	नीम की खली	0.011
100.9	करंज की खली	0.10

50.0	सरसों की खली	0.020
6.25	सिंगल सुपर फास्फेट	0.160
2.63	डाई कैल्सियम फास्फेट	0.380
2.17	डाई अमोनियम फास्फेट	0.460
5.00	सुफला भूरा	0.200
6.60	सुफला गुलाबी	0.180
5.56	सुफला पीला	0.180
2.57	ग्रोमोर	0.280
2.08	ट्रिपल सुपर फास्फेट	0.480
	पोटाश	
1.67	म्यूरेट ऑफ पोटाश	0.600
2.08	पोटैशियम सल्फेट	0.480
2.27	पोटैशियम नाइट्रेट	0.440
6.67	सुफला गुलाबी	0.150
11.11	सुफला पीला	0.090
250.0	गोबर की खाद	0.004
100.0	कम्पोस्ट	0.010
100.0	गन्धक आधारित प्रेसमड	0.010
71.43	अण्डी की खल्ली	0.014

स्त्रोतः आधुनिक किसान डायरी, राजेन्द्र कृषि विश्वविद्यालय, पूसा समस्तीपुर (बिहार) पृ. सं. 34

यदि उपरोक्त तालिका में किसी खाद या उर्वरक की चर्चा नहीं की गई हो, परन्तु उसमें उपलब्ध पोषक तत्त्वों की मात्रा ज्ञात हो तो प्रयोग की गई खाद एवं उर्वरक से प्राप्त पोषक तत्त्व की मात्रा एवं उर्वरक की वांछित मात्रा निम्न सूत्रों की सहायता से ज्ञात कर सकते है–

$$\text{व्यवहार की गई खाद या उर्वरक में पोषक तत्त्व की मात्रा} = \frac{\text{व्यवहार की गई खाद या उर्वरक की मात्रा} \times \text{खाद या उर्वरक में उपलब्ध पोषक तत्त्व की मात्रा (प्रतिशत में)}}{100}$$

$$\text{खाद या उर्वरक की वांछित मात्रा} = \frac{\text{व्यवहार की गई खाद या उर्वरक की मात्रा} \times 100}{\text{खाद या उर्वरक में उपलब्ध पोषक तत्त्व की मात्रा (प्रतिशत में)}}$$

उर्वरकों की शुद्धता की जाँच

किसान प्रायः मिलावटी उर्वरकों की शिकायत करते हैं। मिलावटी उर्वरकों को खेत में प्रयोग करने से फसलों को लाभ तो कम पहुँचता है वही किसान को आर्थिक हानि अधिक उठानी पड़ती है तथा मृदा स्वास्थ्य भी प्रभावित होता है। अतः किसान भाईयों को

उर्वरकों की शुद्धता की जाँच करने की जानकारी अवश्य होनी चाहिए। उर्वरकों में मिलाये जाने वाले कुछ सामान्य पदार्थो को तालिका–7.7 में दर्शाया गया है। इस अध्याय में किसान भाईयों को कुछ ऐसे जाँच विधियों के बारे में जानकारी दी जा रही है जिन्हें वे अपने घर पर ही प्रयोग कर उर्वरकों के असली या नकली होने का जाँच कर सकते हैं (तालिका 7.8 तथा तालिका 7.9)।

तालिका–7.7 उर्वरकों में मिलाये जाने वाले कुछ सामान्य पदार्थ

उर्वरक	मिलाये जाने वाले पदार्थ
यूरिया	साधारण नमक, म्यूरेट ऑफ पोटाश
डी.ए.पी.	चिकनी मिट्टी, रॉक फास्फेट, एन.पी.के. एवं सिंगल सुपर फास्फेट
कैल्सियम अमोनियम नाइट्रेट	चिकनी मिट्टी एवं दानेदार जिप्सम
सिंगल सुपर फास्फेट	चिकनी मिट्टी एवं दानेदार जिप्सम
म्यूरेट ऑफ पोटाश	बालू एवं नमक
जिंक सल्फेट	बालू एवं नमक
आयरन सल्फेट	बालू एवं नमक

तालिका–7.8 अवलोकन एवं अनुभव के आधार पर उर्वरकों की शुद्धता की जाँच

उर्वरक	शुद्धता की जाँच
यूरिया	शुद्ध यूरिया चमकदार, लगभग समान आकार के दाने वाला एवं पानी में पूर्णतया घुलनशील होता है। घोल छूने पर शीतल/ठण्ड़ा लगता है और गर्म तवे पर रखने से दाने पिघल जाते हैं तथा आँच तेज करने पर कोई अवशेष नहीं बचता है। यूरिया में यदि किसी किस्म का पाउडर दिखाई दे तो समझना चाहिए कि यूरिया में मिलावट है या यह काफी दिनों का हो सकता है। हथेली पर थोड़ा पानी लें, कुछ मिनट बाद जब हथेली और पानी का तापमान एक समान हो जाए तो यूरिया के 10–15 दानें डालकर मिलाएँ। शुद्ध यूरिया का घोल साफ होगा। यदि सफेद अवशेष बचता है तो यह मिलावट का परिचायक है।
डाई अमोनियम फास्फेट (डी.ए.पी.)	इस उर्वरक का रंग सफेद, मटमैला या भूरा काला हो सकता है। इसके दानों का आकार बिल्कुल गोल नहीं होता है। सूखे दानों को सीमेंट के फर्श पर बिखेर कर जूता पहने पैर से रगड़ने पर कड़कड़ाहट की आवाज करते हुए फिसलते है और आसानी से टूटते नहीं हैं।

	सूखे दानों को तवा/चम्मच पर रख कर गर्म करने पर दाने फूलने लगते हैं। नम दानों को अंगूठे तथा अंगूली के बीच में रख कर रगड़ने से चिकनाहट महसूस होती है। डी.ए.पी. के दानों को गीले चूने के साथ रगड़ने पर अमोनियम की तीखी गंध आती है।
म्यूरेट ऑफ पोटाश (एम.ओ.पी.)	यह दानेदार पक्की ईट के रंग के चूर के समान होता है, जिसमें बीच–बीच में सफेद कण भी पाये जाते हैं। एम.ओ.पी. के दाने पानी में नम करने पर आपस में नहीं चिपकते हैं। भिगोया हुआ एम.ओ.पी. कुछ–कुछ ठंडक भी देता है। एक साफ कांच के गिलास में 5 ग्राम एम.ओ.पी. लेकर उसमें 50 मि.ली. आसुत जल मिलाते हैं। अधिकांश उर्वरक घुल जाता है। यदि कुछ पदार्थ पानी से सतह पर तैरे तो उर्वरक शुद्ध है। उर्वरक अशुद्ध होने पर अधिकांश अघुलनशील पदार्थ गिलास की तली में बैठ जायेगा।
सिंगल सुपर फास्फेट (एस.एस.पी.)	यह पाउडर तथा दानों के रुप में सफेद मटमैले रंग का होता है। इसके दानों को अंगूठे तथा अंगूली के बीच में रख कर रगड़ने से असानी से टूट जाते हैं तथा चिकनाहट महसूस होती है तो एस.एस.पी. को शुद्ध समझना चाहिए।
जिंक सल्फेट	जिंक सल्फेट के घोल में डी.ए.पी. का घोल मिलाने पर दही जैसा थक्का अवक्षेप प्राप्त होता है परन्तु मैग्नीशियम सल्फेट की मिलावट होने पर ऐसा नहीं होता है। यह पानी में घुलनशील है, परन्तु इसका घोल यूरिया या म्यूरेट ऑफ पोटाश की तरह ठण्ड़ा नहीं होता।

तालिका–7.9 रसायनिक विधि से उर्वरकों की भुद्धता की जाँच

उर्वरक	शुद्धता की जाँच
यूरिया	• एक साफ कांच के गिलास में 1 ग्राम यूरिया लेकर उसमें 5 मि.ली. आसुत जल (distilled water) मिलाकर इसे अच्छी तरह घुलाते हैं। फिर इस घोल में 5–6 बूँद सिल्वर नाइट्रेट मिलाते हैं। यदि दही जैसा सफेद अवक्षेप बनता है तो समझें कि यूरिया में नमक या म्यूरेट ऑफ पोटाश की मिलावट की गई है। • एक काँच के गिलास में एक चम्मच यूरिया लेकर उसे पिघलने तक गर्म करते हैं। ठण्ड़ा होने पर इसमें 1 मि.ली. आसुत जल मिलाते है ताकि बाईयूरेट आसानी से घुल जाय। इसके बाद इसमें कुछ बूंदे सोडियम हाइड्राक्साइड की मिलाते हैं ताकि घोल क्षारीय बन सके। तत्पश्चात् इसमें 1 बूँद कॉपर सल्फेट घोल इसमें मिलाते हैं जो बाईयूरेट के साथ क्रिया कर गुलाबी रंग देता है जो यूरिया की शुद्धता की पहचान है।

डाई अमोनियम फास्फेट (डी.ए.पी.)	• एक ग्राम डी.ए.पी. को काँच के साफ गिलास में लेकर उसमें 5 मि.ली. आसुत जल (distilled water) मिलाकर इसे अच्छी तरह घुलायें। तत्पश्चात् इसे फिल्टर पेपर से छानकर उसमें 1 मि.ली. सिल्वर नाइट्रेट मिलाने पर पीले रंग का अवक्षेप बनता है जो पुनः 5–6 बूँद नाइट्रिक अम्ल डालने पर घुल जाता है। अशुद्ध डी.ए.पी. में पीला अवक्षेप नहीं बनता है।
म्यूरेट ऑफ पोटाश (एम.ओ.पी.)	• एक साफ कांच के गिलास में 1 ग्राम एम.ओ.पी. लेकर उसमें 10 मि.ली. आसुत जल (distilled water) मिलाकर इसे अच्छी तरह घुलाते हैं। तत्पश्चात् इसे फिल्टर पेपर से छानकर उसमें 5–6 बूंद कोबाल्ट नाइट्रेट मिलाने पर पीले रंग का अवक्षेप बनता है जो घोल में तैरता रहता है। अशुद्ध एम.ओ.पी. में पीला अवक्षेप नहीं बनता है। 10 मि.ली. आसुत जल में एक चम्मच एम.ओ.पी. लेकर अच्छी तरह घोल बनाते हैं। तत्पश्चात् इसे फिल्टर पेपर से छानकर लेते हैं। छनित घोल के 2 मि.ली घोल में 2 मि.ली. हाइड्रोक्लोरिक अम्ल तथा इसके पश्चात् 2 मि.ली. बेरियम क्लोराइड मिलाते हैं जिससे घोल स्वच्छ एवं पारदर्शी हो जाता है। यह उर्वरक के शुद्ध होने की पहचान है। अशुद्ध उर्वरक में सफेद एवं गन्दला अवक्षेप या घोल बनता है।
सिंगल सुपर फास्फेट (एस.एस.पी.)	• एक साफ कांच के गिलास में 1 ग्राम एस.एस.पी. लेकर उसमें 5 मि.ली. आसुत जल (distilled water) मिलाकर इसे अच्छी तरह घुलाते हैं। तत्पश्चात् इसे फिल्टर पेपर से छानकर उसमें 5–6 बूंद सिल्वर नाइट्रेट मिलाने पर पीले रंग का अवक्षेप बनता है जो नाइट्रिक अम्ल मिलाने पर घुल जाता है। अशुद्ध एस.एस.पी. में पीला अवक्षेप नहीं बनता है।
कैल्सियम अमोनियम नाइट्रेट	• एक ग्राम कैल्सियम अमोनियम नाइट्रेट में 5 मि.ली. हाइड्राक्लोरिक अम्ल मिलाते हैं। इससे बुदबुदाहट होती है जिसके शांत होने पर 10 मि.ली. आसुत जल मिलाते हैं। यदि उर्वरक शुद्ध है तो पूर्ण रुप से घुल जायेगा।
जिंक सल्फेट	• एक ग्राम उर्वरक में 5 मि.ली. आसुत जल मिलाएँ तथा हिलाकर छान ले अब छने हुए घोल में 8–10 बूँद डी0 ए0 पी0 का घोल डालते है। यदि उर्वरक शुद्ध होगा तो उसमें सफेद अवक्षेप उत्पन्न होगा।

अनुकूलित उर्वरक (Customized fertilizer)

अनुकूलित उर्वरकः क्षेत्र, मृदा तथा फसल विशेष पर आधारित होते हैं जिनमें मुख्य तथा सूक्ष्म पोषक तत्त्वों को एक खास अनुपात में प्रयोग किये जाने वाले क्षेत्र के मृदा उर्वरता, फसल की पोषक तत्त्वों की आवश्यकता तथा जलवायु को ध्यान में रख कर तैयार किया जाता है। अनुकूलित उर्वरकों से पोषक तत्त्वों के उपयोग क्षमता में वृद्धि होती है। इन उर्वरकों में संतुलित मात्रा में आवश्यकतानुसार पोषक तत्त्वों को सम्मिलत किया जाता है। अतः पौधों को पर्याप्त मात्रा में पोषक तत्त्व उपलब्ध होने से फसल उत्पादन में बढ़ोतरी होती

है तथा फसल उत्पाद की गुणवत्ता भी उच्च कोटि की होती है। अनुकूलित उर्वरक के प्रयोग से उत्पादन में वृद्धि होने के साथ–साथ मृदा की उर्वरता में भी सुधार होता है, जिससे किसान को अधिक लाभ होता है। साथ ही यह पर्यावरण अनुकूल भी होता है। फलस्वरुप अनुकूलित उर्वरकों का प्रयोग किसानों के बीच प्रचलित होता जा रहा है।

अनुकूलित उर्वरकों का उत्पादन उर्वरक (नियंत्रण) आदेश, 1985 के धारा 20A के अन्तर्गत आता है। इसके अनुसार किसी क्षेत्र एवं फसल विशेष के लिए अनुकूलित उर्वरकों के उत्पादन के पश्चात् 4–6 फसल–चक्र तक इनका परिणाम फसलों तथा मृदा पर देखा जाता है तथा प्राप्त परिणामों को भारत सरकार के संबंधित विभाग को भेज कर इसकी पुष्टि करनी होती है। तत्पश्चात् भारत सरकार के अनुमोदन पर इसका व्यवसायिक उत्पादन किया जा सकता है। इसप्रकार अनुकूलित उर्वरकों के उत्पादन में अत्यधिक समय एवं संसाधन व्यय होता है।

अनुकूलित उर्वरकों से लाभ

1. यह स्थान विशिष्ट पोषक तत्व प्रबंधन और परिशुद्धता कृषि के लिए एक उर्वरक क्रांति है जो कि मृदा परीक्षण और फसलों की मांग के आधार पर प्राथमिक, द्वितीयक व सूक्ष्म पोषक तत्वों का संयोजन होता है।
2. यह अधिकतम उर्वरक उपयोग दक्षता के लिए लागत प्रभावी तरीका है।
3. अनुकूलित उर्वरक, अनुकूलित संयोजन फसलों के विकास के विभिन्न चरणों के शोध के निष्कर्ष पर आधारित हैं जो कि 100 प्रतिशत पानी में घुलनशील होता है और पौधों को आसानी से उपलब्ध हो जाता है तथा पोषक तत्वों का कम से कम नुकसान होता है।
4. शत् प्रतिशत पानी में घुलनशील होने के कारण यह फर्टिगेशन के माध्यम से भी इस्तेमाल किया जा सकता है।
5. यह गौण पोषक तत्वों के साथ–साथ सूक्ष्म पोषक तत्वों की कमी को भी पूरा करता है। जिससे फसल की उत्पादकता के साथ–साथ मृदा की उर्वरता बनी रहती है।

भारत में अनुकूलित उर्वरकों का उत्पादन

भारत में कुछ कम्पनियाँ विभिन्न क्षेत्रों के लिए अनुकूलित उर्वरकों का उत्पादन कर रही हैं जिनका नाम, क्षेत्रवार उत्पादित किये जाने वाली फसलें तथा अनुकूलित उर्वरकों का ग्रेड तालिका–7.10 में दर्शाया गया है।

तालिका–7.10 अनुकूलित उर्वरकों का उत्पादन करने वाली कम्पनियों के नाम, क्षेत्रवार उत्पादित किये जाने वाली फसलें तथा अनुकूलित उर्वरकों का ग्रेड

उत्पादक कम्पनी	फसल	अनुकूलित उर्वरकों का ग्रेड N:P:K:Zn N:P:K:S:Zn:B N:P:K:S:Mg:Zn:B:Fe	क्षेत्र जिनके लिए अनुकूलित उर्वरकों को विकसित किया गया है।
टाटा केमिकल्स लिमिटेड	धान की रोपाई के समय	8:15:15:0.5:0.15:0	जी.बी. नगर, गाजियाबाद, रामपुर, शाहजहाँपुर, मैनपुरी और यू.एस. बागर
		15:32:8:0.5 18:33:7:0.5 18:27:14:0.5	आन्ध्र प्रदेश
	बुवाई के समय	11:24:06:3:0.5	अदिलाबाद, निजामाबाद और मेड़क
	गेहूँ	10:18:2.5:0.3:0.5:0	मुज्जफरनगर, बरेली, बिजनौर, हाथरस, पीलीभीत, मथुरा, मेरठ और एटा
	मक्का (बुवाई के समय)	14:27:10:4:0.5	करीमनगर, वारंगल और रंगा रेड्डी
	आलू	8:16:24:6:0.5:0.15	आगरा, अलीगढ., बदायूँ, बुलन्दशहर और बागपत
	गन्ना	7:20:18:6:0.5:0	मुरादाबाद, के .आर. नगर, फर्रुखाबाद और फिरोजाबाद
	मेंथा	8:20:20:4:0.3:0.2	जे.पी. नगर तथा लखीमपुर खीरी
दीपक फर्टिलाइजर एवं पेट्रोकेमिकल्स कारपोरेशन	धान (बुवाई के समय)	16:22:14:4:1:0	पूर्वी गोदावरी, पश्चिमी गोदावरी, कृष्णा और गन्टूर
	मक्का (बुवाई के समय)	14:20:15:4:0.6:0	करीमनगर, वारंगल और निजामाबाद
	मक्का	20:0:15:0:0:0.2	आन्ध्र प्रदेश
	मूँगफली	15:15:15:9:0.5:0.2	आन्ध्र प्रदेश
	गन्ना एवं नींबू	10:20:20:3:2:0.5:0.3:0.2	नासिक, धूले, जलगाँव, पूना, अहमदनगर और औरंगाबाद
	अंगूर, कपास, प्याज, केला, टमाटर, कद्दूवर्गीय एवं पत्तेदार सब्जियाँ	15:15:15:5:2:0.5:0:0.2	उपरोक्त
	अंगूर, अनार, धान, गन्ना, टमाटर, कद्दूवर्गीय एवं पत्तेदार सब्जियाँ	20:10:10:5:2:0.5:0:0.3:0.2	उपरोक्त
	अंगूर और गन्ना	10:20:10:5:2:0.5:0:0.3:0.2	औरंगाबाद नासिक, पूना,और अहमदनगर

नैनो उर्वरक (Nano fertilizer)

वैसे तो नैनो उर्वरक प्रौद्योगिकी अपने प्रारंभिक चरण में है फिर भी ऐसे सभी नवाचारों को देखकर यह प्रतीत होता है कि भविष्य में इसकी कई संभावनाएँ है। नैनो उर्वरक साधारण उर्वरकों की तुलना में अधिक कारगर होते हैं। इनके द्वारा पोषक तत्त्व मृदा में धीरे–धीरे मुक्त किये जाते हैं, जिससे पोषक तत्त्वों के उपयोग क्षमता में वृद्धि होती है। इसप्रकार नैनो उर्वरकों के प्रयोग से मृदा की उर्वरा शक्ति में वृद्धि होती है तथा पौधों को बराबर पर्याप्त मात्रा में पोषक तत्त्वों की उपलब्धता होने के कारण इनके उत्पादन में बढ़ोतरी होती है। नैनो उर्वरकों को किसी भी आवरण में बदला जा सकता है।

नैनो कण तुरन्त नष्ट होने वाले और विषरहित होते हैं। नैनो सामग्री को प्रयोगशाला में तैयार कर सीधे खेतों में प्रयोग किया जा सकता है। नैनो सामग्री घोल में विलेय होने के पश्चात् घुलनशील आयनों के रुप में पोषक तत्त्वों को मुक्त करता है। आजकल 78 एन. एम काइटोसान (सड़ सकने वाला बहुलक) नैनो सामग्री का प्रयोग यूरिया, कैल्सियम फास्फेट और पोटैशियम क्लोराइड के साथ किया जा रहा है ताकि इनमें विद्यमान क्रमशः नत्रजन, फास्फोरस तथा पोटाश को धीमी गति से मृदा में मुक्त कर इनकी उपयोग क्षमता को बढ़ाया जा सके।

नैनो उर्वरकों से लाभ

1. नैनो उर्वरकों के प्रयोग से पोषक तत्त्वों के उपयोग क्षमता में तीन गुना तक वृद्धि होती है। ये मृदा में अघुलनशील पोषक तत्त्वों की घुलनशीलता एवं फैलाव में सुधार करते हैं। साथ ही ये पोषक तत्त्वों के अधिशोषण को कम कर जैव उपलब्धता को 30 प्रतिशत तक बढ़ाने में सहायक होते हैं।
2. नैनो उर्वरकों के प्रयोग से 17–54 प्रतिशत तक उत्पादन में वृद्धि दर्ज की गई है।
3. रसायनिक उर्वरकों की तुलना में नैनो उर्वरक की आवश्यकता 80–100 गुना कम होती है।
4. नैनो उर्वरकों के प्रयोग से पौधों के विपरीत परिस्थितियों के प्रति सहनशीलता में 10 गुना वृद्धि होती है।
5. यह पूर्ण रुप से जैव स्त्रोतों को इस्तेमाल कर बनाये जाते हैं। अतः यह पर्यावरण हितैषी होता है।
6. नैनो उर्वरकों के प्रयोग से पौधों को आवश्यकतानुसार सही समय पर पोषक तत्त्व उपलब्ध होते रहते हैं, जिससे निछालन द्वारा होने वाले पोषक तत्त्वों की हानि को रोका जा सकता है।

नैनो उर्वरक की प्रयोग विधि

1. **बीजोपचार (Seed treatment):** नैनो सामग्री से बीज उपचार करने से बीज आवरण के अन्दर हानिकारक पदार्थो का प्रवेश अवरुद्ध होता है। साथ ही यह बीजों की सतह पर बारीक छिद्रों का निर्माण करते हैं, जिससे बीजों के अन्दर आवश्यक नमी एवं ऑक्सीजन का प्रवेश सुनिश्चित होता है। परिणामस्वरुप बीजों के अंकुरण एवं फसल स्थापना में अच्छा परिणाम मिलता है।
2. **पर्णीय छिड़काव (Foilar spray):** पौधों के कोशिकाभित्ति के आकार (5 से 20 नैनोमीटर) से छोटे आकार के नैनो उर्वरकों के कण कोशिकाओं में आसानी से प्रवेश कर जाते हैं। इसप्रकार पौधों को त्वरित गति से पोषक तत्त्वों की आपूर्ति होती है।
3. **खेतों में सीधे प्रयोग करना (Direct use in field):** इसे जिप्सम और रॉक फास्फेट की तरह सीधे खेतों में प्रयोग किया जा सकता है।

बजार मे उपलब्ध कुछ प्रमुख नैनो उर्वरकों के चित्र–7.2 में दर्शाया गया है।

पर्णीय छिड़काव (Foliar spray)

पर्णीय छिड़काव उर्वरक प्रयोग की एक ऐसी विधि है जिसमें उर्वरकों की एक निश्चित मात्रा प्रति लीटर जल में घोल कर पौधों पर छिड़काव हेतु प्रयोग किया जाता है। जल की मात्रा पौधों के आकार एवं खेत के क्षेत्रफल पर निर्भर करता है। ग्रीस (1843) के अनुसार पर्णीय छिड़काव का प्रयोग सर्वप्रथम नियंत्रित वातावरण एवं प्रक्षेत्रों पर 19 वीं शताब्दी के शुरु में किया गया था परन्तु इसके संबंध में विश्व का ध्यान तक आकृष्ट हुआ जब डॉ. एच. बी. टुके एवं डॉ. एस.एच. विटवेयर ने मिशिगन स्टेट यूनिर्वसिटी में पोषक तत्त्वों से संबंधित कुछ रेडियोसक्रिय आइसोटोप को लेकर अनुसंधान कार्य प्रारम्भ किया तथा परिणाम में उन्होनें पाया कि पौधे पत्तियों के माध्यम से पोषक तत्त्वों को ग्रहण करते हैं जो पौधों के सम्पूर्ण शरीर में स्थानांतरित होते हैं। डॉ. टुके एवं विटवेयर के अनुसार पर्णीय छिड़काव करने से पोषक तत्त्वों की उपयोग क्षमता (nutreint use efficiency) 95 प्रतिशत तक होती है जो मृदा में इनके प्रयोग के तुलना में काफी अधिक है। पौधों को मुख्य पोषक तत्त्व जैसे नत्रजन, फास्फोरस पोटाश, सल्फर इत्यादि जिनकी अधिक मात्रा में आवश्यकता होती है, केवल पर्णीय छिड़कावों से इनकी आपूर्ति पूरी नहीं की जा सकती है लेकिन सूक्ष्म पोषक तत्त्वों की कमी को पर्णीय छिड़काव के माध्यम से दूर किया जा सकता है। खड़ी फसल में यदि पोषक तत्त्वों के कमी के लक्षण प्रकट होते हैं तो पर्णीय छिड़काव इन्हें दूर करने का एक ससक्त माध्यम है। यहाँ पर्णीय छिड़काव से संबंधित महत्त्वपूर्ण जानकारियों को तालिका 7.11, 7.12 तथा 7.13 के माध्यम से दिया जा रहा है।

चित्र 7.2 विभिन्न पोषक तत्त्वों वाले नैनो उर्वरक

तालिका–7.11 विभिन्न फसलों में यूरिया छिड़काव के लिए यूरिया की सान्द्रता

फसल	प्रतिशत घोल का छिड़काव
धान	2–4
गेहूँ	2–5.5
मक्का	2–3
ज्वार	2.5–6
बाजरा	2.5–5.5
गन्ना	3–6
कपास	1–2
सब्जियाँ	0.5–1
फल एवं फूल वाले पौधे	0.2–0.5

तालिका–7.12 विभिन्न फसलों में यूरिया छिड़काव का उपयुक्त समय

फसल	पहला छिड़काव करने की अवस्था	अन्तराल के बाद
धान्य फसलें (धान, गेहूँ इत्यादि)	बालियाँ निकलने से दानों में दूध पड़ने तक	7–12 दिन
तिलहन (सरसों, सूरजमुखी इत्यादि)	35–45 दिन	6–10 दिन
सब्जी (आलू, गोभी इत्यादि)	30–40 दिन	4–8 दिन
रेशे वाली (कपास, अलसी इत्यादि)	30–45 दिन	6–10 दिन

तालिका–7.13 विभिन्न फसलों में सूक्ष्म पोषक तत्त्वों का छिड़काव के लिए उर्वरकों की मात्रा

सूक्ष्म पोषक तत्त्व	प्रतिशत घोल का पर्णीय छिड़काव	टिप्पणी
जिंक	0.5 प्रतिशत जिंक सल्फेट (हेप्टाहाइड्रेड) + 0.25 प्रतिशत चूने का घोल	10 दिन के अन्तराल पर 3 बार
बोरान	0.2 प्रतिशत बोरिक एसिड का घोल	फूल आने के समय
आयरन	1–2 प्रतिशत फेरस सल्फेट का घोल + 0.5 प्रतिशत चूने का घोल	7 दिन के अन्तराल पर 2–3 बार
मैंगनीज	0.5 प्रतिशत मैंगनीज सल्फेट का घोल + 0.25 प्रतिशत चूने के घोल	7 दिन के अन्तराल पर 3–4 बार
कॉपर	0.1 प्रतिशत कॉपर सल्फेट का घोल + 0.05 प्रतिशत चूने का घोल	7 दिन के अन्तराल पर 2–3 बार
मालिब्डेनम	0.05 प्रतिशत अमोनियम मोलिबडेट का घोल	7 दिन के अन्तराल पर 2–3 बार

❑❑❑

अध्याय 8

खाद एवं जैव उर्वरक

'खाद' शब्द की उत्पत्ति संस्कृत शब्द 'खाद्य' से हुई है जिसका अर्थ है 'भोजन'। जल के अतिरिक्त वे सब पदार्थ जो भूमि में मिलाए जाने पर उसकी उर्वरता में सुधार करते हैं, खाद कहलाते है। वैज्ञानिक दृष्टिकोण से खाद में प्राकृतिक पदार्थ जैसे घास–फूल, फसल अवशेष, पशु–पक्षियों का मलमूत्र एवं अन्य अवशेष सम्मिलित हैं। इनमें कम मात्रा में प्रायः सभी पोषक पदार्थ पाये जाते हैं। अतः इसकी मात्रा खेत में अधिक डालनी पड़ती है। खादों का प्रभाव भूमि में डालने पर दीर्घकालीन (2–3 वर्ष या अधिक) होता है तथा प्रयोग के बाद ये अवशेष प्रभाव (Residual effect) छोड़ते हैं। इनके प्रयोग से भूमि की भौतिक, रसायनिक तथा जैविक दशा में सुधार होता है। मृदा की जल धारण क्षमता में वृद्धि होती है, वायु संचार बढ़ जाता है, ताप नियंत्रित रहता है तथा लाभकारी सूक्ष्मजीवों की संख्या एवं क्रियाशीलता में वृद्धि होती है। इनमें कार्बनः नत्रजन अनुपात संतुलित रहता है। इन्हें अधिक मात्रा में प्रयोग करने पर फसलों पर बुरा प्रभाव नहीं पड़ता है। इनके भण्ड़ारण में कोई खास सावधानी की आवश्यकता नहीं होती है। इनका प्रयोग फसल के बुवाई से 1–1.5 माह पूर्व करना चाहिए। ये भूमि में सड़ने पर कार्बनिक अम्ल छोड़ते हैं जो अन्य तत्त्वों के घुलनशीलता को बढ़ाने में सहायक होता है। इस वर्ग में गोबर की खाद, कम्पोस्ट, हरी खाद, खलियाँ इत्यादि आते हैं।

खाद का वर्गीकरण

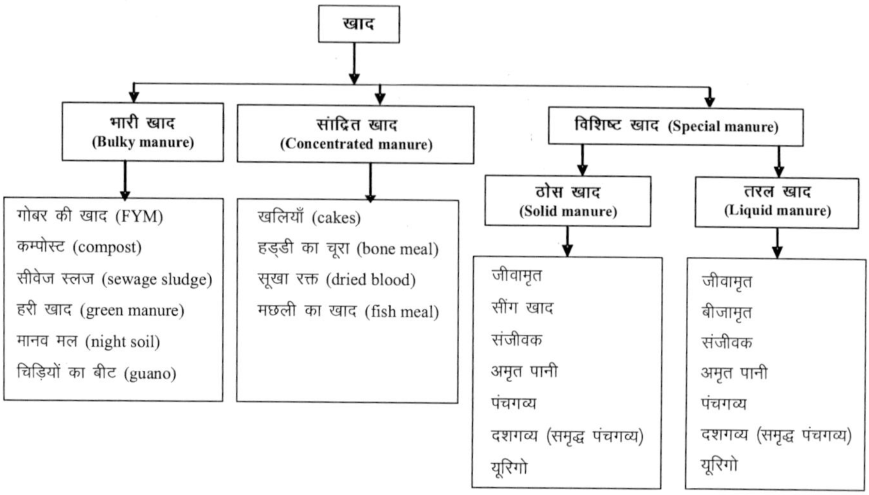

(क) भारी कार्बनिक खाद

ऐसे खाद जिनमें पोषक तत्त्वों की मात्रा अपेक्षाकृत कम होता है, जिसके कारण खेतों में प्रयोग करने हेतु इनकी अधिक मात्रा में आवश्यकता होती है, भारी कार्बनिक खाद कहलाते है। जैसे गोबर की खाद, कम्पोस्ट, सीवेज स्लज, हरी खाद इत्यादि। भारी कार्बनिक खादों में जीवांश पर्दाथ की मात्रा अधिक होती है। साथ ही यह मृदा के भौतिक, रसायनिक एवं जैविक गुणों को सुधारने में सहायक होते हैं। मृदा में इनके प्रयोग से होने वाले लाभ निम्नलिखित हैं–

1. ये मृदा संरचना सुधार में महत्त्वपूर्ण भूमिका निभाते हैं।
2. ये मृदा की जल धारण क्षमता को बढ़ाते हैं।
3. इनके प्रयोग से मृदा में होने वाले वायु संचार में सुधार होता है।
4. ये मृदा तापमान को संतुलित करने में सहायक होते हैं।
5. ये मृदा अपरदन को रोकने में अहम भूमिका निभाते हैं।
6. ये सूक्ष्मजीवों के लिए भोजन उपलब्ध करते हैं जिससे उनकी संख्या में वृद्धि होती है।
7. वे मृदा में पौधों के लिए आवश्यक पोषक तत्त्वों को संतुलित मात्रा में धीरे–धीरे मुक्त करते हैं।

1. **गोबर की खाद:** यह पशुओं के गोबर, मूत्र, उनके बिछावन के लिए प्रयोग किये फसल अवशेष तथा खाने के बाद बचे हुए चारा एवं खेतों से निकलने वाली

वनस्पतियों के अपघटन से तैयार खाद है जो देखने में काले रंग का होता है। अच्छी तरह से सड़ी हुई गोबर की खाद में नत्रजन, फॉस्फोरस तथा पोटाश की मात्रा क्रमशः 0.5, 0.2 तथा 0.5 प्रतिशत होता है। इसप्रकार यदि 25 टन गोबर की खाद खेत में प्रयोग करते है तो इससे फसलों को उपलब्ध होने वाले पोषक तत्त्वों की मांत्रा को तालिका 8.1 से समझा सकता है–

तालिका–8.1 गोबर की खाद से फसलों को उपलब्ध होने वाले पोषक तत्त्वों की मात्रा (किलोग्राम)

पोषक तत्त्व	25 टन गोबर की खाद की में उपलब्ध पोषक तत्त्व	पहली फसल को प्राप्त पोषक तत्त्व की मात्रा	दूसरी एवं तीसरी फसल को प्राप्त पोषक तत्त्व की माात्रा
नत्रजन (N),	125	42	83
फास्फोरस (P_2O_5)	50	33	17
पोटाश (K_2O)	125	115	10

इस प्रकार गोबर की खाद में उपलब्ध नत्रजन, फास्फोरस तथा पोटाश का क्रमशः 30–35, 65–70 तथा 90–95 प्रतिशत ही प्रथम वर्ष में फसल को मिल पाता है। शेष मात्रा धीरे–धीरे अगामी फसलों को प्राप्त होता है।

गोबर की खाद में पोषक तत्त्वों की मात्रा चारे के रुप में खिलाये जाने वाले वनस्पतियों तथा रासन के रुप में पशुओं खिलाये जाने वाले अन्न, उनके नस्ल, आयु तथा स्वास्थ्य पर भी निर्भर करता है। पशुओं के गोबर एवं मूत्र में पाये जाने वाले नत्रजन, फॉस्फोरस एवं पोटाश की मात्रा को तालिका 8.2 में दर्शाया गया है–

तालिका–8.2 पशु अपशिष्ट में पाये जाने वाले मुख्य पोषक तत्त्व की मात्रा

पशु	कार्बनिक पदार्थ की मात्रा (प्रतिशत)	पशु अपशिष्ट	नत्रजन (N)	फास्फेट (P_2O_5)	पोटाश (K_2O)
गाय एवं बैल	15	गोबर	0.40	0.20	0.10
		मूत्र	1.00	सूक्ष्म मात्रा में	1.35
भेड़ एवं बकरी	33	गोबर	0.75	0.50	0.45
		मूत्र	1.35	0.05	2.10
घोड़ा	21	गोबर	0.55	0.30	0.40
		मूत्र	1.35	सूक्ष्म मात्रा में	1.25
सूअर	–	गोबर	0.55	0.50	0.40
		मूत्र	0.40	0.10	0.45
कुक्कुट	30	बीट	1.47	1.15	0.70

पशुओं द्वारा उत्सर्जित किये जाने वाले अपशिष्ट पदार्थो में मात्रात्मक भिन्नता को चित्र 8.1 में दर्शाया गया है–

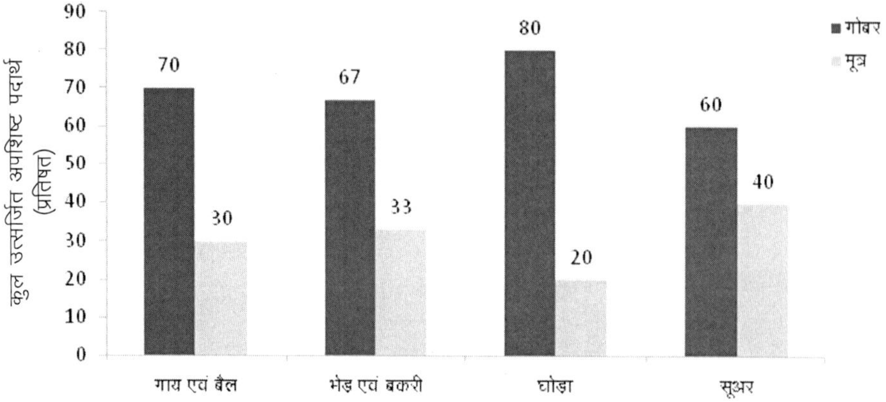

चित्र–8.1 विभिन्न प्रकार के पशुओं द्वारा उत्सर्जित अपशिष्ट पदार्थ में गोबर एवं मूत्र का औसत मात्रा (श्रोत–यावालकर एवं साथी, 2008 खाद एवं उर्वरक पुस्तक पृष्ट संख्या 29)

विभिन्न प्रकार के पशुओं द्वारा वार्षिक उत्सर्जित किये जाने वाले अपशिष्ट पदार्थो की मात्रा (किग्रा.) को तालिका–8.3 में दर्शाया गया है–

तालिका–8.3 पशुओं द्वारा वार्षिक उत्सर्जित किये जाने वाले अपशिष्ट पदार्थो की मात्रा (किग्रा.)

पशु	पशुओं का औसत भार (किग्रा.)	कुल उत्सर्जित अपशिष्ट पदार्थ की मात्रा	कुल गोबर की मात्रा	कुल मूत्र की मात्रा
गाय	272	7,324	5,137	2,187
बैल	362	9,784	6,849	2,935
भेड़	45	570	382	188
घोड़ा	634	11,415	9,132	2,283
सूअर	90	1,095	639	456

श्रोत –Van Slyke (1932) Fertilizer and Crop Production, Judd Orange Publishing Co., New York.

इस प्रकार गाय, बैल, भेड़ एवं बकरी, घोड़ा तथा सूअर से उत्सर्जित अपशिष्ट पदार्थो (गोबर +मूत्र) से क्रमशः 42.28, 56.70, 5.39 तथा 81.05 किलो नत्रजन, 10.27, 13.69, 2. 00, 27.40 तथा 3.65 किलोग्राम फास्फेट (P_2O_5) तथा 34.66, 46.44, 5.65, 65.06 तथा 4.60 किलोग्राम पोटैशियम (K_2O) का वार्षिक उत्पादन होता है। भारत में पशुपालकों द्वारा

पशुओं के रख रखाव का समुचित प्रबन्ध नहीं किये जाने के कारण पशुओं के गोबर एवं मूत्र से बड़े पैमाने पर पोषक तत्त्वों का नुकसान होता है। अतः इस नुकसान को कम करने के लिए निम्न तरीकों को अपनाया जा सकता है–

1. पशुओं को पक्के फर्श पर बाँधना चाहिए ताकि गोबर के साथ साथ उनके मूत्र को भी एकत्र किया जा सके।
2. यदि पक्का फर्श उपलब्ध न हो तो पशुओं के बाँधने के जगह पर बिछावन के रुप में फसलों के अवशेष, राख, लकड़ी का बुरादा इत्यादि का प्रयोग करना चाहिए। ऐसा करने से पशुओं से प्राप्त मूत्र जमीन में सोखे जाने से बच जाता है। इसप्रकार गोबर एवं बिछावन के साथ ही मूत्र को भी गोबर की खाद या कम्पोट में परिवर्तित किया जा सकता है।
3. सही जानकारी के अभाव में पशुपालक द्वारा गोबर को ऐसे ही खुले जगह पर ढेर के रुप में या गड्डे खोदकर एकत्रित किया जाता है। इसप्रकार यह सूर्य के प्रकाश के सीधे सम्पर्क में रहता है। फलस्वरुप इनसे नत्रजन की हानि होती रहती है। सूर्य के प्रकाश में गोबर के ढेर में यूरिया के अपघटन के दौरान काफी मात्रा में अमोनिया गैस वातावरण में उत्सर्जित होती है जिससे एक तरफ पोषक तत्त्व के रुप में नत्रजन का नुकसान होता है वही अमोनिया गैस वातावरण के तापमान को बढ़ाने में भी सहायक होती है।

$$CO(NH_2)_2 + 2H_2O \longrightarrow (NH_4)_2CO_3$$

यूरिया जल अमोनियम कार्बोनेट

$$(NH_4)_2CO_3 + 2H_2O \longrightarrow 2NH_4OH + CaCO_3$$

अमोनियम कार्बोनेट जल अमोनियम हाइड्राक्साइड कैल्सियम कार्बोनेट

$$NH_4OH \longrightarrow NH_3 + H_2O$$

अमोनियम हाइड्राक्साइड अमोनिया गैस

अमोनिया गैस के रुप में होने वाले नत्रजन के नुकसान को रोकने हेतु पशुओं के बाँधने के स्थान पर जिप्सम का छिड़काव करना लाभकारी होता है। साथ ही गोबर के ढेर पर भी इसका छिड़काव किया जा सकता है। जिप्सम गोबर एवं मूत्र में पाये जाने वाले नत्रजन के अस्थायी यौगिक अमोनियम कार्बोनेट से क्रिया कर अमोनियम सल्फेट नामक स्थायी यौगिक बनाता है जिससे अमोनिया गैस के रुप में नत्रजन का नुकसान नहीं हो पाता है। इस प्रक्रिया को निम्न समीकरण से समझा जा सकता है–

$$(NH_4)_2CO_3 + CaSO_4.2H_2O \longrightarrow (NH_4)_2SO_4 + CaCO_3 + H_2O$$

अमोनियम कार्बोनेट	जिप्सम	अमोनियम सल्फेट	कैल्सियम कार्बोनेट	जल

इसप्रकार पशु अपशिष्ट से नत्रजन को नष्ट होने से बचाने के लिए अधिक मात्रा में जिप्सम की आवश्यकता होती है। अतः यह विधि प्रचलन में नही है। यदि सिंगल सुपर फास्फेट (एस.एस.पी.) का 450 से 900 ग्राम प्रति पशु की दर से पशुओं के बाँधने के स्थान के पर प्रयोग किया जाय तो यह अमोनिया को अवशोषित करने में कारगर साबित होता है। इसे गोबर के ढेर पर भी छिड़काव हेतु प्रयोग किया जा सकता है। इसप्रकार यह गोबर एवं मूत्र से अमोनिया के रुप में नत्रजन के नुकसान को कम करने के साथ–साथ गोबर की खाद में फास्फोरस की मात्रा को बढाता है।

4. वर्षा ऋतु में गोबर पानी में भिंगता रहता है। ऐसा देखा गया है कि गोबर की खाद में उपलब्ध 50 प्रतिशत नत्रजन एवं फास्फोरस तथा 90 प्रतिशत पोटाश जल में घुलनशील होता है। अतः गोबर खाद बनने के लिए खुले में रखने पर वर्षा जल के साथ ये तत्त्व भी रिसकर भू–जल में पहुँचकर इसे दूषित करते है। इसप्रकार खुले में गोबर को रखने के कारण इनमें उपलब्ध पोषक तत्त्वों में 50 प्रतिशत की कमी देखी गई है। अतः इस नुकसान को कम करने के लिए किसान भाईयों द्वारा उचित तरीके से गोबर का प्रबंधन करने की आवश्यकता है। यहाँ पर कुछ ऐसे ही विधियों की चर्चा की जा रही है जिससे कार्बनिक खाद तैयार की जा सकती है।

कार्बनिक खाद तैयार करने की विधि

1. **खाई विधि से गोबर की खाद बनाना:** इस विधि में 4.5–6 मीटर लम्बा 1.5 मीटर चौड़ा तथा 1 मीटर गहरा गड्ढा खोदा जाता है तथा गड्ढे की सतह एवं दीवार को अच्छी तरह रिसावरोधी बनाते हैं। शाम के समय पशुओं के बाँधने के स्थान पर 2–3 किलोग्राम प्रति पशु फसलों के अवशेष बिछा देते हैं। सुबह पशुओं से प्राप्त गोबर तथा मूत्र से सने फसल अवशेष को एकत्र कर खोदे गये गड्ढे में एक–एक मीटर की लम्बाई में तब तक भरते हैं जब तक यह सतह से 50 सेंटीमीटर ऊपर तक न आ जाय। इसके बाद पर्याप्त पानी देकर गोबर की ढेर को ऊपर तिकोना आकार देकर गोबर से लिपाई कर देते हैं। इसप्रकार तेज धूप से इसकी रक्षा होती है तथा इसपर मक्खियाँ भी आकर्षित नहीं होती हैं। अतः 3 महीने में एक गड्ढा भरकर तैयार हो जाता है। इसके बाद तुरन्त ही पहले गड्ढे के तर्ज पर दूसरा गड्ढा तैयार करते हैं तथा पहले गड्ढे के समान ही इसकी भराई आरम्भ करते हैं। जैसे ही 3 माह में दूसरा गड्ढा भर कर तैयार होता है तब तक पहले गड्ढे में खाद बनकर तैयार हो जायेगी। इसप्रकार 2 गड्ढों से प्रति 3 माह पर खाद की उपलब्धता बनी रहेगी। इस

विधि से तैयार गोबर की खाद में 0.7–0.8 प्रतिशत नत्रजन (ताजी खाद के भार के आधार पर) तथा 1.4 से 1.6 प्रतिशत नत्रजन (सूखी खाद के भार के आधार पर) होता है।

2. **गोबर की खाद बनाने कि दूसरी विधिः** गोबर के ढेर को चारों तरफ से लगभग आधा या एक फुट ऊँचा कर प्यालीनुमा बना लेते हैं। इसके बाद उसमें इतना पानी डालते है कि गोबर का ढेर पूर्णतः ऊपर से नीचे तक गीला हो जाए। इसके उपरान्त् लकड़ी या सरिया से गोबर के ढेर में जगह–जगह छेद बना कर सम्पूर्ण ढेर को काले रंग के पॉलीथीन या मोमजामा की शीट से पूरी तरह ढँक देते हैं। इस दौरान सावधानी रखी जाय कि पॉलीथीन कहीं से क्षतिग्रस्त न हो। इसप्रकार डेढ़ से दो माह में खाद तैयार हो जाती है जबकि परम्परागत विधि से गोबर की खाद तैयार करने में लगभग आठ माह का समय लगता है। इस प्रकार से तैयार खाद में पोषक तत्त्व प्रचुर मात्रा में तथा नमी की मात्रा 25 प्रतिशत तक होती है। साथ ही यह सस्ती, भुरभुरी व दुर्गन्ध रहित होती है। अच्छी तरह से सड़ने के कारण पोषक तत्त्व शीघ्र व संतुलित मात्रा में फसल को प्राप्त होते हैं। पॉलीथीन से ढके होने के कारण गोबर से निकलने वाली मिथेन गैस वायुमण्ड़ल में नहीं पहुँच पाती है जिसके फलस्वरुप ग्लोबल वार्मिंग का इसका योगदान न के बराबर होता है। इस खाद में दीमक लगने का खतरा भी नहीं होता है। उचित मात्रा में तापमान व नमी होने के कारण सूक्ष्मजीवों की क्रियाशीलता परम्परागत विधि के तुलना में अधिक होती है। इस प्रकार से तैयार खाद में खरपतवार के बीज सड़ गल कर नष्ट हो जाते हैं।

3. **गोबर की खाद बनाने के तीसरी विधिः** छाये में एक़त्र किये गये गोबर के ढेर को समतल कर उसमें 60 डिग्री पर किसी मोटे डण्ड़े की सहायता से छिद्र बना देते हैं। फिर अलग–अलग छिद्रों में अलग–अलग जैविक आदानों जैसे गोमूत्र, जीवामृत, जैव उर्वरक घोल, राख भरकर बन्द कर देते हैं। इसप्रकार 40–45 दिनों में गोबर सड़ कर खाद में परिवर्तित हो जाता है। देशी गाय के सीकम में सूक्ष्मजीवों की संख्या अन्य पशुओं के तुलना में अधिक होती है। इस प्रकार गाय के गोबर से बना खाद अन्य के तुलना में ज्यादा लाभकारी होता है।

गोबर गैस स्लरीः भारत में कुल उत्पादित गोबर का लगभग 50 प्रतिशत उपले के रुप में जलावन के लिए इस्तेमाल किया जाता है। पशुओं द्वारा भोजन के माध्यम से ग्रहण किये गये कुल नत्रजन, फास्फोरस एवं पोटाश का औसतन 70 से 90 प्रतिशत नत्रजन एवं फास्फोरिक अम्ल, 90 से 99 प्रतिशत पोटाश तथा 50 प्रतिशत जीवांश पदार्थ गोबर की खाद में उपस्थित रहता है। इसप्रकार पशुओं द्वारा चारे के माध्यम से मृदा से ग्रहण किये गये पोषक तत्त्वों का एक बड़ा हिस्सा गोबर के रुप में पुनः वापस आ जाता है। अतः पशुओं से प्राप्त गोबर को गोबर गैस प्लांट में प्रयोग

कर ईधन के रुप में इनसे निकलने वाली मैथेन गैस तथा खाद के रुप में गोबर गैस प्लांट से निकलने वाली स्लरी को पुनः मृदा में लौटाकर मृदा से होने वाले पोषक तत्त्वों की बर्बादी को रोका जा सकता है। गोबर गैस स्लरी में गोबर की खाद के तुलना में पोषक तत्त्वों की मात्रा अधिक होती है। इसमें नत्रजन, फास्फोरस (P_2O_5) तथा पोटाश (K_2O) की मात्रा क्रमशः 1.6–1.8, 1.0–1.2 तथा 1.2–1.8 प्रतिशत होती है। इसप्रकार 1 टन गोबर गैस स्लरी में लगभग 44 किलोग्राम पोषक तत्त्व होते है वही सामान मात्रा में गोबर की खाद में सिर्फ 19 किलोग्राम तथा कम्पोस्ट खाद में 27 किलोग्राम पोषक तत्त्व पाये जाते है। गोबर गैस स्लरी में पानी की मात्रा अधिक होने के कारण इसे सूखने में थोड़ा समय लगता है। अतः वर्षा ऋतु में इसका प्रयोग करना कठिन होता है।

गोबर गैस प्लांट से बायो गैस के रुप में मेथेन एवं कार्बन डाइआक्साइड तथा स्लरी की प्राप्ति होती है। ऑक्सीजन की अनुपस्थिति में गोबर, पेड़ पौधों एवं फसलों के अवशेष या अन्य किसी भी प्रकार के कार्बनिक पदार्थो द्वारा मेथेन का उत्पादन मेथेन उत्पन्न करने वाले जीवाणु द्वारा किया जाता है। इस प्रकार जीवाणुओं की क्रिया से स्लरी में पोषक तत्त्वों की मात्रा कम्पोस्ट से अधिक होता है। अनुमानतः 13–14 टन फसल अवशेष जैसे धान–गेहूँ इत्यादि के भूसे, गन्नें की पत्ती, केले का तना एवं पत्ती, खरपतवार, जलकुम्भी, गाजर घास (पार्थेनियम), मिरचाई, भांग इत्यादि का प्रयोग गोबर गैस प्लांट में कर के 2400 घनमीटर गैस (1500 लीटर केरोसिन ऊर्जा के बराबर) तथा 25–28 टन कार्बनिक खाद तैयार किया जा सकता है। कृषि अवशेष अथवा खरपतवार के साथ तथा गोबर का प्रयोग 1:1 के अनुपात में किया जा सकता है।

4. **कम्पोस्ट खादः** कम्पोस्ट खाद बनाना एक जैविक प्रकिया है जो वायुवीय एवं अवायुवीय सूक्ष्मजीवों की सहायता से सम्पन्न होती है। इस प्रकिया में उच्च कार्बन नत्रजन अनुपात (40:1 से अधिक) वाले जैव पदार्थो का कार्बन नत्रजन अनुपात घट कर करीब 15:1 के पास पहुँच जाता है। कम्पोस्ट बनाने के विधियों को निम्न प्रकार से वर्गीकृत किया जा सकता है–

   क) ग्रामीण कम्पोस्टः इसप्रकार का कम्पोस्ट खेतों से निकलने वाले वनस्पतियों, फसल अवशेषों, पशुओं के बिछावन में इस्तेमाल फसल अवशेष इत्यादि से तैयार किया जाता है।

   ख) शहरी कम्पोस्टः यह शहरों से निकलने वाले अपघटन योग्य पदार्थो जैसे सब्जी एवं फल मण्ड़ी से निकलने वाले कचरे, घरेलू कचरे इत्यादि को इस्तेमाल कर बनाया जाता है।

ग) **वायुवीय कम्पोस्ट (इंदौर विधि)**: इस विधि में अपशिष्ट पदार्थ को वायु या ऑक्सीजन की उपस्थिति में उच्च तापमान, पर्याप्त नमी एवं वायुवीय सूक्ष्मजीवों की सहायता से अपघटन कराकर कम्पोस्ट बनाया जाता है। इस विधि में कम्पोस्ट तीब्र गति से बनता है तथा इसमें से दुर्गन्ध नही आती है।

घ) **अवायुवीय कम्पोस्ट (बैंगलौर विधि)**: इस विधि में अपशिष्ट पदार्थ को वायु या ऑक्सीजन की अनुपस्थिति में कम तापमान तथा अवायुवीय सूक्ष्मजीवों (क्लोस्ट्रीडियम, सेलुलोमोनास इत्यादि) की सहायता से अपघटन कराकर कम्पोस्ट तैयार किया जाता है। इस विधि से कम्पोस्ट बनाने के समय बहुत से मध्यवर्ती यौगिक बनते हैं जिसके कारण इसमें से थोड़ी दुर्गन्ध आती है। इस विधि में कम्पोस्ट धीमी गति से बनता है तथा मैथेन गैस भी उत्सर्जित होती है जिसे ईधन के रुप में इस्तेमाल किया जा सकता है।

ड.) **मिजोफिलिक कम्पोस्ट**: इस विधि में कम्पोस्ट बनाने के लिए 15 से 50 डिग्री सेंटीग्रेट तापमान की आवश्यकता होती है।

च) **थर्मोफिलिक कम्पोस्ट**: इस विधि में कम्पोस्ट बनाने के लिए 45 से 65 डिग्री सेंटीग्रेट तापमान की आवश्यकता होती है।

छ) **खुले या लम्बी पंक्तियों में कम्पोस्ट बनाना**: इस विधि में कम्पोस्ट बनाने की पूरी प्रक्रिया खुले वातावरण में होती है। इसमें अपशिष्ट पदार्थो को 2.5 से 3.0 सेंटीमीटर ऊँची और इतनी ही चौड़ी तथा सुविधा अनुसार लम्बी ढेर लगाते हैं। इस ढेर की उल्टाई पल्टाई करते रहते हैं ताकि इसमें वायु संचरण अच्छी तरह से होता रहे। इस विधि से बड़े पैमाने पर कम्पोस्ट खाद बनाने का कार्य किया जाता है। भारतीय कृषि अनुसंधान संस्थान, नई दिल्ली के वैज्ञानिकों ने विभिन्न सूक्ष्मजीवों के मिलाकर सूक्ष्मजीव संघ (microbial consortium) बनाया है जिसका प्रयोग इस विधि में करने से कम्पोस्ट खाद बहुत कम समय में बन कर तैयार हो जाता है।

ज) **यांत्रिक कम्पोस्टिंग**: इस विधि में कार्बनिक अपशिष्ट पदार्थो को यंत्रों की सहायता से बारीक बनाया जाता है तथा बाद में खुले या लम्बी पंक्तियों में कम्पोस्ट बनाने की विधि के समान ही ढेर लगाया जाता है। इस विधि में 2 सप्ताह के भीतर कम्पोस्ट बनकर तैयार हो जाता है।

5. नाडेप विधि

इस विधि में आयतकार छिद्रों वाला का 10 मीटर लम्बा X 6 मीटर चौड़ा X 3 मीटर गहरा आकार का एक गड्ढ़ा बनाते हैं। गड्ढे के सतह पर अच्छी किस्म की गोबर भरते हैं ताकि पानी का रिसाव न हो। तत्पश्चात् फसलों के अवशेष, खरपतवर, तथा

अन्य जैव पदार्थो को गोबर की पर्त के साथ–साथ मिट्टी के पर्त को एक के ऊपर एक बिछाकर भर देते हैं। यह गड्ढ़ा अपने अन्दर 1350 किलोग्राम फसलों के अवशेष, 90 किलोग्राम गोबर, 4300 लीटर पानी रख सकता है। हर पर्त पर सूक्ष्मजीवों के टीके का प्रयोग करना चाहिए। गड्ढ़े को ऊपर तक भरने के बाद उसपर चिकनी मिट्टी एवं गोबर मिश्रण से लेप लगाकर बन्द कर दिया जाता है। इस विधि से 100–120 दिन के अन्दर कम्पोस्ट बनकर तैयार हो जाता है।

कम्पोस्ट जल्दी तैयार करने हेतु कुछ व्यवहारिक सुझाव

- यदि रेशेदार पदार्थो जैसे पुआल, सूखी घासें, पत्तियाँ इत्यादि का प्रयोग कम्पोस्ट बनाने के लिए किया जा रहा हो तो कम्पोस्ट बनने के दौरान नमी की मात्रा 75 से 80 प्रतिशत रखना आवश्यक होता है। वही कम्पोस्ट बनाने हेतु हरी घास, फल एवं सब्जियों या नमीयुक्त अपशिष्ट पदार्थो का इस्तेमाल किया जा रहा हो तो नमी की मात्रा 50 से 60 प्रतिशत रखना आवश्यक है। पर्याप्त नमी की मात्रा कम्पोस्ट बनाने के दौरान सूक्ष्मजीवों की क्रियाशीलता बनाने में काफी सहायक होता है।
- कम्पोस्ट बनाने के दौरान तापमान 35–50 डिग्री सेंटीग्रेट के बीच होना आदर्श माना जाता है। इस तापमान पर सूक्ष्मजीव अधिक क्रियाशील होते हैं। उच्च तापमान (लगभग 70 डिग्री सेंटीग्रेट) पर रोगकारक सूक्ष्मजीव, हानिकारक कीटों के लार्वा, खरपतवार के बीज इत्यादि नष्ट हो जाते हैं।
- कम्पोस्ट बनाने के शुरुआती दौर में 35 से 50 डिग्री सेंटीग्रेट तापमान पर पी.एच मान 5.5 से 6.5 के बीच पहुँच जाता है तथा जब तापमान बढ़कर 70 डिग्री सेंटीग्रेट से अधिक होता है तो पी0 एच0 बढ़कर 8.0 से अधिक हो जाता है। फिर तापमान गिरने के साथ यह पुनः घटकर 7.5 के करीब पहुँच जाता है।
- सूक्ष्मजीवों द्वारा अपशिष्ट पदार्थो को अपघटित कर कार्बन को ऊर्जा स्त्रोत के रुप में तथा नत्रजन को कोशिकाओं के निर्माण हेतु उपयोग किया जाता है। इसप्रकार अपघटन के दौरान कार्बन, कार्बन डाइआक्साइड के रुप में परिवर्तित हो जाता है। अतः अपशिष्ट पदार्थो का कार्बन/नत्रजन अनुपात 70:1 से घटकर 15–20:1 तक पहुँच जाता है।
- वायुवीय सूक्ष्मजीवों के लिए कम्पोस्ट बनाने के समय उचित वायुसंचरण की व्यवस्था सुनिश्चित करनी चाहिए।
- कम्पोस्ट बनाने के लिए उपयोग में लायी जाने वाली समाग्रियों के साथ पादप कोशिकाओं तथा सेलुलोज एवं लिग्निन को अपघटित करने वाले सूक्ष्मजीवों को मिलाने से अपघटन की क्रिया तीव्र हो जाती है तथा कम समय में उच्च गुणवत्ता की खाद बन कर तैयार हो जाती है।

खाद को प्रयोग करते समय ध्यान देने योग्य बातें

1. कम्पोस्ट या गोबर की खाद 10 टन/एकड़ या 30–40 टन प्रति हेक्टेयर की दर से प्रयोग करनी चाहिए।
2. खलियों को प्रायः सभी भूमि एवं फसलों में 1 से 5 क्विंटल की दर से प्रयोग किया जा सकता है।
3. हरी खाद सिंचित क्षेत्र में 6 टन/हेक्टेयर की दर से प्रयोग करने हेतु संस्तुत किया जाता है।
4. अच्छी तरह से तैयार खाद ही खेतों में प्रयोग करनी चाहिए।
5. बोआई के लगभग 15 दिन पहले खादों का प्रयोग खेत में करना चाहिए तथा शीघ्र ही जुताई कर इन्हें मृदा में मिला देना चाहिए।
6. खादों के प्रयोग हेतु सिंचाई करने की कोई आवश्यकता नहीं होती है। परन्तु हरी खाद के प्रयोग के समय सिंचाई की आवश्यकता होती है ताकि ये अच्छी तरह से सड़कर मृदा में मिल जाय।
7. प्रयोगों द्वारा यह साबित हो चुका है कि रसायनिक उर्वरकों के साथ जैविक खादों के प्रयोग करने से फसलों को सभी आवश्यक पोषक तत्त्व हमेशा मिलते रहते रहते हैं।
8. खादों का प्रयोग सभी फसलों में करना लाभदायक होता है।

(ख) सान्द्रित खाद (concentrated organic manure)

वे कार्बनिक खाद जिसमें गोबर की खाद/कम्पोस्ट की तुलना में मुख्य पोषक तत्त्व (नत्रजन, फास्फोरस तथा पोटाश) अधिक मात्रा में पाये जाते है, सान्द्रित खाद कहलाता हैं। सान्द्रित खाद खासकर पशुओं एवं पौधों के अपशिष्ट से बनाये जाते है। इसके अर्न्तगत तिलहनी फसलों से प्राप्त खली तथा रक्त, मांस, मछली, ऊन, रेशम–कीटों इत्यादि से निर्मित कार्बनिक खाद आते हैं।

1. **खलियों का खाद (Oilcake manure):** तिलहनी फसलों के बीजों से तेल निकालने के पश्चात् ठोस के रुप में प्राप्त अवशेष पदार्थ खली कहलाता है। यह नत्रजन, फास्फोरस, प्रोटीन, कार्बोहाइड्रेड इत्यादि का अच्छा स्त्रोत होता है। अतः खलियों को महीन पिसकर फसलों एवं खेतों में प्रयोग करने से फसलों की बढ़वार में वृद्धि होने के साथ–साथ मृदा के उर्वरा शक्ति में भी सुधार होता है। चूँकि खलियाँ तीव्र गति से कार्य करने वाले कार्बनिक खाद होते हैं। अतः इनमें उपस्थित नत्रजन

कार्बनिक खादों के खेत में प्रयोग करने के 7–10 दिन में ही पौधों को उपलब्ध हो जाते हैं। इसप्रकार इन्हें बुआई से कुछ दिन पूर्व या बुआई के समय भी प्रयोग किया जा सकता है। परन्तु महुआ की खली इनमें एक अपवाद है। इसमें उपस्थित नत्रजन को पौधों को उपलब्ध होने में 2 माह लग जाते हैं। अतः महुआ की खली का प्रयोग खेतों में बुआई से 2 माह पूर्व करना चाहिए। खलियों के खादों में उपलब्ध पोषक तत्त्वों को तालिका–8.4 में दर्शाया गया है।

तालिका–8.4 खलियों के खादों में उपलब्ध पोषक तत्त्व

खलियों की खाद	नत्रजन (N)	फास्फोरस (P_2O_5)	पोटाश (K_2O)
अखाद्य खलिया			
रेड़ी की खली	4.3	1.8	1.3
महुआ की खली	2.5	0.8	1.8
नीम की खली	5.2	1.0	1.4
खाद्य खलियॉ			
तीसी की खली	4.9	1.4	1.3
मुँगफली की खली	7.3	1.5	1.5
नाईजर की खली	4.7	1.8	1.3
सरसों की खली	5.2	1.8	1.2
नारियल की खली	3.0	1.9	1.8

2. **पाश्विक खाद (Animal manure):** पशुवधशालाओं से प्राप्त रक्त, हड्डियाँ, मांस के अवशेष इत्यादि को विशेष तापमान पर सूखाकर इन्हें चूर्ण में परिवर्तित कर लिया जाता है ताकि आसानी से खेतों में इनका प्रयोग किया जा सके। मछलियों को भी तेल निकलाने के पश्चात् सूखाकर चूर्ण में बदल दिया जाता है। समुद्री पक्षिओं की सूखी बीट (मल) को ग्वानों के नाम से जाना जाता है, जिसमें इनके द्वारा खायी गई मछलियों के अवशेष मिले होते हैं। यह एक उत्तम प्रकार की खाद मानी जाती है, भारत में यह कहीं भी देखने को नहीं मिलती है। पशुओं से प्राप्त सींग (9.5 प्रतिशत नत्रजन) तथा खुर (15 प्रतिशत N तथा 2.5 प्रतिशत P_2O_5) में भी पोषक तत्त्व अच्छी मात्रा में पाये जाते हैं। भारतवर्ष में सभी मृत पशुओं के सींग एवं खुर को यदि एकत्र किया जाय तो प्रति वर्ष लगभग 14,000 टन के करीब होगा, जिसका बड़े पैमाने पर पोषक तत्त्वों के स्त्रोत के रुप में इस्तेमाल किया जा सकता है। पाश्विक खाद पौधों के लिए आवश्यक मुख्य पोषक तत्त्वों के अच्छे स्त्रोत होते हैं, जिसे तालिका 8.5 में दर्शाया गया है।

तालिका–8.5 पाश्विक खादों में पोषक तत्त्वों की मात्रा (प्रतिशत में)

पोषक तत्त्व	रक्त चूर्ण	मांस चूर्ण	मछली का चूरा	ग्वानो	ऊन अपशिष्ट	रेशमकीट अपशिष्ट
नत्रजन (N)	10–12	10–11	5–8	7–8	4.7	10
फास्फोरस (P_2O_5)	1–2	2–2.5	3–9	11–14	–	–
पोटाश (K_2O)	0.6–0.8	0.7–1.0	0.3–1.5	2–3	1–5	1.5

कृषि अपशिष्ट अपघटक (Agriculture Waste Decomposer)

राष्ट्रीय जैविक खेती केन्द्र, गाजियाबाद, ने जैविक खाद बनाने की एक नई तकनीक 'अपशिष्ट अपघटक' (Waste Decomposer) विकसित की है जिसमें पशुओं के गोबर एवं ग्रामीण कचरे से कम लागत में अच्छी गुणवत्तायुक्त जैविक खाद तैयार की जाती है। इस तकनीक में किसी प्रकार के गड्ढा या पक्की संरचना की कोई आवश्यकता नहीं होती है। अपशिष्ट अपघटक की एक शीशी जिसकी कीमत मात्र 20 रुपये है, से 200 टन से अधिक खाद तैयार की जा सकती है। इस विधि से खाद तैयार करने में मात्र 40 दिन का समय लगता है। एक शीशी अपशिष्ट अपघटक को किसान भाई कई सालों तक इस्तेमाल कर सकते है। यह ठीक दही जमाने हेतु प्रयोग में आने वाले जामन (stater) की तरह कार्य करता है जिससे महीनों दही जमाने का कार्य चलता रहता है।

प्रयोग विधि

1. एक ड्रम या टंकी में 200 लीटर पानी लेकर उसमें 2 किलों गुड़ डालकर अच्छी तरह से मिलाते हैं।
2. इसके बाद अपशिष्ट अपघटक के शीशी में उपलब्ध समस्त समाग्री को ड्रम में डालकर मिलाते हैं। इस समाग्री को हाथ नहीं छुते तथा इसे निकालने के लिए लकड़ी या तार की सहायता लेते हैं।
3. तत्पश्चात् ड्रम में उपस्थित समाग्रियों को भँलि–भाँति लकड़ी की सहायता से हिलाकर मिलाते है तथा बोरे या अखबार से ढँककर दो दिन (सर्दियों में 4 दिन) के लिए छोड़ देते हैं।
4. छायादार स्थान पर एक प्लास्टिक शीट पर कम्पोस्ट को फैलाते है तथा प्रति टन कम्पोस्ट में 20 लीटर अपशिष्ट अपघटक के तैयार घोल का छिड़काव कर इसके ऊपर पुनः कम्पोस्ट फैलाकर पुनः 20 लीटर अपशिष्ट अपघटक के तैयार धोल का छिड़काव कर करते हैं। इसप्रकार इस प्रक्रिया को तब तक दोहराते है जब तक कि 200 लीटर घोल समाप्त न हो जाय।

5. इस दौरान कम्पोस्ट खाद में नमी की मात्रा को 60 प्रतिशत बनाये रखते हैं।
6. एक सप्ताह के अन्तराल पर सम्पूर्ण कम्पोस्ट को उलटते–पलटते रहते हैं।

इसप्रकार 40 दिनों में कम्पोस्ट बनकर तैयार हो जाता है। एक शीशी डिकम्पोजर को कई सालों तक इस्तेमाल किया जा सकता है।

भूमि स्वास्थ्य सुधारक (Soil health revival)

कृषि एवं किसान कल्याण मंत्रालय के तत्त्वधान में राष्ट्रीय जैविक खेती केन्द्र, गाजियाबाद में दीर्घकालिन शोध के पश्चात् भूमि सुधारक टीका विकसित किया गया है। इसके प्रयोग से कृषि भूमि के स्वास्थ्य में आ रही गिरावट (पोषक तत्त्वों की उपलब्धता में कमी, भूमि का कठोर होना, भूमि के जीवांश एवं जैविक सक्रियता में कमी इत्यादि) के कारण उत्पादकता एवं उर्वरता में आ रहे ठहराव को पुनः ठीक किया जा सकता है।

टीका तैयार करने के लिए एक 200 लीटर क्षमता वाले साफ ड्रम, दो किग्रा. गुड़ तथा टीके की शीशी की आवश्यकता होती है। ड्रम में 200 लीटर पानी भर कर गुड़ या शीरा से तैयार घोल एवं टीके को ड्रम में डाल छोड़ देते हैं। इसप्रकार यह 7–10 दिनों में प्रयोग करने हेतु तैयार हो जाता है। तैयार 'भूमि स्वास्थ्य सुधारक टीका' के घोल का प्रयोग किसी भी प्रकार के सामान्य या कमजोर खेत में, खेत की तैयारी से प्रत्येक सिंचाई पर सिंचाई जल के साथ प्रयोग करने से भूमि का स्वास्थ्य धीरे–धीरे ठीक होने लगता है। टीके की शीशी प्राप्त करने के लिए राष्ट्रीय जैविक खेती केन्द्र, गाजियाबाद एवं इसके 6 क्षेत्रीय केन्द्रों जैसे बैंगलौर, भुवनेश्वर, जबलपुर, नागपुर, पंचकुला व इम्फाल से 20 प्रति शीशी के दर से आसानी से प्राप्त किया जा सकता है। टीके का प्रयोग करते समय 10–15 लीटर घोल जामन के तौर पर बचा लेना चाहिए तथा हर बार 2 किग्रा. गुड़ डालकर ड्रम को पानी से भरने के बाद यह टीका 5 से 7 दिनों के अन्दर पुनः तैयार हो जाता है।

सींग खाद

बी.डी.–500: जैव सक्रिय पदार्थों के प्रणेता रूडोल्फ स्टेनर के अनुसार, गाय का गोबर अनेक नक्षत्रीय शक्तियों से परिपूर्ण है। वही गाय सींग के खोल में नक्षत्रीय शक्तियों को ग्रहण करने की अभूतपूर्व क्षमता है। भारतीय पंचांग एवं चन्द्र कैलेन्डर के हिसाब से सींगों को क्वार नवरात्र (अक्तूबर–नवम्बर) के समय गड्डे मे गाड़ा जाना चाहिये तथा चैत्र नवरात्र (मार्च–अप्रैल) में निकाला जाना चाहिये। सींग खाद का निर्माण निम्न प्रकार से किया जाता है–

- सर्वप्रथम कम से कम 2–3 बार बच्चे जन चुकी मृत गाय के सींग को सिर से काट कर अलग किया जाता है। तत्पश्चात् इन्हें अन्दर से खुरच–खुरच खोखला बनाकर

भँलि–भाँति पानी से धोने के बाद धूप में सुखने के छोड़ दिया जाता है ताकि किसी प्रकार का इससे दुर्गंध न आये। सींग में कोई दरार या छेद नहीं होना चाहिए। यदि उसपर कोई पेन्ट या रंग लगा हो तो उसे केरोसिन तेल से छुडाकर साफ कर लेना चाहिए।

- दुधारू गाय का ताजा गोबर फेट कर चिकनी लेई बनायी जाती है और धीरे–धीरे सींग खोल में भर देते हैं। ध्यान रहे लेई भरते समय सींग खोल में हवा बिलकुल न रहे। जिस गाय से गोबर लेना हो उसे 15 दिन पूर्व से कोई औषधि या हार्मोन नहीं देना चाहिए।
- किसी खुले स्थान पर उपजाऊ भूमि में लगभग 40 से.मी. गहरा एक गड्ढा खोदते हैं जिसमें 5 से.मी. मोटी उपरी उपजाऊ सतह की मिट्टी की परत बिछाकर पानी से नम करते हैं।
- इसके बाद सींग का नुकीला भाग आसमान की ओर तथा खुला भाग गड्ढे के सतह पर रख कर इसे खड़ा कर देते हैं। इसीप्रकार थोड़ी–थोड़ी दूर सभी सींगों को खड़ा कर देते हैं।
- अब गड्ढे को मिट्टी एवं पूरी तरह पकी गाय की गोबर खाद के मिश्रण (25:1) से भर कर बंद कर देते हैं और समय समय पर पानी का छिडकाव कर मिट्टी को नम बनाये रखते हैं।

इस प्रकार 5 माह में सींग खाद बनकर तैयार हो जाता है। अच्छी तरह से तैयार सींग खाद नम तथा दुर्गंधरहित होती है। सींग खाद को मिट्टी के बर्तन में ढ़क कर किसी ठंडे स्थान पर रखना चाहिए। ध्यान रहे पूरे भंडारण के समय खाद नम बनी रहे और ढक्कन से हवा आती जाती रहे। यदि तापमान अधिक हो तो इस मिट्टी के बर्तन को दो तिहाई मिट्‌टी में दबाकर आस पास की मिट्‌टी को पानी छिड़क नम बना लेना चाहिए।

सींग खाद का प्रयोग सभी प्रकार की फसलों में दो बार किया जाता है, पहली बार बुवाई के एक दिन पहले और दूसरी बार जब फसल 20 दिन की हो जाय। अच्छे परिणाम प्राप्त करने के लिये यह जरूरी है कि इसका प्रयोग पूर्ण चन्द्र दिवसों (पूर्णमासी के आस पास) में किया जाय। अमावस्या या उसके आस पास के दिनों में प्रयोग से इस खाद का प्रभाव पूरा नहीं होगा।

प्रयोग विधि

- 30 ग्राम सींगखाद को 13 लीटर ट्‌यूबवेल या वर्षा जल में मिला कर हाथ से एक घंटे तक बारी–2 से घड़ी की दिशा व विपरीत दिशा में घुमा कर घोल तैयार करते हैं। ध्यान रहे घोल तैयार करने के लिए नल का पानी प्रयोग में नहीं करना चाहिए।

- इसके बाद तैयार घोल को सूर्यास्त के समय स्प्रेयर की मदद से खेत में मिट्टी पर स्प्रे करते हैं। यदि स्प्रेयर उपलब्ध न हो तो एक झाडू की मदद से मिट्टी पर छिड़काव किया जा सकता है।
- सींग खाद का घोल तैयार करने के एक घंटे के अंदर ही प्रयोग कर लेना चाहिए।

लाभ

- मिट्टी में लाभकारी सूक्ष्मजीवों तथा केंचुओं की संख्या में वृद्धि होती है।
- पौधों के जड़ों का विकास अच्छी तरह से होता है।
- नक्षत्रीय शक्तियों के कारण पौधों की बढ़वार अच्छी होती है और भूमि की जैविकीय प्रक्रियाओं मे सुधार होता है।

बी.डी 501 (सींग सिलिका खाद) : बरीक पिसे हुए सिलिका पाउडर को ताजा ट्यूबवैल या वर्षा जल के साथ मिलाकर आटे की तरह गूंधकर लुग्दी बना लेते हैं और धीरे–धीरे इसे गाय से प्राप्त सींगों में भरते हैं। इसके बाद सींगों को लगभग दो घंटे के लिये सीधा खड़ा करके रखते हैं ताकि अतिरिक्त ऊपर आये पानी को अलग कर खाली जगह को पुनः सिलिका लुग्दी से भरा जा सके। सींग में कोई भी खाली जगह या हवा नहीं रहे इसका ध्यान रखना आवश्यक है। फिर बी.डी–500 के समान ही सीगों को गड्ढे में गाड़ कर मिट्टी से ढ़क देते हैं। सिलिका सींगों को चैत्र नवरात्र के समय गाड़ा जाता है और क्वार नवरात्र के समय निकाला जाता है। इस प्रकार 6 माह के बाद सींगों को खोदकर निकालने के उपरान्त सिलिका को इकट्ठा कर किसी साफ पक्के फर्ष या पॉलीथीन पर फैलाकर धूप में सूखा लेते हैं। इस सूखे चूर्ण को काँच की बोतलों में या चीनी मिट्टी के बर्तनों में भरकर खुले हवादार तथा रोशनी से भरपूर स्थान पर रखना चाहिए। ध्यान रहे सींग सिलिका खाद से भरे बोतलों या बर्तनों को कभी भी छायादार, ठंडे या अंधेरे स्थान पर नहीं रखना चाहिए।

प्रयोग विधि

एक ग्राम बी.डी.–501 (एक ग्राम सींग सिलिका) को 13 लिटर पानी में मिलाकर बी. डी–500 के समान ही घोल तैयार करते हैं जो एक एकड़ फसल पर छिड़काव के लिए पर्याप्त होता है। इस घोल को सुबह सूर्योदय के बाद अच्छे स्प्रेयर की मदद से खेत के उपर हवा में छिड़कते हैं। छिड़काव के लिए सबसे महीन नोजल का प्रयोग करना लाभप्रद होता है। नोजल को सिर के ऊपर आकाश की दिशा मे रखते हुऐ स्प्रे करना चाहिए ताकि सिलिका के महीन कण समान रूप से चारों ओर फसल की पत्तियों पर फैल जाये। सभी प्रकार की फसलों में सींग सिलिका का प्रयोग तीन बार किया जाता है, पहली बार फसल में 3–4 पत्तियाँ आने की अवस्था पर फिर दो बार 30 दिन के अंतराल पर। इसके प्रयोग से

पौधों की प्रकाश संश्लेषण प्रक्रिया में वृद्धि होती है, फलों और दानों की गुणवत्ता में सुधार होता है और कुछ रोग (जैसे मिल्डयू व ब्लाइट) एवं कीटों की भी रोकथाम होती है। ध्यान रहे बी.डी. 500 का उपयोग खेत में मिट्टी पर तथा बी.डी. 501 का प्रयोग खड़ी फसल पर स्प्रे करके किया जाता है।

बी.डी. मिश्रण (502–507): व्यवहारिक तौर पर बी.डी. मिश्रण (502–507) को बनाना काफी जटिल है लेकिन एक बार बनाने के पश्चात् इन मिश्रणों को कांच की बोतलों में अधिक समय तक रखा जा सकता है। एक चम्मच बी.डी. कम्पोस्ट मिश्रण (502–507) तीन घन मीटर कम्पोस्ट पिट के लिए पर्याप्त है। एक चाय का चम्मच बी.डी मिश्रण (502–506) कम्पोस्ट पिट में 30–40 से.मी. गहरा छेद कर डाला जा सकता है। बी.डी. मिश्रण 507 को पानी में मिलाकर कम्पोस्ट पिट पर छिड़काव करना चाहिए। बी.डी. 502 से 508 भारत में लोकप्रिय नहीं हैं। ये बाजार में भी उपलब्ध हैं तथा कुछ संस्थाओं द्वारा भारत में ही बनाये जा रहे हैं। इनका विवरण संक्षिप्त रुप में तालिका–8.6 में दिया गया है।

तालिका–8.6 बी.डी. 502–507 तक संक्षिप्त विवरण

बी.डी. खाद	संक्षिप्त विवरण
बी.डी. 502 	नमी से भरपूर यारो (*Achillea millefolium*) के फूलों को फरवरी माह में (बसंत ऋतु) में हिरन के ब्लैडर में रख कर सूर्य की रोशनी में लटकाते हैं। फिर इसे शरद ऋतु में अच्छी नमीयुक्त मिट्टी में दबाकर रखते हैं। बसन्त ऋतु में मिट्टी से निकालकर कम्पोस्ट के साथ मिश्रण बना कर खेत में प्रयोग करते हैं। इसप्रकार से तैयार खाद, पोटाश व सल्फर चक्र के संचालन में सहायक होता है।
बी.डी.503 	चैमोमिली (*Matricria chamomilla*) के फूलों को ग्रीष्म ऋतु में इकट्ठा करके थोड़ा पानी डालकर एवं चामोमिली चाय को मिलाकर ताजा कटी हुई गाय की आँत में डालकर इसके छोटे–छोटे टुकड़े किये जाते हैं तथा इन टुकड़ों को अच्छी ह्यूमस वाली मिट्टी में वर्षा के मौसम में दबा दिया जाता है। दबाने के स्थान का चयन बर्फ पिघलने पर पानी के बहाव के नजदीक होना चाहिए। इस तरह से प्राप्त मिश्रण कम्पोस्ट में कैल्शियम निर्धारण में मद्द करता है।
बी.डी.504 	स्टींगगिंग नेटल (*Urtica dioic*) को पीट मौस घास में लपेटकर एक वर्ष तक मिट्टी में दबाया जाता है तत्पश्चात् इसको कम्पोस्ट में मिलाया जाता है। यह कम्पोस्ट के ह्युमिफिकेशन मे मद्द करता है।
बी.डी.505 	ओक वृक्ष की छाल को मृत बकरी या भेंड़ के सिर वाले हिस्से में भरकर वर्षा ऋतु में धीरे–धीरे पानी के रिसाव होने वाले स्थान पर दबाया जाता है। बसन्त ऋतु में इसे मिट्टी से निकालकर कम्पोस्ट में मिलाकर खेत में प्रयोग किया जाता है। इससे कम्पोस्ट में कैल्शियम की मात्रा में वृद्धि होने के साथ–साथ पौधों में प्रतिरोधक क्षमता भी बढ़ती है।
बी.डी.506 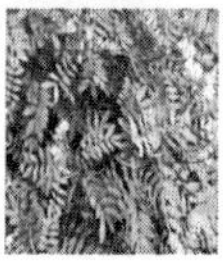	डैन्डेलियन वृक्ष के सूखे फूलों को बसंत ऋतु में इकट्ठा कर तथा थोड़ा गीला करके मरी हुई गाय की आँत के आस–पास वाली झिल्ली में डालकर एक वर्ष तक मिट्टी में दबाया जाता है यह मिश्रण कम्पोस्ट में सिलिका एवं पोटाश के बीच होने वाली प्रक्रिया को तेज कर पोटैशियम आयन को मिट्टी में छोड़ने में मद्द करता है।

बी.डी.507 	वैलेरियन (*Valeriana officinalis*) के फूलों के रस को वर्षा जल में मिलाकर कम्पोस्ट पिट पर छिड़काव से कम्पोस्ट की फास्फोरस घुलनशीलता में वृद्धि होती है।
बी.डी. 508 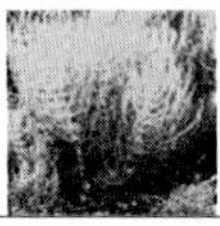	ताजा कटे हुए होर्सटेल पौधे (*Equisetum auriense*) को पानी में डालकर 20 मिनट तक उबालने के बाद इसे छानकर काँच की बोतलों में भरकर अधिक समय के लिए रखा जा सकता है। यह घोल फफूँदी नाशक का काम करता है।

काउ पैट पिट (Cow Pat Pit)

- काउ पैट पिट (सी.पी.पी.) बनाने के लिए ईंट का 90x60x30 से.मी. का एक गड्ढा बनाते हैं जिसके सतह को पक्का नहीं किया जाता है। फिर इसे ताजा गोबर से लिपने के बाद सूखने के लिए छोड़ देते हैं।
- इसके बाद 60 कि.ग्रा. दुधारु गाय का ताजा गोबर, 200 ग्राम अण्ड़े के छिलके एवं 300 ग्राम ग्रेनाईट डस्ट को अच्छी तरह मिलाकर 12 से.मी. तक गड्डे को भरा जाता है तथा 100 ग्राम गुड को 1 लीटर पानी में घोल कर गोबर मिश्रण के साथ अच्छी तरह मिलाते हैं।
- तत्पश्चात् गोबर मिश्रण को समतल कर पांच छेद किये जाते हैं जिनमें बी.डी. मिश्रण 502 से 506 (3 ग्राम प्रति छेद की दर से) प्रत्येक छेद में डालते हैं।
- इसके बाद बी.डी. मिश्रण 507 को पानी में मिलाकर पिट पर छिड़काव करते है तथा टाट की बोरियों से इसको ढ़ंक कर छोड़ देते हैं।
- प्रत्येक सप्ताह यह देखते है कि सतह पर कहीं दरार तो नही पड़ी है अर्थात सतह के सूखा होने पर 2 से 3 लीटर पानी डाल कर पुनः ढँक देते हैं।
- दो सप्ताह पश्चात् वायु प्रवाह हेतु इसको उलटा पलटा जाता है तत्पश्चात् पुनः ढ़ंक देते हैं।
- इसी प्रकार सी.पी.पी. खाद लगभग 2 से 3 माह में बनकर तैयार हो जाता है।
- तैयार खाद को मिट्टी के घड़े में भर कर नमी वाले स्थान पर रख देते हैं।

प्रयोग विधि

सी.पी.पी. खाद को निम्न प्रकार से प्रयोग किया जा सकता है–

1. सी.पी.पी. को 2 किग्रा./एकड़ की दर से कम्पोस्ट में मिलाकर भी प्रयोग किया जा सकता है।

2. 100 ग्राम सी.पी.पी. प्रति एकड़ के हिसाब से बी. डी. 500 या 501 में मिलाकर स्प्रे किया जा सकता है।
3. सी.पी.पी. को 5 किग्रा./एकड़ की दर से फसल पर हर 15 दिन में छिड़काव किया जा सकता है।
4. सी.पी.पी. को फल वृक्षों के तनों पर पेस्ट के रूप में भी प्रयोग किया जा सकता है।
5. सी.पी.पी. को बायो डाईनेमिक कम्पोस्ट में बी.डी. 502–507 की जगह भी प्रयोग किया जा सकता है।

पेड़ों के लिए बायोडायनेमिक लेई (Biodynamic tree paste)

बायोडायनेमिक ट्री पेस्ट बनाने के लिए 2:1:1 के अनुपात में गाय का गोबर, चिकनी मिट्टी तथा बालू मिश्रण बनते हैं तथा इसमें बी.डी. 500 को मिला कर पेस्ट बनाते हैं। इसप्रकार तैयार पेस्ट का पेड़ों के डालियों पर लेप लगाते हैं। इससे डालियों के छाल स्वस्थ एवं मजबूत बनते हैं। यदि छाल पर घाव बने हो तो जल्दी भरते हैं तथा बीमारियों से इनकी रक्षा होती है। इसे पेस्ट का प्रयोग कटाई–छटाई के उपरान्त कटे हुए भाग पर भी किया जा सकता है।

(ग) विशिष्ट खाद (Special manure)

(क) सूखा खाद (Solid manure)

घन जीवामृत

घन जीवामृत बनाने के लिए 100 कि.ग्रा. गाय का गोबर (एक सप्ताह तक छाये में सूखाया हुआ), 1 ली. गौ–मूत्र (मिट्टी या प्लास्टिक के बर्तन में), 1 कि.ग्रा. गुड या फलों के गुदे की चटनी तथा 2 किग्रा. बेसन (चना/उड़द/अरहर/मूंग) + 50 ग्राम पेड़ के नीचे की मिट्टी की आवश्यकता होती है। सर्वप्रथम 100 किग्रा. गाय के गोबर को किसी पक्के फर्श या पॉलीथीन पर फैलाते हैं। तत्पश्चात् इसके ऊपर क्रमशः 1 कि.ग्रा. गुड या फलों के गुदे की चटनी, 2 किग्रा. बेसन, 50 ग्राम पेड़ के नीचे की मिट्टी तथा 1 ली. गौ–मूत्र डालकर फावड़े की सहायता से अच्छी तरह मिला लेते हैं। फिर तैयार मिश्रण का ढेर बना कर जूट के बोरे से ढँक कर 48 घण्टें के लिए छोड़ देते हैं। इसके बाद इसे छाये में सूखा कर चूर्ण बना कर जूट के बोरे में भर कर 6 माह तक प्रयोग करने के लिए रख सकते हैं। इसे खेत में बुवाई के समय या सिंचाई के समय एक क्विंटल प्रति एकड़ की दर से प्रयोग किया जाता है।

बरगद या पीपल के पेड़ के नीचे की मृदा : बरगद या पीपल के पेड़ के नीचे की 40 किग्रा. मृदा को प्रति हेक्टेयर की दर से छिड़काव करना लाभदायक होता है। इस

मृदा से सूक्ष्मजीवों एवं केंचुओं को पोषण मिलता है और भूमि सजीव हो उठती है। मृदा का छिड़काव करने के बाद भूमि के ऊपर सूखे पत्ते या फसल अवशेषों का 3 से 4 इंच का पलवार (mulching) करना चाहिए अथवा हरी खाद देना चाहिए।

(ख) तरल खाद (Liquid manure)

सूक्ष्म जीवाणुओं की क्रियाशीलता बनाये रखने हेतु तरल खाद का उपयोग किया जाता है। सभी प्रकार की फसलों पर तरल खाद का 3–4 बार प्रयोग करना लाभदायक होता है। देश में किसान भाईयों द्वारा अनेक प्रकार के तरल खादों का प्रयोग किया जा रहा है जिनमें से कुछ महत्वपूर्ण तरल खादों के बनाने की विधि यहाँ दी जा रही है–

जीवामृतः 10 कि.ग्रा. गाय का गोबर, 10 ली. गौ–मूत्र, 2 कि.ग्रा. गुड तथा 1 से 2 किग्रा. किसी भी दाल का आटा + 100 ग्राम पेड़ के नीचे की मिट्टी तथा 200 लीटर पानी ड्रम में भर कर 5–7 दिनों तक सड़ाते हैं। नियमित रूप से दिन में तीन बार मिश्रण को किसी डण्ड़े की सहायता से घड़ी की दिशा में चलाते हैं। इसप्रकार सड़े हुए घोल को छान कर 200 लीटर प्रति एकड़ की दर से सिंचाई जल के साथ धीरे–धीरे बहाकर खेत में प्रयोग किया जा सकता है।

बीजामृतः 5 किलो ताजा गाय का गोबर लेकर एक कपड़े की थैली में रखकर बर्तन में पानी भर कर रख देते हैं। इससे गोबर में विद्यमान सारे तत्त्व छनकर पानी में आ जाते हैं। एक दूसरे बर्तन में 50 ग्रा. चूना को एक लीटर पानी में भिंगोते हैं। 12 से 16 घंटे बाद कपड़े की थैली को दबाकर निचोड़ लेते हैं। इसप्रकार तैयार गोबर अर्क के साथ 5 लीटर गौ मूत्र, 50 ग्राम बगीचे की शुद्ध मिट्टी, चूने का पानी और 20 लीटर सादा पानी भी मिलाकर 8–12 घंटों तक छोड़ देते हैं। फिर इस मिश्रण को छान लेते हैं। इसप्रकार तैयार घोल से 100 किग्रा. बीज का उपचार किया जा सकता है। बीजोपचार हेतु बीजों को घोल में डुबाते है फिर उन्हें छाँव में सूखा कर बुवाई हेतु प्रयोग करते हैं।

संजीवकः 100 कि.ग्रा. गाय का गोबर, 100 लीटर गौ–मूत्र तथा 500 ग्रा. गुड को 500 ली. क्षमता वाले ड्रम में 300 लीटर जल में मिलाकर 10 दिन हेतु सड़ने देते हैं। फिर 20 गुना पानी मिलाकर एक एकड़ क्षेत्र में मृदा पर छिड़काव करते हैं। सिंचाई जल के साथ भी इसका प्रयोग किया जा सकता है।

अमृत पानीः 10 किलो गाय के गोबर तथा 500 ग्रा. शहद को मिलाकर एक लकड़ी की सहायता से तब तक चलाते हैं जब तक वह लेई (पेस्ट) में न परिवर्तित हो जाये। तत्पश्चात् इसमें 250 ग्रा. गाय का देशी घी मिलाकर पुनः तेजी से मिलाते हैं। इसप्रकार तैयार अमृत पानी को 200 लीटर पानी में घोल कर एक एकड़ जमीन पर छिड़काव करते हैं। सिंचाई जल के साथ भी इसे खेत में पहुँचाया जा सकता है। 30 दिनों के बाद पुनः दूसरी बार पौधों की कतारों के बीच में छिड़काव करते हैं। सिंचाई जल के साथ भी प्रयोग किया जा सकता है।

पंचगव्य: सर्वप्रथम 5 किलो गाय का ताजा गोबर, 3 लीटर गौ–मूत्र, 2 लीटर गाय का दूध, 2 लीटर गाय के दूध से बनी दही, 1 किग्रा. गाय के दूध से बना मक्खन मिलाकर मिट्टी बर्तन या प्लास्टिक के ड्रम में भर कर सात दिनों तक सड़ने के लिए छोड़ देते हैं। बर्तन को छाये में बिना ढँके रखते हैं। इस दौरान इसे रोज दिन में दो बार किसी डण्डे की सहायता से चलाते हैं। लगभग 7–8 दिन में यह तैयार हो जाता है। 3 लीटर पंचगव्य को 100 लीटर पानी में मिला कर खेत में छिड़काव किया जाता है। सिंचाई जल के साथ 20 लीटर पंचगव्य को मिलाकर प्रति एकड़ के हिसाब से प्रयोग किया जा सकता है।

दशगव्य (समृद्ध पंचगव्य): सर्वप्रथम 5 किग्रा. गाय के ताजा गोबर और 500 ग्राम गाय के घी को मिट्टी के बर्तन या प्लास्टिक के ड्रम में डालकर अच्छी तरह मिला लेते हैं। इसके बाद तैयार मिश्रण को 3 दिनों के लिए छाये में रखते हैं तथा प्रतिदिन सुबह और शाम के समय डण्डे की सहायता से इसे चलाते हैं। 3 दिनों के पश्चात् इस मिश्रण में 3 लीटर ताजा गोमूत्र, 2 लीटर गाय का दूध, 2 लीटर गाय का दही, 3 लीटर गन्ने का रस या 500 ग्राम गुड़ का 3 लीटर पानी में बना घोल, 3 लीटर नारियल पानी तथा 12 पक्के हुए केले को डालकर अच्छी तरह मिश्रण बनाते हैं। इस मिश्रण को 15 दिनों के लिए छाये में रखते हैं तथा प्रतिदिन सुबह और शाम के समय डण्डे की सहायता से इसे चलाते हैं। इसप्रकार 18 दिनों में पंचगव्य बनकर तैयार हो जाता है। पंचगव्य का प्रयोग सभी प्रकार के फसलों में किया जा सकता है।

पंचगब्य का 3 प्रतिशत घोल का प्रयोग फलदार पेड़ों पर छिड़काव के लिए अथवा सिंचाई जल के साथ प्रवाहित करके किया जाता है। दोनों विधि में एक एकड़ फसल के लिए 3 लीटर पंचगव्य पर्याप्त होता है। बीजों को भण्डार करने से पहले पंचगव्य के 3 प्रतिशत घोल में 10–15 मिनट के लिए डुबो कर रखने के बाद उन्हें सुखा कर भण्ड़ारित करना चाहिए। उपचारित बीजों को 1 वर्ष तक सुरक्षित रखा जा सकता है।

यूरिगो: केंचुओं में मूत्र नलिका नहीं पायी जाती है। अतः यह अपने त्वचीय वृक्कों द्वारा पूरे शरीर से तरल पदार्थ स्त्रावित करते रहते हैं जिसे 'युरिगो' या 'केंचुओं का पेशाब' के नाम से जाना जाता है। इसमें वृद्धिकारक हार्मोन के साथ–साथ कवकों के प्रति प्रतिरोधक क्षमता भी होती है। युरिगो प्राप्त करने के लिए सर्वप्रथम 70 से 100 लीटर क्षमता के ड्रम लेते हैं जिसके बीच में एक छिद्र बनाकर स्टैण्ड पर रखते हैं तथा छिद्र के ठीक नीचे एक बर्तन रखते हैं। इसके बाद ड्रम में 3 इंच तक बालू एवं महीन कंकड़ की परत बनाकर इसके ऊपर कम्पोस्ट खाद भरकर इसमें कुछ केंचुएँ छोड़ देते है। केंचुओं का कम्पोस्ट खाद में ऊपर से नीचे की दिशा में भ्रमण करने से ड्रम में लम्बवत नलिकाओं एवं रिक्तिकाओं का निर्माण होता है। केंचुओं के शरीर से निकलने वाला युरिगो इन्हीं रिक्तिकाओं में चिपकता रहता है जिससे प्राप्त करने के लिए ड्रम में ऊपर से एक लीटर पानी डाला जाता है। यह पानी रिक्तिकाओं से होते हुए नीचे की तरफ आता है। जिससे रिक्तिकाओं में चिपके हुए

युरिगो घुलकर बालू–कंकड़ के परत से गुजरते हुए ड्रम के नीचे रखे हुए पात्र में एकत्र होता रहता है। इसप्रकार 1 लीटर पानी से लगभग 900 मिली लीटर युरिगो का मिश्रण प्राप्त होता है। इस मिश्रण को 10 लीटर पानी में मिलाकर फसलों पर छिड़काव करने से लाभ मिलता है।

श्री सुभाष (जीरोबजट प्राकृतिक खेती के प्रेणता) द्वारा विकसित खादः 10 किग्रा. देशी गाय का गोबर एवं 5–10 लीटर गोमूत्र को 200 लीटर पानी में मिलाकर इसमें 1 किग्रा. काला गुड़ (जिससे पशु को भी खिलाया न जा सके) 2 किग्रा. दलहन का आटा (सूक्ष्मजीवों की वृद्धि के लिए कोशिका विभाजन के समय प्रोटीन के पूरक के रुप में) एवं मुट्ठी भर मेड़ की मिट्टी (कुछ विशेष सूक्ष्मजीव यहाँ पर जीवित रहते है) को मिलाते हैं। इस मिश्रण को दिन में तीन बार हिलाते हैं। अनुमानतः 10 किग्रा. गोबर में 30 लाख करोड़ सूक्ष्मजीव उपस्थित रहते हैं। इसप्रकार तैयार मिश्रण को 72 घण्टे बाद सिंचाई जल के साथ खेत में प्रयोग करते हैं। यह मिश्रण एक एकड़ खेत के लिए पर्याप्त होता है। इस मिश्रण का 4 दिनों तक भण्डारण किया जा सकता है। इस मिश्रण को खेत में पहुँचने के बाद फसल अवशेषों को खेत में बिछा देना चाहिए। फसल अवशेष सूक्ष्मजीवों की सूर्य के किरणों से रक्षा करने के साथ–साथ, वातावरण से नमी अवशोषित करने का कार्य भी करते हैं।

वृद्धि उत्प्रेरक (Growth hormones): वर्मीवाश/कम्पोस्ट अर्क तथा गौ–मूत्र इत्यादि बहुत ही अच्छे वृद्धि उत्प्रेरक (Growth hormones) के रूप में प्रयोग किये जाते है। बुवाई के 25–30 दिन बाद 3–4 बार पत्तियों पर इनका छिड़काव करने से उत्पादन में वृद्धि होती है। वृद्धिकारक तत्वों के रूप में सींग खाद जैसे बी.डी. 500 एवं बी.डी. 501 तथा होमा थिरेपी से प्राप्त राख का छिड़काव भी लाभकारी होता है।

जैव उर्वरक या जीवाणु खाद (Biofertilizer)

जैव उर्वरक ऐसे उत्पाद होते हैं जिनमें एक या एक से अधिक सूक्ष्मजीवों की प्रजातियाँ एवं नमी धारक धूलीय पदार्थ उपस्थित होते हैं जो विभिन्न प्रकार के जैविक क्रियाओं जैसे नत्रजन स्थिरिकरण, अघुलनशील फास्फोरस, पोटैशियम, जिंक, आयरन इत्यादि को घुलनशील बनाकर पौधों हेतु प्रायः अवस्था में लाना, पौधों के वृद्धि को बढ़ाना, हानिकारक सूक्ष्मजीवों की संख्या नियंत्रित करना, सेलुलोज एवं लिग्निन जैसे जैव पदार्थो का अपघटन इत्यादि को सम्पन्न कर मृदा में पोषक तत्त्वों की उपलब्धता सुनिश्चित करते है। इसप्रकार जैव उर्वरक जीवित उर्वरक हैं जिनमें सूक्ष्मजीव विद्यमान होते हैं। इनके प्रयोग से रसायनिक उर्वरकों की एक तिहाई (1/3) मात्रा तक की बचत की जा सकती है। जैव उर्वरक पर्यावरण हितैषी होने के साथ–साथ सस्ते होते हैं तथा इन्हें आसानी से फसलों में प्रयोग किया जा सकता है। वर्ष 2014–15 के दौरान जैव उर्वरकों का उत्पादन 84751 टन रहा (तालिका 8.7) जिसमें से लगभग 84 प्रतिशत इनाकुलेंट दक्षिण एवं पश्चिमी भारत में तैयार किये गये।

भारत में विभिन्न संस्थाओं द्वारा खराब गुणवत्ता वाले जैव उर्वरकों को किसानों तक पहुँचाया जा रहा है जिसके कारण किसान को इसका वास्विक लाभ नहीं मिल रहा है।

तालिका–8.7 भारत में जैव उर्वरकों का उत्पादन एवं वितरण (1992–93 से 2014–15)

वर्ष	उत्पादन (मिलियन टन)	वितरण (मिलियन टन)
1992–93	2005	1600.01
1993–94	3084	2914.37
1994–95	5800.5	4988.90
1995–96	6692.3	6288.32
1996–97	7406.6	6681.44
1997–98	7104.6	6295.63
1998–99	5972.1	5056.45
1999–00	5716	5452.70
2000–01	6242.7	6138.60
2001–02	9019.2	8429.30
2002–03	7181.7	7029.90
2003–04	8701.4	8357.00
2004–05	10479	10427.60
2005–06	11752.4	11357.60
2006–07	15871	15745.00
2007–08	22646.6	23430.90
2008–09	22732	26878.40
2009–10	22878.7	25354.00
2010–11	37997.6	38000.00*
2011–12	40324.2	40000.00*
2012–13	46836.8	59800.00*
2013–14	65527.8	65500.00*

श्रोत– http://www.indiastat.com; *: अनुमानित

भारतवर्ष में उपयोग होने वाले विभिन्न प्रकार के जैव उर्वरकों का वर्णन निम्नलिखित है।

राइजोबियम

राइजोबियम जीवाणु ग्राम ऋणात्मक, बीजाणुरहित, गतिशील, वायुवीय, छड़ के आकार के, 1.2–3.0 माइक्रोमीटर लम्बे तथा 0.5 से 0.9 माइक्रोमीटर चौड़े होते हैं। ये दलहनी फसलों के जड़ों पर बनने वाले गाँठों में सहजीवी के रुप में रहते हैं तथा वायुमण्ड़लीय नत्रजन के स्थिरीकरण में अहम भूमिका निभाते हैं। एक दलहनी पौधे पर बनी गाँठों की संख्या कई हजारों में होती है तथा प्रत्येक गाँठों में उपस्थित जीवाणुओं की संख्या कई लाखों में होती है। गाँठों के आकार एवं प्रकार में पर्याप्त विभिन्नता होती है जो पौधों और गाँठों के आयु पर निर्भर करती है। गाँठों को रंग, आकार एवं क्रियाशीलता के आधार पर दो वर्गो में बाँटा गया है।

1. प्रभावशाली गाँठें (Effective nodues): ये आकार में 2 से 4 या 4 से 8 मिलीमीटर के होते हैं तथा गुलाबी या लाल रंग के प्रतीत होते हैं। ये प्राथमिक जड़ों (primary roots) पर समूहों में पाये जाते हैं।
2. अप्रभावशाली गाँठे (Ineffective nodues): इनका आकार 2 मिलीमीटर से कम अथवा 8 मिलीमीटर से अधिक होता है। ये देखने में सफेद या पीले रंग के होते हैं। ये प्राथमिक जड़ों पर कम संख्या में इधर–उधर बिखरे हुए पाये जाते हैं।

दलहनी फसलों के जड़ों पर राईजोबियम द्वारा गाँठों के विकाश के क्रम को चित्र 8.2 में प्रदर्शित किया गया है।

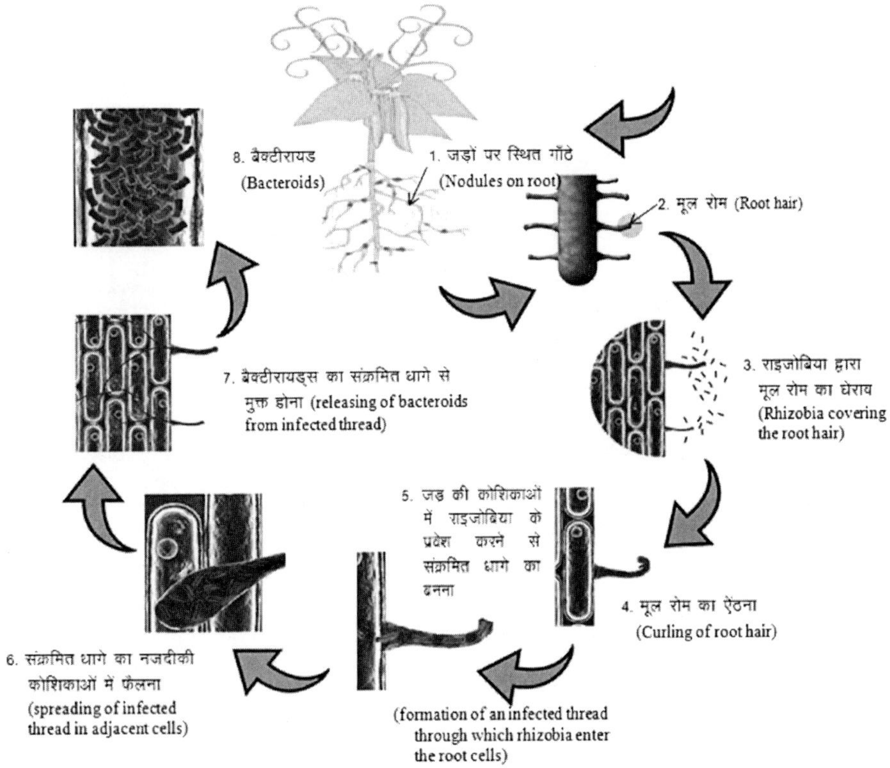

चित्र–8.2 दलहनी फसलों के जड़ों पर राइजोबियम द्वारा गाँठों के विकास का चित्रण

अनुकूल परिस्थितियों में राइजोबियम द्वारा वायुमण्डलीय नत्रजन का स्थिरिकरण प्रतिवर्ष प्रति एकड़ 45 किलोग्राम से अधिक हो सकता है। वास्तव में नत्रजन स्थिरिकरण की प्रक्रिया मौसमी दशाओं, मृदा के प्रकार एवं दलहनी फसलें जो राइजोबियम को कार्बोहाइड्रेड प्रदान करती है, पर निर्भर करता है। एक अध्ययन के अनुसार वैश्विक स्तर पर राइजोबियम जीवाणु 14 मिलियन टन नत्रजन का स्थिरीकरण करते हैं जो औद्योगिक इकाईओं द्वारा नत्रजनीय उर्वरक के रुप में नत्रजन स्थिरिकरण की मात्रा (88 मिलियन टन) का 15 प्रतिशत है। वैश्विक स्तर पर कुल जैविक नत्रजन स्थिरीकरण (biological nitrogen fixation) 130–180 X 10^6 मिलियन टन है। इसका 50 प्रतिशत नत्रजन स्थिरीकरण सिर्फ राइजोबियम के माध्यम से होता है। क्रास निवेशन समूह (Cross inoculation group) जो दलहनी फसलों के समूह का संग्रह है जिसमें राइजोबियम जीवाणु के सम्पर्क में आने पर इनके जड़ों पर गाँठे बनती हैं, के परिकल्पना के आधार पर राइजोबियम को 7 अलग–अलग प्रजातियों (species) में बाँटा गया है। क्रास निवेशन समूह, प्रजातियों के नाम, फसलें जिनपर ये संक्रमण करती हैं तथा वैक्टीरियाड (गाँठों में नई बनी हुई राइजोबियम, नत्रजन स्थिरिकरण का वास्तविक जगह) के आकार को तालिका–8.8 में दर्शाया गया है–

तालिका–8.8 दलहनी फसलों में नत्रजन स्थिर करने वाले राइजोबियम

क्र.सं.	क्रास निवेशन समूह	राइजोबियम की प्रजातियाँ	फसलें	नत्रजन स्थिरिकरण (किग्रा./हे./वर्ष)	बैक्टीरायड का आकार
1.	मटर वर्ग	राइजोबियम लेगूमिनोसेरम	उद्यान मटर, खेत मटर, स्वीट पी, बाकला, मसूर	80–150	तारा–, X–, Y– या मुद्‌गर के आकार वाले
2.	सोयाबीन वर्ग	राइजोबियम जपोनिकम	सोयाबीन	65–115	लम्बे पतले दंड (rod)
3.	लूपिन वर्ग	राइजोबियम लूपिनी	वार्षिक और बहुवार्षिक लूपिन		रिक्तिकायुक्त दंड
4.	रिजका (अल्फा–अल्फा)	राइजोबियम मैलिलोटी	रिजका, स्वीट क्लोवर	125–335	मुद्‌गर (club) के आकार के
5.	फेजिओलस वर्ग	राइजोबियम फेजिओली	गार्डन बीन और मोठ		रिक्तिकायुक्त दंड
6.	तिपतिया वर्ग	राइजोबियम ट्राइफोली	बरसीम	85–190	नाशपाती के आकार में फूले हुए तथा रिक्तिकायुक्त दंड
7.	लोबिया वर्ग	ब्रेडीराइजोबियम	लोबिया, मूंग, मूँगफली, अरहर	65–130	

उपरोक्त प्रथम चार वर्गो की प्रजातियाँ केवल अपने वर्गो की फसलों पर ही गाँठे बनाती हैं। परन्तु 5, 6 तथा 7 वर्गो की प्रजातियाँ अन्य वर्गो की फसलों पर भी गाँठे बनाती हैं, जैसे राइजोबियम जपोनिकम कुछ खास परिस्थितियों में लोबिया वर्ग के निश्चित पौधों की जड़ों पर गाँठे बना सकते हैं। इसीप्रकार 7वें वर्ग की राइजोबियम जातियाँ सोयाबीन के जड़ों पर भी गाँठे बनाने में सक्षम हैं।

राइजोबियम का जीवन–चक्र

दलहनी फसलों के जड़ों पर बनने वाली गाँठो में मूल (original), संक्रामक (infecting), राइजोबियम के फूले हुए, गतिहीन (non-mobile), बिना जीव वाले (non-viable), संजात (derivatives) कोश उपस्थित होते हैं जिन्हें वैक्टीराइड (bacteriods) कहते हैं। इसप्रकार गाँठों में नई बनी राइजोबिया (bacteriods) नत्रजन स्थिरिकरण का वास्तविक जगह होता है। राइजोबियम के जीवन चक्र को चित्र–8.3 के माध्यम से समझा जा सकता है।

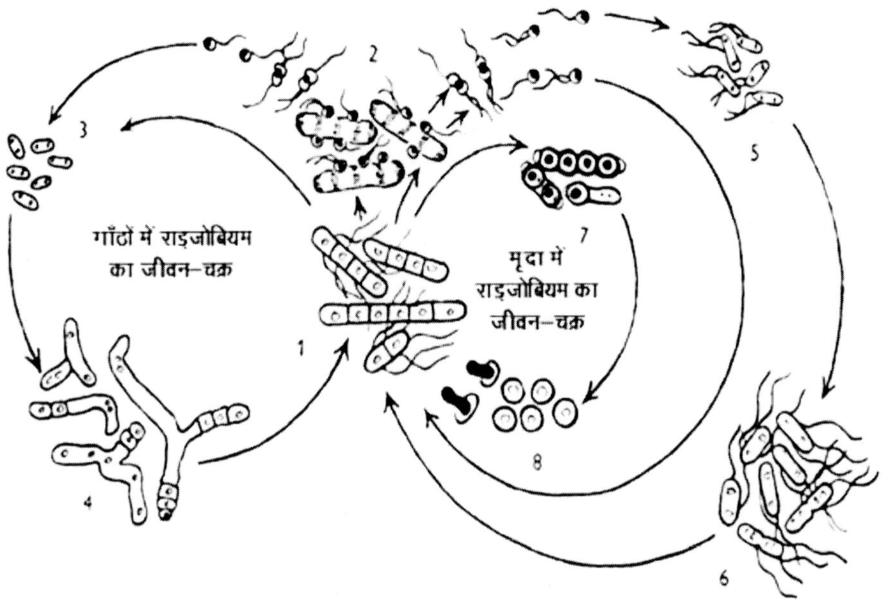

चित्र–8.3 राइजोबियम का सम्पूर्ण जीवन–चक्रः (1) बैसिलस के समान मातृ कोशिकाएँ, (2) स्वारमर्स, (3) जड़ों की संक्रमित कोशिकाएँ, (4) बैक्टीरियाड, (5, 6) बैक्टीरियम की तरह गतिशील कोशिकाएँ, (7, 8) बीजाणुओं का निर्माण

दलहनी फसलों के जड़ों पर बने गाँठों में स्थिर किये गये नत्रजन का उपयोग

1. यह पोषण पौधों (host plant) द्वारा ग्रहण किया जा सकता है।
2. मृदा में इसे उत्सर्जित किया जा सकता है जिसे आगामी फसलें उपयोग में ला सकती हैं।
3. जब खेत में दलहनी फसलों के अवशेषों (जड़, तना एवं पत्तियों) के साथ जुताई की जाती है तो मृदा में अच्छी तरह मिल जाती है तथा खनिजिकरण प्रक्रिया द्वारा उनमें उपलब्ध पोषक तत्त्व अगामी फसल को प्राप्त हो सकती है।

नत्रजन स्थिरिकरण की प्रक्रिया

$$N_2 + 8H^+ + 8e^- + 16\ ATP \xrightarrow{\text{नाइट्रोजीनेज इंजाइम}} 2NH_3 + H_2 + 16\ ADP + Pi$$

इस क्रिया में एक मोल नाइट्रोजन गैस 8 मोल हाइड्रोजन, 8 मोल इलेक्ट्राँन तथा 16 मोल एडिनोसीन ट्राई फास्फेट की मदद से 2 मोल अमोनिया, एक मोल हाइड्रोजन गैस

तथा 16 मोल एडिनोसीन डाइफास्फेट तथा 16 मोल अकार्बनिक फॉस्फेट का निर्माण होता है। इस क्रिया में एडिनोसीन ट्राई फॉस्फेट का मुख्य कार्य नाइट्रोजन गैस (N_2) में दो नाइट्रोजन अणुओं के बीच के त्रिबंध को तोड़ना है ताकि यह हाइड्रोजन से क्रिया कर अमोनिया का निर्माण कर सके। इस प्रकार से बनी हुई अमोनिया का उपयोग पोषण पौधों (host plant) में प्रोटीन के संश्लेषण में किया जाता है।

नाइट्रोजीनेज एक जटील इंजाइम है जो नत्रजन स्थिरीकरण में अहम भूमिका निभाता है। यह ऑक्सीजन के प्रति काफी संवेदनशील होता है। अतः इसकी सुरक्षा लेगहेमोग्लोबिन (एक प्रकार का प्रोटीन जिसके कारण गाँठों का रंग गुलाबी या लाल दिखता है) जो कोशिकाओं में ऑक्सीजन को निष्क्रिय बना देता है, के द्वारा की जाती है। नाइट्रोजीनेज इंजाइम मुख्य रुप से दो प्रोटीन से मिलकर बना है–

1. डाइनाइट्रोजीनेज (Mo-Fe प्रोटीन): इस प्रोटीन को मालिब्डोफेराडॉक्सिन के नाम से भी जानते हैं। इसका अणु भार 2,20,000 होता है। यह N_2 के अवकरण (reduction) का वास्तविक जगह होता है।
2. डाइनाइट्रोजीनेज (Fe प्रोटीन): इस प्रोटीन को एजोफेराडॉक्सिन के नाम से भी जानते है। इसका अणु भार 64,000 होता है।

प्रयोग विधि

एक पैकेट (200 ग्राम/10 किग्रा बीज के उपचार हेतु) राइजोबियम कल्चर लगभग 500 मिलीलीटर पानी में डालकर अच्छी प्रकार घोल बनाते हैं। घोल की गुणवत्ता और बीजों पर इनकी चिपकने की क्षमता बढ़ाने के लिए प्रति लीटर पानी में 100 ग्राम गुड़ अथवा चीनी भी मिलाकर उबालते हैं ताकि गुड़ या चीनी अच्छी तरह घुल जाए। इसके बाद गुड़/चीनी के घोल को ठण्ड़ा होने देते हैं। तत्पश्चात् राइजोबियम कल्चर के घोल को इसमें डालकर अच्छी तरह मिला लेते हैं। इसके बाद बीजों को साफ सतह पर रखकर तैयार घोल (जैव उर्वरक) को धीरे–धीरे उन पर गिराकर हल्के हाथ से मिलाते हैं ताकि बीजों के ऊपर जैव उर्वरक के घोल की एक समान सतह बन जाय। इसप्रकार उपचारित बीजों को किसी छायादार स्थान पर सुखाकर इन्हें बुआई हेतु प्रयोग में लाते हैं।

प्रयोगशाला में तैयार किया गया राइजोबियम

राइजोबियम कल्चर प्रयोग करने से लाभ

1. राइजोबियम कल्चर के प्रयोग करने से प्रति हेक्टेयर 10 से 30 किग्रा नत्रजन की बचत होती है।
2. फसल की उपज में सामान्य की अपेक्षा 15 से 20 प्रतिशत की वृद्धि होती है।
3. राइजोबियम जीवाणु द्वारा कुछ हार्मोन एवं विटामीन का भी उत्पादन किया जाता है जो पौधों की बढ़वार एवं जड़ों के विकास हेतु लाभकारी होता है।
4. इससे उपचारित फसल के साथ–साथ अगामी ली जाने वाली फसलों की पैदावार भी अच्छी होती है।
5. भूमि की उर्वराशक्ति में वृद्धि होती है।

(2) एजोटोबैक्टर

एजोटोबैक्टर स्वतंत्र जीवन यापन करने वाला केमोआटोट्राप्स प्रकार का नत्रजन स्थिर करने वाला बैक्टीरिया है। यह उदासीन से लेकर क्षारीय पी.एच. मान वाली मृदाओं में पाया जाता है। एजोटोबैक्टर की कुछ मुख्य प्रजातियाँ निम्नलिखित हैं–

1. एजोटोबैक्टर क्रोकोकम (*Azotobacter chrococcum*)
2. एजोटोबैक्टर वानलेन्डी (*Azotobacter vinelandi*)

3. एजोटोबैक्टर बिजरिन्की (*Azotobacter beijeinckii*)
4. एजोटोबैक्टर एगिलिस (*Azotobacter agilis*)

एजोटोबैक्टर का प्रयोग अदलहनी फसलों (धान, गेहूँ, मक्का, ज्वार, बाजरा, कपास, गन्ना इत्यादि) में किया जाता है क्योंकि यह इनमें गाँठें बनाने में असमर्थ होते है। इनकी संख्या प्रति ग्राम मृदा में 10^4 से लेकर 10^5 तक होती है। विभिन्न अध्ययनों से यह स्पष्ट हो चुका है कि प्रति ग्राम कार्बन का उपयोग कर एजोटोबैक्टर 10 मिलीग्राम वायुमण्ड़लीय नत्रजन को मृदा में स्थिर करने में सक्षम होते है। इनके द्वारा पौधों के बढ़वार के लिए आवश्यक वृद्धिकारक अवयव जैसे इन्डोल एसिटिक अम्ल, जिबरेलिन, विटामीन–बी, इत्यादि का भी संश्लेषण किया जाता है। इसके साथ ही एजोटोबैक्टर के कुछ प्रभेद रोगकारक सूक्ष्मजीवों जैसे फ्यूजेरियम, अल्टेनेरिया, हेलमिन्थोस्पोरियम इत्यादि के नियंत्रण में भी अहम भूमिका निभाते है। वेंकटरमन एवं तिलक (1990) के अनुसार एजोटोबैक्टर के प्रयोग से बरानी क्षेत्रों में उगायी जाने वाली फसलों के उपज में वृद्धि होती है जिसे निम्न तालिका–8.9 में दर्शाया गया है।

तालिका–8.9 एजोटोबैक्टर के प्रयोग से विभिन्न फसलों के उपज में वृद्धि

फसल	उत्पादन में वृद्धि (प्रतिशत में)
ज्वार (sorghum)	15–20
बाजरा (pearlmillet)	0–27
कपास (cotton)	11–16

स्त्रोतः वेंकटरमन एवं तिलक (1990)

(3) एजोस्पाइरिलम

सर्वप्रथम डोबेरेनियर एवं डे ने 1975 में एजोस्पाइरिलम में नत्रजन स्थिर करने की क्षमता का पता लगाया था। ये धान्य फसलों एवं घासों के जड़ों में पाये जाते हैं। इन्हें ऊर्जा की कम आवश्यकता होती है तथा ये उच्च तापमान के प्रति सहनशील होते हैं। ये सामान्यतया मिजोफिलिक होते हैं तथा अम्लीय से लेकर क्षारीय पी.एच. मान पर उगने वाली फसलों के जड़ों में भी पाये जाते हैं। ये लवणीय एवं क्षारीय दशाओं में भी जीवित रहने में सक्षम हैं। इसप्रकार ये उष्णकटिबंधिय क्षेत्रों के लिए काफी उपयोगी होते हैं। ये सहचारी सहजीवन (associative symbiosis) के रुप में उन पौधों के जड़ों में पाये जाते हैं जिनमें सी–4 कार्बोक्सीलेज (C_4 carboxylase) प्रकार की प्रकाश संश्लेषण की प्रक्रिया पायी जाती है, जैसे मक्का, ज्वार, बाजरा, इत्यादि। एजोस्पायरिलम के विकास के लिए आदर्श तापमान 32–35 डिग्री सेल्सियस होता है। अतः इन्हें सिंचित क्षेत्रों में खरीफ में उगायी जाने वाली फसलों के साथ प्रयोग किया जाता है। तमिलनाडु में धान के फसल में एजोस्पाइरिम

के प्रयोग से अच्छा परिणाम मिलने के कारण विगत कुछ वर्षो में उत्पादन में काफी वृद्धि हुई है। इसके बाद गुजरात में इसका अत्यधिक उत्पादन एवं खपत दर्ज की गई है। देश में विभिन्न स्थानों पर किये गये प्रयोग से यह साबित हो गया है कि एजोस्पायरिलम के प्रयोग करने से बाजरा के उत्पादन में 20 प्रतिशत की वृद्धि देखी गयी है (वानी, 1992)। तिलक एवं सुब्बा राव (1987) के अनुसार, एजोस्पाइरिजम ब्रासाइलेन्स एवं ग्लोमस फासीकुलेटम का प्रयोग एक साथ करने से दानों की उपज में 33.67 प्रतिशत तथा डण्ठल के उत्पादन में 32.71 प्रतिशत की वृद्धि देखी गयी है।

प्रयोग विधि

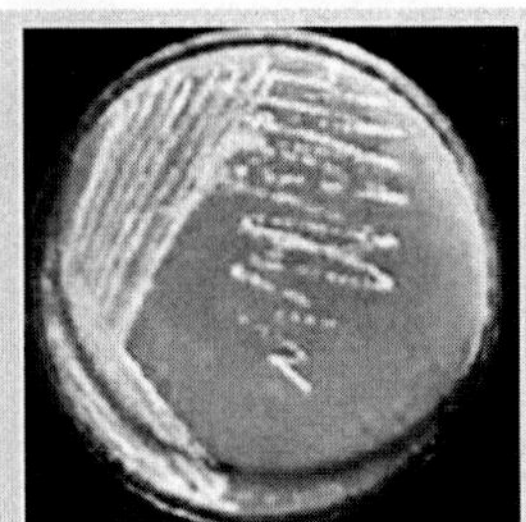

प्रयोगशाला में तैयार किया गया एजोस्पाइरिलम

1. बारानी क्षेत्रों में उगायी जाने वाली ज्वार एवं सूर्यमुखी हेतु एजोस्पायरिलम की 600 ग्राम (3 पैकेट) मात्रा प्रति हेक्टेयर खेत के लिए आवश्यक बीजों के उपचार हेतु पर्याप्त होता है। इसके साथ ही 2 किलोग्राम एजोस्पायरिलम को 25 किलाग्राम गोबर की खाद/कम्पोस्ट तथा 25 किलोग्राम भुरभुरी मिट्टी के साथ मिलाकर पूरे खेत में बिखेर देना चाहिए।
2. गन्ने के फसल में एजोस्पाइरिलम की 5 किलोग्राम मात्रा को दो बराबर भागों में बाँटकर बोआई के 30 एवं 60 दिन बाद प्रयोग करना चाहिए। खेतों में अच्छी तरह से एजोस्पाइरिलम को बिखेरने हेतु 500 किलोग्राम गोबर की खाद के साथ इसे मिलाकर प्रयोग करना चाहिए।
3. धान के बीजड़ों का उपचार करने हेतु–धान के पौध को बीजड़ो से उखड़ने के उपरान्त एजेस्पाइरिलम के घोल में इनके जड़ो को थोड़ी देर तक डुबा कर रखना चाहिए। तत्पश्चात इनकी रोपाई तैयार खेत में करना चाहिए।
4. यदि धान की सीधी बुआई करनी हो तो 2 किलोग्राम एजोस्पाइरिलम का घोल धान के बीजों के साथ हल्के हाथ से मिलाकर प्रयोग करना चाहिए। बीजों पर घोल को असानी से चिपकने हेतु चावल का माँड़, गुड़ या चीनी का शीरा इत्यादि का प्रयोग किया जा सकता है। इसप्रकार, बीजों के ऊपर एजोस्पाइरिलम के परत चढ़ाने के बाद इन्हें छाँव में सूखा कर के बाद अगले दिन बुआई के लिए प्रयोग करना चाहिए।

(4) अजोला

अजोला छोटे आकार के जलीय फर्न होते हैं जो साइनोवैक्टीरियम एनाबेना एजोली (एक प्रकार का एल्गी) के साथ सहजीवन के रुप में रहता है। इसका आपेक्षिक वृद्धि दर काफी अधिक होता है। इसप्रकार यह 2 से 4 दिन में ही दुगुना हो जाता है। इसे तैरता हुआ नत्रजन का कारखाना के नाम से भी जानते हैं। हरे रंग के होने के कारण, यह प्रकाश संश्लेषण क्रिया द्वारा ऊर्जा प्राप्त कर नत्रजन स्थिरीकरण का कार्य करता है। यह प्रतिदिन 4 किलोग्राम/हेक्टेयर की दर से वायुमण्डलीय नत्रजन स्थिर करने में सक्षम होता है। स्थिर नत्रजन धान के खेत में जल एवं मृदा में मुक्त होकर पौधों को प्राप्त होता रहता है। धान के एक फसल में अजोला द्वारा 40–60 किलोग्राम नत्रजन/हे0 की दर से स्थिर किया जाता है। ताजा अजोला में नत्रजन की मात्रा 0.2 से 0.3 प्रतिशत तथा सूखी अवस्था में 3 से 5 प्रतिशत होता है। अजोला का अपघटन 8 से 10 दिन में सम्पन्न हो जाता है तथा 35 दिनों में इसका 67 प्रतिशत नत्रजन मुक्त होकर पौधों को प्राप्त हो जाता है। इसप्रकार अजोला खेतों में नत्रजन की मात्रा बढ़ाने में अहम भूमिका निभाता है। अजोला की 7 प्रजातियाँ पायी जाती हैं जिनमें से अजोला पिनाटा भारत में अधिकतर देखने को मिलता है। इसका प्रयोग धान के रोपाई के पूर्व हरी खाद के रुप में तथा धान के रोपाई के बाद भी इसे उगाया जाता है। अतः बिना मुख्य फसल को प्रभावित किये अजोला को दो बार उगाकर खेत में नत्रजन की मात्रा बढ़ायी जा सकती है।

अजोला उगाने के लिए 25 से 30 डिग्री सेल्सियस तापमान आर्दश होता है। उष्ण क्षेत्रों में उच्च तापमान पर पानी का तापमान भी बढ़ जाता है जिससे अजोला का जीवन खतरे में रहता है। अतः इन क्षेत्रों में अजोला उगाने के लिए इसे जिन क्षेत्रों में उगाना हो उसके ऊपर हल्के छपर का प्रबंध आवश्यक होता है। यदि धान की खड़ी फसल में पानी का तापमान 40 डिग्री सेल्सियस से अधिक हो तो उसमें ठण्ड़ा पानी मिलाना चाहिए अथवा खेत से पानी को बाहर निकाल देना चाहिए। ऐसा करने से अजोला के जीवन की रक्षा होती है।

(5) नील हरित शैवाल

नील हरित शैवाल प्रकाश संश्लेषण क्रिया द्वारा ऊर्जा प्राप्त कर वायुमण्डलीय नत्रजन को स्थिर करने का कार्य करते है। वर्ष 1939 में भारतीय वैज्ञानिक डॉ.पी.के.डे. ने यह बताया कि उष्ण क्षेत्रों में उगायी जाने वाली धान की फसलों वाली मृदाओं की उर्वरता के पीछे वायुमण्ड़लीय नत्रजन को स्थिर करने वाले नील हरित शैवाल अहम भूमिका हैं। ये स्वतंत्र रुप से जीवनयापन करते हैं तथा सायनोवैक्टीरिया के नाम से भी प्रचलित हैं। भारत में धान के अन्तर्गत आने वाले कुल क्षेत्रफल में नील हरित शैवाल को उगाकर लगभग 15–17 लाख टन यूरिया से दिये जाने वाले नत्रजन के बराबर नत्रजन की आपूर्ति किया जा सका है। देश में किये गये विभिन्न अनुसंधानों से यह स्पष्ट हो चुका है कि 10 किलोग्राम प्रति

हे0 की दर से धान के रोपने के बाद नील हरित शैवाल के प्रयोग करने से धान के उपज में 10–15 प्रतिशत की वृद्धि होती है। इनके द्वारा 20–30 किलोग्राम नत्रजन/हे0 की दर से मृदा में स्थिर किये जाते हैं तथा लगभग 5 टन/हे0 की दर से जीवांश पदार्थ की आपुर्ति होती है। नील हरित शैवाल द्वारा उपयोग में लाये नत्रजन को इनके अपघटन के पश्चात्, धान के पौधों द्वारा उपयोग में लाया जाता है। इसके साथ ही इनके अपघटन के दौरान 10–15 प्रतिशत नत्रजन ह्युमिक अम्ल के साथ मिलकर जटिल बहुलक (complex polymer) बना लेता है जो अगली फसल को धीरे–धीरे उपलब्ध होता रहता है। नील हरित शैवाल के उत्पादन की विधि निम्नलिखित है।

(अ) आवश्यक सामग्री

1. स्टार्टर कल्चर/अनुकल्प
2. टैंक
3. पालीथीन की चादर
4. बलुई दोमट मृदा
5. सिंगल सुपर फास्फेट
6. कार्बोफ्यूरान
7. प्लास्टिक बैग
8. पानी का साधन

(ब) उत्पादन विधि

1. नील हरित शैवाल के उत्पादन का उत्तम समय अप्रैल, मई व जून माह होता है।
2. सर्वप्रथम टैंक को ऊँचे व खुले स्थान पर बनाना चाहिए जिसकी चौड़ाई 1 मीटर, गहराई 30 सेमी0 तथा लम्बाई 5 मीटर अथवा आवश्यकतानुसार रखनी चाहिए। पक्का टैंक न बनाने की स्थिति में कच्चा गढ्ढा क्यारीनुमा बनाकर 0.5 मिलिलीटर गेज वाली काली अथवा नीली प्लास्टिक की चादर बिछाकर नील हरित शैवाल का उत्पादन कर सकते हैं।
3. उच्च गुणवत्तायुक्त स्टार्टर का चुनाव करते हैं।
4. कल्चर की भौतिक जाँच करके उसे शुष्क एवं ठंडे स्थान पर संग्रहित कर लेना चाहिए।

5. टैंक अथवा गढ्ढे में 15 सेमी0 ऊँचाई तक स्वच्छ पानी भर देते हैं। इसके बाद 2–3 घंटे तक पानी को स्थिर होने के लिए छोड़ देते हैं। तत्पश्चात् प्रति वर्ग मीटर क्षेत्रफल में एक से डेढ किग्रा0 (1.500 ग्राम) उपजाऊ खेत की साफ छनी हुई भुरभुरे बलुई दोमट मिट्टी, 150 ग्राम सिंगल सुपर फास्फेट तथा 1 ग्राम कार्बोफ्यूरान डालकर अच्छी प्रकार से मिला देते हैं।
6. जब पानी में मिट्टी बैठ जाये तो स्थिर पानी में 100 ग्राम नील हरित शैवाल का स्टार्टर कल्चर प्रति वर्गमीटर के क्षेत्रफल की दर से समान रुप से बिखेर देते हैं।
7. टैंक का पानी सूखने से पहले एक किनारे से धीरे–धीरे स्वच्छ पानी भर देते हैं। इस प्रकार टैंक में पानी की कमी नहीं होने देते हैं।
8. नील हरित शैवाल जैव–उर्वरक की परते 7–10 दिन में बनने लगती है। जब शैवाल की परते पानी के उपर तैरने लग जाएँ तो पानी भरना बंद कर देते हैं और पानी को सूखने के लिए छोड़ देते हैं।
9. इस तरह से परते पपड़ी के रुप में तैयार हो जाती हैं।
10. सूखी हुई पपड़ी को खुरचकर एकत्र कर लेते हैं फिर उन्हें पारदर्शी, साफ प्लास्टिक बैग में भरकर नमी से दूर शुष्क स्थान पर संग्रहित कर लेते हैं।
11. पुनः नील हरित शैवाल को स्टार्टर कल्चर के रुप में प्रयोग कर सकते हैं।

नील हरित शैवाल के प्रयोग की विधि

1. नील हरित शैवाल जैव– उर्वरक का प्रयोग धान की रोपाई के 3–4 दिन बाद स्थिर पानी में करते हैं।
2. नील हरित शैवाल के अनुकल्प को 12.5–15 किग्रा0 प्रति हे0 की दर से प्रयोग करते हैं। इस प्रकार स्थिर पानी में जैव अनुकल्प को खेत में समान रुप से बिखेर देते हैं।
3. नील हरित शैवाल के प्रयोग के बाद इस बात का ध्यान रहे कि खेत में 4–5 दिन तक लगातार पानी भरा होना चाहिए।
4. इस प्रयोग को लगातार तीन साल करने के बाद अगले साल प्रयोग करने की जरुरत नहीं पड़ती है।
5. यदि आप खरपतवारनासी रसायन का प्रयोग कर रहे हैं तो नील हरित शैवाल का प्रयोग इसके 4–5 दिन बाद करना चाहिए।

नील हरित शैवाल बनाते समय सावधानियाँ

1. नील हरित शैवाल का उत्पादन करते समय यह ध्यान रखना चाहिए कि यदि आप पक्के टैंक के स्थान पर कच्चे गढ्ढे का प्रयोग कर रहे हैं तो गड्ढे में मोथा या दूब घास न हो अन्यथा घास पालीथीन को फाड़कर छेद कर देगी और पानी का रिसाव होने से उत्पादन प्रभावित होगा।
2. नील हरित शैवाल के उत्पादन में प्रयोग होने वाली मिट्‌टी, कंकड़–पत्थर रहित साफ व बलुई दोमट होनी चाहिए।
3. नील हरित शैवाल के बढ़वार की अवस्था में पानी की कमी नहीं होनी चाहिए।
4. इसमें किसी भी जीवाणु अथवा फंफूदनासी का प्रयोग नहीं करना चाहिए।
5. जब नील हरित शैवाल बनकर तैयार हो जाय तो शैवाल की पपड़ी को रसायनिक उर्वरकों अथवा कीटनाशी रसायनों के साथ मिलाकर नहीं रखना चाहिए।
6. नील हरित शैवाल के प्रयोग के समय किसी भी प्रकार के रसायन का प्रयोग वर्जित होता है।
7. नील हरित शैवाल का खेत में प्रयोग प्रायः शाम के समय करना चाहिए।

(6) फास्फोरस विलेयक सूक्ष्मजीव (phosphorus solublizing micro-organisms)

फास्फोरस, नत्रजन के बाद दूसरा महत्त्वपूर्ण पोषक तत्त्व है। यह मृदा में औसतन 0.05 प्रतिशत तक पाया जाता है तथा इसकी मात्रा पैतृक पदार्थो में फास्फोरस की उपलब्धता तथा विचूर्णन दर (weathering rate) पर निर्भर करता है। समान्यतया यह मृदा में आर्थोफास्फेट के रुप में पाया जाता है। परन्तु कभी–कभी फास्फीन एवं फास्फोनेट के रुप में भी इसकी उपस्थिति दर्ज की गयी है। फास्फोरस मृदा में अघुलनशील अकार्बनिक फास्फोरस एवं अघुलनशील कार्बनिक फास्फोरस के रुप में पाया जाता है तथा मृदा घोल (soil solution) में बहुत ही कम मात्रा में यह उपस्थित होता है। मृदा में फास्फोरस के विभिन्न रुपों को चित्र–8.4 से समझा जा सकता है–

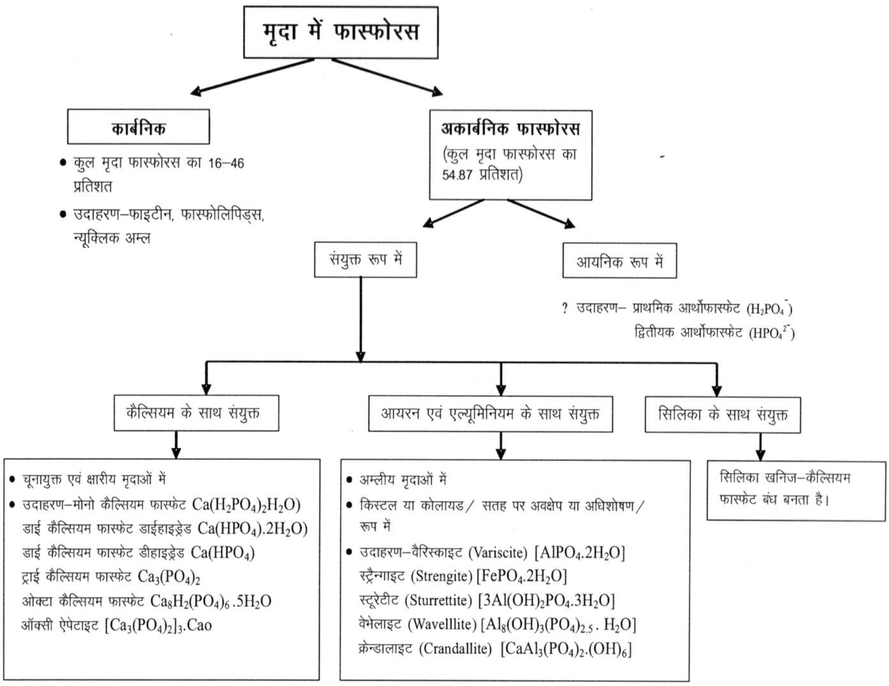

चित्र–8.4 मृदा में फास्फोरस का रुपांतरण

अघुलनशील कार्बनिक एवं अकार्बनिक फास्फोरस को पौधों को निम्न दो मार्गो से उपलब्ध कराया जा सकता है–

1. कार्बनिक एवं अकार्बनिक फास्फोरस के अघुलनशील यौगिकों को सूक्ष्मजीवों द्वारा उत्पन्न फास्फटेज इंजाइम के माध्यम से घुलनशील बनाना।
2. विभिन्न सूक्ष्मजीवों द्वारा स्त्रावित कार्बनिक अम्लों के द्वारा अघुलनशील अकार्बनिक पदार्थो को घुलनशील बनाना।

सूक्ष्मजीवों द्वारा उत्पन्न किये जाने वाले कार्बनिक अम्लों में ट्राइ एवं डाइकार्बोक्सिलिक अम्ल (tri and di carboxylic acid), मोनो बेसिक एवं एरोमैटिक अम्ल (mono basic and aromatic acid) के तुलना में काफी प्रभावशाली होते हैं। फिनोलिक अम्ल के तुलना में एलिफेटिक अम्लों में अघुलनशील फास्फोरस को घुलनशील बनाने की क्षमता अधिक होती है। मृदा में पाये जाने वाले सूक्ष्मजीवों द्वारा उत्पन्न कुछ महत्वपूर्ण कार्बनिक अम्ल निम्नलिखित है–

1. साइट्रिक अम्ल (citric acid)
2. ऑक्जेलिक अम्ल (oxalic acid)

3. टारटेरिक अम्ल (tartaric acid)
4. एसेटिक अम्ल (acetic acid)
5. लैक्टिक अम्ल (lactic acid)
6. ग्लूकोनिक अम्ल (gluconic acid)
7. अल्फा–कीटोग्लूकोनिक अम्ल (alfa-ketogluconic acid)
8. सक्सिनिक अम्ल (succinic acid)
9. ग्लायोजेलिक अम्ल (glyoxalic acid)
10. मैलिक अम्ल (malic acid)
11. फ्यूमेरिक अम्ल (fumeric acid)
12. अल्फा–कीटोब्यूटारिक अम्ल (alfa-ketobuteric acid)

उपरोक्त अम्लों में हाइड्रोजन आयन पाया जाता है जो खनिज फास्फेट को घुलाकर पौधों के उपलब्ध बनाता है। इसके साथ ही कार्बनिक अम्लों में पाये जाने वाले हाइड्राक्सिल (OH^-), कार्बोक्सिलिक ($COOH^-$) ऋणायन समूहों द्वारा धनायन तत्त्वों जैसे कैल्सियम (Ca^{2+}), आयरन (Fe^{2+} और Fe^{3+}) तथा एल्यूमिनियम (Al^{3+}) के साथ क्रिया कर चिलेट (chelate) बनाते हैं। इसप्रकार फास्फोरस आयन, धनायन तत्त्वों के चुगल से मुक्त होकर मृदा घोल में आ जाते हैं, जिससे पौधे आसानी से ग्रहण कर लेते हैं। फास्फोरस घोलक सूक्ष्मजीवों द्वारा कार्बनिक अम्लों के अलावा अमीनों अम्ल, विटामीन, वृद्धिकारक हार्मोन्स जैसे इन्डोल एसिटिक अम्ल, जिबरेलिक अम्ल, साइटोकायनीन इत्यादि का भी उत्पादन किया जाता है।

एक अध्ययन में देखा गया है कि फास्फोरस घोलक सूक्ष्मजीवों द्वारा बीज उपचारित कर 30 किलोग्राम फास्फेट के साथ बुआई करने पर फसलोत्पादन, बिना बीज उपचारित किये 60 किलोग्राम फास्फेट के साथ बुआई करने पर प्राप्त फसलोत्पादन के बराबर है। देश में विभिन्न स्थानों पर किये गये प्रयोगों से यह सिद्ध हो गया है कि विभिन्न फसलों के बीज एवं बीजड़ों को फास्फोरस घोलक सूक्ष्मजीवों (*Pseudomonas striata and Bacillus polymyxa*) द्वारा उपचारित करने पर दानों के उपज में वृद्धि देखी गयी है जिसे तालिका–8.10 में दर्शाया गया है–

तालिका–8.10 विभिन्न फसलों के बीज एवं बीजड़ों को फास्फोरस घोलक सूक्ष्मजीवों द्वारा उपचारित करने पर दानों के उपज पर प्रभाव

फसल	परीक्षणों की संख्या	फास्फोरस घोलक सूक्ष्मजीवों द्वारा उपचारित करने पर दानों के उपज में वृद्धि (प्रतिशत में)	
		शून्य किग्रा. फास्फेट का प्रयोग	60 किग्रा. फास्फेट का प्रयोग (रॉक फास्फेट के माध्यम से)
धान	7	10–20	5–15
गेहूँ	8	7–42	5–50
चना	3	10–30	15–25
मसूर	2	–	13–15
आलू	2	30–35	13–15

श्रोतः गौर (1985)

राष्ट्रीय कृषि उपयोगी सूक्ष्मजीव ब्यूरो, मऊ (उ.प्र.) द्वारा विकसित जैव उर्वरक

इस ब्यूरो द्वारा विकसित जैव उर्वरक का टमाटर एवं चने में अच्छा परिणाम प्राप्त हुआ है। किसान भाई ब्यूरो से सम्पर्क कर यह उत्पाद प्रयोग हेतु प्राप्त कर सकते हैं। इस जैव उर्वरक के 6 ग्राम पाउडर से 1 किलोग्राम बीज का उपचार किया जाता है। उपचारित बीजों के बुआई या बीजड़ों को खेत में रोपाई के 21 से 29 दिन के अन्दर पुनः घोल बनाकर पौधों के जड़ के पास सूक्ष्म छिद्र बनाकर 10 मिली लीटर प्रति पौधे की दर से प्रयोग किया जाता है।

जैव उर्वरकों का कृषि में योगदान

मोटसारा एवं साथी (1990) ने कृषि में जैव उर्वरकों के योगदान को सूचीबद्ध किया है जो निम्नलिखित है–

1. जैव उर्वरक पौधों के लिए आवश्यक पोषक तत्त्वों की आपूर्ति करते हैं। अतः ये रसायनिक उर्वरकों के पूरक होते हैं, विकल्प कतई नहीं।
2. ये आर्दश स्थिति में 20–200 किलोग्राम नत्रजन/हे0 की दर से स्थिर कर सकते हैं तथा प्रति हेक्टेयर 30–50 किग्रा. फास्फेट को घुलाकर पौधों तक पहुचाने में सक्षम होते हैं।
3. ये पौधों के लिए वृद्धिकारक अवयवों एवं विटामीन का उत्पादन करते हैं जो मृदा उर्वरता को बनाये रखने में मददगार होता है।

4. ये रोगकारक सूक्ष्मजीवों तथा बीमारियों का नियंत्रण करने में सहायक होते हैं।
5. ये नत्रजन स्थिरिकरण के माध्यम से 10–15 प्रतिशत फसलोत्पादन को बढ़ाने में सहायक होते हैं। साथ ही पोषक तत्त्वों की हानि को रोक कर कृषि लागत को कम करते हैं।
6. ये सस्ते, प्रदूषणरहित तथा पुनः नवीनीकरण करने योग्य होते हैं।
7. ये मृदा के भौतिक दशा एवं स्वास्थ्य में सुधार लाते हैं।

जैव उर्वरक उपयोग के लाभ

1. ये प्रकृतिप्रदत्त उत्पाद होते हैं जिसमें लाभकारी सूक्ष्मजीव पाये जाते हैं।
2. ये पौधों के समेकित पोषक तत्त्व आपूर्ति पद्धति (intergrated plant nutrient supply system) का एक आवश्यक अवयव होते हैं।
3. इनका प्रति हेक्टेयर खेत के लिए कम मात्रा में आवश्यकता होती है। एक ग्राम जैव उर्वरक में लगभग 10 मिलियन सूक्ष्मजीव पाये जाते हैं।
4. इनके प्रयोग से फसलों के उत्पादन में वृद्धि होती है।
5. ये मृदा उर्वरता बढ़ाने में सहायक होते हैं।
6. ये पौधों के जड़ों के विकास में अहम भूमिका निभाते हैं।
7. ये पोषक तत्त्वों जैसे नत्रजन, फास्फोरस, पोटाश, जिंक इत्यादि की उपलब्धता बढ़ाने में सहायक होते हैं।
8. ये जैव जीवनाशक (एजोटोबैक्टरिन प्रभेद) के रुप में भी कार्य करते हैं, तथा बीजों से उत्पन्न होने वाले रोगों को दूर करते हैं।

जैव उर्वरकों की कार्य क्षमता को प्रभावित करने वाले कारक

जैव उर्वरको की कार्य क्षमता को प्रभावित करने वाले कारक निम्नलिखित हैं–

1. कार्बनःनत्रजन अनुपात (C:N ratio)
2. सूक्ष्मजीवों का प्रभेद (Microbial strains)
3. पौधों के जड़ क्षेत्रों में पाये जाने वाले सूक्ष्मजीव (microbes in rhizosphere)
4. जैव पदार्थ (organic matter)

5. तापमान (temperature)
6. नमी (moisture)
7. वायु संचरण (aeration)
8. सूर्य का प्रकाश (sunlight)
9. पोषक तत्त्वों की उपलब्धता (availability of nutrients)
10. मृदा का पी0एच0 मान (soil pH)

जैव पदार्थो में कार्बनःनत्रजन का अनुपात केमोहेटरोट्राफिक (chemoheterotrophic) नत्रजन स्थिरिकारक सूक्ष्मजीवों के लिए महत्त्वपूर्ण कारक होता है। जैव पदार्थो में कार्बनःनत्रजन का मान अधिक होने की दशा में नत्रजन स्थिर नहीं करने वाले सूक्ष्मजीव (non-nitrogen fixers) मृदा में उपलब्ध नत्रजन का तेजी से उपयोग करने लगते हैं। परिणामस्वरुप मृदा में नत्रजन की कमी होने से नत्रजन स्थिर वाले सूक्ष्मजीवों की क्रियाशीलता प्रभावित होने लगती है। यदि जैव पदार्थो में कार्बोहाइड्रेड की मात्रा अधिक हो तथा नत्रजन की आपूर्ति नहीं किया जा रहा हो तो इस दशा में एजोटोबैक्टर की क्रियाशीलता में वृद्धि हो जाती है। खेतों में प्रोटीनयुक्त अवशेष पदार्थो के अपघटन के दौरान नत्रजन स्थिर करने वाले सूक्ष्मजीवों पर बुरा प्रभाव पड़ता है दलहनी फसलों में क्रास निवेशन समूह के अनुसार ही राइजोबियम का टीकाकरण करना चाहिए। एजोटोबैक्टर तथा एजोस्पाइरिलम खाद्यान्न तथा चारे के फसलों में काफी प्रभावकारी होते है। इनके प्रभावी क्रियाशीलता के लिए पर्याप्त नमी, वायुसंचरण एवं उचित तापक्रम होना चाहिए।

जैविक खादों तथा कार्बनिक पदार्थों में सूक्ष्म तत्त्वों की मात्रा

विभिन्न प्रकार के जैविक खादों तथा कार्बनिक पदार्थों में सूक्ष्म पोषक तत्त्वों की मात्रा को तालिका–8.11 में प्रदर्शित किया गया है।

तालिका–8.11 जैविक खादों तथा कार्बनिक पदार्थों में सूक्ष्म पोषक तत्त्वों की मात्रा (ग्राम/क्विंटल)

क्र.सं.	जैविक खाद	आयरन	मैंगनीज	कॉपर	जिंक	बोरोन	मालिब्डेनम
1.	सुअर की खाद	120	7	0.9	5	0.4	0.2
2.	फार्म यार्ड मैनियोर	179	14	0.3	4	0.5	0.2
3.	मुर्गी की खाद	140	21	0.7	9	0.5	0.3
4.	ग्रामीण कम्पोस्ट	360	20	2	9	1.0	0.2
5.	शहरी कम्पोस्ट	700	56	1.5	40	2.0	0.9
6.	भेड़/बकरी खाद	650	15	6	257	4.6	0.4
7.	सीवेज स्लज	800	26	6.4	246	0.9	0.6
8.	हरी खाद	14	8	0.3	2	2.0	0.02
9.	धान का पुआल	23	70	0.5	3	0.8	0.01
10.	गेहूँ का पुआल	19	9	0.4	3	0.5	0.01
11.	प्रेसमड	45	114	–	9	–	–
12.	ईख की पत्ती	24	2	–	2	–	–
13.	अरण्डी की पत्ती	59	5	–	8	–	–
14.	ढैंचा की पत्तियाँ	14	8	–	2	–	–

श्रोतः आधुनिक किसान डायरी, राजेन्द्र कृषि विश्वविद्यालय, पूसा, समस्तीपुर (बिहार) पृष्ठ सं. 34

□□□

अध्याय 9

खनिज पोषक तत्वः जीवन के आधार स्तंभ

मृदा में खनिज पोषक तत्वों की आपूर्ति करने से पौधों के वृद्धि एवं विकास में लाभ होता है इसका ज्ञान हमें 2000 वर्ष से भी अधिक समय से था। परन्तु 150 वर्ष पूर्व तक यह वैज्ञानिक विवाद रहा कि खनिज तत्त्व पौधों के विकास में पोषक तत्त्व के रुप में कार्य करते हैं। इसे साबित करने का श्रेय जस्टिस वॉन लिविग (1803–1873) को जाता है जिन्होनें बहुत से खनिज तत्वों से संबंधित तथ्यों को एकत्र कर अध्ययन किया तथा पौधे के वृद्धि एवं विकास में उनके योगदान पर प्रकाश डाला तथा वे इस निष्कर्ष पर पहुँचे कि नत्रजन, फास्फोरस, पोटाश, कैल्सियम, मैग्नीशियम, सिलिकॉन, सोडियम तथा आयरन पौधों के लिए आवश्यक होते हैं। इन उपलब्धियों से खनिज तत्त्वों का उर्वरकों के माध्यम से प्रयोग में क्रान्ति आई। परिणामस्वरुप पौधों के वृद्धि एवं उत्पादन को बढ़ाने के लिए यूरोप में 19 वीं सदी के अन्त तक बड़े पैमाने पर पोटाश, सुपर फास्फेट तथा बाद में अकार्बनिक नत्रजन का प्रयोग होने लगा। वैसे तो ''आवश्यक पोषक तत्व'' या ''खनिज पोषक तत्त्व'' शब्द आरनॉन एवं स्टॉट (1939) ने दिया था। उन्होनें यह निष्कर्ष निकाला कि एक तत्व, आवश्यक तत्त्व तब होता है जब वह निम्नलिखित तीन शर्तों को पूरा करता है–

1. पौधा, उस तत्व के कमी के कारण अपना जीवन चक्र पूर्ण करने में असमर्थ हो।
2. उस तत्व के कार्यों को किसी अन्य तत्व से पूरा नहीं किया जा सकता हो।
3. वह तत्व प्रत्यक्ष रुप से पौधों के उपापचय क्रियाओं में शामिल हो।

अतः आवश्यक पोषक तत्व वे तत्व होते हैं जिनके अभाव में जीव अपना जीवनचक्र पूरा करने में सफल नहीं हो पाते हैं तथा इनकी कमी से जीवों में विभिन्न प्रकार की कमी के लक्षण प्रदर्शित होते हैं। पौधों के वृद्धि एवं विकास के लिए 17 पोषक तत्वों (चित्र–9.1) की आवश्यकता होती है। आवश्यक पोषक तत्वों को पौधों की आवश्यकता के अनुसार प्रमुख तथा सूक्ष्म पोषक तत्वों की श्रेणी में विभाजित किया गया है। वैज्ञानिक लूमिस व शूल (1837) के अनुसार वे पोषक तत्व जिनकी आवश्यकता पौधों को 1.0 पी. पी. एम. (भाग प्रति दस लाख) अथवा इससे अधिक होती है, उन्हें मुख्य पोषक तत्व (Macro or major plant nutrients) कहते हैं तथा 1.0 पी. पी. एम. से कम मात्रा में आवश्यकता वाले पोषक तत्वों को सूक्ष्म पोषक तत्व (Micro/Trace/ Oligo/ Sprune elements)

के नाम से जानते हैं। वे तत्व जो पौधों के वृद्धि को उत्प्रेरित तो करते हैं परन्तु उनके लिए आवश्यक नहीं होते हैं, उन्हें लाभकारी पोषक तत्त्व के नाम से जानते हैं।

आवश्यक पोषक तत्वों से संबंधित अनेक जानकारियाँ जैसे उनके आवश्यकता के खोजकर्ता एवं वर्ष, पौधों द्वारा ग्रहण करने का उनका रसायनिक रूप, पौध ऊतकों में उनकी सान्द्रता इत्यादि को तालिका–9.1 में प्रदर्शित किया गया है।

तालिका–9.1 आवश्यक पोषक तत्वों से संबंधित कुछ जानकारियाँ

पोषक तत्त्व	खोजकर्ताओं का नाम	खोज का वर्ष	पौधों द्वारा ग्रहण करने का रुप	पादप उत्तकों में औसत सान्द्रता	मॉलिब्डेनम के एक अणु की तुलना में अन्य तत्त्वों की सापेक्षिक अणु संख्या
हाइड्रोजन	आदिकाल से	–	H_2O	6 %	6 X 10^7
आक्सीजन	आदिकाल से	–	H_2O, O_2	45 %	3 X 10^7
कार्बन	प्रिस्टले एवं साथी	1800	CO_2	45 %	3 X 10^7
नत्रजन	थियोडर डी सौसउर	1804	NO_3^-, NH_4^+	1.5 %	1 X 10^6
पोटैशियम	सी. स्प्रिंजल	1839	K^+	1.0 %	4 X 10^5
कैल्सियम	सी. स्प्रिंजल	1839	Ca^{2+}	0.5 %	2 X 10^5
मैग्नीशियम	सी. स्प्रिंजल	1839	Mg^{2+}	0.2 %	1 X 10^5
फास्फोरस	सी. स्प्रिंजल	1839	$H_2PO_4^-$, HPO_4^{2-}	0.2 %	3 X 10^4
सल्फर	साचस एवं नोप	1860	SO_4^{2-}	0.1 %	3 X 10^4
क्लोरीन	टी.सी. ब्रोयर एवं ए.बी.कार्लटन सी.एम.जोहनसन एवं पी .आर. स्टौट	1954	Cl^-	100 मिलीग्राम / किग्रा	3 X 10^3
आयरन	ई. ग्रीस	1843	Fe^{2+}	100 मिलीग्राम / किग्रा	2 X 10^3
मैंगनीज	जे.एस. मर्क्हाग्यू	1922	Mn^{2+}	20 मिलीग्राम / किग्रा	2 X 10^3
बोरान	के. वारिंगटन	1923	H_3BO_3, $H_2BO_3^-$, HBO_3^{2-}, BO_3^{3-}	20 मिलीग्राम / किग्रा	2X 10^3
जिंक	ए.एल.सोमर एवं सी.पी. लिपमैन	1926	Zn^{2+}	20 मिलीग्राम / किग्रा	3 X 10^2
कॉपर	ए.एल.सोमर, सी .पी. लिपमैन एवं जी. मक्किन्नी	1931	Cu^{2+}	6 मिलीग्राम / किग्रा	1 X 10^2
मालिब्डेनम	डी.आई. अरनौन एवं पी .आर. स्टौट	1939	MoO_4^{2-}	0.1 मिलीग्राम / किग्रा	1
निकेल	पी.एच ब्राउन, आर.एम.वेल्च एवं ई.ई केरी	1987	Ni^{2+}	0.1 मिलीग्राम / किग्रा	1–2

श्रोतः टिस्डेल एवं साथी (1997)

पोषक तत्वों का वर्गीकरण

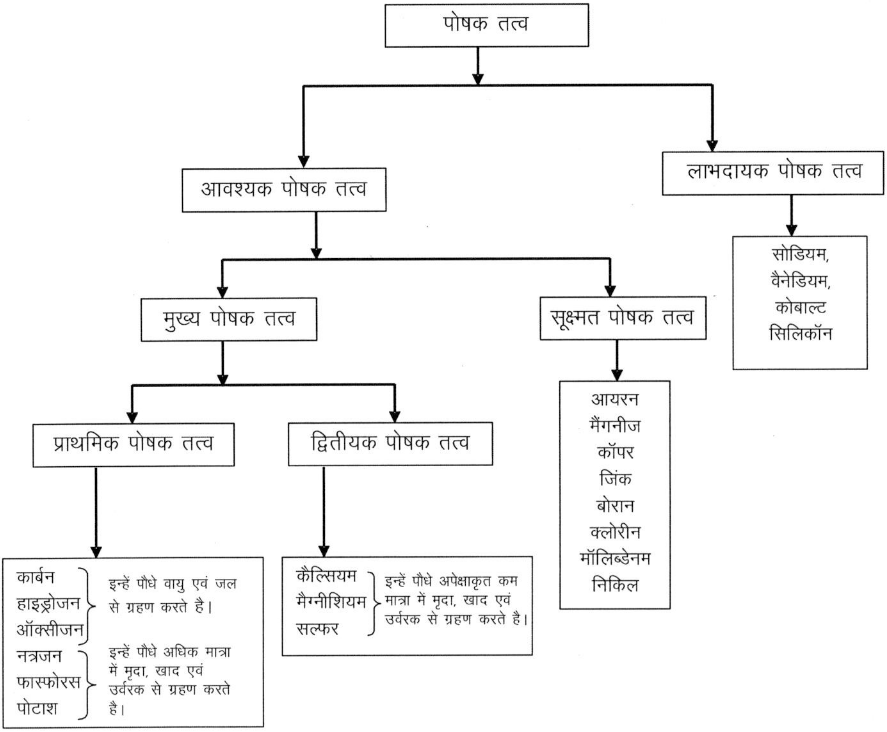

चित्र–9.1 पोषक तत्वों का वर्गीकरण

पौधों में पोषक तत्वों के चार प्रकार के प्रमुख कार्य होते हैं–

1. कोशिका अवयवों एवं उपापचयी यौगिकों के संरचनात्मक तत्त्व अथवा अंश के रुप में।
2. कोशिका संघटको में मरम्मत कार्य।
3. ऊर्जा रुपान्तरण अथवा स्थानान्तरण में।
4. इन्जाइम सक्रियता एवं इंजाइम क्रियाओं में।

उपरोक्त सभी बिन्दुओं से स्पष्ट होता है कि पौधों के वृद्धि एवं विकास हेतु इन सभी तत्त्वों का पौधों में विशेष महत्त्व है। कार्बन, हाइड्रोजन, ऑक्सीजन, नाइट्रोजन, फास्फोरस एवं सल्फर पादप प्रोटीन एवं जीवद्रव्य की रचना में सहायक होते हैं, अतः ये संरचनात्मक तत्व कहलाते हैं। पादप पोषक तत्वों का वर्गीकरण जैव रसायनिक क्रियाओं के आधार पर तालिका–9.2 में, रासायनिक प्रकृति के आधार पर तालिका 9.3 में तथा मृदा एवं पौधों में गतिशीलता के आधार पर तालिका 9.4 में प्रदर्शित किया गया है।

तालिका–9.2 जैव रसायनिक क्रियाओं के आधार पर आवश्यक पोषक तत्वों का वर्गीकरण

पोषक तत्त्व	जैव रसायनिक क्रियाएँ
समूह–1	
कार्बन, हाइड्रोजन, ऑक्सीजन, नत्रजन, सल्फर	कार्बनिक अवयवों का मुख्य संघटक, आण्विक समूह से संबंधित आवश्यक तत्त्व जो इंजाइम से संबंधित क्रियाओं में सम्मिलित, आक्सीकरण–अवकरण अभिक्रियाओं के सम्मिलित।
समूह–2	
फास्फोरस, बोरान, सिलिकॉन	अल्कोहल समूह के साथ एस्टरीफिकेशन, फास्फेट एस्टर एवं उर्जा स्थानांतरण अभिक्रियाओं में सम्मिलित।
समूह–3	
पोटैशियम, सोडियम, कैल्सियम, मैग्नीशियम, मैंगनीज, क्लोरीन	अविशिष्ट क्रियाओं द्वारा परासरणी विभव स्थापित करना, इंजाइम क्रियाशीलता के पुष्टिकरण (conformation) में अतिविशिष्ट भूमिका, अभिक्रियाओ के विभिन्न हिस्सों को जोड़ने में महत्वपूर्ण भूमिका ऋणायनों के संतुलन में सहायक, कोशिका झिल्ली के पारगम्यता एवं इलेक्ट्रोकेमिकल विभव के नियंत्रण में।
समूह–4	
आयरन, कॉपर, जिंक, मॉलिब्डेनम, निकिल	इंजाइमों के प्रोस्थेटिक समूह में चिलेट के रुप में, संयोजकता परिवर्तन द्वारा इलेक्ट्रान स्थानांतरण को समर्थ बनाना।

श्रोतः मेंजेल एवं किर्कबी (2001)

तालिका–9.3 रसायनिक प्रकृति के आधार पर आवश्यक पोषक तत्वों का वर्गीकरण

रसायनिक गुण	पोषक तत्व
अधातु (non-metal)	ऑक्सीजन, कार्बन, हाइड्रोजन, नाइट्रोजन, फास्फोरस, सल्फर और क्लोरीन।
धातु (metal)	पोटैशियम, कैल्सियम, मैग्नीशियम, आयरन, मैंगनीज, कॉपर और जिंक।
धनायन (cation)	पोटैशियम (K^+), कैल्सियम (Ca^{2+}), मैग्नीशियम (Mg^{2+}), आयरन (Fe^{2+}), मैंगनीज (Mn^{2+}), कॉपर (Cu^{2+}), जिंक (Zn^{2+}) और निकिल (Ni^{2+})
ऋणायन (anion)	नाइट्रोजन (NO_3^-), फास्फोरस ($H_2PO_4^-$ और HPO_4^{2-}), सल्फर (SO_4^{2-}), बोरान (BO_4^{3-}) मॉलिब्डेनम (MoO_4^{2-}) और क्लोरीन (Cl^-)

तालिका–9.4 मृदा एवं पौधों में गतिशीलता के आधार पर आवश्यक पोषक तत्वों का वर्गीकरण

गतिशीलता (mobility)	**पौधों में**	**मृदा में**
उच्च (high)	नाइट्रोजन, फास्फोरस, पोटैशियम और मैग्नीशियम।	NO_3^-, SO_4^{2-}, BO_4^{3-}, Mn^{2+} और Cl^-
कम (low)	क्लोरीन और मॉलिब्डेनम।	NH_4^+, K^+, Mg^{2+}, और Cu^{2+}
मध्यम (moderte)	जिंक।	–
अगतिशील (immobile)	कैल्सियम, बोरान, आयरन, कॉपर, मैंगनीज, और निकिल।	$H_2PO_4^-$, HPO_4^2, Zn^{2+}, MoO_4^{2-} और Ni^{2+}

मुख्य पोषक तत्व (Macro or major plant nutrients)

वे पोषक तत्व जिनकी आवश्यकता पौधों को 1.0 पी.पी.एम. (भाग प्रति दस लाख) अथवा इससे अधिक होती है, उन्हें मुख्य पोषक तत्व कहते हैं। इसके अन्तर्गत कार्बन, हाइड्रोजन, ऑक्सीजन, नत्रजन, फास्फोरस, पोटाश, कैल्सियम, मैग्नीशियम तथा सल्फर आते हैं। इनमें पोषक प्रबंधन के दृष्टिकोण से नत्रजन, फास्फोरस, पोटाश तथा सल्फर अधिक महत्त्वपूर्ण है। भारतीय मृदाओं में मुख्य पोषक तत्त्वों की कमी के विस्तार को तालिका–9.5 में प्रदर्शित किया गया है।

तालिका–9.5 भारतीय मृदाओं में मुख्य पोषक तत्वों की कमी के विस्तार

पोषक तत्व	**परीक्षण किये गये नमूनों की संख्या**	**नमूनों का वर्ग तथा प्रतिशत**		
		न्यून	**मध्यम**	**उच्च**
नत्रजन	3650004	63	26	11
फास्फोरस	3650004	42	33	20
पोटाश	3650004	13	37	50
सल्फर	27000	40	35	25

श्रोतः मोसवारा, 2002

पादप पोषण में मुख्य पोषक तत्त्वों की भूमिका, कमी के लक्षण आदि के बारे में यहाँ विस्तार से चर्चा की जा रही है–

कार्बन, हाइड्रोजन एवं ऑक्सीजन

पादप ऊतकों के कुल भाग का 45, 6 तथा 45 प्रतिशत भाग क्रमशः कार्बन, हाइड्रोजन एवं आक्सीजन से बना होता है। पौधे इन तत्त्वों को जल एवं कार्बन डाईआक्साइड से लेते

हैं। प्रकाश संश्लेषण के समय सूर्य से प्राप्त सौर ऊर्जा और पत्तियों में स्थित क्लोरोफिल की सहायता से पत्तियाँ उन तत्त्वों को सरल कार्बोहाइड्रेड में परिवर्तित कर देती हैं। बाद में उपापचयन क्रियाओं (metabolic processes) द्वारा इनका परिवर्तन शर्करा, स्टार्च, सेल्यूलोज, प्रोटीन, तेल इत्यादि पदार्थो में हो जाता है। इसप्रकार ये तत्त्व पौधों के शारीरिक संरचना के लिए आवश्यक होते हैं।

नत्रजन

नत्रजन पौधों के लिए प्रमुख पोषक तत्व है। यह पादप ऊतक मे 1–5 % तक पाया जाता है। भारतीय मृदाओं में औसत नत्रजन की मात्रा से 0.44 प्रतिशत तक पायी जाती है। दोमट, काली, लाल एवं लेटेराइट मृदाओं में यह क्रमशः 0.04–0.05, 0.05–0.06, 0.03 तथा 0.04 प्रतिशत तक पाया जाता है। भारत में उष्ण एवं उपोष्ण जलवायु होने के कारण यहाँ की मृदाओं में कार्बनिक पदार्थो की मात्रा बहुत कम होती है। कार्बनिक पदार्थ, 98 प्रतिशत कार्बनिक नत्रजन [हाइड्रोजेबल नत्रजन, अमीनों सुगर, अमीनों अम्ल, अम्लों में घुलनशील ह्यूमिन, बंध अमोनियम (fixed NH_4^+) तथा अघुलनशील ह्यूमिन] के प्राकृतिक स्त्रोत होते हैं तथा मात्र 2 प्रतिशत मृदा नत्रजन अकार्बनिक पदार्थो जैसे चिलेसाल्ट पीटर ($NaNO_3$) एवं स्ट्रूवाइट ($Mg\text{-}NH_4\,PO_4\,6H_2O$) इत्यादि के रूप मे पाये जाते हैं जो खासकर अमोनियम नाइट्रेट एवं नाइट्राइट नत्रजन के रुप में मृदा में उपलब्ध होते हैं। मृदा में नत्रजन के कुल मात्रा को मृदा के प्रकार, कणाकर (texture), मृदा का पी.एच. मान, मृदा का ई. एच. मान (redox potential), स्थालाकृति, जलवायु तथा वानस्पतिक अच्छादन, खाद एवं उर्वरक प्रबंधन इत्यादि पर निर्भर करता है। कार्बनिक पदार्थ में पाये जाने वाले नत्रजन तीन चरणों मे पौधों के उपलब्ध होने योग्य बनते है जो निम्नालिखित हैं–

1. **एमीनाइजेशन (Aminization)**: यह प्रोटीन से अमीनों अम्ल बनने की प्रक्रिया है।

$$\text{प्रोटीन} \xrightarrow[\text{हेट्रोट्रॉपिक मृदा सूक्ष्मजीवी}]{\text{इंजामेटिक अभिक्रिया}} \text{पालीपेप्टाइड्स} \xrightarrow[\text{हाइड्रोलायसिस}]{\text{इंजामेटिक अभिक्रिया}} \text{अमीनो अम्ल / एमाइन + कार्बन डाइआक्साइड + ऊर्जा}$$

2. **अमोनिफिकेशन (Ammonification)**: इस चरण में अमीनो अम्ल अथवा एमाइन, अमोनिकरण करने बैक्टीरिया जैसे वैसिलस एवं स्यूडोमोनास की सहायता से अमोनियम में परिवर्तित हो जाते है।

$$\underset{\text{अमीनो अम्ल / एमाइन जल}}{R\text{-}NH_2 + HOH} \xrightarrow[\text{हाइड्रोलायसिस}]{\text{इंजाइमेटिक अभिक्रिया}} \underset{\text{अमोनिया}}{NH_3} + \underset{\text{एथिल अल्कोहाल}}{R\text{-}OH} + \text{ऊर्जा}$$

$$\underset{\text{अमोनिया + जल}}{NH_3 + HOH} \longrightarrow \underset{\text{अमोनियम आयन}}{NH_4^+} + \underset{\text{हाइड्राक्सिल आयन}}{OH^-}$$

$$NH_3 + HOH \longrightarrow (NH_4)_2CO_3 \longrightarrow NH_4^+ + CO_3^{2-}$$

अमोनिया + जल   अमोनियम कार्बोनेट   अमोनियम आयन   कार्बोनेट आयन

हाइड्राक्सिल एवं कार्बोनेट आयन उत्पन्न होने के कारण जलमग्नता (waterlogged) की दशा में मृदा के पी. एच. मान में वृद्धि होती है।

3. **नाइट्रिफिकेशन (Nitrification):** इस चरण में इंजाइमेटिक ऑक्सीकरण प्रक्रिया द्वारा अमोनियम, नाइट्रोवैक्टीरिया (नाइट्रोसोमोनास एवं नाइट्रोवैक्टर) की सहायता से नाइट्रेट में परिवर्तित हो जाता है। नाइट्रिफिकेशन की प्रक्रिया को निम्न समीकरण की सहायता से समझा जा सकता है।

$$NH_4^+ \xrightarrow{\frac{1}{2} O_2} HO\text{-}NH_2 \xrightarrow{-2H} \tfrac{1}{2}\,[HO\text{-}N{=}N\text{-}OH] \xrightarrow{\frac{1}{2} O_2} H + O\text{-}N{=}O \xrightarrow{\frac{1}{2} O_2} NO_3^- + 20\ kcal$$

अमोनियम आयन	हाइड्राक्सिलमाइन	हाइपोनाइट्राइट	नाइट्राइट	नाइट्रेट	ऊर्जा
(-3)	(-1)	(+1)	(+3)	(+5)	

इस प्रक्रिया में अमोनियम से नाइट्राइट में परिवर्तन का कार्य नाइट्रोसोमोनास, नाइट्रोस्पायरा, नाइट्रोजेला एवं माइक्रोकोकस द्वारा किया जाता है तथा नाइट्राइट से नाइट्रेट में परिवर्तन का कार्य नाइट्रोवैक्टर एवं नाइट्रोसिस्ट द्वारा संपन्न किया जाता है। इन प्रक्रियों में नाइट्रोसोमोनास एवं नाइट्रोवैक्टर मुख्य भूमिका निभाते हैं तथा सामुहिक रुप से इन्हें नाइट्रोवैक्टीरिया के नाम जानते हैं। नाइट्रोवैक्टीरिया की संख्या प्रतिग्राम मृदा में 1×10^5 से 1×10^7 तक होती है। अमोनियम से नाइट्रेट में परिवर्तन के दौरान ऑक्सीकरण विभव (oxidation potential) -3 से बढ़कर + 5 तक पहुँच जाता है।

कार्य

1. यह अमीनों अम्ल, प्रोटीन, न्यूक्लिक अम्ल, पोरफायरिन्स, फ्लेविन्स, प्यूरिन्स एवं पायरिमिडिन न्यूक्योटाइड्स इंजाइम, कोइंजाइम, क्लोरोफिल, एलक्लायड्स इत्यादि का मुख्य संघटक होता है।

2. यह पौधों के वानष्पतिक विकास में सहायक होता है तथा पत्तिदार सब्जियों एवं चारे के गुणवत्ता में वृद्धि करता है।

3. नत्रजन के प्रयोग से अमीनों अम्ल जैसे ग्लूटामिक अम्ल, प्रोलीन, फेनायलानीन, सिस्टिन, मेथियोनिन तथा टायरोसिन की मात्रा में वृद्धि होती है। वही लायसीन, हिस्टीडिन, अर्जेनिन, एस्पार्टिक अम्ल, थ्रियोनीन, ग्लायसीन, वेलिन तथा ल्यूसिन की मात्रा में कमी होती है। जिसके परिणामस्वरुप खाद्यान्न प्रोटीन की गुणवत्ता में वृद्धि होती है।

4. यह पौधों में कार्बोहाइड्रेड की मात्रा में वृद्धि करता है।
5. यह फास्फोरस, पोटैशियम, कैल्सियम तथा अन्य दूसरे तत्त्वों के उपापचयन में सहायक होता है।

कमी के ल़क्षण

जब पादप उत्तकों में नत्रजन की सान्द्रता 1 प्रतिशत से कम होती है तो पौधों के विभिन्न भागों पर इसकी कमी के लक्षण दिखाई देते है जो निम्नलिखित हैं–

1. नत्रजन पौधों में गतिशील (mobile) होता है। अतः इसकी कमी के लक्षण सर्वप्रथम नीचे की पत्तियों पर दिखाई देते हैं। पत्तियों में क्लोरोफिल के स्थान पर कैरोटीन एवं जेन्थोफिल (पीले रंग का वर्णक) का संश्लेषण होने लगता है जिसके कारण इनका रंग हरा होने के बजाय पीला होने लगता है।
2. पौधों की कोशिकाओं का वृद्धि एवं विकास रुक जाता है जिससे पौधे बौने रह जाते हैं।
3. गन्ना, गेहूँ, जौ इत्यादि फसलों की वृद्धि कल्ले आने के तुरन्त बाद रुक जाती है।
4. पौधों में फूल आने के समय नत्रजन की कमी होने पर फूलों की संख्या में गिरावट आती है जिससे दानों की उपज में कमी आती है तथा दानों में प्रोटीन की गुणवत्ता भी निम्न कोटी की होती है।

नत्रजन के अधिकता के लक्षण

1. पौधों में नत्रजन की मात्रा अधिक होने पर वानस्पतिक विकास देर तक होता रहता है जिससे फूल आने में विलम्ब होता है तथा उत्पादन में काफी गिरावट आती है।
2. इसकी अधिकता से पौधों के वानस्पतिक भाग में कार्बोहाइड्रेड की कमी होती है तथा प्रोटोप्लाज्म की मात्रा में वृद्धि होती है। परिणामस्वरुप पौधे कोमल हो जाते है उनपर कीट एवं व्याधियों का प्रकोप बढ़ जाता है। साथ ही अधिक वानस्पतिक वृद्धि एवं कमजोर तना होने के कारण मंद हवा चलने पर भी भूमि पर गिर जाते हैं।
3. सब्जियों एवं फलों की भण्ड़ारण क्षमता में कमी आती है जिससे वे जल्दी खराब होने लगते हैं।
4. गन्ने तथा चुकन्दर जैसे शर्करायुक्त फसलों में शर्करा की मात्रा में कमी आती है।
5. पौधों की पत्तियाँ माँसल एवं गहरे रंग की हो जाती हैं।

फास्फोरस (Phosphorus)

पौधों के वृद्धि एवं विकास में नत्रजन के बाद फास्फोरस सबसे महत्त्वपूर्ण तत्त्व होता है। यह सभी जीवित कोशिकाओं में पाया जाता है पेड़–पौधे, मनुष्य एवं पशुओं के भोजन में आवश्यक तत्त्व के रुप में मौजूद होता है। पौधों में 0.1 से 0.4 प्रतिशत तक पाया है यह ऊर्जा का मुख्य स्त्रोत होता है जिससे एडिनोसीन ट्राई फास्फेट के रुप में ग्रहण किया जाता है। यह पौधों में गतिशील तथा मृदा में अगतिशील होता है। पौधे सामान्य एवं क्षारीय अवस्था में प्राथमिक आर्थोफास्फेट के रुप में मृदा से ग्रहण करते हैं। यह द्वितीयक आर्थोंफॉस्फेट के रुप में भी पौधों द्वारा ग्रहण किया जाता है। न्यूक्लिक अम्ल एवं फाइटीन जैसे कार्बनिक फास्फोरस को भी पौधे ग्रहण करने में सक्षम होते हैं। दोमट मृदाओं में फास्फोरस अधिक मात्रा में (0.03–0.20 प्रतिशत) पाया जाता है तथा बलुई मृदाओं में इसकी कमी होती है।

कार्य

1. यह न्यूक्लिक अम्ल (डीऑक्सीराइबोन्यूक्लिक अम्ल एवं राइबोन्यूक्लिक अम्ल), फास्फोप्रोटीन, फास्फोलिपिड्स, सुगर, फास्फेट, इंजाइम तथा ऊर्जा का मुख्य स्त्रोत एडीनोसिन ट्राईफास्फेट (ए.टी.पी.) तथा एडीनोसिन डाईफास्फेट (ए.डी.पी.) का मुख्य संघटक होता है।
2. फास्फोरस जड़ों के विकास में सहायक होता है।
3. यह नत्रजन स्थिर करने वाले पौधों के जड़ों पर बनने वाले गाँठों के विकास में महत्त्वपूर्ण भूमिका निभाता है जिसके कारण राइजोबियम की क्रियाशीलता बढ़ जाती है।
4. फास्फोरस की पर्याप्त मात्रा नत्रजन की विषाक्ता को दूर करने में सहायक होती है।
5. यह उच्च ऊर्जा बंध (high energy bond) के कारण प्रकाश संश्लेषण एवं स्वसन क्रिया में सहायता करता है।
6. इससे प्रोटीन की मात्रा में वृद्धि होती है जिससे दानों के गुणवत्ता में सुधार होता है।
7. यह पौधों में फूल आने तथा बीज बनने की प्रक्रिया में सहायता करता है।
8. इससे पौधों में जल्दी परिपक्वता आती है।
9. इससे खाद्यान्न फसलों के तने मजबूत एवं मोटे होते है जिसके कारण हवा के प्रभाव से जल्दी गिरते नहीं हैं।
10. यह आक्सीडेटीव इंजाइम की क्रियाशीलता को बढ़ाने में सहायक होता है।

कमी के लक्षण

1. यह पौधों में गतिशील होता है। अतः इसकी कमी का लक्षण सर्वप्रथम नीचे की पुरानी पत्तियों पर देखने को मिलता है।
2. इसकी कमी से पत्तियों में शर्करा का संचयन बढ़ जाता है जिसके परिणामस्वरुप एन्थोसायनिन (बैंगनी रंग का वर्णक) का संश्लेषण होने लगता है। अतः पत्तियों का रंग हरा होने के बजाय बैगनी रंग का हो जाता है।
3. इसके कमी से जड़ एवं तने का विकास रुक जाता है जिसके कारण पौधे पतले एवं दुबले हो जाते हैं।
4. इसकी कमी की दशा में पत्तियाँ परिपक्व होने से पहले ही गिरने लगती हैं तथा फूल एवं फल विलम्ब से आते हैं।
5. आलू के कंदों पर भूरे रंग का घाव दिखाई देता है।
6. गन्ना तथा चुकन्दर में शर्करा की मात्रा में कमी आती है।
7. कपास में पत्तियाँ परिपक्व होने से पहले ही गिरने लगती हैं तथा इसके गुलर (boll) सही तरीके से खिलते नहीं हैं। परिणामस्वरुप कपास के उत्पादन एवं गुणवत्ता में कमी आती है।
8. इसकी कमी से पौधों की स्वसन क्रिया में वृद्धि होती है तथा स्वस्थ फल एवं बीज नहीं बन पाते हैं।

पोटैशियम (Potassium)

यह पौधों में गतिशील एवं मृदा में अगतिशील होता है। स्वस्थ पौधों में पोटैशियम की सान्द्रता 1–5 प्रतिशत होती है जो लगभग नत्रजन की सान्द्रता के बराबर होता है। मृदा में पोटाश की कुल मात्रा 0.5 से 2.5 प्रतिशत के बीच होता है। चूनापत्थर या क्वार्ट्जाइट से बनी बड़े कणाकार वाली मृदा में इसकी कमी तथा पोटाश से परिपूर्ण चट्टानों के अपरदन से बनी छोटे या महीन कणाकार वाली मृदा में यह अधिक मात्रा में पाया जाता है। मृदा में पोटाश का 90–98 प्रतिशत हिस्सा खनिज के रुप में पाये जाने वाले पोटाश का होता है। पौधे इसे धनायन पोटैशियम (K^+) के रुप में ग्रहण करते हैं। मृदा में पोटैशियम की प्राप्ति माइका, मस्कोवाइट, बायोटाइट, फेल्सपार इत्यादि खनिजों द्वारा होती है। इसके साथ ही सिल्वाइट, केनाइट, कार्नेलाइट, इत्यादि खनिज भी पोटैशियम के अच्छे स्त्रोत होते हैं।

कार्य

1. यह पौधों में चीनी एवं माँड़ (स्टार्च) बनाने की प्रक्रिया में सहायक होता है।
2. यह पौधों में प्रतिकूल मौसम एवं कीट–व्याधियों से रक्षा करने की क्षमता बढ़ाता है।
3. इससे पौधों के तने मजबूत एवं चमकदार तथा दानें हृस्ट–पुष्ट बनते हैं।
4. यह पौधों में कार्बोहाइड्रेड के स्थानांतरण में सहायक होता है।
5. यह जड़ों के विकास में सहायक होता है तथा सूखे के प्रति पौधों में सहनशीलता को बढ़ाता है।
6. यह ऋणायन कार्बनिक आयनों को उदासीन करने में मदद करता है तथा साइटोप्लाज्म के पी.एच को 7 से 8 के बीच बनाये रखने में सहायक होता है।
7. यह 60 से अधिक इंजाइमों की सक्रियता में भाग लेता है जिसमें से स्टार्च संश्लेषण करने वाली स्टार्च सेन्थेटेज इंजाइम तथा प्रोटीन बनाने वाली नाइट्रेट रिडक्टेज इंजाइम प्रमुख हैं।
8. यह फसलों के गुणवत्ता में सुधार करता है तथा फलों एवं सब्जियों में इसकी अधिकता से इनके भण्ड़ारण क्षमता में वृद्धि होती है।
9. यह आलू एवं अन्य कंद वाली फसलों में कंदों के बनने की दर एवं उनके विकास में सहायक होता है।
10. यह अत्यधिक नत्रजन एवं फास्फोरस के प्रभाव को संतुलित करता है
11. यह पौधों के पत्तियों पर स्थित पर्ण छिद्रों (stomata) के खुलने एवं बन्द होने की प्रक्रिया को भी नियंत्रित करता है।
12. यह पौधों द्वारा मृदा से ग्रहण किये गये अमोनियम आयनों से अमीनों अम्ल और प्रोटीन के निर्माण में महत्त्वपूर्ण भूमिका अदा करता है।

कमी के लक्षण

1. इसके कमी के लक्षण नीचे की पुरानी पत्तियों पर दिखाई देते हैं। अधिकतर पौधों में पुरानी पत्तियों के अग्र भाग तथा किनारे पीले पड़कर (क्लोरोसिस) मर जाते हैं (नेकारोसिस)। अतः पत्तियों के किनारे देखने में जले हुए प्रतीत होते हैं तथा अपरिपक्व अवस्था में ही पत्तियाँ मरने लगती हैं।
2. इसकी कमी से पौधों का विकास धीमा हो जाता है।

3. तने कमजोर तथा कीट–ब्याधियों के प्रति संवेदनशील हो जाते हैं तथा हल्की हवा चलने पर भी भूमि पर गिर जाते हैं।
4. दाने, फल एवं सब्जियों के गुणवत्ता में कमी आती है। दाने झुरीदार, छोटे तथा बीमारियों के प्रति संवेदनशील होते हैं। फलों में शर्करा की कमी हो जाती है जिसके कारण उनके सामान्य रंग में परिवर्तन होने लगता है। साथ ही सब्जियों एवं फलों के भण्ड़ारण क्षमता में भी कमी आती है।
5. इसकी कमी से पौधों में डाइएमाइन पुटेरेसिन (diamine putrescine) का संचयन बढ़ जाता है।
6. कपास के फसलों में निम्न कोटि के रेशे बनते हैं।

कैल्सियम (Calcium)

यह मृदा तथा पौधों में अगतिशील होता है। पौधों में इसकी औसत सान्द्रता 0.2 से 1.0 प्रतिशत होता है। आर्द्र ठण्ड़ क्षेत्रों में पायी जाने वाली मृदाओं में यह 0.7–1.5 प्रतिशत, उष्ण क्षेत्रों में पायी जाने वाली अत्यधिक विचूर्णित (highly weathered) मृदाओं में 0.1 से 0.37 तथा अर्द्ध शुष्क एवं शुष्क क्षेत्रों की मृदाएँ जो कैल्सियम कार्बोनेट, डोलोमाइट तथा जिप्सम से भरपूर होती है, में 1 से 30 प्रतिशत तक कैल्सियम पायी जाती है। एनार्थाइट ($CaAl_2Si_2O_3$), पायरोजेन्स तथा एम्फीबोल्स इत्यादि मृदा में कैल्सियम के मुख्य खनिज स्त्रोत होते हैं। कैल्सियम के प्रयोग से मृदा का पी. एच. बढ़ जाता है जो अम्लीय भूमि के लिए सुधारक तथा रोगकारक जीवाणुओं के लिए हानिकारक होता है।

कार्य

1. यह पौधों के कोशिका–भिति (cell wall) के निर्माण में महत्त्वपूर्ण भूमिका निभाता है। यह कैल्सियम पेक्टेट के रुप में कोशिकाओं के मध्य पटलिका (middle lemella) का निर्माण करता है। मध्य पटलिका पौधों के लिए हानिकारक तत्त्वों को छोड़कर सभी पोषक तत्त्वों को कोशिका में प्रवेश करने में सहायक होता है।
2. यह पौधों की जड़ों के अग्र भाग में स्थिति विभाज्योतकों की क्रियाशीलता तथा नये उत्तकों के निर्माण में आवश्यक तत्व होता है।
3. पौधों के उपापचयी क्रियाओं से उत्पन्न हुए कार्बनिक अम्लों जैसे साइट्रिक अम्ल, मैलिक अम्ल, ऑक्जेलिक अम्ल इत्यादि को उदासीन करता है। इसके साथ ही यह फास्फोरिक अम्ल को उदासीन करने में भी सहायक होता है।
4. यह बीजों के निर्माण को प्रोत्साहित करता है।

5. यह कोशिका विभाजन के माइटोसिस प्रक्रिया में महत्त्वपूर्ण भूमिका निभाता है तथा क्रोमोजोम की संरचना को बनाये रखने में सहायक होता है।
6. यह फास्फोलाइपेज, अर्जेनिन, काइनेज, एमाइलेज तथा एडिनोसिन ट्राई फास्फटेज इत्यादि इंजाइमों की क्रियाशीलता को बढ़ाता है।
7. यह कार्बोहाइड्रेड के स्थानांतरण में सहायक होता है।
8. यह बीज निर्माण को प्रोत्साहित करता है।
9. यह दलहनी फसलों की जड़ों पर गाँठों के निर्माण में सहायक होता है।
10. यह मृदा का पी.एच. मान बढ़ाकर नत्रजन, आयरन, बोरान, जिंक, कॉपर तथा मैंगनीज की उपलब्धता को बढ़ाता है।

कमी के लक्षण

जब पौधों में कैल्सियम की मात्रा 0.1 प्रतिशत से कम होती है तो पौधों पर इसके कमी के लक्षण प्रदर्शित होने लगते है जो निम्नलिखित हैं–

1. पौधों में अगतिशील होने के कारण इसकी कमी होने पर सर्वप्रथम अग्रस्त कलिकाओं (top buds) प्रभावित होती हैं, जिसके कारण इनका विकास रुक जाता है।
2. इसकी कमी से पत्तियों के किनारे तथा अग्र शिरा सुखने लगता है। साथ ही पत्तियों के किनारों की समान रुप से वृद्धि नहीं होती है तथा वे कटे–फटे होते हैं।
3. दलहनी फसलों में कैल्सियम की कमी के कारण उनकी जड़ों पर कम संख्या में छोटी–छोटी गाँठें बनती हैं।
4. इसकी कमी से बंध्य बालियाँ (strile ears) पैदा होतीं हैं जो सुखकर सफेद हो जाती हैं तथा उनमें दानें नहीं बनती हैं। मक्के के पौधों में भुट्ओं की संख्या कम हो जाती है तथा उनमें दानें भी कम पड़ते हैं।

मैग्नीशियम (Magnesium)

यह पौधों में गतिशील तथा मृदा में अगतिशील होता है। पौधों में मैग्नीशियम की औसत सान्द्रता 0.1 से 0.4 प्रतिशत होती है। यह बड़े पैमाने पर कार्बनिक अम्ल जैसे मैलेट से जुड़ा है। मृदा में मैग्नीशियम प्रचुर मात्रा में होता है। मृदा में मैग्नीशियम का मुख्य स्त्रोत हार्नब्लेड, ओलेवाइन, डोलोमाइट, स्पेन्टाइन, बायोटाइट आदि खनिज हैं जिसके अपघटन से मृदा में मैग्नीशियम मुक्त होता है जो विनिमययोग्य रूप में होता है तथा पौधों को शीघ्र ही उपलब्ध हो जाता है। शुष्क क्षेत्रों में पायी जाने वाली मृदाओं में मैग्नीशियम अधिक पाया जाता है, वही अम्लीय मृदाओं में यह न्यून मात्रा (low amount) में होता है।

कार्य

1. यह क्लोरोफिल में मैग्नीशियम पोरफाइरिन के रूप होता है।
2. यह ऊर्जा एवं कार्बोहाइड्रेट उपापचयन से संबंधित इंजाइम की क्रियाशीलता में महत्वपूर्ण भूमिका निभाता है।
3. यह आयनिक बंध के माध्यम से न्यूक्लियोफिलिक लिगेन्ड जैसे फास्फोराइल समूह के साथ मजबूती से बंधा रहता है।
4. यह फास्फोरस के अवशोषण एवं शर्करा के स्थानांतरण को प्रोत्साहित करता है।
5. यह पौधों में स्टार्च तथा शर्कराओं के स्थानांतरण में सहायक होता है।
6. पौधों में नाइट्रोजन उपापचयन से संबंधित कई फास्फोरिलेशन क्रियाएँ मैग्नीशियम द्वारा उत्प्रेरित होती हैं।
7. यह बीजों के निर्माण में सहायक होता है।
8. यह पौधों में तेल एवं वसा के संश्लेषण में सहायक होता है तथा सल्फर के साथ जुड़कर यह बहुत से फसलों में तेल की मात्रा बढ़ाने का कार्य करता है।
9. यह पौधों में केल्विन चक्र के संचालन में महत्त्वपूर्ण भूमिका निभाता है।

कमी के लक्षण

1. मैग्नीशियम की कमी के लक्षण सर्वप्रथम पुरानी पत्तियों पर दिखाई देते हैं। इसकी कमी से पत्तियाँ सूख जाती है, परन्तु नसों (veins) का रंग हरा बना रहता है।
2. अनाज वाली फसलों के विकास रूकने के कारण ये बौने रह जाते हैं।
3. कपास के पौधों में नीचे की पत्तियों का रंग बैंगनी–लाल हो जाता है।
4. इसकी कमी से नींबूवर्गीय पौधों की पत्तियाँ कांसे के रंग का (bronzing disease) हो जाती है।
5. इसकी कमी से पौधों की पत्तियाँ बिना सूखे हुए ही गिरने लगती हैं। इसप्रकार पौधों की वृद्धि एवं उत्पादन में कमी आने लगती है।
6. मक्के के पत्तियों पर धारियाँ दिखाई देती हैं तथा पत्तियों के किनारे एवं अग्र भाग पर लाल रंग उत्पन्न होता है तथा बाद में पत्तियाँ नीचे की तरफ अन्दर की ओर सिकुड़ने लगती हैं।

7. तम्बाकू में पत्तियाँ पीली पड़ जाती हैं, जिसे सैन्ड डाउन (sand down) नामक बीमारी के रुप में जानते हैं।

8. मैग्नीशियम की कमी वाले चारागाह में चरने वाले पशुओं में 'ग्रास टिटेनी' (grass titany) नामक बीमारी होती है।

सल्फर (Sulphur)

नत्रजन, फास्फोरस तथा पोटैशियम के बाद सल्फर चौथा महत्वपूर्ण पोषक तत्व है। पौधों में इसकी औसत सान्द्रता 0.1 से 0.4 प्रतिशत के बीच होता है। भारतीय मृदाओं में कार्बनिक सल्फर की मात्रा 5 से 98% तक होता है। उदासीन से क्षारीय पी. एच. मान पर सल्फर मृदा घोल में उपलब्ध होते हैं तथा निक्षालन (leaching) के प्रति काफी संवेदनशील होते हैं। आर्द्र क्षेत्रों की मृदाओं में, सल्फर जैव पदार्थ में रहता है तथा खनिजीकरण (mineralization) होने से सल्फेट ($SO_4^=$) के रुप में परिवर्तित हो जाता हैं। सल्फर की कमी खासकर बड़े कणाकार (texture) वाली दोमट, लाल एवं लेटेराइट मृदाओं में अधिक होती है। यदि मृदा में कार्बनिक पदार्थ की मात्रा अधिक है तथा सल्फर की मात्रा कम है तो इस दशा में सूक्ष्मजीवों की संख्या बढ़ जाती है जो सल्फर का अखनिजीकरण (immoblizition) करते हैं जिससे पौधों में सल्फर की कमी होने लगती है। मृदा में सल्फर कार्बनिक–कार्बन (organic carbon) के साथ 140:1 के अनुपात मे जुड़ा होता है।

सामान्य वायु संरचण वाले मृदाओं में कार्बनिक पदार्थ का अपघटन होता है तथा इसमें मौजूद सल्फर के ऑक्सीकरण से सर्वप्रथम सल्फाइट ($SO_3^=$), थायोसल्फेट ($S_2O_3^=$) तथा पॉलिथियोनेट जैसे मध्यमवर्ती पदार्थो का निमार्ण होता है। तत्पश्चात् अन्त में सल्फेट का निर्माण होता है।

पौधों में सल्फर की मात्रा पौधों की प्रजातियों, उनके विकास की अवस्था तथा पौधों के विभिन्न भागों पर निर्भर करता है। सल्फर की सान्द्रता बीज/दानों में भूसे की अपेक्षा ज्यादा होता है। सरसों के बीज में यह 0.197 तथा डण्ठल में 0.13 प्रतिशत के करीब होता है। फसलों के दानों में यह 0.25 प्रतिशत तथा डण्ठल में 0.2 प्रतिशत के बीच होती है। तिलहन, गोभीवर्गीय फसलों, मूली इत्यादि में सल्फर की सबसे अधिक आवश्यकता होती है। इसके बाद द्विबीजपत्री फसलों (दलहन) का स्थान आता है।

पौधों के इष्टतम वृद्धि एवं उपापचयन हेतु नत्रजनःसल्फर का अनुपात 15–16:1 (दलहनी फसलें में) तथा 11–12:1 (खाद्यान्न फसलों में) होना आर्दश माना जाता है। दालों में पाये जाने वाले प्रोटीन मे सल्फर की मात्रा, खाद्यान्न फसलों की तुलना में कम होता है।

मृदा में सल्फर के मुख्य स्त्रोत पायराइट्स, जिप्सम इत्यादि होते हैं। चिकनी मृदाओं में सल्फर की मात्रा अधिक होती है लेकिन बलुई मृदाओं में इसकी कमी पायी जाती है। मृदाओं में यह प्रोटीन, सल्फर (कार्बनिक), सल्फेट सल्फर (अकार्बनिक), तात्त्विक सल्फर एवं सल्फाइड के रुप में पाया जाता हैं। भारतीय मृदाओं में सल्फर की कमी का मुख्य कारण जैविक पदार्थो की कमी तथा सल्फर रहित उर्वरकों का अधिक उपयोग होना है।

कार्य

1. यह वसा एवं पर्णहरित के संश्लेषण में महत्त्वपूर्ण भूमिका निभाता है।
2. यह सल्फरयुक्त एमीनो अम्लों जैसे सिस्टीन ($C_6H_{12}N_2O_4S_2$), सिस्टाईन (C_3H_7NOS), मेथियोनिन ($C_5H_{11}NO_2S$) तथा प्रोटीन संश्लेषण में आवश्यक होता है।
3. यह जड़ों के उचित विकास, इंजाइम की सक्रियता, विटामिन्स आदि के लिए आवश्यक होता है।
4. सल्फर के कारण तिलहनी फसलों में तेल, दालों में प्रोटीन, प्याज में एलाइल प्रोपाइल डाइसल्फाइड ($C_3H_3S_2C_3H_7$) पदार्थ के कारण तीखापन, लहसुन में एलिसिन ($C_6H_{10}OS_2$) जिसके कारण एन्टीबैक्टीरियल क्रिया होती है, के संलेश्षण में महत्त्वपूर्ण भूमिका निभाता है।
5. इससे फसलों की जड़ों पर बनने वाली गाँठों में सूक्ष्मजीवों का कार्य करने की गति तेज हो जाती है।

कमी के लक्षण

1. सल्फर की कमी का लक्षण सर्वप्रथम नई पत्तियों पर देखने को मिलता है। प्रायः नई पत्तियाँ, आकार में छोटी रह जाती हैं तथा उनका रंग हल्का हरा होकर पीला पड़ जाता है।
2. तने पतले एवं कमजोर रह जाते हैं तथा पौधों की बढ़वार रुक जाती है।
3. खाद्यान्न फसलों (cereals) में परिपक्वता देर से आती है।
4. जड़ों की वृद्धि कम होती है तथा दलहनी फसलों की जड़ों पर गाँठें कम बनती है।

सूक्ष्मपोषक तत्त्व (Micronutrients)

वे पोषक तत्त्व जिनकी आवश्यकता पौधों के लिए 1.0 पी.पी.एम से कम होती है, सूक्ष्म पोषक तत्त्व कहलाते हैं। इसके अन्तर्गत 8 पोषक तत्त्व (आयरन, मैंगनीज, कॉपर, जिंक,

बोरान, क्लोरीन, मॉलिब्डेनम, निकिल) आते हैं। भारत में सूक्ष्मपोषक तत्त्वों के राज्यवार कमी के विस्तार को तालिका–9.6 में प्रदर्शित किया गया है। साथ ही मृदा में सूक्ष्म पोषक तत्त्वों का क्रांतिक स्तर तथा पौधों में इनके कमी, पर्याप्तता व विषाक्तता के स्तर को तालिका–9.7 में दर्शाया गया है।

तालिका–9.6 भारत के विभिन्न राज्यों में मृदा नमूनों में सूक्ष्म पोषक तत्त्वों की कमी (प्रतिशत नमूने)

राज्य	जिंक	कॉपर	आयरन	मैगनीज	बोरान
पंजाब	48	1	14	2	13
हरियाण	61	2	20	4	0
राजस्थान	21	–	–	–	–
उत्तर प्रदेश	46	1	6	3	24
गुजरात	24	4	8	4	2
हिमांचल प्रदेश	42	0	27	5	–
महाराष्ट्र	86	0	24	0	–
आन्ध्र प्रदेश	49	1	3	3	–
बिहार	54	3	6	2	38
मध्य प्रदेश	44	1	7	1	22
पश्चिम बंगाल	36	0	0	3	68
तमिलनाडु	58	6	17	6	21
पुडुचेरी	8	4	2	3	–
उड़ीसा	54	–	0	0	69
कर्नाटक	73	5	35	17	32
केरल	34	3	1	0	–
असम	34	1	2	20	17
मेघालय	57	2	0	23	–
जम्मू व कश्मीर	12	–	–	–	–
सम्पूर्ण भारत	49	3	12	5	33

श्रोतः जीनगर एवं साथी (दिसंबर, 2016) सूक्ष्म पोषक तत्त्व प्रबंधन, खाद पत्रिका पृष्ठ. सं. 31–32.

तालिका–9.7 मृदा में सूक्ष्म पोषक तत्त्वों का क्रांतिक स्तर तथा पौधों में इनके कमी, पर्याप्तता व विषाक्तता का स्तर

सूक्ष्म तत्त्व	मृदा क्रांतिक स्तर (मि.ग्रा / किग्रा.)	पौधो में कमी (मि.ग्रा / किग्रा.)	पौधो में पर्याप्त (मि.ग्रा / किग्रा.)	पौधो में विषाक्तता (मि.ग्रा / किग्रा.)
लोहा	4.5	< 50	100–500	>500
मैंगनीज	2.0	15–25	20–300	300–500
जस्ता	0.6	10–20	27–150	100–400
ताँबा	0.2	2–5	5–30	20–100
बोरान	0.5	5–30	10–20	50–200
मॉलिब्डेनम	0.2	0.03–0.15	0.1–2.0	>100

श्रोतः जीनगर एवं साथी (दिसंबर, 2016) सूक्ष्म पोषक तत्त्व प्रबंधन, खाद पत्रिका पृष्ठ. सं. 31–32.

मृदा में सूक्ष्म पोषक तत्त्वों की कमी या अधिकता से पौधों पर इनके कमी या विषाक्तता के लक्षण दिखाई देते है जिनका यहाँ विस्तार से चर्चा किया गया है।

आयरन (Iron)

यह मृदा में चौथा सबसे अधिक मात्रा में पाया जाने वाला तत्त्व है। यह भू–पपड़ी में 5 प्रतिशत तक पाया जाता है। मृदा में ओलेवाइन [$(Mg,Fe)_2SiO_4$], हेमेटाइट (Fe_2O_3), सिडेराइट ($FeCO_3$), गोयथाइट (FeOOH), मेगनेटाइट इत्यादि आयरन के मुख्य स्त्रोत हैं। मृदा घोल में आयरन से संबंधित खनिज 10^{-6} से 10^{-24} मोल आयरन तक घुलनशील होते हैं। मृदा घोल में फेरिक आयन (Fe^{+3}) बहुत कम मात्रा में पाया जाता है। जिन मृदाओं में ऑक्सीजन का संचार अच्छी तरह होता है उनके मृदा घोल में फेरस आयन (Fe^{2+}) के तुलना में फेरिस आयन (Fe^{3+}) की मात्रा अधिक होती है। मृदा में आयरन की क्रियाशीलता मृदा के पी.एच. मान पर भी निर्भर करता है तथा इसमें एक इकाई की वृद्धि होने पर फेरस एवं फेरिक आयन की क्रियाशीलता में क्रमशः 100 तथा 1000 गुना की कमी आती है। उच्च पी.एच. मान वाली तथा कैल्केरिस मृदाओं में आयरन की कमी होती है। यह मृदा में अगतिशील (immobile) होता हैं। भारत में 12 प्रतिशत मृदाओं में आयरन की कमी दर्ज की गयी है।

यह पौधों में भी अगतिशील होता है तथा पादप ऊतकों में इसकी सान्द्रता 100 से 250 मिलीग्राम / किलोग्राम होती है। पौधे इसे मृदा घोल से फेरस आयन के रुप में अवशोषित करते है।

कार्य

1. यह साइट्रोक्रोम में पाये जाने वाले हेम–आयरन–प्रोफायरिन जटिल अवयव के प्रोस्थेटिक समूह का अंग होता है। साइट्रोक्रोम हरितलवक के अपचयोपचय प्रणाली (redox system), माइट्रोकान्ड्रिया तथा नाइट्रेट रिडक्टेज इंजाइम में पाये जाने वाले अपचयोपचय श्रृंखला (redox chain) का महत्त्वपूर्ण अवयव होता है।
2. यह केटालेज, परऑक्सीडेज, साइटोक्रोम ऑक्सीडेज, प्रोफायरिनोजेन ऑक्सीडेज, एमीनोलेवोलेनिक एसिड सेन्थेटेज, एस्कॉर्बेट परऑक्सीडेज इत्यादि इंजाइमों की सक्रियता में महत्त्वपूर्ण भूमिका निभाता है।
3. यह प्रकाश संश्लेषण क्रिया में होने वाले ऑक्सीकरण–अवकरण अभिक्रियाओं में सहायक होता है।
4. यह नाइट्रोजिनेज इंजाइम, लेग्हेमोग्लोबिन, फेरिक्रोम इत्यादि का मुख्य अवयव होता है।
5. यह पर्णहरित (chloroplast) तथा हेम संश्लेषण का पूर्ववर्ती (precursor) होता है तथा एमीनोलेवोलेनिक एसिड़ के दर को नियंत्रित करने में सहायक होता है (पुशनिक एवं मिलर, 1989)।
6. यह मैग्नीशियम प्रोटोप्रोफायरिन से प्रोटोक्लोरोफायलाइड के संश्लेषण में आवश्यक होता है जो सूर्य के प्रकाश में क्लोरोफिल में परिवर्तित हो जाता है।
7. हरितलवक में पाये जाने वाले थिलेक्वायइस झिल्ली में लगभग 20 आयरन अणु प्रत्यक्ष रुप से इलेक्ट्रान स्थानांतरण श्रृंखला में शामिल होते हैं।
8. यह पौधों में नाइट्रोजन के अवकरण तथा प्रोटीन निर्माण में सहायक होता है।
9. यह श्वसन क्रिया में ऑक्सीजन वाहक का कार्य करता है।
10. फेरस आयन 1–एमीनोसाइक्लोप्रोपेन–1–कार्बोक्सिलिक एसिड (1-amino-cyclopropen-1-carboxylic acid, ACC) का एथाइलिन में रुपांतरण को उत्प्रेरित करता है।
11. आयरन–सल्फर प्रोटीन फेरेडोक्सीन (ferredoxin) अनेक उपापचयी क्रियाओं में होने वाले इलेक्ट्रान स्थानांतरण में सहायक होता है।
12. यह आयरन–सल्फर प्रोटीन में सिस्टीन के थायोल समूह या अकार्बनिक सल्फर के साथ समूह (cluster) के रुप में संयोजित होता है।

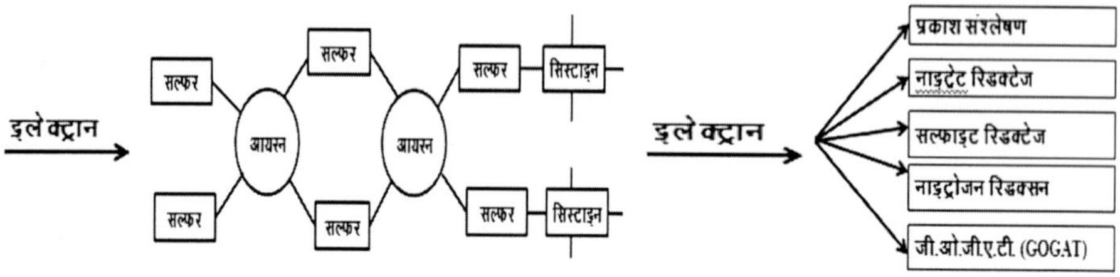

कमी के लक्षण

1. आयरन की कमी से नई पत्तियों में नसों के बीच का भाग पीला (interveinal chlorosis) हो जाता है तथा नसे हरी रहती हैं।
2. इसकी कमी से पत्तियों का रंग पीला या सफेद हो जाता है।
3. आयरन की कमी से पत्तियों में स्टार्च एवं शर्करा की सान्द्रता कम हो जाती है (अरुलानाथन एवं साथी, 1990)।
4. सामान्यतया C_4 प्रकार के पौधों (मक्का, ज्वार, बाजरा इत्यादि) में C_3 प्रकार के पौधों (गेहूँ, धान, जौ इत्यादि) के तुलना में अधिक आयरन की आवश्यकता होती है। परन्तु इनमें क्रान्तिक कमी की सान्द्रता (critical deficiency concentration) लगभग समान (66 मिलीग्राम आयरन/किग्रा C_4 प्रकार के पौधों के लिए तथा 72 मिलीग्राम आयरन/किग्रा C_3 प्रकार के पौधों के लिए) होता है।
5. आयरन की कमी की दशा में द्विबीजपत्री पौधों में राइबोफ्लेविन एकत्र होने लगता है और जड़ों के माध्यम से यह 200 गुना अधिक तेजी से मृदा में मुक्त होता रहता है (वेल्की एवं मिलर, 1989)।
6. इसकी कमी सें धान में 'अन्तशिरा हरितमा रोग' (interveinal yellowing and chlorosis) तथा 'आईवरी वाईट रोग' (ivory white disease) होता है।

विषाक्तता के लक्षण

1. जलमग्न मृदाओं में आयरन की विषाक्तता से फसलों की पत्तियाँ काँसे के रंग की (bronzing) हो जाती है जो फसल उत्पादन हेतु एक गम्भीर समस्या है। इससे दलदली क्षेत्रों (wetlands) में उगायी जाने वाली धान की फसल की उपज में कमी आती है।
2. यामाउची (1989) के अनुसार पौधों की पत्तियों में आयरन की सान्द्रता 500 मिलीग्राम/किलोग्राम शुष्क भार के ऊपर होने पर इसका विषाक्त प्रभाव पड़ता है। आयरन की विषाक्ता, अन्य दूसरे तत्त्वों की सान्द्रता पर भी निर्भर करता है।

3. प्राइस एवं हेनड्राई (1991) के अनुसार वारानी क्षेत्रों (dry land) में भी आयरन की विषाक्ता देखने को मिलती है। सूखे की दशा में आयरन क्लोरोप्लास्ट में अभिक्रियाशील आक्सीजन स्पीशीज के निर्माण को उत्प्रेरित करता है जो प्रकाश संश्लेषण करने वाले उत्तकों को क्षति पहुँचाता है।

मैंगनीज

यह भू–पपड़ी में 1000 मिलीग्राम तक होता है। मृदा में पायरुलोसाइट (MnO_2), बाउसमेनाइट (Mn_2O_4), मेंगेनाइट (MnOOH), इत्यादि मुख्य खनिज होते हैं। मृदा में मैगनीज की मात्रा 20–3000 पी.पी.एम (औसत 600 पी.पी.एम.) तक होती है। यह ऑक्साइड या हाइड्राक्साइड के रुप में भी मृदा के कणों पर एक परत के रुप में स्थित रहता है। मृदा घोल का पी. एच. मान एक इकाई बढ़ाने पर मैंगनीज की सान्द्रता 10 गुना कम हो जाती है। मृदा घोल में 90 प्रतिशत मैंगनीज, मैंगनीज आक्साइड के रुप में पाया जाता है जिसकी सान्द्रता 0.01–1 पी.पी.एम. के बीच होती है। यह मृदा में गतिशील होता है तथा इसकी कमी के लक्षण जलमग्न अकार्बनिक एवं कार्बनिक मृदाओं में सबसे अधिक देखने को मिलते हैं। भारत में 5 प्रतिशत मृदाओं में मैंगनीज की कमी देखी गई गयी है। यह पौधों में अगतिशील या कम गतिशील होता है। उच्च पी.एच मान वाली मृदाओं में यह अवकृत होकर मैगनस (Mn^{2+}), के रुप में परिवर्तित हो जाता है, जिसे पौधे अवशोषित कर कोशिकाओं में पहुँचा देते हैं।

कार्य

1. मैंगनीज लगभग 35 विभिन्न इंजाइमों में को–फैक्टर (co-factor) की तरह कार्य करता है (बर्नेल 1988)। इसमें से अधिकांस इंजाइम ऑक्सीकरण–अवकरण, डीकार्बोक्सिलेशन तथा हाइड्रोलायटिक अभिक्रियाओं को उत्प्रेरित करते हैं। यह लिग्निन संश्लेषण में भाग लेने वाले एमीनो अम्ल एवं फिनॉल के संश्लेषण से संबंघित इंजाइमों को उत्प्रेरित करता है।

2. यह ट्राइकार्बोक्सिलिक एसिड चक्र (tricarboxylic acid cycle, TCA), में होने वाली आक्सीकृत (oxidative) एवं अआक्सीकृत (non-oxidative) अभिक्रियाओं में महत्त्वपूर्ण भूमिका निभाते हैं। उदाहरणार्थ

$$\text{(1) मैलेट + एन.ए.डी.पी.}^{+} \xrightarrow[Mn^{2+},\ Mg^{2+}]{\text{मैलिक इंजाइम}} \text{पारुवेट + एन.ए.डी.पी.एच.+ हाइडोजन आयन + कार्बन डाइआक्साइड}$$

$$\text{(2) आइसोसाइट्रेट + एन.ए.डी.पी.}^{+} \xrightarrow[Mn^{2+},\ Mg^{2+}]{\text{आइसोसाइट्रेट डीहाइड्रोजिनेज इंजाइम}} \text{ऑक्जेलोसक्सीनेट + एन.ए.डी.पी.एच}$$

एन.ए.डी.पी.$^+$ = निकोटिनामाइड एडेनिन डाइन्यूक्लियोटाइड फास्फेट

एन.ए.डी.पी.एच. = अवकृत (reduced) निकोटिनामाइड एडेनिन डाइन्यूक्लियोटाइड फास्फेट

3. यह नाइट्रेट को अमोनिया में अवकृत करने वाले इंजाइम की क्रियाशीलता में सहायक होता है।
4. यह खराब वायुसंचार के दुस्प्रभाव को रोकने में सहायक होता है।
5. यह क्लोरोफिल निर्माण में सहायता करता है।
6. यह कार्बोहाइड्रेड एवं प्रोटीन के उपापचयन में सहायक होता है।
7. यह प्रकाश संश्लेषण क्रिया, इंजाइम की क्रियाशीलता तथा जड़ों के विकास के लिए आवश्यक होता है।

कमी के लक्षण

1. इसकी कमी का लक्षण सर्वप्रथम नई पत्तियों पर दिखाई देता है। पत्तियाँ पीली पड़ जाती है। अत्यधिक कमी होने पर पेडों की पत्तियों का हल्का हरा रंग सफेद हो जाता है। पुरानी पत्तियों के ऊपर मृत धब्बे (dead spots) दिखाई देते हैं।
2. इसकी कमी से पौधों की वृद्धि रुक जाती है।
3. इसकी कमी होने पर लिग्निन एवं फिनॉल का निर्माण प्रभावित होता है।
4. मैंगनीज की कमी का प्रभाव जई पर सबसे अधिक देखने को मिलता है। जब पौधे 6 से 9 सेमी. के होते है, उसी समय निचली पत्तियों पर नीले–भूरे रंग के धब्बे या धारियाँ दिखाई देती है जो आपस में मिलकर बादामी रंग की हो जाती है, इसे जई की बीमारी **ग्रे स्पीक (grey speck)** के नाम से जानते है। जड़ों का विकास भी ठीक प्रकार से नहीं होता है और पौधे सूखने लगते हैं।
5. इसकी कमी से पौधों के शुष्क पदार्थ (dry matter) का उत्पादन, प्रकाश संश्लेषण तथा क्लोरोफिल की मात्रा में कमी आती है। परन्तु श्वसन एवं वार्ष्पोत्सर्जन पर कोई प्रभाव नहीं पड़ता है।
6. इसकी कमी से फूलों में परागकण की उर्वरता में कमी आती है जिससे दाने कम बनते है तथा उपज में कमी आती है।
7. मैंगनीज की कमी से फसलों पर भिन्न–भिन्न प्रकार की बीमारियाँ उत्पन्न होती हैं जिसे तालिका–9.8 में प्रदर्शित किया गया है–

तालिका–9.8 मैंगनीज की कमी से फसलों में होने वाली बीमारियाँ

फसल	बीमारियाँ
मटर	बीजों में मार्श धब्बे (marsh spot)
खाद्यान्न फसलें	जई में धूसर धब्बा रोग (grey speck), सफेद धारी (white strips), धब्बेदार पत्तियाँ (leaf spot), सूखे धब्बे (dry spot)
चुकन्दर	चित्तीदार पीला (specklet yellow)
गन्ना	पहला अंगमारी रोग (pahala blight), धारीदार बीमारी (strip disease)
सेम एवं पालक	पीला रोग (yellow disease)

विषाक्तता का प्रभाव

1. मैंगनीज की विषाक्तता के कारण दूसरे पोषक तत्त्वों जैसे कैल्सियम, मैग्नीशियम, आयरन (हार्सट, 1988) तथा जिंक (डी वारेनेस एवं साथी, 2001) की कमी होती है।
2. इसकी विषाक्तता के कारण पौधों के अग्र भाग का विकास रुक जाता है तथा अग्रस्त भाग पर सहायक अग्रस्त शाखाएँ निकलने लगती हैं। इसप्रकार पौधे झाडू की तरह दिखाई देने लगते हैं।
3. इसकी विषाक्तता के कारण परिपक्व पत्तियों के ऊपर भूरा धब्बा बनता है। यद्यपि ये धब्बे ऑक्सीकृत मैंगनीज से भरपूर होते हैं परन्तु भूरा रंग मैंगनीज से नहीं अपितु ऑक्सीकृत पालीफिनॉल के कारण उत्पन्न होता है (विसमियर एवं होर्सट, 1987)।
4. इसकी विषाक्तता से कपास में **क्रिंकेल पत्ती (crinkle leaf)** बनती है।
5. विभिन्न फसलों में मैंगनीज की क्रांतिक विषाक्ता सान्द्रता तालिका–9.9 में प्रदर्शित किया गया है।

तालिका–9.9 मैंगनीज की क्रांतिक विषाक्त सान्द्रता (जिससे पौधों के शुष्क भार में 10 प्रतिशत तक की कमी आती है)

फसल	क्रांतिक विषाक्तता सान्द्रता (मिलीग्राम मैंगनीज/किलोग्राम शुष्कभार)
मक्का	200
अरहर	300
सोयबीन	600
कपास	750
शकरकंद	1,380
सुरजमुखी	5,300

श्रोतः एडवर्ड एवं एशर (1982)

कॉपर (Copper)

यह भू–पपड़ी, आग्नेय चट्टान तथा अवसादी चट्टान में क्रमशः 50–70, 10–100 तथा 4–45 पी.पी.एम. तक पाया जाता है। कॉपर की कमी वाली मृदाओं में यह 1–2 पी.पी.एम तक होता है। मृदा में कॉपर के खनिज के स्त्रोत के तौर पर मैलाचाइट $[Cu(OH)_2CO_3]$, कपरिफेरिक $[Cu(Fe)_2O_4]$, कॉपर आक्साइड एवं कार्बोनेट इत्यादि मुख्य रुप से आते हैं। जब मृदा घोल का पी.एच. मान 7 से कम होता है तो यह कॉपर आयन (Cu^{2+}) के रुप में तथा 7 से अधिक होने पर कॉपर हाइड्राक्साइड के रुप पाया जाता है। यह मृदा में क्ले तथा कार्बनिक पदार्थों पर अधिशोषित होता है तथा आयरन, एल्यूमिनियम या मैंगनीज के साथ जटिल अवयव बनाता है। यह कार्बनिक पदार्थो के साथ दूसरे सूक्ष्म पोषक तत्त्पों की तुलना में अधिक मजबूती के साथ बँधा रहता है। इसप्रकार कार्बनिक मृदाओं जैसे पीट एवं मक में इसकी कमी प्रायः पायी जाती है। यह 1:1 प्रकार के क्ले मृदाओं के साथ भी बँधा रहता है।

पौधों में इसकी सान्द्रता 5–20 पी.पी.एम. (शुष्क भार के आधार पर) होता है। पौधों में इसकी सान्द्रता 4 पी.पी.एम से कम होने पर इसके कमी के लक्षण तथा 200 पी.पी.एम. से अधिक होने पर इसके विषाक्ता के लक्षण दिखाई देते हैं।

कार्य

1. यह प्रकाश संश्लेषण, श्वसन, कार्बन तथा नत्रजन के उपापचयन तथा आक्सीडेटिव तनाव (oxidative stress) इत्यादि को कम करने में महत्त्वपूर्ण भूमिका निभाता है।
2. यह इलेक्ट्रान स्थानांतरण अभिक्रियाओं में भी भाग लेता है।
3. पौधों में अधिकतर कॉपर इंजाइमों के साथ बंधा रहता है जो रिडाक्स रिएक्सन (redox reaction), को उत्प्रेरित करने का कार्य करता है।
4. कॉपर का पेप्टाइड एवं सल्फाहाइड्राइल समूह के साथ लगाव रहता है। साथ ही सिस्टाइन से भरपूर प्रोटीन, कार्बोक्सिलिक एवं फिनॉलिक समूह के साथ भी यह जुड़ा होता है। अतः 98 प्रतिशत से ज्यादा कॉपर पौधों के अन्दर जटिल रुपों में पाया जाता है तथा कोशिकाद्रव्य (cytoplasm) में Cu^{2+} तथा Cu^{+} के रुप में बहुत कम मात्रा में स्वतंत्र रुप से पाया जाता है।
5. यह पौधों में लगभग 100 से अधिक प्रोटीन के साथ जुड़ा होता है (येरुएला, 2009)।
6. पौधों में पाये जाने वाले लगभग 50 प्रतिशत कॉपर हरितलवक (chloroplast) में पाया जाता है जो प्लास्टोसायनिन के साथ बंधा रहता है तथा प्रकाश संश्लेषण क्रिया में महत्त्वपूर्ण भूमिका निभाता है।

7. यह इथाइलिन ग्राही (receptor) का भी एक भाग होता है तथा मॉलिब्डेनम को–फैक्टर के जैवसंश्लेषण (biosynthesis) में सहायक होता है।
8. यह एस्कार्बेट आक्सीडेज इंजाइम का अवयव होता है जो पौधों में एस्कार्बिक एसिड के ऑक्सीकरण को उत्प्रेरित करता है जिससे एल–डीहाइड्रो एस्र्कोबिक एसिड (L-dehydro ascorbic acid) का निर्माण करता है।
9. यह टाइरोसिनेस, लेकेस, प्लास्टोसायनिन, सुपर ऑक्साइड डिसम्यूटेज, साइटोक्रोम सी ऑक्सीडेज, डाइ एमाइन ऑक्सीडेज, पालीफेनाल ऑक्सीडेज, एस्र्काबेट ऑक्सीडेज इत्यादि इंजाइमों का अवयव होता है।
10. यह सूक्ष्मजीवों द्वारा नत्रजन स्थिरीकरण में भी सहायक होता है।
11. यह क्लोरोफिल को नष्ट होने से बचाता है।
12. यह पौधों में इंडोल एस्टिक अम्ल के संश्लेषण में सहायक होता है।
13. यह आयरन के उपयोग में मदद करता है।

कमी के लक्षण

1. इसकी कमी से नई पत्तियाँ पीली पड़ जाती है।
2. दलहनी फसलों में कॉपर के अभाव में जड़ों पर बनने वाली गाँठों की संख्या कम होती है जिससे नत्रजन स्थिर करने की दर में कमी आती है।
3. इसकी कमी से पौधों में प्रकाश संश्लेषण की क्रिया धीमी हो जाती है जिससे कार्बोहाइड्रेट संश्लेषण में गिरावट आती है। इसकी कमी से जुझ रहे गेहूँ के पौधों में वानस्पतिक विकास के दौरान घुलनशील कार्बोहाइड्रेड की सान्द्रता कम हो जाती है (ब्राउन एवं क्लार्क, 1977)।
4. इसकी कमी के कारण पौधों में कोशिका–भित्तियों में लिग्निन की मात्रा कम हो जाती है जिसके कारण पत्तियाँ एवं टहनियाँ इत्यादि टेढ़ी–मेढ़ी हो जाती हैं।
5. इसकी कमी से वानस्पतिक विकास के तुलना में दानें, बीज, एवं फल बनने की प्रक्रिया अधिक प्रभावित होती है।
6. इसकी कमी से पौधे बौने रह जाते हैं, जिससे उपज घट जाती है।
7. इसकी अत्यधिक कमी होने से पौधों के अग्र भाग की वृद्धि सबसे पहले प्रभावित होती है जिससे नई पत्तियाँ पीली पड़कर सूख जाती हैं। इन पत्तियों की नसें हल्की गहरी बनी रहती हैं।

8. दलहनी फसलों में नई पत्तियाँ सूखने लगती हैं तथा अधिक नमी होने पर अधिक संख्या में पत्तियाँ झड़ने लगती हैं।
9. नीबूवर्गीय पेड़ों की बड़ी पत्तियाँ प्रायः कुरुप हो जाती हैं। उनका रंग हल्का पड़ जाता है तथा फलों के छिलके पर गोद जैसा चिपचिपा पदार्थ जमा हो जाता है।
10. तम्बाकू के पौधे ऊपर से सुखने लगते हैं तथा पौधों का विकास रुक जाता है।
11. इसकी कमी से पौधों में निम्नलिखित रोग उत्पन्न होते है–
    - नीबू का डाई बेक रोग (Dieback of citrus)
    - नीबू का लघुपर्तक रोग (Little leaf of citrus)
    - गेहूँ में ह्वाइट टीप/रिक्लेमिनेशन रोग (White tip of wheat/ reclamation disease)
    - पेड़ों में समर डाइ बेक रोग (Summer dieback disease of trees)
    - स्टेम मेलानोसिस (Stem melonesis)
    - टेक ऑल रुट रॉट (Take all root rot)
    - अर्ग ऑफ इन्फेक्सन (Erg of infection)

विषाक्तता के प्रभाव

जब मृदा में कॉपर की सान्द्रता पैतृक रुप से ही ज्यादा होती है तो पौधों पर इसके विषाक्तता के लक्षण दिखाई देते हैं। इसके साथ ही मृदा में उद्योगों के कचरे, सीवेज स्लज, सूअर एवं मुर्गी की स्लरी इत्यादि के प्रयोग से भी कॉपर की मात्रा में विषाक्तता स्तर तक की वृद्धि हो सकती है। सामान्यतया पौधों के लिए कॉपर की विषात्का स्तर 20–30 मिलीग्राम/ग्राम शुष्क भार होता है (वान होडेनवर्ग एवं फिंक, 1975)। इसके अधिकता से जड़ों का विकास रुक जाता है जिसके चलते पौधों का विकास भी प्रभावित होता है।

जिंक (Zinc)

यह आग्नेय चट्टान, अवसादी चट्टान, चूना पत्थर, बालू पत्थर एवं मृदा में क्रमशः 10–90, 95, 20, 16 तथा 10–300 पी.पी.एम तक पाया जाता है। यह मृदा में सल्फाइड्स, आक्साइड्स, कार्बोनेट तथा सिलिकेट के रुप में पाया जाता है। मृदा में जिंक के मुख्य खनिज फ्रेंकलिनाइट ($ZnFe_3O_4$), स्मिथसोनाइट ($ZnCO_3$), विलैमाइट ($ZnSiO_4$), स्फेलेराइट (ZnS), जिंक हाइड्राक्साइड ($ZnOH_2$), जिंकाइट (ZnO) इत्यादि पाये जाते

हैं। यह मृदा घोल में 2–70 पी.पी.एम. तक पाया जाता है। सतही मृदाओं में यह 0.08–20.5 पी.पी.एम तक पाया जाता है। भारत में 49 प्रतिशत मृदाओं में जिंक की कमी पायी जाती है जिसमें मुख्य रुप से कर्नाटक की लाल लेटेराइटिक मृदाएँ, बंगाल, उड़िसा तथा महाराष्ट्र की निच्छालित अम्लीय मृदाएँ, बिहार की कैल्केरियस मृदाएँ शामिल है। लेथेरंगर एवं देव (1977) के अनुसार मृदा में 95 प्रतिशत जिंक खनिजों में स्थित होते हैं जो पौधों को बहुत कम मात्रा में उपलब्ध हो पाते हैं तथा 5 प्रतिशत से भी कम जिंक मृदा घोल में, विनिमयशील एवं जटिल रुप में रहता है और पौधों को उपलब्ध होता रहता है। पौधों को अम्लीय मृदाओं (पी.एच. मान 5.5 से कम) में भी जिंक आसानी से प्राप्त हो जाता है। जिंक की कमी मुख्य रुप से उन मृदाओं में देखने को मिलती है जिनका पी.एच. मान 6.0 से अधिक होता है। मृदा में उपस्थित पैतृक जिंक एवं उर्वरकों के माध्यम से दी जाने वाली जिंक की घुलनशीलता मृदा के पी.एच मान पर निर्भर करता है और प्रति इकाई पी. एच. मान बढ़ने के साथ जिंक के घुलने की क्षमता 100 गुना कम होती है। अतः मृदा में क्षार व चूने की अधिकता से जिंक पौधों को अप्राप्य हो जाता है।

कार्य

1. यह अल्कोहल डिहाइड्रोजिनेज, फास्फोलाइपेज, कार्बोक्सिलपेप्टाइडेज, एल्कलाइन फास्फेटेज, कॉपर आक्साइड सुपर आक्साइड डिसम्यूटेज, कार्बोनिक एन्हाइड्रेज, पेप्टाइडेज इत्यादि इंजाइमों का महत्त्वपूर्ण अंग है।
2. यह इनोलेज, आक्जेलो एसिटिक डिकार्बोक्सिलेज, लेसिथिनेज, डिसल्फाहाइड्रेस, डिहाइड्रोजिनेज, एल्डोलेज, आइसोमरेज, ट्रान्सफास्फोरायलेज, आर.एन.ए. एवं डी. एन.ए. पालीमरेज आदि इंजाइमों की सक्रियता को बढ़ाने में सहायक होता है।
3. यह प्रोटीन, केरोटीन तथा सिस्टीन के संश्लेषण में आवश्यक होता है।
4. यह कार्बोहाइड्रेट्स के उपापचयन तथा ऑक्सिन हार्मोन की सक्रियता में आवश्यक होता है।
5. यह जल अवशोषण के साथ–साथ क्लोरोफिल निर्माण में एक उत्प्रेरक का कार्य करता है।
6. यह पौधों की वृद्धि को प्रोत्साहित करने वाले पदार्थो के निर्माण में सहायक होता है।
7. जिंक के उपयोग से कपास की फसल में फ्यूजेरियम, टमाटर में फाइटोपथोरा, तम्बाकू में मोजेक विषाणु के नियंत्रण में सहायता मिलती है।

कमी के लक्षण

1. जब पौधों में जिंक की सान्द्रता 15–20 मिलीग्राम जिंक/किलोग्राम शुष्क भार से कम होती है तो इसकी कमी के लक्षण पौधों पर दिखाई देते हैं।
2. इसकी कमी से सोयबीन की पुरानी पत्तियों का रंग लाल–हरा हो जाता है।
3. आलू के पौधों में जिंक की कमी से धूसर भूरे रंग के या काँसे के रंग के अनियमित धब्बे पड़ जाते हैं। ये धब्बे प्रायः पत्तियों के बीच में होते हैं।
4. गेहूँ में सर्वप्रथम ऊपर की तीसरी पत्ती के आधार पर भूरे या कथई रंग के धब्बे बनने लगते है जो कुछ ही दिनों में पूरी पत्ती पर फैल जाते हैं तथा ऊतकों का हरा रंग समाप्त हो जाता है एवं ऊतक मर जाते हैं जिसके कारण पत्तियाँ अपने मध्य भाग से सिकुडकर अग्र भाग की ओर से झुकने लगती हैं और अंत में नीचे की ओर झुक जाती हैं।
5. मक्के में नई पत्तियों के आधार ऊतक मध्यशिरा के दोनों ओर सफेद पीले रंग में परिवर्तित हो जाते है जो धीरे–धीरे पत्ती के अग्र भाग की ओर बढ़ते हैं। जिंक की अधिक कमी की स्थिति में पूरी पत्ती सफेद–पीले रंग की हो जाती है तथा तने के दो गाँठों के बीच की दूरी कम हो जाने के कारण पौधे छोटे दिखने लगते हैं। बाद में पत्तियों का सफेद भाग सूखने लगता है। रबी मक्के में ये लक्षण ज्यादा दिखाई देते हैं। इसे सफेद कली रोग (white bud disease) भी कहा जाता है।
6. इसकी कमी से धान में खैरा रोग (khaira disease) होता है। इस रोग में सर्वप्रथम तीसरी पत्ती के आधार पर लाल भूरे रंग के छोटे धब्बे प्रकट होते हैं जो कुछ समय बाद एक दूसरे से मिलकर भूरे रंग के बड़े धब्बे का रुप ले लेते हैं। धीरे–धीरे ये लक्षण ऊपर की पत्तियों में भी प्रकट होने लगते हैं और पत्तियाँ तने से अलग होकर गिरने लगती हैं। पौधों की वृद्धि रुक जाती है। खेत में अधिक समय तक पानी लगे रहने से यह रोग तीव्र गति से बढ़ता है।
7. इसकी कमी से नीबू की पत्तियों में शिराओं का मध्य भाग पीला पड़ जाता है, जिसे पीला धब्बेदार पत्ती रोग कहते हैं।
8. मिर्च में इसकी कमी से पत्तियाँ पतली एवं छोटी हो जाती है तथा गुच्छों में दिखाई देती हैं।
9. इसकी कमी से अभिक्रियाशील ऑक्सीजन स्पीशीज की अधिक मात्रा में बनने से कोशिका झिल्ली के सामान्य संरचना एवं संघटन में परिवर्तन हो जाता है।
10. मृदा में अधिक मात्रा में फास्फोरस के प्रयोग करने से भी पौधों में जिंक की कमी हो जाती है। इससे फसलों के दानों में जिंक की सान्द्रता में कमी आती है।

विषाक्तता के लक्षण

1. ब्राडला एवं साथियों (2007) के अनुसार प्रायः जिंक की विषाक्तता का लक्षण पौधों पर देखने को नहीं मिलता है परन्तु खदानों के समीप खनिजों से संक्रमित मृदाओं तथा सीवेज स्लज से उपचारित मृदाओं में उगायी गई फसलों में इसके विषाक्तता के लक्षण दिखाई देते हैं।
2. पौधों की पत्तियों में जिंक की सान्द्रता 100 मिलीग्राम जिंक/किलोग्राम शुष्क भार से अधिक होने पर इसके विषाक्तता के लक्षण दिखाई देते हैं।
3. इसके विषाक्ता के कारण जड़ों का विकास रुक जाता है।
4. जिंक की अधिकता के कारण मैग्नीशियम एवं आयरन की कमी होती है क्योंकि इन तीनों तत्त्वों (जिंक, मैग्नीशियम एवं आयरन) की आयनिक त्रिज्या एक समान होती है। अतः पौधों द्वारा ग्रहण करने में इनके बीच आपस में प्रतिस्पर्धा होती है।
5. राउनों एवं साथियों (1987) के अनुसार जिंक की अधिकता के कारण पौधों में मैंगनीज की सान्द्रता में कमी आती है।
6. जिंक की विषाक्तता के कारण प्रकाश संश्लेषण क्रिया कई चरणों में प्रभावित होती है।

बोरान (Boron)

बोरान एक महत्त्वपूर्ण पोषक तत्त्व है जिसकी मात्रा आग्नेय एवं अवसादी चट्टानों में क्रमशः 10 तथा 100 पी.पी.एम से कम होती है। मृदा में कुल बोरान की मात्रा 2 से 200 पी.पी.एम तक पाया जाता है। मृदा में पाये जाने वाले बोरान के खनिजों में मुख्य रुप से टूरमेलाइन $[Na(Mg,Fe)_3.Al_6(BO_3)_3.Si_6O_8]$, बोरेक्स $(Na_2B_4O_7.10H_2O)$, केरनाइट $(Na_2B_4O_7.4H_2O)$, कोलेमाइट $(Ca_2B_6O_{11}.5H_2O)$, यूलेजाइट $(NaCaB_5O_9.8H_2O)$, लडवीगाइट (Mg_2FeBO_5), कोटोइट $[Mg_3(BO_3)_2]$ इत्यादि का नाम आता है। बोरान को पौधे बोरिक अम्ल (H_3BO_3) के रुप में अवशोषित करते है। मृदा में बोरान अर्थोबोरिक अम्ल $(H_2BO_3^-)$,हाइड्रोजन बोरेट (HBO_3^{2-}), बोरेट (BO_3^{3-}) इत्यादि रुपों में पाया जाता है। मृदा घोल में 0.01 पी.पी.एम बोरान पौधों के लिए पर्याप्त होता है। मृदा घोल में 5–9 पी.एच मान पर बोरिक अम्ल सबसे अधिक पाया जाता है तथा पी.एच. मान 9 से ऊपर होने पर बोरिक अम्ल (H_3BO_3) जल के साथ जुड़कर H_4BO_4 में परिवर्तित हो जाता है। यह मृदा में बहुत कम गतिशील होता है। मृदा में यह क्ले खनिज के किनारों पर बनने वाले ऑक्सी एवं हाइड्रॉक्सी आयन, सिल्किॉन–ऑक्सीजन एवं एल्यूमिनियम–ऑक्सीजन बंध तथा आयरन/एल्यूमिनियम के सतहों पर यह अधिशोषित होता है।

मृदा का पी.एच. मान, क्ले की मात्रा, तथा आयरन एवं एल्यूमिनियम के यौगिकों में वृद्धि होने के कारण अर्थोबोरिक अम्ल ($H_2BO_3^-$) के अधिशोषण में वृद्धि होती है। बोरान का अधिशोषण क्ले खनिजों में निम्न क्रम में सबसे अधिक होता है।

माइका > मान्टमोरिलोनाइट > केलियोनाइट

मृदा में उपलब्ध बोरान का अधिकांश भाग कार्बनिक पदार्थो द्वारा बंधा होता है जो इनके अपघटन के दौरान मुक्त हो कर पौधों को उपलब्ध होता है।

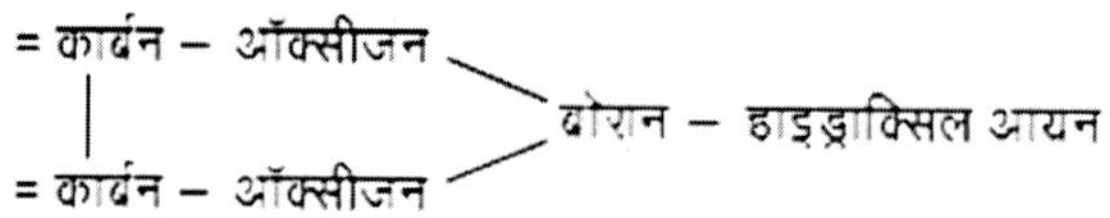

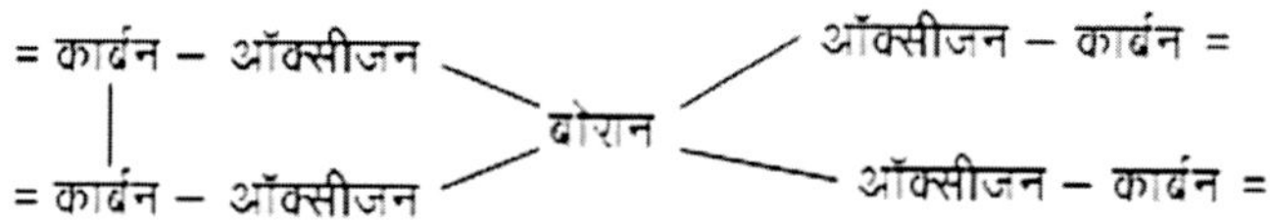

सामान्यतया कैल्सियम की अधिकता से पौधों को बोरान उपलब्ध नहीं हो पाता है। मृदा में चूना मिलाने पर मृदा पी.एच. मान में वृद्धि होती है लेकिन इसके साथ ही मृदा में कैल्सियम की मात्रा भी बढ़ जाती है। अतः पौधों को बोरान की उपलब्धता उच्च पी.एच. मान से प्रभावित न होकर कैल्सियम की अधिकता से प्रभावित होती है। इसके अलावा सूखे की अवस्था में भी बोरान की कमी होती है।

कार्य

1. यह कार्बोहाइड्रेट्स एवं आक्जिन के स्थानांतरण, प्रकाश संश्लेषण, प्रोटीन तथा पानी के उपापचयन, कोशिका विभाजन एवं कार्टेक्स का विकास, कोशिका भित्ति में पेक्टिन का निर्माण, न्यूक्लिक अम्लों के निर्माण इत्यादि के लिए आवश्यक होता है।
2. यह पौधों द्वारा नाइट्रोजन के अवशोषण में सहायक होता है।
3. यह पोटैशियम : कैल्सियम के अनुपात को नियंत्रित करता है।
4. यह परागण तथा प्रजनन क्रिया में सहायक होता है।
5. यह पानी के अवशोषण को भी नियंत्रित करता है।
6. फसलों में बोरान की पर्याप्त उपलब्धा से जड़ों में बनने वाले गाँठदार रोग की सम्भावना कम हो जाती है।

7. बोरान पौधों में परागनली (pollen tube) की वृद्धि के लिए आवश्यक होता है जिससे फूल व बीज बनने में सहायता मिलती है।

कमी के लक्षण

बोरान की क्रांतिक कमी स्तर (critical deficiency level) घास कुल के वनस्पतियों जैसे गेहूँ में 5–10 पी.पी.एम तथा द्विबीजपत्री पौधों (दलहन) में 20–70 पी.पी.एम तक होता है। इसकी कमी से पौधों पर निम्न लक्षण प्रदर्शित होते हैं–

1. इसकी कमी से दलहनी फसलों की जड़ों पर बनने वाले गाँठों का निर्माण रुक जाता है।
2. नई पत्तियाँ गुच्छे का रुप लेकर फूल जाती हैं।
3. अधिकांश पौधों में शीर्षस्थ कलिकाएँ मर जाती हैं।
4. बोरान की कमी से पत्तियों में मोटापन, कड़ापन, मुड़ा होना, झुरियाँ पड़ना, सूख जाना, हरिमाहीनता का होना इत्यादि लक्षण दिखाई पड़ सकते हैं।
5. फूलगोभी में फूल बदरंग होकर गेरुई भूरा हो जाता है तथा पत्तियों के किनारे पीले एवं लाल हो सकते हैं।
6. जड़ों से पत्तियों तक जल एवं पोषक तत्त्वों को ले जाने वाले उत्तकों की प्रणाली खराब हो जाती है।
7. इसकी कमी से फूलों का बनना कम हो जाता है। फूलों में परागकणों (pollen grains) की संख्या भी कम होती है तथा उनमें निषेचन (fertilization) करने की क्षमता कम होती है। परिणामस्वरुप पौधों पर फल कम संख्या में लगते हैं तथा परिपक्व होने से पहले ही गिर जाते हैं।
8. बोरान की कमी से जड़ों का विकास रुक जाता है जिससे जड़े छोटी तथा झाड़ीनुमा दिखाई देती हैं।
9. बोरान की कमी से फलों का फटना एक आम समस्या है।

विषाक्तता के लक्षण

बोरान की विषाक्तता के लक्षण मुख्य रुप से शुष्क एवं अर्धशुष्क क्षेत्रों में देखने को मिलती है। इसके अलावा नगरपालिकाओं से निकलने वाले अपशिष्ट पदार्थो से बने कम्पोस्ट का खेत में अधिक मात्रा में प्रयोग करने से भी पौधों में बोरान की विषाक्तता के लक्षण प्रदर्शित होते हैं। पौधों में बोरान के विषाक्तता के कारण पुरानी पत्तियों के किनारे तथा अग्रभाग पीला (chlorosis) पड़ जाता है जो बाद में ऊतकों के मरने के कारण सूख

(necrosis) जाता है। बोरान की अधिकता के कारण साइट्रोसाल में इसकी सान्द्रता बढ़ जाती है जिससे उपापचयन क्रिया प्रभावित होती है जैसे एन.ए.डी$^+$ (NAD^+) या आर.एन.ए. का राइबोज, सोयाबीन के पत्तियों में यूरियाड उपापचयन इत्यादि।

मॉलिब्डेनम (Molybdanum)

यह स्थलमण्ड़ल में बहुत कम (2.4 पी.पी.एम.) तथा मृदा में 0.2 से 36 पी.पी.एम तक होता है। मृदा में मॉलिब्डेनम के मुख्य खनिजों में मॉलिब्डेनाइट (MoS_2), उल्फेनाइट ($PbMoO_4$), पोवेलाइट ($CaMoO_4$), फेरिमालिब्डाइट [$Fe_2(MoO_4)_3.8H_2O$], इल्सेमनाइट ($MoO_8.8H_2O$) इत्यादि के नाम आते हैं। मृदा घोल में $MoO_4^=$, $HMoO_4^-$ तथा H_2MoO_4 के रुप में पाया जाता हैं।

सामान्यतया पौधों में मालिब्डेनम कम मात्रा में (1 पी.पी.एम. से कम) पाया जाता है क्योंकि मृदा घोल में $MoO_4^=$ आयन बहुत कम मात्रा में उपिस्थत होता है। परन्तु कुछ परिस्थितियों में इसकी सान्द्रता पौधों में 1000 पी.पी.एम तक होता है। मॉलिब्डेनम की सान्द्रता दलहनी पौधों के जड़ों में पत्तियों के तुलना में 10 गुना अधिक होता है।

कार्य

1. यह प्रोटीन एवं अमीनो अम्ल के संश्लेषण को प्रभावित करता है।
2. यह सहजीवी एवं असहजीवी नत्रजन स्थिरिकरण में महत्त्वपूर्ण भूमिका निभाता है तथा दलहनी फसलों का उपज बढ़ाने में सहायक होता है।
3. मालिब्डेनम की कमी खासकर अम्लीय मृदाओं में उगायी गई दलहनी फसलों, फूलगोभी एवं मक्के में देखने को मिलती है। इन मृदाओं में अभिक्रियाशील आयरन ऑक्सीहाइड्रेट की सान्द्रता अधिक होती है जो अधिक मात्रा में $MoO_4^=$ आयन अधिशोषित कर लेती है। इसप्रकार मृदा पी.एच.मान कम होने के साथ–साथ मॉलिब्डेनम का अधिशोषण बढ़ता जाता है।
4. यह नाइट्रोजन स्थिरीकरण में महत्त्वपूर्ण भूमिका निभाने वाले नाइट्रेट रिडक्टेज इंजाइम का महत्त्वपूर्ण अंग होता है जो इलेक्ट्रान वाहक का कार्य करता है। साथ ही यह अन्य तीन इंजाइम जेंथिन डीहाइड्रोजिनेज, एल्डीहाइड ऑक्सीडेज तथा सल्फाइट ऑक्सीडेज के संश्लेषण में भी सहायक होता है।
5. यह शर्करा एवं विटामीन–सी के संश्लेषण में आवश्यक होता है।
6. यह एस्कार्बिक एसिड तथा ऑक्सीडेज इंजाइम की क्रियाशीलता को प्रभावित करता है।
7. यह फास्फोरस उपापचयन को प्रभावित करता है।

कमी के लक्षण

1. इसकी कमी के लक्षण नत्रजन के कमी के लक्षण से मिलते–जुलते हैं।
2. इसकी कमी से तने पीले रंग का हो जाते हैं तथा पत्तियों पर पीले धब्बे पड़ जाते है जिससे पत्तियाँ झुलस कर मुड़ जाती हैं।
3. इसकी अधिक कमी होने से पत्तियाँ कागज जैसी होकर कटोरी का आकार में परिवर्तित हो जाती हैं।
4. इसकी कमी से पुष्पन क्रिया भी बाधित होती है जिससे फलों का बनना अवरुद्ध हो जाता है।
5. इसकी कमी से होने वाली बीमारियाँ निम्न है–
   - फूलगोभी में व्हिप टेल (whip tail)
   - सेम में स्कोल्ड रोग (scold disease)
   - नीबू में पीला धब्बा रोग (yellow spot disease)

विषाक्तता के लक्षण

1. इसकी विषाक्तता के कारण पत्तियों में विकृति आती है तथा कोशिकाओं के रिक्तिकाओं (vacuoles) में मॉलिब्डोकेटकोल (molybdocatechol) जटिल अवयव बनने के कारण तने सुनहरे रंग के हो जाते हैं (हेच्ट–बुछोल्ज, 1973)।
2. तिलहन तथा टमाटर के तनों में मॉलिब्डेनम–एन्थ्रोसाइनिन जटिल अवयव बनने के कारण इनका रंग गहरे नीले रंग का हो जाता है (हाले एवं साथी, 2001 तथा मैकगार्थ एवं साथी, 2010)।
3. जुगाली करने वाले पशुओं को मॉलिब्डेनम की अधिकता वाली चारागाहों में चराने से उनमें कॉपर की कमी हो जाती है जिससे 'मॉलिब्डेनोसिस' (molybdenosis) नामक बीमारी होती है।

क्लोरीन (Chlorine)

सामान्यतया मृदा में इस तत्त्व की कोई कमी नहीं होती है। यह शुष्क व अर्द्धशुष्क क्षेत्रों की मृदा में क्लोराइड (Cl^-) आयन के रुप में अधिकता से पाया जाता है। मृदा पी.एच मान बढ़ने पर पौधों को क्लोरीन की उपलब्धता कम हो जाती है। मृदा घोल में यह क्लोराइड (Cl^-) आयन के रुप में पाया जाता है। यह मृदा में काफी गतिशील होता है तथा इसकी सान्द्रता में काफी भिन्नता पायी जाती है।

क्लोरीन अतिविलेय तत्त्व है जो पौधों द्वारा सहज ही अवशोषित कर लिया जाता है। यह पौधों के कोशिकाओं में अकार्बनिक आयन के रुप में पर्याप्त मात्रा में उपलब्ध रहता है। पौधों में क्लोरीन की औसत सान्द्रता 2–20 मिलीग्राम/ग्राम शुष्क भार होती है।

कार्य

1. यह विटामीन बी–12 तथा अन्य प्रकार के इन्जाइमों का अनिवार्य घटक होने के साथ प्रकाश संश्लेषण क्रिया में ऑक्सीजन उत्पन्न करने तथा परासरण दाब को बनाये रखने के लिए भी आवश्यक माना जाता है।
2. यह अनेक प्रकार की फसलों में कार्बोहाइड्रेट उपापचयन में काफी उपयोगी होता है। साथ ही यह अनेक फलों के उत्पादन में अपना महत्त्वपूर्ण योगदान देता है।
3. यह कोशिक रस (cell sap) में धनायन संतुलन बनाए रखता है।
4. इसकी कमी से पौधों में अमीनो अम्ल एकत्र हो जाते हैं। इसप्रकार यह प्रोटीन संश्लेषण को प्रभावित करता है।
5. क्लोरीन एन्थोसायनिन्स का भी संघटक पदार्थ होता है।

कमी के लक्षण

1. क्लोरीन के कमी से पौधे सूख जाते हैं।
2. टमाटर में नई छोटी पत्तियाँ सूख जाती हैं। हरिमाहीनता उत्पन्न हो जाती है और पत्तियाँ नीचे की ओर ताँबे की रंग जैसी होकर सूख जाती हैं।
3. इसकी कमी से पातगोभी की पत्तियाँ सिकुड़ जाती हैं तथा बंदगोभी में गन्धहीनता उत्पन्न हो जाती है।
4. बरसीम की पत्तियाँ मोटी व छोटी हो जाती है और इसके सिर पर कटाव उत्पन्न हो जाता है।
5. इसकी कमी से चुकन्दर, गाजर, गेहूँ, जौ तथा कपास के उत्पादन में गिरावट आती है।

विषाक्तता के लक्षण

क्लोरीन के विषाक्तता के लक्षण विश्व भर में देखने को मिलते हैं। इसमें खासकर शुष्क एवं अर्द्धशुष्क क्षेत्रों के पौधे की वृद्धि एवं विकास रुक जाता है (टीकले एवं टायरमन,

2010)। यदि वाह्य घोल (external solution) में क्लोरीन की सान्द्रता 20 मिलीमोल से अधिक होता है तो यह संवेदनशील फसल प्रजातियों के लिए विषाक्त होता है। यदि पौधों की पत्तियों में क्लोरीन की सान्द्रता 3.5 मिलीग्राम/ग्राम क्लोरीन शुष्क पत्ती भार से अधिक होने पर सेम एवं कपास में इसके विषाक्तता के लक्षण दिखाई देते हैं। इसके विपरीत जौ, पालक, लेट्यूस तथा चुकन्दर पर 20–30 मिलीग्राम/ग्राम क्लोरीन शुष्क पत्ती भार का कोई प्रभाव नहीं पड़ता है।

निकेल (Nickel)

यह भू–पपडी में 50 पी.पी.एम (एलोवे, 1990) तथा सरपेन्टाइन तथा पेरीडोराइट पैतृक चट्टानों में 1000 पी.पी.एम तक हो सकता है (ब्रुक, 1987)। मृदा में निकेल की मात्रा 5–500 पी.पी.एम तक होता है। मृदा में निकेल के मुख्य खनिज गरनियेराइट $[(Ni, Mg)_6 (SiO_4)(OH)_2]$, निमाइट $[(Ni, Mg, Fe, Al)_3 (Si, Al)_3 O_5 (OH)_4]$, पेन्टलानाइट $[(Fe,Ni)_9 S_8]$, निपोइट $[(Ni,Mg)_3 (Si_2O_5) (OH)]$, पेकोराइट $[(Ni_3Si_2O_5 (OH)_4$, पेमेलाइट $[(Ni, Mg)_3 (Si_4O_{10} (OH)_4 .4H_2O]$ इत्यादि है।

मार्सचनर (2003) के अनुसार यह दलहनी फसलों के लिए एक आवश्यक तत्त्व है जो यूरियेज इंजाइम का आंतरिक संघटक होता है तथा यूरिया के हाइड्रोलायसिस में महत्त्वपूर्ण भूमिका निभाता है। मेंजेल एवं साथियों (2001) के अनुसार पौधों में इसकी सान्द्रता 0.1 से 5.0 पी.पी.एम. के बीच होता है। वेल्च (1981) के अनुसार यह पौधों में 0.2 से 5.0 पी.पी. एम के बीच होता है। इसे पौधे Ni^{+2} आयन के रुप में ग्रहण करते है।

कार्य

1. निकेल का मृदा में प्रयोग करने या पर्णीय छिड़काव करने से पौधों का विकास अच्छी तरह से होता है। इसके उपस्थिति से पत्तियों में यूरिया की सान्द्रता कम होती है तथा यूरियेज इंजाइम की क्रियाशीलता बढ़ती है।
2. यह बीजों की जीवनक्षमता (viability), अंकुरण दर तथा बीजड़ों को मजबूती प्रदान करता है।
3. ली एवं झाम्बले (2009) के अनुसार यह लगभग 9 प्रोटीन के क्रियाशीलता में भाग लेता है। इनमें मेथाइल को–इंजाइम एम रिडक्टेज, सुपर ऑक्साइड डिसम्यूटेज, ग्लयोजाइलेज, एसीरेडक्टोन डीऑक्सीजिनेज, निकेल आयरन हाइड्रोजिनेज, कार्बन मोनोक्साइड डीहाइड्रोजिनेज, एसीटाइल कोए डीकार्बोनाइलेज संथेज तथा मेथाइलेनेयूरियेज प्रमुख है।
4. यह नाइट्रोजन उपापचयन में भी मुख्य भूमिका निभाता है।

5. यह राइजोबिया में हाइड्रोजिनेज इंजाइम की क्रियाशीलता बढ़ाने में सहायक होता है।
6. यह बीजों या दानों में पोषक तत्त्वों के स्थानांतरण में सहायक होता है।

कमी के लक्षण

निकेल की कमी मुख्य रुप से मृदा में जिंक, कॉपर, मैंगनीज, आयरन, कैल्सियम, तथा मैगनीशियम की अधिक सान्द्रता के कारण होती है। इसकी कमी से पौधों पर निम्न प्रभाव पड़ते हैं–

1. इसकी कमी से यूरियेज इंजाइम की क्रियाशीलता प्रभावित होती है। फलस्वरुप पत्तियों में यूरिया एकत्र होती रहती है जिससे पत्तियों का अग्रभाग पहले पीला पड़ता है तथा बाद में ऊतकों के मरने के कारण सूख जाता है।
2. इसकी कमी से पौधे अल्प समय में ही परिपक्व हो कर मर जाते हैं।
3. इसकी कमी से पत्तियों में विकृति आ जाती है जिसे माऊस इयर (mouse ear) के नाम से जानते है (वुड एवं साथी, 2004)।
4. इसकी कमी से पादप ऊतकों में यूरिया एकत्र होता है तथा अमीनो अम्ल में कमी आती है (गेरेनदास एवं सेटेलमाचर, 1999)।
5. इसकी कमी से गेहूँ, जौ तथा जई की नई पत्तियाँ पीली पड़ जाती है तथा पत्तियाँ आकार में छोटी रह जाती हैं एवं ऊपर की तरफ इनका विकास कम होता है (ब्राउन एवं साथी, 1987)।
6. इसकी कमी से अरजिनेज (प्रोटीन का मुख्य अवयव) तथा ग्लूटामिन सिन्थेटेज की क्रियाशीलता में कमी आती है (गेरेनदास एवं साथी, 1998)।

विषाक्तता के लक्षण

1. एशर (1991) के अनुसार जब निकेल की सान्द्रता संवेदनशील फसलों में 10 पी.पी.एम. तथा सहनशील फसलों में 50 पी.पी.एम से अधिक होती है तो पौधों पर इसके विषाक्ता के लक्षण दिखाई देते है।
2. इसकी विषाक्ता के कारण पौधों का विकास रुक जाता है। जड़े छोटी रह जाती हैं (यूरेन, 1992)।
3. इसकी अधिकता से क्लोरोफिल से मैगनीशियम स्थानांतरित हो जाता है जिससे प्रकाश संश्लेषण–2 में इलेक्ट्रान स्थानांतरण प्रभावित होता है।

4. इसकी अधिकता से पादप ऊतकों में आयरन की कमी (पाण्डेय एवं शर्मा, 2004) तथा कॉपर एवं जिंक की कमी (परिडा, 2003) होती है।
5. इसकी अधिकता से खाद्यान्न फसलों की पत्तियों पर पत्तियों की लम्बाई में पीले रंग की धारियाँ बनती है तथा पत्तियों के किनारे के ऊतक मर जाते है (मेंजेल, 2001)।

लाभदायक पोषक तत्व (Beneficial nutrients)

ऐसे पोषकतत्व जो पौधों की जीवन क्रियाओं के संचालन के लिए आवश्यक नहीं होते है परन्तु इनका प्रयोग कुछ पौधों के लिए लाभदायक होता है। इनका संक्षिप्त वर्णन निम्नलिखित है।

कोबाल्ट (Cobalt)

यह लगभग सभी प्रकार के मृदाओं में उपस्थित होता है। उच्च पी.एच. मान वाली मृदाओं में इस तत्त्व की प्राप्यता कम हो जाती है। चुनायुक्त मृदाओं में भी पौधों के लिए इसकी उपलब्धता कम हो जाती है। इसे पौधों Co^{2+} के रुप में ग्रहण करते हैं। नीली हरितशैवालों के लिए इस तत्त्व को सर्वाधिक महत्त्वपूर्ण माना जाता है। यह राइजोबियम द्वारा नत्रजन स्थिरीकरण के लिए आवश्यक होता है। यह विटामीन बी–12 (साइनोकोबालामीन) जो हीमाग्लोबीन के निर्माण में आवश्यक होता है, के संश्लेषण में आवश्यक होता है। यह वृद्धि, वाष्पोत्सर्जन एवं प्रकाश–संश्लेषण में सहायक होता है। आर्जीनेस, लेसीथिनेस, ऑक्जेलोएसीटिक एसिड डिकार्बोक्सीलेस तथा मैलिक एंजाइम्स की सक्रियता के लिए आवश्यक है।

बेनेडियम (Venedium)

यह निश्चित रुप से हरे शैवाल (algae) के लिए आवश्यक तत्त्व है, परन्तु उच्च पौधों के लिए इसकी आवश्यकता सर्वमान्य नहीं है। इसे पौधों VO_3^- के रुप में ग्रहण करते है। बेनेडियम कुछ सीमा तक एजोटोबैक्टर के पोषण में मॉलिब्डेनम को प्रतिस्थापित करता है। एस्पेरागस, चावल, जौ तथा मक्का की वृद्धि बेनेडियम के प्रयोग से अधिक होती है। यह जैविक ऑक्सीकरण–अवकरण क्रियाओं में सहायता करता है।

सोडियम (Sodium)

यह लगभग सभी मृदाओं में अनिवार्य रुप से उपस्थित होता है। यह मृदा में खासकर सिलिकेट के रुप में पाया जाता है। इसे पौधों Na^+ के रुप में ग्रहण करते है। कुछ समुद्री शैवालों एवं लवणभिदों (halophytes) की वृद्धि के लिए यह आवश्यक होता है। यह

न्यूक्लिक अम्लों के स्थानांतरण क्रिया को भी नियंत्रित करता है। अतः यह प्रोटीन संश्लेषण में भी सहायक होता है। इसके अलावा कुछ फसलों के वृद्धि के लिए भी यह आवश्यक माना जाता है। यह चुकन्दर में सूखे के प्रति प्रतिरोध में वृद्धि करता है। सोडियम पौधों द्वारा जल ग्रहण करने को प्रभावित करता है। इसकी कमी से पत्तियाँ चितकबरी हो जाती है तथा ऊतकों का क्षय होने लगता है। अतः पौधों की सम्पूर्ण वृद्धि प्रभावित हो जाती है।

सिलिकॉन (Silicon)

सिलिकॉन मृदा में प्रचुर मात्रा में पाया जाता है। मृदा में आयरन एवं चूने की अधिक मात्रा होने से पौधों को सिलिकॉन की उपलब्धता कम हो जाती है। मृदा में सिलिकॉन की उपस्थिति से पौधों को फॉस्फोरस की उपलब्धता बढ़ जाती है। इसे पौधों $Si(OH)_4$ के रुप में ग्रहण करते हैं। यह डायटमस की वृद्धि के लिए आवश्यक होता है। हाल ही में इसे धान तथा अन्य फसलों जैसे–खीरा, ककड़ी तथा जौ के लिए भी लाभदायक पाया गया है। सिलिकॉन से धान के पौधे की लम्बाई, तनों की संख्या तथा ताजा एवं शुष्क भार में वृद्धि होती है। इसकी कमी से दानों की प्रतिशतता भी कम हो जाती है। सिलिकॉन के प्रयोग से गन्ने की लम्बाई में काफी बढ़ोतरी देखी गई है। इसकी कमी से धान के पौधों में हरिमाहिनता उत्पन्न हो जाती है तथा वाष्पोत्सर्जन क्रिया उच्च हो जाती है।

संकेतक/सूचक पौधे (Indicator plants)

पौधों के लिए आवश्यक कुल 17 पोषक तत्त्वों में से 14 पोषक तत्त्वों को पौधे मृदा से ही ग्रहण करते हैं। पोषक तत्वों की कमी का पता मृदा परीक्षण या पादप उत्तक परीक्षण के द्वारा लगाया जाता है। यदि पौधों को आवश्यक पोषक तत्त्व पर्याप्त मात्रा में नहीं मिल पाते हैं तो इनके कमी का संकेत पौधों के द्वारा प्रकट किया जाता है। विभिन्न फसलों में अलग–अलग पोषक तत्वों की कमी को सहने की क्षमता भिन्न होती है। कुछ पौधे ऐसे होते हैं जिनमें यदि किसी एक पोषक तत्व की कमी हुई तो उनको भारी नुकसान पहुँचता है तथा इसके कमी के लक्षण पौधों के पत्तियों, फलों तथा शाखाओं पर तीव्रता से प्रकट होते हैं। अतः बिना मृदा परीक्षण किये हुए भी किसी क्षेत्र विशेष के किसान भाई किन्हीं खास फसल पर पोषक तत्वों की कमी का अनुमान लगा सकते हैं। उदाहरण के लिए, यदि किसी क्षेत्र विशेष में बुआई के 30–35 दिनों के बाद मक्के की पत्तियाँ पीलापन के बाद सफेद होने लगती हैं (सफेद कलिका रोग) तो यह उस क्षेत्र में जिंक की कमी का द्योतक है। इसी प्रकार यदि किसी क्षेत्र विशेष में कटहल में फल कम लगते है, फल पूर्ण रुप से विकसित नहीं हो पाते हैं तथा टेड़े–मेड़े हो जाते हैं तो प्रथम दृष्टतया यह उस क्षेत्र में बोरान की कमी का संकेत है। विभिन्न पोषक तत्वों की कमी को प्रदर्शित करने वाले संकेतक पौधों को तालिका–9.10 में दर्शाया गया है।

तालिका–9.10 पोषक तत्वों की कमी को दर्शाने वाले संकेतक पौधे

पोषक तत्व	संकेतक पौधे
नत्रजन	फूलगोभी, बंदगोभी
फास्फोरस	तोरिया
पोटाश	आलू
सल्फर	लहसून
कैल्सियम	फूलगोभी, बंदगोभी
मैग्नीशियम	आलू
आयरन	फूलगोभी, बंदगोभी, आलू, जई
मैंगनीज	जई, चुकन्दर
कॉपर	गेहूँ
जिंक	मक्का, धान
बोरान	सूरजमुखी
मॉलिब्डेनम	फूलगोभी, बंदगोभी
सोडियम	चुकन्दर

पौधों में पोषक तत्वों की कमी का संकेत किसान भाइयों को यह आगाह करता है कि उस तत्त्व के लिए (खासकर सूक्ष्मपोषक तत्वों के लिए) मृदा परीक्षण करा कर भरपूर फसल उत्पादन के लिए इनसे संबंधित उर्वरकों का प्रयोग करें। यदि किसान भाई किसी कारणवश मृदा परीक्षण नहीं करा पाते हैं तो उनकों इससे संबंधित उर्वरक प्रयोग खेत के कुछ भाग में करना चाहिए। यदि मृदा में उस पोषक तत्त्व की कमी होगी तो उसका प्रभाव अधिक फसलोत्पादन के रुप में प्राप्त होगा। अगले वर्ष से अपने अनुभव के आधार पर उस तत्त्व से संबंधित उर्वरक का प्रयोग पूरे खेत में करके अधिक उत्पादन लेना चाहिए।

पोषक तत्वों की कमी के लक्षण

उपरोक्त चर्चा से यह स्पष्ट है कि पौधों के लिए आवश्यक पोषक तत्व पौधों के वृद्धि एवं विकास में महत्त्वपूर्ण भूमिका निभाते हैं। इनकी कमी होने पर पौधों के पत्तियों एवं नई कलिकाओं पर विभिन्न प्रकार के लक्षण दिखाई देते हैं। पोषक तत्वों के कमी के लक्षण को सरलतापूर्वक ध्यान में रखने के लिए इन्हें संक्षेप में चित्र–9.2 के माध्यम से प्रदर्शित किया गया है तथा कुछ महत्त्वपूर्ण फसलों पर इनके कमी के लक्षणों को तालिका–9.11 में दर्शाया गया है।

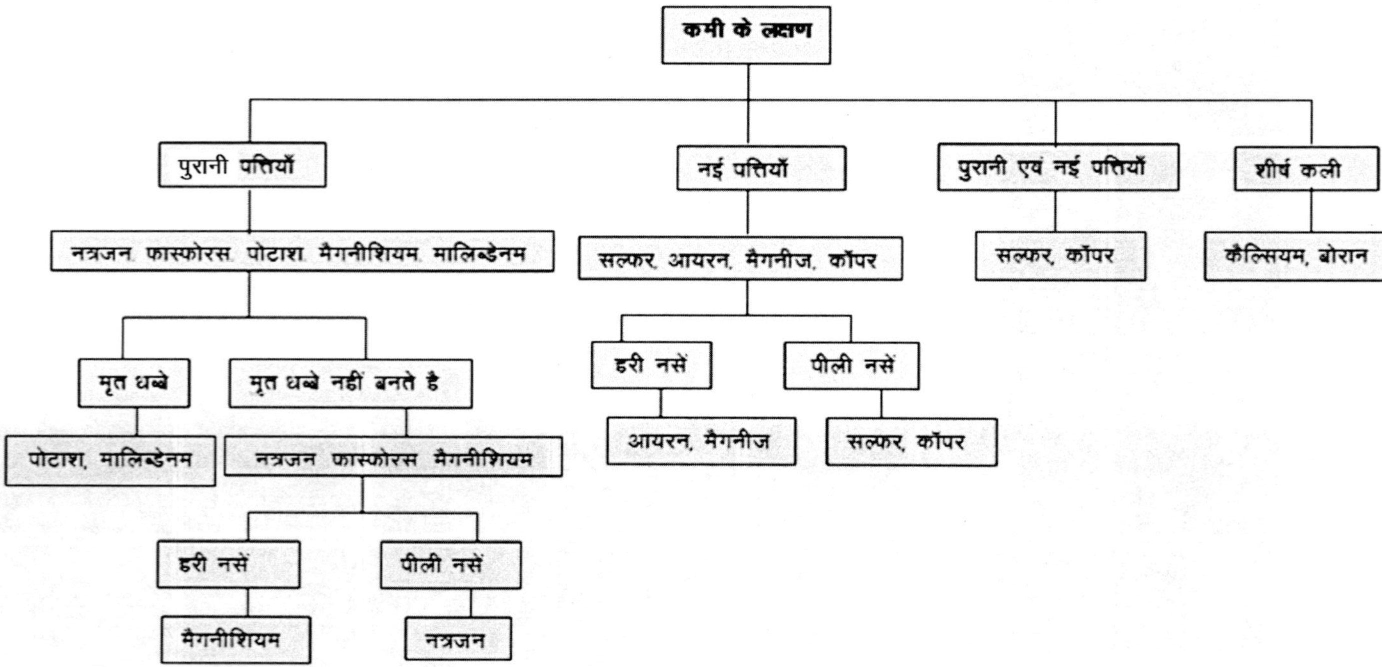

चित्र–9.2 पौधों के पत्तियों एवं कलिकाओं पर प्रदर्शित होने वाले पोषक तत्वों के कमी के लक्षण

तालिका 9.11 कुछ महत्वपूर्ण फसलों पर मुख्य एवं सूक्ष्म पोषक तत्वों के कमी के लक्षण

पोशक तत्त्व	गेहूँ	धान	मक्का	सोयबीन
नत्रजन				
फासफोरस				
पोटाश				
कैल्सियम			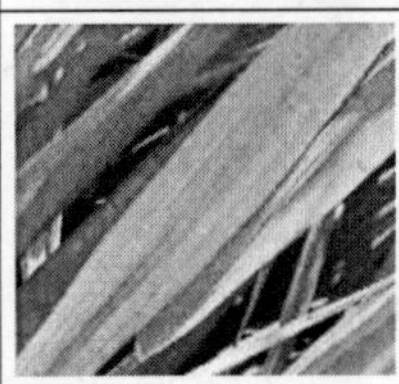	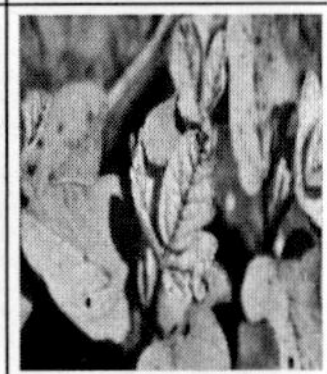
मैगनीशियम				
सल्फर				
आयरन				

मैंगनीज		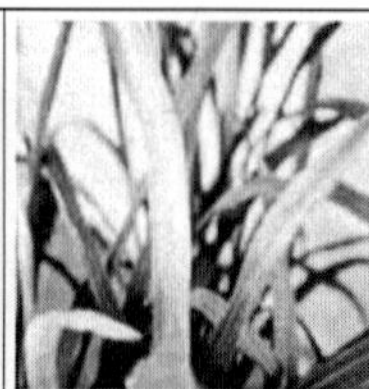		
कॉपर			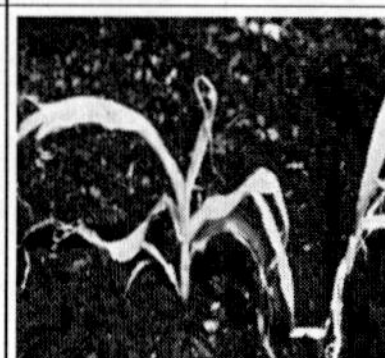	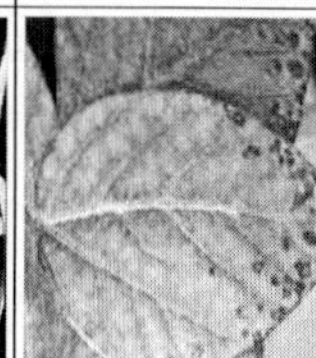
जिंक				
बोरान				
मालिब्डेनम		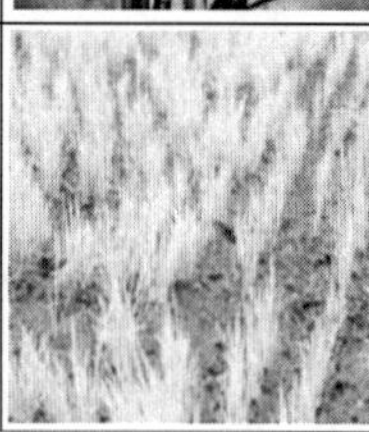		

□□□

अध्याय 10

पोषक तत्व प्रबंधन तकनीक

उर्वरकों पर आधारित सघन कृषि प्रणाली की शुरुआत 40–50 वर्ष पूर्व हुआ था। बड़े पैमाने पर एकल या दो मुख्य पोषक तत्वों वाले रसायनिक उर्वरकों के प्रयोग से मृदा में द्वितीयक पोषक तत्व जैसे सल्फर तथा सूक्ष्म पोषक तत्व (जिंक, आयरन तथा बोरान) की कमी होने लगी है जिससे फसलोत्पादन में धीरे–धीरे गिरावट आ रही है। सन् 1950 के दशक में भारतीय मृदाओं में सिर्फ नत्रजन की कमी देखी गयी थी जो वर्तमान में 9 पोषक तत्वों तक पहुँच गई है। देश में लगभग 80, 60, 50, 48, 41, 33, 12, 5, तथा 3 प्रतिशत मृदाएँ क्रमशः नत्रजन, फॉस्फोरस, पोटैशियम, सल्फर, जिंक, बोरान, आयरन, मैंग्नीज तथा कॉपर की कमी से होने वाली समस्याओं से जुझ रही हैं। टक्कर (2005) के अनुसार मृदा में सूक्ष्म तत्वों का असंतुलन मनुष्य एवं पशुओं में कई प्रकार के रोगों को जन्म दे रहा है।

ऐसा अनुमान है कि वर्ष 2025 तक देश की जनसंख्या 1.4 बिलियन तक पहुँच जायेगी और इसके लिए 300 मिलियन टन खाद्यान्न उत्पादन करना होगा। इसके लिए विभिन्न स्त्रोतों से 30 से 35 मिलियन टन नत्रजन, फॉस्फोरस तथा पोटाश की आवश्यकता होगी। इसके अतिरिक्त उद्यानिक फसलें, सब्जी, रोपण फसलें (plantation crops) गन्ना, कपास, तिलहन तथा आलू उत्पादन के लिए उर्वरकों की माँग में क्रमशः 3.0, 2.0, 3.2, 0. 9, 3.1, 1.5 तथा 1.0 मिलियन टन की वृद्धि होगी। अतः इन फसलों के उत्पादन के लिए 14 से 15 मिलियन टन उपरोक्त पोषक तत्वों की आवश्यकता होगी। इसप्रकार वर्ष 2025 तक देश पर करीब–करीब 40 से 45 मिलियन टन पोषक तत्व उपलब्ध कराने का दबाव आयेगा। देश में कुल कृषि भूमि (143 मिलियन हे0) में से 50 मिलियन हेक्टेयर सिंचित है तथा 125 मिलियन हेक्टेयर भूमि पर खाद्यान फसलें उगायी जाती है तथा 13 प्रतिशत भूमि पर व्यवसायिक फसलें (commercial crops), रोपड़ फसलें (plantation crops) तथा उद्यानिक फसलें (horticultural crops) के अर्न्तगत आते है। भारत में उर्वरक उपयोग में 175 प्रतिशत की वृद्धि हुई, परन्तु औसत खाद्यान्न उत्पादन में केवल 125 प्रतिशत की वृद्धि दर्ज की गयी है। इसप्रकार देश के कई हिस्सों में उर्वरकों में वृद्धि करने के बाद भी उत्पादन में या तो वृद्धि नहीं हो रही है या उत्पादन में कमी आ रही है।

भारतीय मृदा विज्ञान संस्थान, भोपाल द्वारा प्रकाशित विजन 2025 में यह इंगित किया गया है कि भारतीय मृदाओं में NPK की आपूर्ति एवं पौधों द्वारा अवषोशण के बीच

2000–01 के दौरान 10 मिलियन टन का भारी अन्तर था जो निश्चित ही मृदा स्वास्थ्य के लिय एक गम्भीर विषय है। मृदा स्वास्थ्य के लिए मृदा अपरदन भी एक गम्भीर समस्या है एक से0 मी0 मृदा बनने में लगभग 200 वर्षो का समय लगता है जबकि प्रतिवर्ष 5334 मिलियन टन मृदा का अपरदन द्वारा नुकसान होता है जो राष्ट्रीय स्तर पर 16.4 टन प्रति हे0 प्रति वर्ष के बराबर है। अपरदित मृदा का 29 प्रतिशत हिस्सा पूर्णकालिक रूप से महासागारों में समा कर नष्ट हो जाता है जबकि 10 प्रतिशत नदी नाले तथा अन्य जल स्त्रोतों में एकत्रित होता रहता है और शेष 61 प्रतिशत एक स्थान से दूसरे स्थान पर स्थानांतरित होता रहता है। भारतीय मृदाओं में उर्वरकों से दिये जाने वाले नत्रजन, फॉस्फोरस, पोटाश, जिंक, आयरन, तथा कॉपर की उपयोग क्षमता भी कम (क्रमशः 30–50, 15–20, 70–80, 2–5, 1–2 तथा 1–2 प्रतिशत) है। मृदा अपरदन से प्रतिवर्ष 5.49 मिलियन टन NPK का नुकसान होता है। जो कि मृदा उर्वरता के लिए एक गम्भीर चुनौती है। भारत में वैज्ञानिकों द्वारा संस्तुत की गयी नत्रजन, फॉसफोरस एवं पोटाश का आदर्श अनुपात 4:2:1 है जो व्यवहार में देखने को नही मिलता है (तालिका–10.1)। देश में किसान 8.2:3.2:1 के अनुपात मे उपरोक्त तत्वों का प्रयोग कर रहे है जबकि पंजाब में यह अनुपात 39:9:1 है।

तालिका–10.1 नत्रजन, फॉस्फोरस, पोटाश खपत अनुपात (वर्ष 1985–86 से 2012–13 तक)

क्रम संख्या	वर्ष	नत्रजन : फॉस्फोरस : पोटाश अनुपात
1.	1985-86	7.0 : 2.5 : 1
2.	1986-87	6.7 : 2.4 : 1
3.	1987-88	6.5 : 2.5 : 1
4.	1988-89	6.8 : 2.5 : 1
5.	1989-90	6.3 :2.6 : 1
6.	1990-91	6.0 : 2.4 : 1
7.	1991-92	5.9 : 2.4 : 1
8.	1992-93	9.5 : 3.2 : 1
9.	1993-94	9.7 : 2.9 : 1
10.	1994-95	8.4 : 2.6 : 1
11.	1995-96	8.5 : 2.5 : 1
12.	1996-97	10 : 2.9 : 1
13.	1997-98	7.9 : 2.8 : 1
14.	1998-99	8.5 : 3.1 : 1
15.	1999-00	6.9 : 2.9 : 1
16.	2000-01	7.0 : 2.7 : 1

17.	2001-02	6.8 : 2.6 : 1
18.	2002-03	6.5 : 2.5 : 1
19.	2003-04	6.9 : 2.6 : 1
20.	2004-05	5.7 : 2.2 : 1
21.	2005-06	5.3 : 2.2 : 1
22.	2006-07	5.9 : 2.4 : 1
23.	2007-08	5.5 : 2.1 : 1
24.	2008-09	4.6 : 2.0 : 1
25.	2009-10	4.3 : 2.0 : 1
26.	2010-11	4.7 : 2.3 : 1
27.	2011-12	6.7 : 3.1 : 1
28.	2012-13	8.2 : 3.2 : 1

इसप्रकार मृदा स्वास्थ्य को उत्तम बनाये रखते हुए इष्टतम फसलोत्पादन प्राप्त करने के लिए वैज्ञानिकों द्वारा कुछ तकनीक विकसित किये गये हैं जिनकी चर्चा यहाँ करना अतिआवश्यक है। ये तकनीक निम्नलिखित है–

1. संतुलित मात्रा में उर्वरकों का प्रयोग (Balance fertilizer application)
2. स्थान विशेष के आधार पर पोषक तत्व प्रबंधन (Site specific nutrient management, SSNM)
3. संरक्षित खेती (Conservation Agriculture)
4. समन्वित पौध पोषण प्रणाली (Integrated Plant Nutrient System)
5. पोषक तत्व उपयोग क्षमता (Nutrient Use Efficiency)
6. लीफ कलर चार्ट (Leaf Colour Chart, LCC)
7. फसलों के विषय में टिप्पणी लिखना (Crop Logging)
8. मृदा उर्वरता मूल्यांकन (Soil fertility Evaluation)
9. निदान एवं सिफारिस एकीकृत प्रणाली (Diagnosis and Recommendation Integrated System)
10. मृदा परीक्षण फसल अनुक्रिया सहसंबंध/लक्षित उपज धारण [Soil Test and Crop Response (STCR)/Targeted Yield Concept]

1. संतुलित मात्रा में उर्वरकों का प्रयोग (Balance fertilizer application)

भारतीय मृदाओं में पोषक तत्वों की हो रही कमी को देखते हुए संतुलित मात्रा में उर्वरकों का प्रयोग समय की माँग है। संतुलित उर्वरक प्रयोग के अन्तर्गत मुख्य एवं गौण या द्वितीयक तथा सूक्ष्म पोषक तत्वों को धारण करने वाले रसायनिक उर्वरकों का सही समय पर उचित मात्रा में प्रयोग किया जाता है। संतुलित उर्वरक प्रयोग से फसलोत्पादन में वृद्धि के साथ–साथ उत्पाद के गुणवता में भी वृद्धि होती है तथा मृदा स्वास्थ्य में सुधार होता है। संतुलित उर्वरक प्रयोग निम्नलिखित कारकों पर निर्भर करता है–

1. मृदा प्रकार,
2. फसल / कृषि प्रणाली,
3. प्रयोग किये गये उर्वरक,
4. उर्वरकों के उपयोग के बाद बचा हुआ अवशेष,
5. प्रयुक्त उर्वरकों का आर्थिक पक्ष,
6. लक्षित उत्पादन,
7. उर्वरक प्रयोग का समय

भारत में कुल उर्वरक खपत का अकेला 64 प्रतिशत हिस्सा नत्रजन का है जिसके चलते फॉस्फोरस, पोटैशियम, द्वितीय एवं सूक्ष्म पोषक तत्वों का बड़े पैमाने पर मृदा से दोहन हो रहा है। देश में किसानों द्वारा डी0ए0पी0 का प्रयोग ज्यादातर दलहनी एवं तिलहनी फसलों को नत्रजन एवं फॉस्फोरस आपूर्ति के लिए किया जाता है। तिलहनी फसलों में सल्फर की आवश्यकता अधिक होती है जिसे डी0ए0पी0 से नहीं पूरा किया जा सकता है। लुधियाना में किये गये एक अध्ययन से ज्ञात हुआ है कि नत्रजन, फॉस्फोरस, पोटाश एवं सल्फर को संतुलित मात्रा में प्रयोग करने से संकर सूरजमुखी का उत्पादन 2.1 टन / हे0 से बढ़कर 3.2 टन / हे0 तक पहुँच गया था। असम, झारखण्ड़ तथा पश्चिम बंगाल के लाल एवं लेटेराइट मृदाओं में नत्रजन, फॉस्फोरस एवं पोटाश के संस्तुत मात्रा के साथ 5 से 20 किलोग्राम प्रति हे0 बोरेक्स के प्रयोग से धान के उत्पादन में 0.13 से 0.15 टन / हे0 तथा गेहूँ के उत्पादन में 0.17 से 0.57 टन / हे0 की बढ़ोतरी देखी गयी है।(तालिका–10.2) संतुलित मात्रा में उर्वरक प्रयोग को निम्न सूत्र के माध्यम से समझा जा सकता है–

संतुलित मात्रा में उर्वरक प्रयोग = f (मृदा प्रकार, फसल / फसल प्रणाली, प्रयोग किये गये उर्वरक, उर्वरकों के उपयोग के उपरान्त बचा हुआ अवशेष, प्रयोग किये गये उर्वरकों का आर्थिक पक्ष, लक्षित उत्पादन, समय)

एक अध्ययन के अनुसार प्रति टन (1000 किलोग्राम) धान के उत्पादन में क्रमशः 14.6, 2.7 तथा 15.9 किलोग्राम नत्रजन, फास्फोरस तथा पोटाश की आवश्यकता पड़ती है।

फसल चक्र के अर्न्तगत उगाये गये धान एवं गेहूँ की अच्छी फसल (क्रमशः 45 एवं 60 क्विंटल पैदावार) लगभग 28 किलोग्राम/हे0की दर से सल्फर मृदा से अवशोषित करती है। वही 20 क्विंटल/हे0 पैदावार वाली मूँगफली की फसल 25 किलोग्राम सल्फर प्रति हे0 तथा 20 क्विंटल/हे0 सरसों की पैदावार वाली फसल 38 किलोग्राम सल्फर/हे0 की दर से अवशोषित करती है। इस पद्धति में एक तत्व दूसरे तत्व की उपयोगिता को फसलों में बढ़ा देते है।

देश में किए गए लम्बी अवधि के उर्वरक प्रयोगों के परिणाम से यह बात सामने आई है कि संतुलित उर्वरक प्रयोग मृदा स्वास्थ्य के लिए लाभदायक है। इससे मृदा के भौतिक, रासायनिक एवं जैविक दशाओं में सुधार होता है जिससे मृदा की उत्पादन क्षमता बनी रहती है। प्रयोगों द्वारा यह भी पाया गया कि संतुलित उर्वरकों के साथ यदि 10 टन प्रति है0 गोबर की खाद का प्रयोग किया जाता है तो यह मृदा स्वास्थ्य के लिए आदर्श है। इससे लम्बी अवधि तक मृदा उत्पादन बरकरार रहती है तथा सूक्ष्म पोषक तत्वों की कमी मृदा मे नहीं होने पाती क्योकि गोबर की खाद एक ओर स्वंय सूक्ष्म पोषक तत्वों का स्त्रोत है तो दूसरी ओर यह मृदा में भारी मात्रा में उपस्थित अघुलनशील सूक्ष्मतत्वों के स्त्रोत का भी दोहन करता है जिससे इसकी कमी नहीं होने पाती।

तालिका–10.2 बोरेक्स प्रयोग करने से धान एवं गेहूँ के उत्पाद (टन प्रति है0) में वृद्धि

बोरेक्स की मात्रा (किग्रा./हे0)	असम		झारखड़		पं0 बंगाल	
	धान	गेहूँ	धान	गेहूँ	धान	गेहूँ
0	3.80	2.31	3.71	3.50	2.52	2.02
5	3.98	2.54	4.00	3.80	2.82	2.72
10	4.08	2.56	4.10	3.92	4.82	2.32
15	4.19	2.53	4.17	3.99	5.12	2.36
20	4.26	2.63	4.21	4.07	5.20	2.34

श्रोतः सकल (2001) J. Indian Soc. Soil. Sci. 49 593-608

2. स्थान विशेष के आधार पर पोषक तत्व प्रबंधन (Site specific nutrient management, SSNM)

इस पद्धति में एक खास स्थान पर पौधों के आवश्यकतानुसार पोषक तत्वों की आपूर्ति की जाती है अर्थात एक ही प्रक्षेत्र में पोषक तत्वों की आपूर्ति दर स्थान विशेष पर पौधों के माँग के अनुसार होती है। इसका मुख्य उद्देश्य उचित मात्रा में पौधों के माँग के अनुसार पोषक तत्वों को उपलब्ध करना है ताकि पूरे प्रक्षेत्र से एक समान उपज प्राप्त की जा सके।

जॉन (1993) के अनुसार एस0एस0एन0एम0 शब्द सर्वप्रथम 1920 के दशक में अस्तित्व में आया जब अमेरिका में इलिन्वायस विश्वविद्यालय के वैज्ञानिकों द्वारा अम्लीय मृदाओं में प्रयोग हेतु चूने की मात्रा की संस्तुति की जा रही थी। भारत में "अन्तराष्ट्रीय पादप पोषक संस्थान (International Plant Nutrient Institute, IPN)" ने स्थान विशेष मृदा परीक्षण एवं मूल्यांकन कार्यक्रम (Site Specific Soil Test & Assessment Programme) की शुरुआत की थी जो मृदा उर्वरता मूल्यांकन हेतु मील का पत्थर साबित हुआ।

एस.एस.एन.एम. को तीन चरणों में पूरा किया जाता है जो निम्नलिखित है–

1. लक्षित उत्पादन का निर्धारण करना
2. स्थानीय श्रोतों में विद्यमान पोषक तत्वों का प्रभावशाली तरीके से उपयोग करना
3. उर्वरकों का प्रयोग करना

1. **लक्षित उत्पादन का निर्धारण करना:** जैसा कि हम जानते है कि फसलोत्पादन प्रत्यक्ष रुप से पोषक तत्वों के अवशोषण से संबंधित है तथा यह स्थान विशेष, जलवायु, फसल की किस्म तथा शस्य प्रबंधन पर निर्भर करता है।
2. **स्थानीय स्त्रोतों में विद्यमान पोषक तत्वों का प्रभावशाली तरीके से उपयोग करना:** इसके अर्न्तगत मृदा, फसल अवशेष, गोबर की खाद, कम्पोस्ट, हरी खाद, उर्वरक, कार्बनिक एवं अकार्बनिक मृदा सुधारक, सिंचाई जल इत्यादि में उपलब्ध पोषक तत्वों का प्रभावी तरीके से उपयोग करना आता है। इन पोषक तत्वों के अवशोषण का निर्धारण बिना उर्वरक प्रयोग के आधार पर फसल लगा कर किया जाता है।
3. **उर्वरकों का प्रयोग:** स्थानीय परम्परागत पोषक तत्वों के पूर्ण प्रयोग के बाद शेष बचे हुए पोषक तत्व की मात्रा को उर्वरको के माध्यम से पूरा कर फसलोत्पादन हेतु आवश्यक पोषक तत्वों की उचित मात्रा में फसलों को आपूर्ति कर लक्षित उत्पादन प्राप्त किया जाता है।

Site-specific Nutrient Management

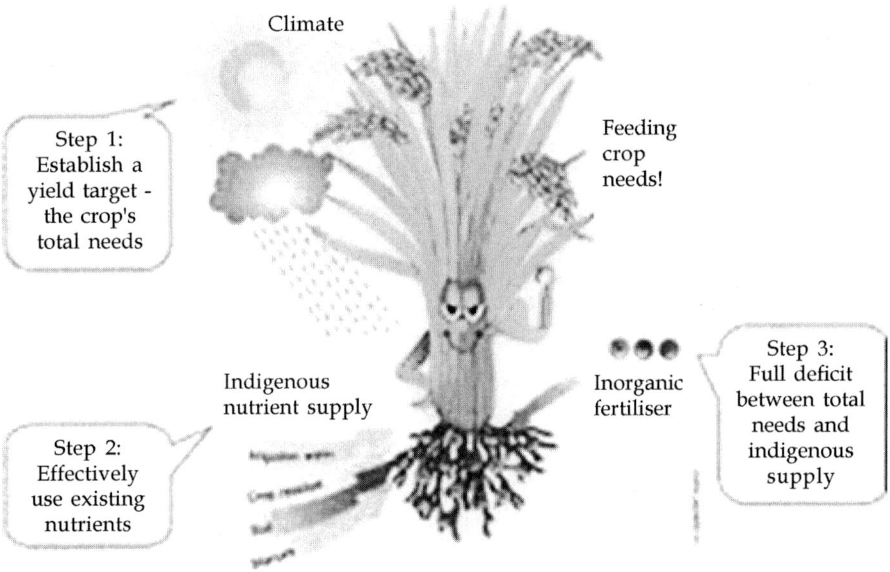

मुख्य विशेषताएँ

मृदा जाँच के आधार पर एक बड़े प्रक्षेत्र के अलग–अलग हिस्सों में नत्रजन, फॉस्फोरस, पोटैशियम, द्वितीय एवं सूक्ष्म पोषक तत्वों का प्रयोग पौधों के माँग के आधार पर किया जाता है।

1. इस पद्धति में पोषक तत्वों के सभी विद्यमान श्रोतों जैसे मृदा, फसल अवशेष, गोबर की खाद, कम्पोस्ट, हरी खाद, इत्यादि के समुचित उपयोग पर जोर दिया जाता है
2. इस पद्धति में आर्थिक रुप से सस्ता एवं सुलभ पोषक तत्वों के स्त्रोतों का चुनाव करने का मार्गदर्शन प्राप्त होता है।

प्राथमिकता के आधार पर इस पद्धति का प्रयोग उन क्षेत्रों में किया जाता है जहाँ निम्नलिखित समस्याएँ देखने को मिलती हो–

1. असंतुलित उर्वरकों के प्रयोग से फसलोत्पादन में हो रहे गिरावट वाले क्षेत्र।
2. ऐसे क्षेत्र जहाँ फसलों पर बड़े पैमाने पर पोषक तत्वों की कमी दिखाई दे।
3. ऐसे क्षेत्र जहाँ फसलों पर असंतुलित मात्रा में उर्वरकों के प्रयोग अथवा नत्रजन के अधिक प्रयोग से कीट फतंगों का फसलों पर आक्रमण बढ़ गया हो।

4. ऐसे क्षेत्र जहाँ फसलों में नत्रजन का प्रयोग अधिक मात्रा में बिना किसी सही समय के साथ किया जाता है साथ ही फॉस्फोरस एवं पोटैशियम का प्रयोग सीमित मात्रा में किया जाता है।

अतः उपरोक्त विशेषताओं से स्पष्ट है कि यह पद्धति प्रति इकाई उर्वरकों के प्रयोग पर होने वाले उत्पादन में कमी या ठहराव की समस्या से लड़ने का एक कारगर अस्त्र है। देश में विभिन्न अनुसंधान प्रक्षेत्रों पर किये गये अनुसंधान में एस0एस0एन0एम0 पद्धति के माध्यम से उच्च सघन फसल प्रणाली अपना कर 15–17 टन/हे0/प्रति वर्ष दानों का उत्नादन किया गया है। इस पद्धति से फसल उगा कर सबसे ज्यादा प्रतिवर्ष दानों का उत्पादकता (16 टन/हे0 से ज्यादा) मोदीपुरम एवं लुधियाना के प्रक्षेत्रों पर देखने को मिला है। उसके बाद 14–16, 12–14, 10–12 तथा 8–10 टन/हे0 क्रमशः कानपुर; फैजाबाद, वाराणसी, पंतनगर, साबौर, आर.एस. पुरा, राँची तथा पालमपुर का स्थान है। इस पद्धति को अपनाने पर किसान को परम्परागत पद्धति के तुलना में 4,167 रुपये/हे0 की दर से अधिक खर्च करना पड़ता है (उर्वरक पर होने वाला खर्च भी शामिल) जिससे 20,530 रुपये का अतिरिक्त उत्पादन होता है। इसप्रकार यदि हम इसके लाभःलागत अनुपात को देखे तो यह 4.9 आयेगा।

3. संरक्षित खेती (Conservation Agriculture)

संरक्षित खेती में उन सभी प्रकार की कृषि क्रियाओं को सम्मिलित किया गया है जो भूमि एवं पर्यावरण को संरक्षित करते हुए लक्षित एवं सम्पोष्य (sustainable) उत्पादन स्तर को प्राप्त करने में सहायक होते है। संरक्षित खेती में कर्षण क्रियाएँ महत्त्वपूर्ण घटक होती हैं जो अन्य चक्रण क्रियाओं जैसे नत्रजन चक्र, कार्बन चक्र, जल चक्र इत्यादि को प्रभावित करता है। अतः वर्तमान समय में संरक्षित कर्षण क्रियाएँ समय की माँग हैं। इसके अन्तर्गत निम्न बिन्दुओं को सम्मिलित किया गया है–

1. इसमें भू–सतह पर फसल अवशेषों के पलवार (mulching) को बढ़ावा दिया जाता है।
2. यह मृदा एवं जल संरक्षण में महत्त्वपूर्ण भूमिका निभाता है।
3. इससे मृदा संरचना अच्छी होती है तथा मृदा में जैव पदार्थो की मात्रा में वृद्धि होती है।
4. यह उच्च उत्पादन स्तर को बनाये रखने में सक्षम है।
5. इससे रसायनिक उर्वरकों एवं जीवनाशक रसायनों के प्रयोग में कटौती होती है।
6. यह पर्यावरणीय स्थायित्व को बनाये रखने में महत्त्वपूर्ण भूमिका निभाती है।

7. यह जल एवं भूमि प्रदूषण को कम करने में सहायक होती है।
8. इससे सूक्ष्मजीवों की संख्या में वृद्धि होती है।

उपरोक्त लक्ष्यों की प्राप्ति के लिए संरक्षित खेती में निम्नलिखित कृषि क्रियाओं को साम्मिल किया जाता है–

1. फसल अवशेषों को पलवार के रुप में खेतों में प्रयोग करना।
2. शून्य जुताई या न्यून जुताई को बढ़ावा देना।
3. आच्छादित फसलों, दलहनी फसलों, कृषि वानिकी, वफर पट्टियों को फसल चक्र में साम्मिलित करना।
4. गहरी जड़ों वाली फसलों को उगाकर अन्तःस्यंदन दर को बढ़ाना एवं पौधों के जड़ क्षेत्र (rhizospheric zone) का विस्तार करना।
5. भू–सतह का बेहतर प्रबंधन कर सूक्ष्मजीवों की संख्या बढ़ाना।
6. मृदा एवं जल संरक्षण को बढ़ावा देने के साथ–साथ फसल सघनता बढ़ाते हुए मृदा उर्वरता में वृद्धि करना।

4. समविन्त पौध पोषण प्रणाली (Integrated Plant Nutrient System)

समविन्त पौध पोषण प्रणाली टिकाऊ खेती की कुंजी है क्योंकि इसका उद्देश्य रसायनिक उर्वरकों के प्रयोग को कम करना तथा पौधों के पोषक तत्वों की आवश्यकता की पूर्ति अन्य दूसरे श्रोतों से करने से है। समविन्त पौध पोषण प्रणाली से अभिप्राय है कि मृदा उर्वरता को बढ़ाने अथवा बनाये रखने के लिए पादप पोषक तत्वों का इस प्रकार से सामंजस्य रखा जाये जिससे मृदा की भौतिक, रसायनिक और जैविक गुणवत्ताओं पर हानिकारक प्रभाव डाले बगैर लगातार उच्च आर्थिक उत्पादन लिया जा सके।

वर्तमान मे तीन प्रणालियों– **1. समन्वित पौध पोशण प्रणाली, 2. समन्वित पोषक तत्व आपूर्ति प्रणाली, 3. समन्वित या समेकित पोशक तत्व प्रबंधन प्रणाली** का एक ही अर्थ लगाया जा रहा है। वैसे तो देखने में ये तीनों एक जैसे ही प्रतीत होते हैं परन्तु इनका अर्थ अलग–अलग है। समन्वित पोषक तत्व आपूर्ति प्रणाली केवल समन्वित पौध पोषण प्रणाली के उद्देश्यों की प्राप्ति का एक साधन है। इसमें इस प्रकार रचना की जाती है जिससे उद्देश्यों की पूर्ति हो सके। समन्वित पोषक तत्व प्रबंधन का आशय फसलोत्पादन में स्थायी स्तर पर पोषक तत्वों के विभिन्न श्रोतों जैसे–रसायनिक उर्वरक, कार्बनिक खादें, फसल अवशेष तथा जैव उर्वरकों के इस तरह से उपयोग से है जिससे मृदा स्वास्थ्य तथा पर्यावरण पर बिना हानि पहुँचाये लगातार कृषि उत्पादन किया जा सके। समन्वित पोषक तत्व

प्रबंधन इसप्रकार होने चाहिए कि किसी भी फसल–चक्र प्रणाली में फसल की आवश्यकतानुसार पोषक तत्वों का संतुलित एवं इक्षित मात्रा में आपूर्ति का सामंजस्य हो।

समन्वित पौध पोषण प्रणाली के घटक

1. रसायनिक उर्वरक
2. कार्बनिक खादें जैसे–गोबर की खाद, कम्पोस्ट, हरी खाद, फसल अवशेष, तथा दलहनी फसलें
3. जैव उर्वरक

उद्देश्य

समन्वित पौध पोषण प्रणाली के मुख्य उद्देश्य निम्नलिखित हैं–

1. उर्वरकों की उपयोग क्षमता में वृद्धि करना।
2. फसलों की उत्पादकता को बढ़ाना।
3. मृदा उर्वरता को बढ़ाना उवं उसे बनाये रखना।
4. किसानों की सामाजिक तथा आर्थिक दशा में बदलाव लाना।
5. पर्यावरण को प्रदूषित होने से बचाना।

समन्वित पौध पोषण करने का तरीका

1. रसायनिक उर्वरकों के साथ कार्बनिक खादों का समावेश करके
2. रसायनिक उर्वरकों के साथ फसल अवशेषों का समावेश करके
3. रसायनिक उर्वरकों के साथ हरी खाद का प्रयोग करना
4. रसायनिक उर्वरकों के साथ जैव उर्वरकों का समावेश करना
5. फसल चक्र में दलहनी फसलों का प्रयोग एवं
6. भूमि सुधारकों का प्रयोग

समन्वित पौध पोषण प्रणाली तकनीकी को अपनाने में बाधाएँ

1. गोबर की खाद की अनुपलब्धता।
2. जैव उर्वरकों की अनुपलब्धता।

3. फसल–चक्र में दलहनी फसलों का अभाव।
4. पानी की कमी, श्रमिक समस्याएँ, अच्छी किस्मों के बीजों का अभाव एवं फसल समय का नुकसान इत्यादि के कारण हरी खादों का पर्याप्त मात्रा में उत्पादन करना सम्भव नहीं है।
5. फसल अवशेषों के पुनः चक्रण का अभाव।
6. समस्याग्रत मृदाएँ।
7. अधिक कीमत की वजह से मृदा सुधारकों के प्रयोग में कमी।
8. मृदा परीक्षण सुविधा का अभाव।
9. रसायनिक उर्वरकों की बढ़ी हुई कीमतें।
10. उर्वरकों के उपयुक्त समय एवं उचित विधि द्वारा प्रयोग के ज्ञान का अभाव।
11. अधिक उपज देने वाली फसलों के बीजों का अभाव।
12. समय पर साख सुविधाओं का अभाव।
13. किसानों में ज्ञान की कमी एवं सलाहकारी सेवाओं में त्रुटियाँ।

किसानों को समन्वित पौध पोषण प्रणाली को अपनाने को प्रेरित करने के लिए कुछ सुझाव निम्नलिखित हैं।

1. किसानों को विभिन्न संचार माध्यमों तथा उनके खेतों पर प्रदर्शन करके समन्वित पौध पोषण प्रणाली के महत्त्व के बारे में प्रशिक्षित किया जाय।
2. जितना सम्भव हो सके उतने फसल अवशेषों को खेतों में मिलाने की किसानों को सलाह दी जाय एवं कम्पोस्ट बनाने की तकनीक के बारे में प्रशिक्षित किया जाय।
3. समय–समय पर किसानों को भूमि की उर्वरता तथा समग्र उत्पादकता के आकलन के लिए सलाह दी जाय।
4. किसानों को मृदा एवं इसके स्वभाव, मृदा स्वास्थ्य तथा मनुष्य के लिए इसकी उपयोगिता तथा इसको सुरक्षित बनाये रखने के लिए शिक्षित किया जाय।
5. किसानों द्वारा भिन्न–भिन्न कृषि प्रणाली, उपयुक्त फसल–चक्र तथा मिश्रित खेती को अपनाने के लिए सुझाव दिये जाय।
6. किसानों को पानी तथा पोषक तत्वों के उचित प्रबंधन हेतु समय–समय पर प्रशिक्षित किया जाय।

7. मृदा परीक्षण के आधार पर उर्वरकों के प्रयोग की सलाह दी जाय और समयानुसार एवं आवश्यकतानुसार जैव उर्वरक, दलहनी तथा हरी खादों की उच्च गुणवत्ता वाले बीज उपलब्ध कराया जाय।

समेकित पोषक तत्व प्रबंधंन (Integrated Nutreint Management)

रसायनिक उर्वरकों का प्रयोग जैविक खाद एवं जैव उर्वरकों के साथ संतुलित मात्रा में करना समेकित पोषक तत्व प्रबंधन के अर्न्तगत आता है। इसे उर्वरकों के उपयोग क्षमता में वृद्धि के साथ–साथ मृदा की उर्वराशक्ति में वृद्धि होती है। रसायनिक उर्वरकों में सिर्फ एक या दो पोषक तत्व पाये जाते हैं तथा पौधों को शीघ्र ही उपलब्ध होते हैं। वही जैविक खादों में लगभग सभी पोषक तत्व पाये जाते है परन्तु इनकी मात्रा बहुत कम होती है तथा इनमें उपलब्ध पोषक तत्व पौधों को धीरे–धीरे उपलब्ध हो पाते हैं। इसप्रकार समेकित पोषक तत्व प्रबंधन अपनाने से फसलों को संतुलित मात्रा में सभी पोषक तत्व प्राप्त होते रहते हैं।

समेकित पोषक तत्व प्रबंधन के लाभ

1. रसायनिक उर्वरकों के अतरिक्त 10 टन/हे. जैविक खाद एवं नील हरित शैवाल के साथ धान की फसल में प्रयोग करने से अनुशंसित उर्वरकों की मात्रा को एक चौथाई की कमी की जा सकता है।
2. दस टन जैविक खाद के साथ धान एवं गेहूँ के अवशेष को एक प्रतिशत यूरिया के घोल में डुबोकर मृदा में 3 बर्षो तक लगातार प्रयोग करने के बाद प्रत्येक धान एवं गेहूँ की फसल में 50 प्रतिशत अनुशंसित उर्वरक की बचत की जा सकती है। इसके साथ मृदा की उर्वरा शक्ति में वृद्धि होती है तथा सूक्ष्म पोषक तत्वों की कमी को भी दूर किया जा सकता है।
3. दस टन बायोगैस स्लरी, कम्पोस्ट या जलकुम्भी कम्पोस्ट के प्रयोग से धान एवं गेहूँ में 30 किग्रा. फॉस्फेट की बचत की जा सकती है।
4. जैविक खाद के साथ फॉस्फेट को घुलनशील बनाने वाले फास्फो बैक्टीरिया का प्रयोग करने से चूनायुक्त एवं अम्लीय मृदाओं में फास्फोरस की मात्रा में वृद्धि होती है।
5. दस टन केला से प्राप्त अपशिष्ट पदार्थो (तना एवं पत्ती) से बने कम्पोस्ट के व्यवहार से 40 किग्रा./हे. पोटाश की बचत प्रत्येक धान एवं गेहूँ के फसल में की जा सकती है।
6. प्रयोगों द्वारा यह विदित हुआ है कि 4–6 क्विंटल/हे. मूंग ग्रीष्म ऋतु में बोकर प्राप्त किया जा सकता है तथा फसल अवशेष को मृदा में मिलाने से अनुशंसित उर्वरकों की एक चौथाई बचत प्रत्येक धान एवं गेहूँ की फसल में की जा सकती है।

लांग टर्म फर्टिलाइजर एक्सपेरिमेंट (Long Term Fertilizer Experiment, 1972-2003) के परिणामों के अनुसार केवल नत्रजन के आपूर्ति करने से प्रति किलोग्राम पोषक तत्व के साथ दानों की उपज पहले 12.5 किलोग्राम था जो विगत 30 वर्षो में घटकर 5 किलोग्राम के करीब पहुँच गया है। विभिन्न प्रकार के आदानों जैसे नत्रजन, नत्रजन + फॉस्फोरस, नत्रजन + फॉस्फोरस + पोटाश तथा नत्रजन + फॉस्फोरस + पोटाश + गोबर की खाद (FYM) का प्रयोग करने पर दानों की ऊपज क्रमशः 8.1, 10.1, 12.8, तथा 15.2 किग्रा./ किग्रा. पोषक तत्व के साथ प्राप्त हुआ। अतः इससे साबित होता है कि समेकित पोषक तत्व प्रबंधन से प्रतिकिलोग्राम पोषक तत्व के साथ दानों की उपज में वृद्धि की जा सकती है। समेकित पोषक तत्व प्रबंधन में आने वाली समस्याएँ निम्नलिखित हैं–

1. **उर्वरक उद्योगों में तकनीकी सुधारः** भविष्य में पोषक तत्वों की माँग को ध्यान में रख कर पुराने उर्वरक बनाने वाले तकनीकी सुधार की अत्यन्त आवश्यकता है। देश में बड़ें पैमाने पर नेपथा (naphtha) और खनिज तेलों (petroleum oils) से संचालित संयंत्रों के उत्पादित उर्वरकों पर काफी अधिक खर्च करना पड़ता है। अतः वर्तमान में गैस आधारित उर्वरक उत्पादन संयंत्रों को लगाने की आवश्यकता है जिससे उर्वरक उत्पादन में हो रहे व्यय को कम किया जा सकता है। इस प्रकार उर्वरक पर दी जा रही अनुदान में भी कमी आयेगी और सस्ते दर पर पर्याप्त मात्रा में उर्वरकों की उपलब्धता सुनिश्चित हो जायेगी।

2. **पोषक तत्वों पर आधारित उर्वरक का मूल्य निर्धारण एवं अनुदानः** उर्वरक में उपलब्ध पोषक तत्वों के आधार पर मूल्य निर्धारण करने एवं अनुदान देने से एक से अधिक पोषक तत्वों वाले उर्वरकों का बाजार में उपलब्धता बढ़ेगी। अतः एक तत्व वाले उर्वरकों के जगह बहुतात्विक उर्वरकों के प्रयोग से फसल उत्पादन में वृद्धि होने के साथ–साथ मृदा उर्वरता में भी वृद्धि होगी। वर्तमान में यूरिया पर अधिक अनुदान होने के कारण यह अन्य उर्वरकों के तुलना में सस्ता है। परिणामस्वरुप किसान इसका अंधाधुंध प्रयोग कर रहे हैं तथा फास्फेटिक, पोटैशिक एवं सूक्ष्म पोषक तत्वों वाले उर्वरकों का प्रयोग अपेक्षाकृत बहुत कम करते है। अतः उर्वरकों के मूल्य को तर्कसंगत बना कर इनके संतुलित प्रयोग को बढ़ावा दिया जा सकता है। वर्तमान में भारत सरकार द्वारा पोषक तत्वों पर आधारित उर्वरक अनुदान प्रणाली को अपनाना इस दिशा में महत्वपूर्ण कदम है।

3. **उर्वरकों के साथ द्वितीयक एवं सूक्ष्म पोषक तत्वों को मिलाना या परत चढ़ानाः** परम्परागत रुप से अधिक मात्रा में प्रयोग किये जाने वाले उर्वरकों के साथ द्वितीयक (कैल्सियम, मैगनीशियम एवं सल्फर) तथा सूक्ष्म पोषक तत्वों (जिंक, बोरान, आयरन, मैंगनीज, कॉपर इत्सादि) को एक निश्चित अनुपात में मिलाने या उनके ऊपर इनकी हल्की परत चढ़ाने से एक ही उर्वरक से बहुत से पोषक तत्वों की आपूर्ति

फसलों को होती रहती है जिससे मृदा में पोषक तत्वों का संतुलन बना रहता है। किन्तु यह आवश्यकता के आधार पर वैज्ञानिक अध्ययन के द्वारा ही निर्धारित होना चाहिए।

4. **उर्वरकों के परिवहन पर अनुदानः** सभी प्रकार के उर्वरकों पर परिवहन अनुदान देने से उनकी उपलब्धता दूर दराज के किसानों तक सुलभ हो जायेगी जिसका परिणाम यह होगा कि दूर दराज के खेतों में फसलें लहलहायेगी तथा मृदा की सेहत में भी सुधार होगा।

5. **सिंगल सुपर फास्फेट (एस.एस.पी.) को बढ़ावा देनाः** सिंगल सुपर फास्फेट में 16 प्रतिशत फास्फेट तथा 11.5 प्रतिशत सल्फर होता है। अतः उन क्षेत्रों में जहाँ सल्फर की कमी है वहाँ डी.ए.पी. के जगह पर एस.एस.पी. के प्रयोग को बढावा देकर सल्फर की कमी दूर की जा सकती है। देश में डी.ए.पी. एवं एस.एस.पी. के उत्पादन का लगभग 70 से 80 प्रतिशत खर्च एक समान है। देश में वर्ष 1991 दौरान फॉस्फोरस की कुल खपत में एस.एस.पी. का हिस्सा 18 प्रतिशत था जो घट कर वर्ष 2006–2007 में 9 प्रतिशत तक पहुँच गया। इसका मुख्य कारण फास्फेट आधारित डी.ए.पी. उर्वरक पर एस.एस.पी. के तुलना में सरकार द्वारा अधिक अनुदान दिया जाना है। परिणामस्वरुप डी.ए.पी. का उत्पादन एस.एस.पी. के तुलना में अधिक होता है तथा बाजार में यह सस्ते दर पर उपलब्ध है।

6. **कास्टोमाइज एवं जल में घुलनशील उर्वरकों को बढ़ावा देनाः** कास्टोमाइज उर्वरक मृदा एवं फसल के स्थिति को ध्यान में रख कर तैयार किये जाते है। अतः सरकार को इन उर्वरकों के उत्पादन को बढ़ावा देना चाहिए। जल में पूर्ण रुप से घुलनशील उर्वरक जो सिंचाई जल के माध्यम से खाद्यान फसलों के साथ–साथ उद्यानिक फसलों जैसे फल, सब्जी, फूल, मसालें की फसलों में आसानी से दिये जा सके, के विकास पर ध्यान देने की आवश्यकता है। बाजार में उपलब्ध जल में घुलनशील उर्वरकों पर सरकार को अनुदान देने की व्यवस्था करनी चाहिए ताकि इन्हें किसानों तक आसानी से पहुँचाया जा सके। अमोनियम सल्फेट और पोटैशियम सल्फेट जैसे जल में विलय होने वाले उर्वरकों को भी लोकप्रिय बनाने के दिशा में कारगर कदम उठाना चाहिए ताकि जिन क्षेत्रों में सल्फर की कमी है उसे दूर कर यूरिया के अत्यधिक खपत को रोका जा सकता है।

7. **उपलब्ध स्थानीय पोषक तत्वों के श्रोतों का उपयोग करनाः** देश में लगभग निम्न कोटि के रॉक फास्फेट (160 मिलियन टन) तथा पोटैशियम से भरपूर माइका का भण्ड़ार पर्याप्त है तथा इनका उर्वरक निर्माण में उपयोग न के बराबर होता है। अतः इन्हें गोबर की खाद, कम्पोस्ट इत्यादि के साथ मिला कर इनमें फॉस्फोरस एवं पोटाश की उपलब्धता को बढ़ायी जा सकती है। साथ निम्न गुणवत्ता वाले रॉक

फास्फेट का प्रयोग सीधे तौर पर फॉस्फोरस की कमी से जुझ रही अम्लीय मृदाओं में भी किया जा सकता है। फास्फोजिप्सम जो फास्फोरिक अम्ल पर आधारित उर्वरक निर्माण करने वाले उद्योगों से सह–उत्पाद के रुप में निकलता है तथा इसमें 16 प्रतिशत सल्फर, एवं 21 प्रतिशत कैल्सियम पाया जाता है। यह सल्फर का एक अच्छा स्त्रोत हो सकता है। उर्वरक उद्योगों द्वारा प्रतिवर्ष लगभग 7 मिलियन टन फास्फोजिप्सम का उत्पादन किया जाता है। इसप्रकार खेतों में फास्फोजिप्सम का प्रयोग कर प्रतिवर्ष लगभग 1मिलियन टन सल्फर तथा 1.4 मिलियन टन कैल्सियम की आपूर्ति की जा सकती है। आमतौर बड़े कणाकार (coarse textured) वाले अम्लीय एवं क्षारीय भूमिओं में सल्फर एवं कैल्सियम की कमी होती है जिन्हें फास्फोजिप्सम के माध्यम से दूर किया जा सकता है।

8. **कार्बनिक खादों की उपलब्धता में वृद्धिः** वर्तमान में कार्बनिक खादों के प्रयोग में भारी गिरावट आ रही है जो समेकित पोषक तत्व प्रबंधन के दृषिकोण से कतई ठीक नहीं है। रसायनिक खादों के ऊपर दिनप्रति दिन हमारी निर्भरता तथा पशुपालन की उपेक्षा से गोबर की खाद, कम्पोस्ट इत्यादि का प्रयोग कम होता जा रहा है। परिणामस्वरुप देश की मृदाओं में जीवांश कार्बन, सूक्ष्म पोषक तत्व तथा लाभकारी सूक्ष्मजीवों की संख्या में कमी देखी जा रही है। अतः हमें ऐसी कृषि नीति पर ध्यान देनी की आवश्यकता है जिसमें रसायनिक खादों के साथ–साथ पूरक के रुप में कार्बनिक खादों जैसे गोबर की खाद, विभिन्न विधियों से बनायी गई कम्पोस्ट खाद, हरी खाद, जैव उर्वरकों को समान रुप से खेतों में प्रयोग करना सुनिश्चित हो सके। देश में अधिकतर पशुपालक पशुओं से प्राप्त गोबर का इस्तेमाल जलाने के लिए उपले बनाने में करते हैं जिससे इनमें निहित पोषक तत्वों का कोई उपयोग नहीं हो पाता है। यदि कच्चे गोबर का प्रयोग वायोगैस संयत्र में किया जाये तो रसोई में भोजन बनाने के लिए मेथेन गैस के साथ–साथ खेतों में प्रयोग करने के लिए वायोगैस स्लरी के रुप में अच्छी गुणवत्ता का खाद भी प्राप्त हो जायेगा। भारत में लगभग 57 मिलियन टन शहरी ठोस अपशिष्ट पदार्थ का उत्पादन होता है। जिससे उत्तम दर्जे का कम्पोस्ट बनाया जा सकता है। इसी को ध्यान में रख कर 20 जनवरी 2016 को प्रधानमंत्री नरेन्द्र मोदी की अध्यक्षता वाले कैबिनेट मिटिंग में नगर कम्पोस्ट योजना को मंजूरी दी गई। इस योजना के तहत यह तय किया गया कि सभी उर्वरक बनाने वाली कम्पनियों को रसायनिक उर्वरकों के साथ–साथ नगर कम्पोस्ट की मार्केटिंग भी करनी होगी। प्रोत्साहन के तौर पर सरकार 1500 रुपये/टन के हिसाब से किसानों को उपलब्ध करायगी। इस योजना का मुख्य उद्देश्य सस्ते दर पर किसानों को नजदीकी उर्वरक विक्रय क्रेन्द्र से कम्पोस्ट खाद उपलब्ध करना है। साथ ही सरकार ने कम्पोस्ट के फायदे के बारे में किसानों को जानकारी देने की जिम्मेदारी संबंधित विभागों को सौपी है।

9. **गुणवत्तायुक्त जैव उर्वरकों का उत्पादनः** वर्तमान में गुणवत्तायुक्त जैव उर्वरकों के उत्पादन पर विशेष ध्यान देने की आवश्यकता है। कृषि विश्वविद्यालयों, शोध संस्थाओं एवं अन्य संबंधित संस्थाओं को अलग–अलग कृषि जलवायु परिस्थिति को ध्यान में रख कर सूक्ष्मजीवों के स्ट्रेन (strain) की खोज पर ध्यान देना चाहिए ताकि उनका उपयोग जैव उर्वरक के बनाने में किया जा सके। घोल के रुप में उपलब्ध जैव उर्वरकों में सूक्ष्मजीवों की संख्या अधिक होती है तथा इनके बीजाणु (spore) एवं पुटी (cyst) की संख्या भी बहुत अधिक होती है। राव (2008) के अनुसार जैव उर्वरकों के घोल के बनाने के लिए अरविनोज (arbinose), ट्रेहालोज (trehalose), ग्लीसेरॉल (glycerol) तथा पॉलीवीनाइल पायरोलीडॉन (polyvinyl pyrrolidone, PVP) का उपयोग कर राइजोबियम, एजोस्पाइरिलम तथा फास्फोरस विलायक जीवाणु (phosphorus solublizing bacteria, PSB) की कोशिकाओं को आमतौर पर प्रयोग में लायी जाने वाली लिग्नाइट के तुलना में 1 वर्ष तक संरक्षित किया जा सकता है। वर्ष 2014–15 के दौरान जैव उर्वरकों का उत्पादन 84751 टन रहा (तालिका 10.3) जिसमें से लगभग 84 प्रतिशत इनाकुलेंट दक्षिण एवं पश्चिमी भारत में तैयार किये गये। भारत में विभिन्न संस्थाओं द्वारा निम्न गुणवत्ता वाले जैव उर्वरकों को किसानों तक पहुँचाया जा रहा है जिसके कारण किसान को इसका वास्तविक लाभ नही मिल रहा है।

तालिका–10.3 भारत में जैव उर्वरकों का उत्पादन एवं वितरण (1992–93 से 2014–15)

वर्ष	उत्पादन (मिलियन टन)	वितरण (मिलियन टन)
1992–93	2005	1600.01
1993–94	3084	2914.37
1994–95	5800.5	4988.90
1995–96	6692.3	6288.32
1996–97	7406.6	6681.44
1997–98	7104.6	6295.63
1998–99	5972.1	5056.45
1999–00	5716	5452.70
2000–01	6242.7	6138.60
2001–02	9019.2	8429.30
2002–03	7181.7	7029.90
2003–04	8701.4	8357.00
2004–05	10479	10427.60

2005–06	11752.4	11357.60
2006–07	15871	15745.00
2007–08	22646.6	23430.90
2008–09	22732	26878.40
2009–10	22878.7	25354.00
2010–11	37997.6	38000.00*
2011–12	40324.2	40000.00*
2012–13	46836.8	59800.00*
2013–14	65527.8	65500.00*

श्रोतः http://www.indiastat.com; *: अनुमानित

10. **ऊसर मृदाओं का सुधारः** भारत में लगभग 7 मिलियन हेक्टेयर ऊसर मृदाएँ पायी जाती हैं जो सूक्ष्म पोषक तत्वों की कमी से जुझ रही हैं। अतः इन मृदाओं के सुधार हेतु उचित जल निकास की व्यवस्था, मृदा सुधारकों का प्रयोग, ऊसर सहनशील प्रजातियों का चुनाव, अच्छे गुणवत्ता वाले सिचाई जल के प्रयोग पर ध्यान देने की आवश्यकता है। देश में लगभग 2 मिलियन हे0 ऊसर मृदाओं का सुधार कर 6 टन/हे0 उत्पादन प्राप्त किया जा रहा है।

11. **अम्लीय मृदाओं का सुधारः** भारत में लगभग 25 मिलियन हेक्टेयर ऐसी मृदाएँ हैं जिनका पी.एच. मान 5.5 से कम है। इसप्रकार 2 से 4 टन प्रति है0 चूने का मृदा में प्रयोग कर इन्हें फसल उत्पादन करने लायक बनाया जा सकता है। यदि चूना का प्रयोग खेतों में नालियाँ बना कर करनी हो तो उपरोक्त संस्तुत की गई मात्रा का 10 वाँ हिस्सा ही प्रयोग कर वांछित लाभ प्राप्त किया जा सकता है। चूने के सस्ते स्त्रोत के रुप में चूना पत्थर/डोलोमाइट (लाइम स्टोन), इस्पात उद्योगों से निकलने वाला बेसिक स्लेग तथा कागज उद्योगों से निकलने वाला लाइम स्लज का भी प्रयोग किया जा सकता है।

12. **मृदा परीक्षण सेवाओं में विस्तार करनाः** प्रत्येक खेत की मृदा का जाँच हो इसे सुनिश्चित करने के लिए मृदा परिक्षण प्रयोगशालाओं की संख्या बढ़ाने की आवश्यकता है। वर्तमान केन्द्र सरकार इस दिशा में सही पहल भी कर रही है। नये प्रयोगशालाओं की स्थापना हेतु सरकार द्वारा 80 प्रतिशत तक अनुदान भी दिया जा रहा है। साथ ही देश में मृदा वैज्ञानिकों ने ऐसे यंत्रों का विकास भी किया है जिसे किसान अपने घर पर ही अपने मृदा की जाँच कर सकता है। ऐसे यंत्रों के बारे में विस्तार से चर्चा अगामी अध्याय 'मृदा परीक्षण एवं मृदा स्वास्थ्य कार्ड' में किया गया है।

13. **अधिक पोषक तत्व उपयोग क्षमता वाली फसल प्रजातियों का विकासः** जैसा कि हम जानते है उर्वरकों के माध्यम से प्रयोग किये जाने वाले पोषक तत्वों की उपयोग क्षमता बहुत कम है। जैसे– नत्रजन का 40–50 प्रतिशत, फास्फोरस का 15–20 प्रतिशत, पोटाश का 60 प्रतिशत तथा सूक्ष्म पोषक तत्वों का 3–5 प्रतिशत। अतः ऐसी फसल प्रजातियों को विकसित करने की आवश्यकता है जिनमें जड़ों का विकास अधिक हो तथा जड़ों से पोषक तत्वों को घुलनशील बनाने वाले इंजाइम एवं कार्बनिक अम्लों का श्राव अधिक मात्रा में हो। ताकि फसलें पोषक तत्वों को अधिक दक्षता से ग्रहण कर सकें।

5. पोषक तत्व उपयोग क्षमता (Nutrient Use Efficiency)

फसलोत्पादन के लिए किसानों द्वारा महँगे रसायनिक उर्वरकों का प्रयोग किया जाता है। इन उर्वरकों में उपलब्ध पोषक तत्व पौधों को बहुत कम मात्रा में उपलब्ध हो पाते है जैसे नत्रजन का 30 से 50 प्रतिशत, फास्फोरस 15 से 20 प्रतिशत, पोटाश 60 प्रतिशत तथा सूक्ष्मपोषक तत्व मात्र 3 से 5 प्रतिशत। इसके लिए मुख्य रुप से निक्षालन, अपवाह, मृदा में अघुलनशील यौगिक के रुप में या गैस के रुप में पोषक तत्वों का रुपांतरित होना है। इसप्रकार से होने वाले पोषक तत्वों की हानि, मृदा एवं जल के खराब गुणवत्ता के साथ–साथ पर्यावरण प्रदूषक के रुप में भी अपना योगदान देते हैं। इससे एक बात स्पष्ट है कि पोषक तत्वों की उपयोग क्षमता अधिक होने पर प्रति किलोग्राम उपज पर उर्वरकों के प्रयोग पर होने वाले खर्च को कम किया जा सकता है, साथ ही पोषक तत्वों की बर्बादी को रोक कर फसलोत्पादन में वृद्धि की जा सकती है। अतः पोषक तत्वों के उपयोग क्षमता में वृद्धि करना अतिआवश्यक है।

बेनिए (1996), रसेल (1977), एवं सायलट और साथी (1972) के अनुसार मृदा के खराब भौतिक दशा के कारण जड़ों का लम्बवत एवं अरीय विकास, जड़ों का फैलाव इत्यादि प्रभावित होता है। साथ ही जड़ छोटे एवं मोटे हो जाते है तथा इन पर द्वितीयक एवं तृतीयक जड़ों की संख्या बहुत कम होती है। उच्च यांत्रिक प्रतिबाधा के कारण जड़ों के अग्र भाग पर स्थित मूलगोप नष्ट हो जाते है। इसके साथ ही क्रोटेक्स (cortex) की मोटाई भी बढ़ जाती है। इससे एन्डोडर्मिस तथा पेरीसाइकिल की कोशिकाएँ परिवर्तित हो सकती है। इसप्रकार मृदा के खराब गुणवत्ता के कारण पौधों की जड़ों का आकार, वाह्य एवं आंतरिक संरचना में परिवर्तन होता है जिससे मृदा में जड़ों का फैलाव प्रभावित होता है। साथ ही पोषक तत्व एवं जल की उपलब्धता एवं अवशोषण कम होता है। इस प्रकार ये सभी कारक सामूहिक रुप से पोषक तत्वों के उपयोग क्षमता को कम करते है जिससे उत्पादन में गिरावट आती है।

अम्लीय मृदाओं में एल्यूमिनियम, मैगनीज, आयरन और हाइड्रोजन आयन की विषाक्तता एवं नत्रजन, फास्फोरस, पोटाश, कैल्सियम, मैग्नीशियम, मॉलिब्डेनम, तथा जिंक की कमी

भी पौधों के विकास को कम करते हैं, जिससे पोषक तत्व उपयोग क्षमता में कमी आती है (बालिगर एवं फागेरिया, 1997)। मृदा में लवणों की अधिकता के कारण नत्रजन का उदग्रहण प्रभावित होता है, साथ ही जड़ों की पारगम्यता में कमी आती है। परिणामस्वरुप जल एवं पोषक तत्वों को उदग्रहण में कमी आने लगती है। मृदा में भारी धातुओं जैसे कैडमियम, क्रोमियम, निकेल, लेड, कॉपर, जिंक, आर्सेनिक, कोबाल्ट तथा मैगनीज की अधिकता पौधों के लिए विषाक्त होती हैं जिससे पौधों का विकास अवरुद्ध होता है।साथ ही मृदा का पी.एच. मान, तापमान, अवकरण क्षमता, ऋणायन लिगेन्ड का बनना, मृदा घोल का संघटन एवं मात्रा भी प्रभावित करता है।

मृदा में जैव पदार्थो की उपस्थिति से मृदा संरचना में सुधार होता है, जिससे मृदा की जल धारण क्षमता, वायु संचरण तथा विनिमयशील पोटैशियम एवं मैग्नीशियम की मात्रा में वृद्धि होती है। यह फास्फोरस के स्थिरिकरण, पोषक तत्वों के निक्षालन तथा एल्यूमिनियम और मैंगनीज के विषात्त्का को कम करने में सहायक होता है। इसप्रकार जैव पदार्थ, पोषक उपयोग क्षमता को बढ़ाने का कार्य करते है।

चूना, मृदा में कम गतिशील होता है जबकि जिप्सम मृदा में नीचले संस्तर तक गतिशील होता है। जिससे अधोभूमि की अम्लीयता को दूर किया जा सकता है। साथ ही जिप्सम के माध्यम से कैल्सियम को निचले संस्तर तक पहुँचने से जड़े अधिक गहराई तक पहुँचने में सफल होती है तथा नत्रजन, कैल्सियम, कॉपर, फास्फोरस एवं मैंगनीज के उद्ग्रहण में वृद्धि होती है (सौसा एवं साथी, 1992)। पोषक तत्व उपयोग क्षमता को प्रभावित करने वाले प्रमुख कारक निम्नलिखित हैं।

(i) उर्वरकों से संबंधित कारक

उर्वरक उपयोग क्षमता को प्रभावित करने वाले कारकों में मृदा का गुण, पौधों की क्षमता, जलवायु, प्रयोग की गई उर्वरकों की रसायनिक प्रकृति, मृदा में सूक्ष्मजीवों की संख्या मुख्य है। इसके साथ ही उर्वरकों के प्रयोग की दर, प्रयोग की विधि, फसल की प्रकृति, पोषक तत्वों के निक्षालन, डीनाइट्रीफिकेशन, अमोनिया वोलेटिलाइजेशन, अपवाह, स्थिरिकरण की दर पर भी उर्वरक उपयोग क्षमता निर्भर करता है। बाजार में आजकल ऐसे बहुत से लेपित उर्वरक (नीम लेपित यूरिया, पालीमर लेपित यूरिया इत्यादि) उपलब्ध हैं जिससे धीमी गति से पोषक तत्व मृदा में मुक्त होते हैं। कुछ ऐसे भी रसायन बाजार में मिलते है जिनका उर्वरकों के साथ प्रयोग करने से उर्वरकों से पोषक तत्व धीमी गति से तथा नियंत्रित तरीके से मुक्त होते हैं परिणामस्वरुप इस प्रक्रिया में एक तरफ तो पौधों को अधिक मात्रा में पोषक तत्व उपलब्ध कराया जाता है वही दूसरी तरफ नाइट्रस आक्साइड, अमोनिया या नाइट्रोजन गैस के रुप में नत्रजन को वायुमण्ड़ल में जाने से रोका जाता है तथा नाइट्रेट के रुप में नत्रजन का मृदा जल में निक्षालन को रोकने में सहायता मिलती है। अतः वायु एवं जल प्रदूषण कम होता है।

(ii) पौधों से संबंधित कारक

पौधों के अनुवांशिक गुणों पर भी पोषक तत्व उपयोग क्षमता निर्भर करता है। फसलों तथा उनके प्रजातियों में अवशोषण; जड़, तना, पत्ती, फूल तथा फलों में स्थानांतरण, प्रति इकाई पोषक तत्वों के अवशोषण पर शुष्क पदार्थो का उत्पादन तथा पर्यावरणीय प्रभाव में विभिन्नता पायी जाती है (कलार्क एवं डककन, 1991)। इसप्रकार पोषक तत्व उपयोग क्षमता का नियंत्रण मृदा से पोषक तत्व के रुप में आयनों का जड़ों के पास जाना, जड़ों द्वारा अवशोषण होने के बाद तना एवं पत्तियों में पहुँचना तथा पुनः पौधों के विभिन्न भागों में स्थानांतरण द्वारा किया जाता है।

जड़ों की आकारिकी जैसे मोटाई, जड़ सतह का क्षेत्रफल तथा जड़ों के आयतन का पोषक तत्वों को प्राप्त करने पर गहरा प्रभाव है। इसके साथ ही जड़ क्षेत्र के पी0 एच0 मान पोषक तत्वों के उद्ग्रहण गति को प्रभावित करते हैं। जड़ क्षेत्रों में पोषक तत्वों के उपलब्धता पर जड़ की क्रियाओं के प्रभाव को सौयरवीक एवं हेलाल (1990) ने उल्लेखित किया है जो निम्न है–

1. ये जड़ क्षेत्र के पी0 एच0 मान में परिवर्तन करते हैं।
2. इनके द्वारा कार्बनिक अम्लों जैसे : चिलेटर, रिडक्टेंट, ऑक्सीडेंट का उत्पादन किया जाता है।
3. बाह्यकोशिकीय इंजाइम, जैव पदार्थो से बँधे हुए पोषक तत्वों को मुक्त कराने में अहम भूमिका निभाते हैं।
4. जड़ों द्वारा बहुत से ऐसे पदार्थो को श्रावित किया जाता है जो सूक्ष्मजीवों द्वारा भोजन के रुप में उपयोग किया जाता है।

भूमि प्रबंधन, जलवायु, बीमारी, एलिलोपैथी, खरपतवार का भी फसलों द्वारा पोषक तत्वों के अवशोषण एवं उपयोग पर प्रभाव पड़ता है। मृदा तापमान एवं नमी का प्रभाव कार्बनिक रुपो में पाये जाने वाले पोषक तत्वों को अकार्बनिक रुपों में रुपांतरण, उनका उद्ग्रहण, पौधों के विभिन्न भागों में स्थानांतरण इत्यादि पर पड़ता है। पौधों का स्वास्थ्य, कीट एवं ब्याधियों, खरपतवारों, जलवायु में होने वाले परिवर्तन का निरंतर मुकाबला करते रहने से बुरी तरह प्रभावित होता है, जिसे पोषक तत्वों की उपयोग क्षमता में कमी आती है।

(iii) शस्यन क्रिया (Agronomical practices)

कम से कम जुताई, शुन्य जुताई, संरक्षित जुताई तथा परम्परागत जुताई द्वारा मृदा के गुण, जैव पदार्थ, पोषक तत्वों की मात्रा में परिवर्तन आता है। इसके साथ ही जड़ों का विकास, मृदा की जल धारण क्षमता, जल अन्तःस्यंदन, वायुसंचरण, स्थूल धनत्व, तापमान

इत्यादि भी विभिन्न प्रकार के जुताई के तरीकों से प्रभावित होते है। लाल (1976) के अनुसार परम्परागत जुताई की तुलना में शून्य जुताई में उपलब्ध जीवांश पदार्थ, फास्फोरस, पोटैशियम तथा कैल्सियम की मात्रा अधिक दर्ज की गई है। कम जुताई से पौधों के जड़ों की लम्बाई, भार, घनत्व, जल एवं पोषक तत्वों के उपयोग क्षमता में वृद्धि होती है। इसप्रकार जड़ों के भलि–भाँति विकास से फसलोत्पादन के साथ–साथ पोषक तत्वों जैसे नत्रजन, फास्फोरस, पोटैशियम, कैल्सियम, सल्फर, कॉपर, आयरन, जिंक इत्यादि के उद्ग्रहण में वृद्धि होती है। फसल–चक्र आच्छादित फसलें, हरी खाद इत्यादि का मृदा उर्वरता बढ़ाने में महत्त्वपूर्ण भूमिका होती है। साथ ही इससे मृदा की भौतिक गुण में सुधार होता है। तथा नाशीजीव एवं खरपतवार की कम समस्या होती है। इसप्रकार उन्नत जुताई के तरीके तथा इस कार्य में लाये जाने वाले यंत्र का पोषक तत्व उपयोग क्षमता बढ़ाने में महत्त्वपूर्ण भूमिका है।

(iv) जैविक कारक (Biological factors)

मृदा में लाभकारी सूक्ष्मजीवों जैसे राइजोबियम, डाइएजोट्राफिक बैक्टीरिया, माइकोराइजा तथा फास्फोरस, पोटाश एवं जिंक घोलक सूक्ष्मजीवों द्वारा पोषक तत्वों के उपयोग क्षमता बढ़ाने में महत्त्वपूर्ण भूमिका होती है।

(v) जलवायुवीय कारक (Climatic factors)

पौधों के वृद्धि एवं विकास के समय का तापमान, सौर विकिरण, वर्षा इत्यादि पोषक तत्वों के अवशोषण या उद्ग्रहण को प्रभावित करते हैं। मृदा तापमान द्वारा पोषक तत्वों के कार्बनिक एवं अकार्बनिक पदार्थो से मुक्त होने की दर, जड़ों द्वारा उद्ग्रहण, पौधों के विभिन्न भागों में स्थानांतरण इत्यादि को प्रभावित किया जाता है। सौर विकिरण का प्रकाश संश्लेषण पर प्रत्यक्ष प्रभाव पड़ता है जिसके कारण पौधों की पोषक तत्वों की माँग भी प्रभावित होती है। पौधों के वृद्धि एवं विकास की अवस्था में उचित मात्रा में वर्षा होने से पोषक तत्वों के उपलब्धता में वृद्धि होती है, वही इसकी अधिकता एवं न्यूनता के कारण पोषक तत्व उपयोग क्षमता में कमी आती है।

6. लीफ कलर चार्ट (Leaf Colour Chart, LCC)

लीफ कलर चार्ट एक सस्ता एवं सही समय पर पौधों में नत्रजन के उचित प्रबंधन का एक कारगर तकनीक है। इसके माध्यम से फसलों के पत्तियों के रंग को प्रत्यक्ष रुप से लीफ कलर चार्ट में दिये गये हरे रंग के विभिन्न पट्टियों से मिलान करा कर आवश्यकतानुसार नत्रजन का प्रयोग किया जाता है। पत्तियों में हरे रंग की सान्द्रता को मापने के लिए बाजार में क्लोरोफिल मीटर (स्पैड मीटर) भी मौजूद है जो एक महँगा उपकरण है। लीफ कलर

चार्ट हरे रंग की 4 या 6 पट्टियों से बना होता है जिसमें पट्टियों का रंग हल्के हरा से लेकर गहरे हरा रंग का होता है।

लीफ कलर चार्ट का विकास अन्तर्राष्ट्रीय धान अनुसंधान संस्थान, फिलिपिंस तथा फिलिपिंस धान अनुसंधान संस्थान द्वारा साझे रुप से जापानी प्रारुप (prototype) से किया गया है। इसे विकसित करने का मुख्य उद्देश्य धान के फसल में नत्रजन की आवश्यकता का पता लगाना है ताकि धान की अधिक उत्पादकता प्राप्त की जा सके। लीफ कलर चार्ट धान के अलावा गेहूँ तथा मक्का में भी नत्रजन की कमी का पता लगाने तथा इसे दूर करने के लिए अच्छा मार्गदर्शक साबित हो रहा है। इसका प्रयोग गन्ना, आलू, कपास, कसावा इत्यादि में भी किया जा सके, इसके लिए अनुसंधान कार्य चल रहा है।

लीफ कलर चार्ट प्रयोग करने का उद्देश्य

1. नत्रजन की उचित मात्रा का सही समय पर प्रयोग करना,
2. आवश्यकता से अधिक नत्रजनीय उर्वरकों के प्रयोग में कमी लाना,
3. पौधों की नत्रजन माँग का पता लगाना,
4. नत्रजनीय उर्वरकों के प्रयोग हेतु सही समय का पता लगाना।

आमतौर पर खेत के किसी खास हिस्से में पौधों में नत्रजन की कमी होने पर किसान एक समान रुप से पूरे खेत में नत्रजनीय उर्वरक जैसे यूरिया का प्रयोग करता है। परिणामस्वरुप जिन क्षेत्रों में नत्रजन की कमी होती है वहाँ पौधों में सुधार होता है, परन्तु जहाँ पर नत्रजन की कमी नही होती वहाँ पर अधिक नत्रजन प्राप्त होने से पौधे आवश्यकता से अधिक बढ़ जाते हैं। साथ इनकी तने एवं पत्तियाँ मुलायम हो जाती हैं, जिससे कीट–ब्याधियों का प्रकोप बढ़ जाता है तथा हवा के हल्के झोके को भी सहन नहीं कर पाने के कारण पौधे गिर जाते हैं। परिणामस्वरुप उत्पादन में कमी आती है। इसप्रकार लीफ कलर चार्ट का प्रयोग कर उन क्षेत्रों की पहचान की जा सकती है जहाँ पर नत्रजन की कमी है तथा सिर्फ उन क्षेत्रों में ही नत्रजन का प्रयोग कर उर्वरक की बचत करते हुए अच्छी पैदावार ली जा सकती है।

सिंचित धान में लीफ कलर चार्ट के प्रयोग से प्रति हेक्टेयर 23 किलोग्राम नत्रजन (50 किलोग्राम यूरिया) प्रति फसल बचत की जा सकती है। इसप्रकार हमारे देश में यदि 50 प्रतिशत किसान लीफ कलर चार्ट का प्रयोग सिंचित धान के खेत (22.3 मिलियन हेक्टेयर) में करे तो 8,34,000 टन यूरिया की वार्षिक बचत की जा सकती है। तमिलनाडु कृषि विश्वविद्यालय द्वारा किये गये अध्ययन में पाया गया है कि धान की रोपाई एवं सीधी बुआई वाले जलमग्न क्षेत्रों में लीफ कलर चार्ट आधारित नत्रजन प्रबंधन करने से 20 से 40 किलोग्राम नत्रजन (44–48 किलोग्राम यूरिया) प्रति हेक्टेयर की बचत हुई है। पंजाब कृषि

विश्वविद्यालय द्वारा मक्का के विभिन्न प्रजातियों पर किये गये अध्ययन में पाया गया है लीफ कलर चार्ट (6 पट्टियों वाला) के प्रयोग से 25–50 प्रतिशत नत्रजनीय उर्वरकों का बचत किया जा सकता है। साथ ही विश्वविद्यालय के संस्तुति पर मक्का, धान तथा गेहूँ में लीफ कलर चार्ट का प्रयोग कर 170 करोड़ रुपये की वार्षिक बचत के साथ–साथ पर्यावरण को भी संरक्षित किया जा सकता है। लीफ कलर चार्ट के प्रयोग से सही समय पर उचित मात्रा में नत्रजनीय उर्वरकों का प्रयोग धान के खेत में करने से ग्रीन हाऊस गैस जैसे नाइट्रस आक्साइड के उर्त्सजन मे कमी होती है। अतः लीफ कलर चार्ट का प्रयोग सस्ता, आर्थिक रुप से लाभकारी तथा पर्यावरण के अनुकुल होता है।

लीफ कलर चार्ट का प्रयोग

1. धान के रोपाई के 21 दिन बाद से अथवा सीधी बुआई के 25 दिन बाद से बालियों के निकलने के प्रारम्भ होने तक तथा संकर प्रजातियों में फूलों के आने के एक सप्ताह बाद तक पत्तियों के रंग का लगातार 7 से 10 दिन के अन्तराल पर निरीक्षण करना चाहिए।
2. लीफ कलर चार्ट संख्या (रीड़िग) लेने के लिए 8 से 10 बजे का अथवा दोपर 2 बजे से 4 बजे का समय उत्तम होता है। ध्यान रहे एल.सी.सी रीड़िग हमेशा एक ही व्यक्ति द्वारा ली जानी चाहिए।
3. एक समान दिखने वाले पक्तियों में अलग–अलग जगहों से 10 रोगरहित पौधों का चयन किया जाता है।
4. इसके बाद चयनित प्रत्येक पौधे के ऊपर की पूर्ण विकसित एवं स्वस्थ 10 पत्तियों का चयन किया जाता है।
5. चयनित पक्तियों के मध्य भाग को बारी–बारी से एल.सी.सी चार्ट पर बने हरे रंग की पट्टियों पर रखकर मिलान कराया जाता है। यहाँ इस बात का ध्यान रखते है कि रंग मिलान के समय सूर्य का प्रकाश एल.सी.सी कार्ड पर न पड़े।
6. यदि 6 या इससे अधिक पत्तियों का एल.सी.सी. संख्या–3 (देशी प्रजातियों के लिए) तथा एल.सी.सी. संख्या–4 (हाइब्रिड प्रजातियों के लिए) से नीचे हो तो फसल के विकास के अवस्था के आधार पर नत्रजनीय उर्वरकों की प्रयोग करने की आवश्यकता होती है।

नत्रजन के विभिन्न मात्रा का प्रयोग उगायी गई धान की भिन्न किस्मों के सैकड़ों पत्तियों के रंगों के मूल्यांकन के आधार पर भारतीय चावल अनुसंधान संस्थान, कटक द्वारा विकसित एल.सी.सी. कार्ड का उपयोग कर नत्रजन का प्रयोग उचित मात्रा में सही समय पर कर आर्थिक नुकसान से बचाया जा सकता है।

7. फसलों के विषय में टिप्पणी लिखना (Crop Logging)

यह रसायनिक एवं भौतिक मापनों के आधार पर फसलों के विकास संबंधित तथ्यों का सुलिखित दस्तावेज होता है। ये मापन फसलों के सामान्य अवस्था को इंगित करते हैं और अत्यधिक उत्पादन प्राप्त करने हेतु आवश्यक फसल प्रबंधन में बदलाव हेतु सुझाव देते हैं।

इसे सर्वप्रथम गन्ना के लिए हवाई में विकसित किया गया था जो क्रातिंक पोषक तत्व सान्द्रता (Critical nutrient concentration) के ज्ञान पर आधारित था। इसके अन्दर फसल अवधि के अन्दर एक खास अन्तराल पर पौधों के उत्तकों को एकत्र कर प्रयोगशाला में नत्रजन, चीनी एवं नमी की मात्रा, उत्तकों का वजन इत्यादि का परीक्षण किया जाता है। साथ ही क्रातिंक समय में फास्फोरस एवं पोटैशियम का परीक्षण भी किया जाता है तथा इसके आधार पर पोषक तत्वों के प्रबंधन में बदलाव किया जाता है।

8. मृदा उर्वरता मूल्यांकन (Soil Fertility Evaluation)

मृदा उर्वरता मूल्यांकन के अर्न्तगत मृदा द्वारा पौधों के लिए पोषक तत्व की आपूर्ति का अध्ययन किया जाता है। फसल की बुआई या रोपाई से पूर्व मृदा उर्वरता का मूल्यांकन कर पोषक तत्वों का उचित प्रबंधन करने से उगायी गई फसल से अच्छी पैदावार प्राप्त की जा सकती है। पोषक तत्वों की संस्तुति, पोषक तत्वों के परीक्षण तथा फसलों पर इनके प्रभाव के आधार पर किया जाता है। मृदा उर्वरता मूल्यांकन के आंकलन हेतु वैज्ञानिकों द्वारा अनेक तकनीक विकसित की गई हैं जिनमें से कुछ पर यहाँ प्रकाश डाला जा रहा है।

1. पोषक तत्वों की कमी के लक्षण के आधार पर
2. खेतों में उगाये गये पौधों के उत्तकों के परीक्षण के आधार पर
3. जैविक परीक्षण
4. मृदा परीक्षण

1. **पोषक तत्वों के कमी के लक्षण के आधार पर:** पौधों में पोषक तत्वों की कमी के कारण बहुत से मध्यवर्ती कार्बनिक यौगिकों का निर्माण होता है तथा पहले से मौजूद कार्बनिक यौगिकों में कमी होती है, जिससे पौधों के अन्दर असमान्य अवस्था उन्नत हो जाती है, जो विभिन्न प्रकार के लक्षणों जैसे बौनापन, फसल का असफल होना, पौधों का असमय सूख जाना, पौधों के पत्तियों एवं जड़ों का असमान्य दिखना, फसलोत्पादन में गिरावट इत्यादि के रुप में प्रदर्शित होती है। कभी–कभी असामान्य जलवायु, नमी की कमी, जलजमाव की अवस्था इत्यादि के कारण भी पोषक तत्वों के कमी के सामान ही लक्षण पौधों पर दिखाई देते है जबकि मृदा में पोषक तत्व पर्याप्त मात्रा में होते हैं। गुप्त क्षुधा (hidden hunger) की दशा में पौधों पर पोषक

तत्वों की कमी के लक्षण तो नहीं दिखाई देते हैं परन्तु पर्याप्त मात्रा में पोषक तत्व उपलब्ध नहीं होने के कारण फसलोत्पादन में भारी गिरावट आती है।

2. **पौध परीक्षणः** ऐसा माना जाता है कि पौधों के उत्तकों में विद्यमान पोषक तत्वों की सान्द्रता, मृदा में उपलब्ध पोषक तत्वों के मात्रा का समानुपाती होता है। इसप्रकार मृदा में एक पोषक तत्व की कमी होने पर पौधों में किसी दूसरे तत्व की सान्द्रता बढ़ जाती है। उदाहरण के तौर पर मृदा में नत्रजन की कमी होने पर मक्के में फास्फोरस की सान्द्रता में वृद्धि हो जाती है। अतः पौधों में पोषक तत्वों के परीक्षण के आधार पर भी मृदा में पोषक तत्वों की आपूर्ति की जा सकती है। पौध परीक्षण को निम्न दो प्रकार से किया जाता है–

(i) तीव्र पौध उत्तक परीक्षण (Rapid plant tissue analysis)

(ii) सम्पूर्ण पौध या पौधों के कुछ हिस्सों का परीक्षण (Analysis of whole plant or plant parts)

(i) **तीव्र पौध उत्तक परीक्षणः** इस प्रकार के परीक्षण में खड़ी फसल से कुछ पौधों को चुनकर उनके पत्तियों को नमूनें के तौर पर एकत्र किया जाता है। इसके उपरान्त कुछ अभिकर्मकों को पत्तियों या पत्तियों से प्राप्त रस के साथ मिलाते है जिससे एक खास प्रकार का रंग उत्पन्न होता है जो मृदा में उपलब्ध पोषक तत्व के समानुपाती होता है। इसे तालिका–10.5 से भॉलि–भॉति समझा जा सकता है।

तालिका–10.5 तीव्र पौध उत्तक परीक्षण विधि

पोषक तत्व	अभिकर्मक (reagent)	उत्पन्न रंग	मृदा में उपलब्ध पोषक तत्व का स्तर
नत्रजन	1% डाई फेनाइल एमाइन	हल्का पीला	बहुत कम
	(सल्फूरिक अम्ल में तैयार)	पीला हरा	कम
		हल्का नीला	मध्यम
		गहरा नीला	पर्याप्त
		काला नीला	उच्च
फास्फोरस	अमोनियम मालिब्डेट	हल्का नीला	कम
		मध्यम नीला	पर्याप्त
		गहरा नील	उच्च
पोटाश	सोडियम कोबाल्टीनाइट्राइट	साफ मिश्रण	बहुत कम
	मोरगन अभिकर्मक	कम गंदलापन	कम
		मध्यम गंदलापन	पर्याप्त
		उच्च गंदलापन	उच्च

श्रोतः डा. एल. एस. निरंकारी (Priciples of Pactical Agricultural Chemistry)

तीव्र पौध उत्तक परीक्षण के दौरान ध्यान देने योग्य बातें:

1. पौधों के विकास की अवस्था
2. पौधों के अन्दर दूसरे पोषक तत्वों का स्तर
3. मृदा की दशा एवं नमी
4. नमूना लेने का समय
5. बुआई का समय एवं अन्य कृषि कार्य
6. मृदा जाँच प्रतिवेदन (report) एवं उर्वरक उपयोग
7. पोषक तत्वों के कमी के लक्षण
8. उर्वरक एवं सुधारकों के प्रयोग की तिथि
9. उत्पादन एवं उत्पाद की गुणवत्ता

(ii) **सम्पूर्ण पौध या पौधों के कुछ हिस्सों का परीक्षण:** इसके अन्तर्गत एक पौधे के सम्पूर्ण भाग को नमूने के तौर पर लिया जाता है तथा इसे अच्छी तरह धोकर, सूखाकर पाउडर बना लेते हैं। तत्पश्चात् अम्लों (नाइट्रिक अम्ल: परक्लोरिक अम्ल, 9:4 के अनुपात में) की उपस्थिति में इसे गर्म कर तरल पारदर्शी पदार्थ में बदल कर विभिन्न रसायनों एवं यंत्रों की सहायता से इसमें पोषक तत्वों की सान्द्रता का पता लगाते है। यह परीक्षण क्रान्तिक पोषक तत्व सान्द्रता (critical nutrient concentration, CNC) अथवा क्रान्तिक सान्द्रता रेंज (critical concentration range, CNR) का पता लगाने के लिए करते हैं।

3. **जैविक परीक्षण** (Biological test): इसके अन्तर्गत निम्नलिखित परीक्षण किये जाते है–

(क) प्रक्षेत्र परीक्षण (Field test)

(ख) पट्‌टी परीक्षण (Strip test)

(ग) ग्रीन हाउस परीक्षण (Green house test)

(घ) नेउबौर बीजड़ा परीक्षण (Neubauer seedling test)

(ङ) सूक्ष्मजैविक परीक्षण (Microbiological test)

(क) प्रक्षेत्र परीक्षणः इस विधि में एक खेत को तीन या चार बराबर भागों में बाँटकर प्रत्येक भाग में बराबर संख्या में प्लाट बनाते हैं। इसके बाद इसमें वांछित पोषक तत्वों के विभिन्न मात्रा को प्रत्येक भाग के प्लाटों में इस प्रकार देते है कि समान मात्रा एक दूसरे के आमने–सामने न आये। इस विधि में प्रयोग किये तत्वों की मात्रा के प्रभाव का अध्ययन पौधों के वृद्धि एवं विकास, उपज, तथा दानों की गुणवत्ता इत्यादि को ध्यान में रखकर किया जाता है। पोषक तत्वों के जिस मात्रा पर गुणवत्तायुक्त अधिक उत्पादन प्राप्त होता है, उसे आगे भी फसलोत्पादन हेतु संस्तुत किया जाता है।

(ख) पट्टी परीक्षणः यह एक प्रकार का तुलनात्मक अध्ययन है जिसमें किसानों के खेत पर किया जाता है। इसमें किसान के खेत के एक हिस्से में पतली पट्टी के रुप में संस्तुत उर्वरकों के साथ उगायी जाती है तथा शेष हिस्से में किसान अपने तरीके से फसल उगायी जाती है। इसके पश्चात् हर स्तर पर पौधों के वृद्धि एवं विकास, दानों एवं भूसा का उपज एवं गुणवत्ता लाभःलागत का अनुपात इत्यादि का तुलनात्मक अध्ययन किया जाता है।

(ग) नेउबौयर बीजड़ा परीक्षणः इसके अन्र्तगत 11x7 सेमी. के तीन पात्र में 100 ग्राम मृदा लेकर उसमें बीज डालकर पौधे को 18 दिन तक उगाया जाता है। पहले पात्र में कोई भी पोषक तत्व नहीं डाला जाता है तथा दूसरे तथा तीसरे पात्र में क्रमशः फास्फोरस एवं पोटैशियम डालते हैं। तत्पश्चात् 18 दिन बाद पौधों में फास्फोरस एवं पोटैशियम की सान्द्रता का परीक्षण करते हैं तथा नेउबौयर मान के लिए फास्फोरस एवं पोटैश्सियम की मात्रा (मिलीग्राम / 100 ग्राम) की गणना करते हैं।

(घ) एजोटोबैक्टर प्लेक्यू परीक्षण : विनोग्राडस्की के अनुसार बड़े पौधों के समान ही सूक्ष्मजीव भी कुछ पोषक तत्वों के कमी के लक्षण प्रदर्शित करते हैं। एजोटोबैक्टर खासकर फास्फोरस, पोटैशियम, तथा कैल्सियम के कमी के लक्षण को प्रदर्शित करते हैं तथा इसकी संख्या मृदा में इन तत्वों की उपलब्धता के समानुपाती होता है। इसप्रकार एजोटोबैक्टर प्लेक्यू परीक्षण के माध्यम से मृदा की उर्वरता स्तर का परीक्षण किया जाता है।

(ड़) स्परजिलस नाइगर परीक्षण : इस विधि से फास्फोरस एवं पोटैशियम का परीक्षण किया जाता है। इसमें पोषक तत्वों के घोल से भरा फ्लास्क में थोड़े मात्रा में मृदा डालते है तथा फ्लास्क को उचित तापमान पर चार दिन के लिए रख देते है। इसके पश्चात् फ्लास्क में विकसित कवक के जाल के भार से फास्फोरस एवं पोटैशियम की कमी का आंकलन करते हैं।

(च) मिसर्चलिस का गमला टीका परीक्षणः इस परीक्षण के अन्र्तगत 10 गमले लेते है तथा उनमें 2.72 किलोग्राम मृदा भर कर उसे निम्न प्रकार से उपचारित करते है–

(i) पहला गमला– केवल नत्रजन से उपचारित (उपचार संख्या–1)

(ii) दूसरे से चौथे गमले तक–नत्रजन एवं फास्फोरस से उपचारित (उपचार संख्या–2)

(iii) पाँचवें से सातवें गमले तक– नत्रजन एवं पोटैशियम से उपचारित (उपचार संख्या–3)

(iv) आठवें से लेकर दसवें गमले तक– नत्रजन, फास्फोरस एवं पोटैशियम से उपचारित (उपचार संख्या–4)

इसके उपरान्त सभी गमलों में किसी एक फसल को लगा देते हैं तथा प्राप्त उपज को उपचार संख्या–4 से तुलना करते हैं। इसप्रकार प्राप्त परिणामों के आधार पर मिसर्चलिस द्वारा तैयार तालिका की सहायता से प्रति इकाई उर्वरक प्रयोग से प्राप्त उपज का मूल्यांकन किया जा सकता है।

4. **मृदा परीक्षण (Soil test):** अध्याय 5 में वर्णीत

9. निदान एवं सिफारिस एकीकृत प्रणाली (Diagnosis and Recommendation Integrated System)

निदान एवं सिफारिश एकीकृत प्रणाली में सर्वप्रथम फसल उत्पादन से संबंधित सभी पोषक तत्वों के अनुपातों के मानदण्डों को एक कृषि जलवायु क्षेत्र से वृहद रुप में ली गई फसलों के नमूनों के आधार पर निर्धारित किया जाता है। फसल उत्पादन को प्रभावित करने वाले कारकों जैसे मृदा परीक्षण परीणाम, कीट एवं ब्याधि प्रकोप, जलवायु, शस्य क्रियाएँ इत्यादि का अध्ययन कर निदान एवं सिफारिश एकीकृत प्रणाली के मानदण्ड, फसल उत्पादन तथा वृद्धि एवं विकास को सीमित करने वाले अन्य कारकों के बीच एक एकीकृत प्रणाली का सूचकांक तैयार किया जाता है। इस विधि में फसल उत्पादन को सीमित करने वाले पोषक तत्वों से संबंधित कारकों का अध्ययन कर सीमित अथवा न्यून मात्रा में पाये जाने वाले पोषक तत्वों को आपूर्ति करने हेतु उचित मात्रा में उर्वरकों का प्रयोग करने की सिफारिश की जाती है। अर्थात् इस विधि में पोषक तत्वों की जाँच के आधार पर उनकी कमी को दूर करने हेतु उर्वरकों की सिफारिश करने का प्रवधान है ताकि अधिकाधिक उपज प्राप्त किया जा सके।

निदान एवं सिफारिश एकीकृत प्रणाली हेतु फसल उत्पादन को प्रभावित करने वाले सभी कारकों तथा फसल उत्पादन के साथ उनके संबंधों को समझने की आवश्यकता होती है ताकि समय रहते उनका उचित प्रबंधन किया जा सके। साथ ही इस विधि के अर्न्तगत अंशांकन के मानदण्ड़ों को स्थापित करना आवश्यक होता है। तत्पश्चात् उर्वरकों का सिफारिश स्थान विशेष के आधार पर किया जाता है।

10. मृदा परीक्षण फसल अनुक्रिया सहसंबंध/लक्षित उपज धारण [Soil Test and Crop Response (STCR) / Targeted Yield Concept]

भारत में दिन प्रति दिन फसलों की उन्नतशील प्रजातियों का प्रयोग बढ़ता जा रहा है। उन्नतशील प्रजातियों को अधिक मात्रा में जल एवं पोषक तत्वों की आवश्यकता होती है। अतः विभिन्न जलवायु में मृदा परीक्षण फसल अनुक्रिया सहसंबंध (एस.टी.सी.आर.) की आवश्यकता महसूस हो रही है। इसी को घ्यान में रख कर भारतीय कृषि अनुसंधान परिषद् (ICAR) द्वारा सन् 1967 में एस.टी.सी.आर. नामक अखिल भारतीय फसल अनुसंधान परियोजना (AICRP) शुरु की गई। परन्तु एस.टी.सी.आर. का वास्तविक रुप 1987 में रामामूर्ति द्वारा विकसित किया गया। यह मृदा परीक्षण परीणाम एवं फसल उत्पादन के बीच सहसंबंध को रेखांकित करता है।

एस.टी.सी.आर. के उद्देश्य

1. इस तकनीक में गणितीय समीकरण के आधार पर विभिन्न जलवायु क्षेत्रों में सिंचित अथवा कम सिंचित दशा में उगने वाले विभिन्न फसलों के लिए मृदा परीक्षण मान के आधार पर उर्वरकों की मात्रा की संस्तुति दी जाती है ताकि लक्षित उत्पादन प्राप्त किया जा सके।
2. इसके अर्न्तगत मृदा एवं उर्वरकों के माध्यम से अलग से दिये गये पोषक तत्वों की उपयोग क्षमता को बढ़ाने पर बल दिया जाता है ताकि पौधों की आवश्यकता को पूरा कर उनसे लक्षित उत्पादन प्राप्त किया जा सके।

एस.टी.सी.आर. के अध्ययन की विधि

एस.टी.सी.आर. की गणना तीन कारकों पर निर्भर करता है जो निम्न है:

1. प्रति क्विंटल उत्पादन हेतु पोषक तत्वों की आवश्यकता (किलोग्राम में)
2. मृदा द्वारा पोषक तत्व उपलब्ध कराने में योगदान (प्रतिशत में)
3. प्रयोग किये गये उर्वरकों द्वारा पोषक तत्व उपलब्ध कराने में योगदान (प्रतिशत में)

उपरोक्त कारकों की गणना निम्नलिखित सूत्रों के माध्यम से किया जा सकता है–

$$\text{1. प्रति क्विंटल दानों के उत्पादन हेतु पोषक तत्त्वों की आवश्यकता (किलोंग्राम में)} = \frac{\text{उर्वरक प्रयोग करने पर दानों (grain) एवं फसल अवशेष (straw) में पोषक तत्त्वों की मात्रा (किग्रा. में)}}{\text{दानों का उपज (टन में)}}$$

2. मृदा द्वारा पोषक तत्त्व उपलब्ध कराने में योगदान (प्रतिशत में) = $\frac{\text{बिना उर्वरक प्रयोग के दानों (grain) एवं फसल अवशेष (straw) में पोषक तत्त्वों की मात्रा (किग्रा. में)}}{\text{बिना उर्वरक प्रयोग किये गये मृदा में मृदा परीक्षण परीणाम (किग्रा./हे.)}}$

3. उर्वरकों द्वारा पोषक तत्त्व उपलब्ध कराने में योगदान (प्रतिशत में) = $\frac{\text{[उर्वरक प्रयोग करने पर दानों (grain) एवं फसल अवशेष (straw) में पोषक तत्त्वों की मात्रा (किग्रा. में) – (उर्वरक द्वारा दी गई मृदा का परीक्षण मान x मृदा द्वारा पोषक तत्त्व उपलब्ध कराने में योगदान)]}}{\text{प्रयोग की गई उर्वरक की मात्रा (किग्रा./हे.)}}$

उर्वरकों की मात्रा = $\frac{\text{[प्रति इकाई दानों (grain) के उपज के लिए पोषक तत्त्व की आवश्यकता x लक्षित दानों का उपज (टन/हे.)] – (मृदा द्वारा पोषक तत्त्वों को उपलब्ध कराने में योगदान x मृदा परीक्षण मान)}}{\text{प्रयोग की गई उर्वरक की मात्रा (किग्रा./हे.)}}$

मृदा जाँच पर आधारित लक्षित उपज प्रणाली के आधार पर उर्वरक प्रयोग से लाभकारी उपज के साथ–साथ अधिक शुद्ध लाभ प्राप्त किया जा सकता है जो निम्नलिखित है।

1. मृदा की उर्वराशक्ति अधिक समय तक बनी रहती है।
2. मृदा की उपज क्षमता का ज्ञान होता है।
3. उर्वरक का प्रयोग आमदनी के अनुसार किया जा सकता है।
4. विभिन्न फसलों की खेती के लिए उर्वरक की आवश्यकता का ज्ञान होता है, जिससे किसान भाई खेती के पूर्व उर्वरकों का भण्ड़ारण कर सकते है।
5. मौसम के अनुसार उर्वरकों का व्यवहार कम या अधिक मात्रा में किया जा सकता है।
6. लक्षित उपज प्रणाली से किसान भाई बुवाई के समय ही वांछित उपज का लेखा–जोखा तैयार कर सकते हैं।
7. फसलों की उपज का ज्ञान होता है।
8. मृदा जाँच के आधार पर उर्वरक के प्रयोग से उर्वरकों की उपयोग–क्षमता में वृद्धि होती है।
9. उर्वरकों की कमी के समय उपलब्ध उर्वरक का प्रयोग अधिक क्षेत्र में करके अधिक उपज प्राप्त की जा सकती है।
10. उर्वरक का प्रयोग फसलों में पोषक–तत्वों की आवश्यकता, मृदा एवं उर्वरक उपयोग–क्षमता के आधार पर किया जाता है।

❑❑❑

अध्याय 11

समस्याग्रस्त मृदाएँ एवं उनका स्वास्थ्य प्रबंधन

कुछ मृदाओं के भौतिक, रासायनिक एवं जैविक गुण खराब होते हैं, परिणामस्वरुप फसलोत्पादन हेतु इनके विशेष प्रबंधन की आवश्यकता पड़ती है। ऐसी मृदाएँ समस्याग्रस्त मृदाओं के नाम़ से जानी जाती हैं। समस्याग्रस्त मृदाओं के भौतिक गुणों के सुधार हेतु सिंचाई, जल निकास, पलवार, कार्बनिक खादों का प्रयोग, तथा मृदा संरक्षण विधियों जैसे सम्मोच्च बाँध, वेदिकाओं का निर्माण, आच्छादित फसलों को उगाना इत्यादि प्रबंधन कार्य करने की आवश्यकता पड़ती है। इन मृदाओं के रासायनिक गुणों को सुधारने के लिए विभिन्न प्रकार के मृदा सुधारकों जैसे जिप्सम, पाइराइट, चूना इत्यादि की आवश्यकता होती है जो मृदा में रसायनिक संतुलन बनाये रखने में सहायक होते हैं। प्रस्तुत अध्याय में निम्नलिखित समस्याग्रस्त मृदाओं के प्रबंधन पर विस्तार से चर्चा की गई है–

1. जलमग्न/जलाक्रान्त मृदा (Waterlogged soil)
2. सूखाग्रस्त मृदा (Drought prone soil)
3. बलुई/हल्की मृदा (Sandy or light soil)
4. मटियार/भारी मृदा (Clay or heavy soil)
5. कठोर, उथली एवं पपड़ी बनने वाली मृदा (Hard, shallow and cust forming soil)
6. कार्बनिक मृदा (Organic soil)
7. चूना–युक्त मृदा (Calcareous soil)
8. अम्ल सल्फेट मृदा (Acid sulphate soil)
9. अम्लीय मृदा (Acidic soil)
10. लवणीय एवं क्षारीय मृदा (Saline and alkali soil)
11. पहाड़ी मृदा (Hilly soil)

जलमग्न मृदा (waterlogged soil): एक परिचय

वे मृदाएँ जो वर्ष में लम्बे समय तक जल से संतृप्त रहती हैं, जलमग्न/जलाक्रान्त मृदाएँ कहलाती हैं। ऐसी मृदाएँ एक खास समय जैसे वर्षा ऋतु या नदियों में बाढ़ आने पर जलप्लावित हो जाती हैं। इन मृदाओं में जीवांश पदार्थो का ऑक्सीकरण बहुत धीरे–धीरे होता है, परिणामस्वरुप मृदा के 'ए' संस्तर में ये एकत्रित होने लगते हैं। मृदा में 'ए' संस्तर के नीचे स्थित 'ई' एवं 'बी' संस्तर में आयरन एवं मैंगनीज जंग (rust) के रुप में अथवा परत के रुप में एकत्रित होने लगते हैं। यदि विसरण (diffusion) तीव्र गति से होता है तो ये छोटे–छोटे कंकड़ के रुप में परिवर्तित होने लगते हैं। चूँकि जलमग्न मृदाएँ ऑक्सीकृत/वायुवीय (oxidize/aerobic) एवं अवकृत/अवायुवीय (reduced/anaerobic) दो स्तरों में बट जाती है। अतः मृदा के भौतिक, रसायनिक एवं जैविक गुणों में अभूतपूर्व परिवर्तन होने के कारण फसलोत्पादन के दृष्टि से समस्याग्रस्त हो जाती हैं। उचित जल निकास की व्यवस्था कर इन्हें पुनः फसलोत्पादन के योग्य बनाया जा सकता है।

जलमग्न मृदाओं के प्रकार

जलमग्न मृदाओं को निम्नलिखित पाँच वर्गो में विभक्त किया जा सकता है–

1. **नदीय जलमग्न मृदा (Riverine waterlogged soil):** वर्षा ऋतु में वर्षा अधिक होने से नदिओं में बाढ़ आ जाती है तथा नदी के सम्पर्क में आने वाले क्षेत्र जलमग्न हो जाते हैं।

2. **समुद्रीक जलमग्न मृदा (Oceanic waterlogged soil):** समुद्र में ज्वार–भाटा आने से समुद्र के किनारे की भूमि जलमग्न हो जाती है।

3. **सामयिक जलमग्न मृदा (Seasonal waterlogged soil):** अपवाह जल (runoff) के उचित निकास न होने के कारण ये गड्ढ़े या ताल–तलैयों में एकत्र हो कर मृदा जलमग्नता को बढ़ाते हैं। इसप्रकार के जलमग्नता को सामयिक जलमग्नता के नाम से जानते हैं।

4. **बहुवार्षिक जलमग्न मृदा (Perennial waterlogged soil)**: गहरी ढलान पर स्थित निचली भूमि (lowland), दलदली भूमि (swampy land) इत्यादि वर्षा जल एवं नहरों में लगातार जल प्रवाह के कारण बाधों से जल रिसाव होने लगता है जिससे ऐसी मृदाएँ लम्बे समय तक जलमग्न बनी रहती हैं।

5. **जलमग्न अधोमृदा (Waterlogged sub-soil):** बरसात के दिनों में मृदा कण पूर्णरुप से जल से संतृप्त हो जाते हैं जिसके कारण वर्षा जल का भू–जल की दिशा में रिसाव नहीं हो पाता है। फलस्वरुप अधोमृदा जलाक्रान्त से ग्रसित हो जाती है।

जलमग्नता में वृद्धि करने वाले कारक

1. जलवायु,
2. बाढ़,
3. नहरों से जल रिसाव,
4. भूमि का असमतल एवं ढालुनुमा होना,
5. अवश्यकता से अधिक सिंचाई करना,
6. जल निकास की उचित व्यवस्था का न होना।

जलमग्नता का मृदा गुणों पर प्रभाव

I. भौतिक गुण

क) **मृदा गठनः** जलमग्नता की दशा में मृदा कणों के बीच लगने वाला ससंजन बल (cohesion force) कमजोर हो जाता है परिणामस्वरुप मृदा कण एक–दूसरे से अलग होने लगते हैं। इस दशा में मृदा घनत्व में बढ़ोतरी हो जाती है जिससे मृदा ठोस हो जाती है।

ख) **वायु संचार में कमीः** जलमग्नता की अवस्था में मृदा के सभी रन्ध्रावकाश जल से भरे होते हैं। परिणास्वरुप मृदा में वायु संचार अवरुद्ध हो जाता है।

ग) **मृदा तापमानः** जलमग्नता के कारण मृदा की गुप्त उष्मा सामान्य अवस्था की तुलना में बढ़ जाती है। परिणामस्वरुप मृदा ताप में गिरावट आती है।

II. रसायनिक गुण

क) **मृदा पी0एच0 (pH) मानः** जलाक्रान्त मृदा का पी0एच0 मान सामान्य पी0एच0 मान (6.5–7.5) के करीब रहता है अर्थात् यदि अम्लीय प्रकृति की मृदा में जलाक्रान्त होने की समस्या आती है तो उसका पी0एच0 मान बढ़ कर उदासीन (7.0) के करीब हो जाता है। जलाक्रान्त की दशा में इन मृदाओं में प्रचुरता से पाये जाने वाले अधुलनशील फेरिक (Fe^{3+}) एवं मैंगनीक (Mn^{4+}) आयनों का घुलनशील फेरस (Fe^{2+}) एवं मैंगनस (Mn^{2+}) आयन में अवकरण (reduction) होने लगता है। जिससे मृदा जल से हाइड्रोजन आयन (H^+) की संख्या कम होने लगती है। परिणामस्वरुप मृदा का पी0एच0 उदासीन पी0एच0 मान के करीब पहुँच जाता है। इन मृदाओं में उपस्थित जीवांश पदार्थ अवकरण प्रक्रिया को गति प्रदान करते हैं। वही क्षारीय मृदाओं में उपस्थित

जीवांश पदार्थ के अपघटन से कार्बन डाइआक्साइड गैस बनती है जो जल के साथ क्रिया कर कार्बोनिक अम्ल में परिवर्तित हो जाता है। यह कार्बोनिक अम्ल क्षारीय पी0एच0 को उदासीन करता है। अतः क्षारीय मृदा का पी0एच0 घट कर उदासीन पी0एच0 मान के करीब पहुँच जाता है।

ख) ई0एच मान (redox potential; Eh):

जलमग्नता की दशा में अवकरण क्षमता (redox potential) घट जाता है। मृदा में नत्रजन, फॉस्फोरस, आयरन, मैंगनीज, बोरान, सिलिकान तथा मॉलिब्डेनम की उपलब्धता पौधों के लिए बढ़ जाती है। वही जिंक, कॉपर, एवं सल्फर की उपलब्धता पौधों के लिए कम हो जाती है।

ग) विशिष्ट चालकत्व (specific conductance): जलमग्न मृदाओं में अघुलनशील फेरिक (Fe^{3+}) एवं मैंगनीक (Mn^{4+}) आयनों का घुलनशील फेरस (Fe^{2+}) एवं मैंगनस (Mn^{2+}) आयन में अवकरण (reduction) होने से विशिष्ट चालकत्व अपने अधिकतम सीमा तक बढ़ जाता है। कैल्केरियस मृदा में उपस्थित कैल्सियम कार्बोनेट एवं मैगनीशियम कार्बोनेट कार्बोनिक अम्ल के सम्पर्क में आकर घुल जाती है, परिणामस्वरुप कैल्सियम तथा मैग्नीशियम की सान्द्रता बढ़ जाती है। अधिक अम्लीय लेटेराइट मृदाओं में विशिष्ट चालकत्व जलमग्नता के प्रथम एक सप्ताह में बढ़ जाती है।

घ) पोषक तत्त्वों का रसायनिक परिवर्तन एवं रुपांतरण

1. **नत्रजनः** जलाक्रान्त मृदाओं के ऑक्सीकृत स्तर में ऑक्सीजन के विसरण होते रहने के कारण वायुजीवी सूक्ष्मजीवों (नाइट्रोसोमोनास एवं नाइट्रोबैक्टर) द्वारा जीवांश पदार्थो में उपस्थित नत्रजन का खनिजीकरण (mineralization) होता है, परिणामस्वरुप यह अमोनियम से नाइट्राइट तथा नाइट्राइट से नाइट्रेट में परिवर्तित हो जाता है। परन्तु अवकृत/अवायुवीय स्तर में ऑक्सीजन की कमी होती है, परिणामस्वरुप अवायुजीवी सूक्ष्मजीवों द्वारा जीवांश–नत्रजन अमोनियम एवं नाइट्रोजन गैस में परिवर्तित हो जाती है। इस प्रकार जीवांश–नत्रजन पौधों को उपलब्ध नहीं हो पाता है तथा डीनाइट्रीफिकेशन, वोलेटलाइजेशन, भू–जल के दिशा में रिसाव इत्यादि क्रियाओं के कारण मृदा से नत्रजन नष्ट हो जाता है।

2. **फॉस्फोरसः** जलाक्रान्त अवस्था में मृदा में उपस्थित फॉस्फोरस के यौगिक जैसे स्ट्रेंजाइट, वैरिसाइट घुल कर मृदा जल में फॉस्फोरस की मात्रा बढ़ाते हैं। वही उर्वरकों से दिये जाने वाला फॉस्फोरस भी उपलब्ध हो जाता है। कैल्केरियस मृदाओं में कैल्सियम के साथ अघुलनशील रुप में पाये जाने वाले फॉस्फेट एवं क्ले के बीच

होने वाले ऋणायन विनिमय प्रतिक्रिया (anion exchange reaction) के कारण मृदा जल में मुक्त हो जाते है जिसे पौधे आसानी से ग्रहण कर लेते हैं।

3. **पोटैशियम:** जलमग्नता की स्थिति में मृदा में उपस्थित पोटैशियम की मात्रा में वृद्धि होती है। परन्तु ऐसा भी देखा गया है कि उर्वरकों के माध्यम से दी जाने वाली पोटैशियम की उपलब्धता कम हो जाती है क्योंकि यह आयरन के साथ अभिक्रिया करके अपेक्षाकृत कम घुलनशील यौगिक में परिवर्तित होने लगता है।

4. **सल्फर:** मृदा के जलमग्न होने पर सल्फेट के रुप में उपस्थित सल्फर सल्फाइट में परिवर्तित हो जाता है। वही सल्फर की उपस्थिति वाले अमीनो अम्ल जैसे सिस्टिन, सिस्टाईन एवं मेथियोनीन हाइड्रोजन सल्फाइट तथा बाद में अघुलनशील आयरन सल्फाइड में परिवर्तित हो जाते है। जिंक, कॉपर, कैल्सियम, लेड़ इत्यादि हाइड्रोजन सल्फाइट के साथ अभिक्रिया कर क्रमशः अघुलनशील जिंक सल्फाइट, कॉपर सल्फाइट, कैल्सियम सल्फाइट एवं लेड सल्फाइट में परिवर्तित हो जाते हैं। परिणामस्वरुप जलमग्नता की अवस्था में फसलों पर इन तत्त्वों की कमी के लक्षण दिखाई देने लगते हैं।

5. **आयरन:** मृदा के जलाक्रान्त की अवस्था में पौधों के लिए आयरन की उपलब्धता बढ़ जाती है। साथ ही इसके चलते फॉस्फोरस एवं सिलिकॉन की उपलब्धता में भी वृद्धि होती है।

6. **मैंगनीज:** जलाक्रान्त से प्रभावित मृदाओं में शुरु में मैंगनीज की मात्रा मृदा जल में बढ़ जाता है, परन्तु समय के साथ कार्बोनेट एवं हाइड्रॉक्सील आयन के साथ अभिक्रिया कर अघुलनशील मैंगनीज कार्बोनेट एवं मैंगनीज हाइड्रॉक्साइड में परिवर्तित हो जाता है जिसे पौधे अवशोषित करने में असमर्थ होते हैं।

7. **जिंक:** यह जलाक्रान्त से प्रभावित मृदाओं में आयरन, कार्बोनेट, सल्फाइड एवं हाइड्रॉक्सील आयन के साथ अभिक्रिया कर क्रमशः अघुलनशील फ्रेंक्लिनाइट, स्मिथ्सोनाइट, जिंक सल्फाइड एवं जिंक हाइड्रॉक्साइड में रुपांतरित हो जाता है जिसे पौधे अवशोषित करने में असमर्थ होते है।

8. **कॉपर:** कॉपर भी जिंक की ही भाँति कार्बोनेट, सल्फाइड एवं हाइड्रॉक्सील आयन के साथ अभिक्रिया कर क्रमशः अघुलनशील कॉपर कार्बोनेट, कॉपर सल्फाइड एवं कॉपर हाइड्रॉक्साइड में परिवर्तित हो जाता है।

9. **बोरान एवं मालिब्डेनम:** जलमग्न मृदाओं में बोरान एवं मॉलिब्डेनम की उपलब्धता बढ़ जाती है।

जलमग्न मृदाओं का प्रबंधन (Management of waterlogged soils)

1. **भूमि का समतलीकरण :** समतल भूमि पर जल जमाव की समस्या नहीं आती है। साथ ही पूरे खेत में वर्षा जल या सिंचाई जल का समान्य रुप से वितरण होता है तथा अतरिक्ति जल को असानी से बाहर निकाला जा सकता है। विभिन्न अनुसंधानों से ज्ञात हुआ है कि समतल भूमि में पोषक तत्त्वों का वितरण भी समान होता है तथा ढलान के तरफ वर्षा जल या सिंचाई जल के बहाव के साथ जाकर पोषक तत्त्व एकत्रित नहीं हो पाते हैं। इसके साथ ही खरपतवारों की संख्या में 40 प्रतिशत की कमी, निराई–गुड़ाई में कुल खर्च होने वाले समय में 10–15 प्रतिशत की कमी तथा कुल कृषि योग्य भूमि के क्षेत्रफल में 5–7 प्रतिशत की वृद्धि हो जाती है। फलस्वरूप औसत फसलोत्पादन में 10–20 प्रतिशत की वृद्धि होती है।

2. **जल निकासः** उचित जल निकास की व्यवस्था कर अतिरिक्त वर्षा जल को पौधों की जड़ों के फैलाव क्षेत्र (rhizospheric zone) से बाहर निकाल दिया जाना चाहिए। जल निकास के लिए सतही जल निकास (surface drainage), अधोभूमि जल निकास (subsurface drainage) को अपनाया जा सकता है।

3. **सिंचाई जल पर नियंत्रणः** फसलों के आवश्यकतानुसार सिंचाई करने पर जलमग्नता की समस्या नहीं आती है। अतः सिंचाई करते समय जल भराव पर नियंत्रण रखना चाहिए।

4. **नहरों एवं सिंचाई की नालियों से जल रिसाव को रोकनाः** नहरों एवं सिंचाई की नालियों में लगातार जल प्रवाह के कारण इनके बाँधों से जल रिस कर आस–पास के खेतों में फैल जाता है जिससे खेतों में जलमग्नता की समस्या उत्पन्न हो जाती है। अतः नहरों की आंतरिक सतह को पक्का बनाना चाहिए तथा सिंचाई हेतु पक्की नालियों या प्लास्टिक से बनी पाइप लाईन का प्रयोग करना चाहिए।

5. **बाढ़ नियंत्रणः** वर्षा ऋतु में अधिक वर्षा होने से बाढ़ की समस्या उत्पन्न हो जाती है। इस समस्या से निपटने के लिए जगह–जगह पर चेक डैम, तलाब इत्यादि का निर्माण कर जल का संचयन करना चाहिए तथा अतिरिक्त जल का सुरक्षित निकास सुनिश्चित करना चाहिए।

6. **वृक्षारोपणः** जलाक्रान्त से प्रभावित भूमि पर उच्च वाष्पोर्त्सजन क्षमता वाले वृक्षों जैसे यूकेलिप्टस, अर्जुन, जामुन इत्यादि का रोपण करना चाहिए। ये वृक्ष अधोभूमि से जल को अवशोषित कर वाष्पोर्त्सजन क्रिया द्वारा इसे वायुमण्ड़ल में उत्सर्जित कर देते हैं जिससे भू–जल स्तर को कम करने में सहायता मिलती है।

7. **फसल एवं फसल प्रजातियों का चुनावः** धान, सिंघाड़ा (पानी अखरोट), जूट, ढैंचा इत्यादि

फसल जलमग्नता के प्रति सहनशील होते हैं। अतः इनसे प्रभावित क्षेत्रों में इसकी खेती करना लाभदायक होता है। ऐसे क्षेत्रों में अलोला उगाकर पशुओं को प्रोटीनयुक्त एवं अधिक पौष्टिक हरे चारे के रुप में इसे खिलाया जा सकता है। इसे खिलाने से दुधारु पशुओं में दुग्धोत्पादन क्षमता में वृद्धि होती है।

सूखाग्रस्त मृदाओं का प्रबंधन (Management of drought prone soils)

विगत दो वर्षो से वर्षा न होने के कारण देश का एक बड़ा हिस्सा सूखे के चपेट में है। वर्तमान में सूखे से प्रभावित राज्यों की संख्या 13 है जिनमें 10 राज्यों के 256 जिलों में लगभग 33 करोड़ लोग इससे प्रभावित हैं। इस समय देश में 313 जिलों में 1,58,205 गाँव और 4.44 लाख बसावटें इससे प्रभावित हैं। सूखे का सबसे भयावह स्थिति मराठवाड़ा के लातूर एवं बुन्देलखण्ड़ में देखने को मिला है। सूखे का मुख्य कारण दक्षिणी–पश्चिमी मानसून का विफल होना है।

देश में कुल कृषियोग्य भूमि (143 मिलियन हे0) का 55 फीसदी वर्षा सिंचित है। अतः विभिन्न जलस्त्रोतों जैसे कुआँ, तालाब, बाँध आदि में वर्षा जल को रोक कर इसे नदी नालों के माध्यम से समुद्र में जाने से रोका जा सकता है। जल संचयन की इस प्रकिया से सूखाग्रस्त इलाकों में पेयजल एवं सिंचाई जल की उपलब्धता सुनिश्चित हो पायेगी। साथ ही भू–जल स्तर में भी काफी सुधार होगा जिसे पुनः पेयजल एवं सिंचाई हेतु प्रयोग किया जा सकता है। प्रधानमंत्री श्री नरेन्द्र मोदी जी ने भी मन की बात कार्यक्रम में देश के नागरिकों, एनजीओ, युवा संगठनों, कृषि समुदायों एवं स्थानीय शहरी संस्थाओं से जल संचयन की दिशा में अग्रणी भूमिका निभाने की अपील करते हुए कहा है कि ''अच्छी बारिश की संभावना को अवसर के रुप में लेना चाहिए और पानी बचाने के लिए गाँव–गाँव अभियान चलाना चाहिए''। वर्षा आधारित सिंचाई वाले क्षेत्रों में जल संचयन हेतु निम्नलिखित कार्य सम्पन्न कराये जा रहे हैं–

1. तलाब की खुदाई एवं टंकियों का निर्माण
2. भू–जल पुनर्भण्ड़ारण संरचना का निर्माण
3. नहरों की लाइनिंग बनाना एवं जल के प्रवाह मार्ग का सुधार कार्य
4. चैक डैम का निर्माण
5. वनारोपण

प्रधानमंत्री कृषि सिंचाई योजना में 5700 करोड़ रुपये का आवंटन किया है। साथ ही मनरेगा के तहत देशभर में 5 लाख तालाब बनाने का निर्णय किया गया है। कृषि में पानी बचाने की दिशा में अभी और भी कारगर उपाय करने की आवश्यकता है। हमारी कुल खपत का 80 प्रतिशत जल, सिंचाई के रुप में उपयोग होता है। भारत की सलाना स्वच्छ जल

खपत 761 अरब क्यूबिक मीटर जल की है जबकि चीन की 554.1 तथा अमेरिका की 478.54 अरब क्यूबिक मीटर की। विश्व बैंक के 2011 से 2015 के आँकड़ों के अनुसार भारत दुनिया में सबसे अधिक स्वस्छ जल का उपयोग खेती एवं घरेलू जरुरतों के लिए कर रहा है जबकि चीन में जनसंख्या अधिक होने के वावजूद भी हमसे कम स्वच्छ जल का उपयोग होता है।

भारत में विगत 60 वर्षो में प्रति व्यक्ति जल उपलब्धता में 70 प्रतिशत की गिरावट देखी गयी है। देश में 1951में प्रति ब्यक्ति जल की उपलब्धता 5177 घनमीटर थी जो 2011 में 1545 घनमीटर रह गयी है। पिछले 7 वर्षो में हमारे 54 प्रतिशत भू–जल स्तर में गिरावट आयी है। यदि यही स्थिति बनी रही तो सिंचाई जल की उपलब्धता के साथ–साथ सिंचाई जल पर भी संकट मड़राने लगेगा और हमारी कृषि बिल्कुल चौपट हो जायेगी। अतः जल संरक्षण की मुहिम को तेज कर वर्षा जल के प्रत्येक बूँद को जल संचयन हेतु बनाये गये संरचानाओं में रोक कर ही इस संकट से मुकाबला किया जा सकता है।

सूखे की समस्या से निपटने के उपाय

1. **खरपतवारों पर नियंत्रणः** सूखे की अवस्था में खेतों को खरपतवार से बिल्कुल मुक्त रखना चाहिए। खेत में खरपतवार होने की दशा में भूमि में संचित नमी के अवशोषण के लिए प्रतिस्पर्धा बढ़ जाती है जिससे पौधों के लिए नमी की कमी हो जाती है।
2. **पौध घनत्व को कम करनाः** यदि फसल बोने के कुछ ही दिनों बाद सूखे की समस्या आती है तो बीज अंकुरित नहीं हो पाते हैं। अतः वर्षा आने के तुरन्त बाद पुनः बीजों की बुवाई करनी चाहिए। अन्यथा खेत में पौधों की संख्या बहुत कम रह जायेगी। यदि बुवाई के 40–50 दिन बाद सूखे की समस्या आती है तो पौधों को बीच–बीच से उखाड़ कर इनकी संख्या कम कर लेनी चाहिए। इसप्रकार उपलब्ध नमी से शेष पौधे अपना जीवन चक्र पूरा करने में सफल हो जाते हैं।
3. **भू–अच्छादनः** लम्बे समय तक सूखा बने रहने की स्थिति में खड़ी फसलों के कतारों के बीच में भूमि पर फैलने वाली फसलों को लगना चाहिए। जैसे ज्वार, बाजरा, मक्का इत्यादि के दो कतारों के बीच मूँग, उर्द, लोबिया इत्यादि की बुवाई करना।
4. **पोषक तत्व प्रबंधनः** नत्रजन का संस्तुत की गई मात्रा से 40 प्रतिशत कम तथा फॉस्फोरस एवं पोटाश की सम्पूर्ण मात्रा बुआई या रोपाई के समय कुड़ों में प्रयोग करना चाहिए। खेत में अधिकाधिक गोबर की खाद, वर्मीकम्पोस्ट इत्यादि का प्रयोग करना लाभदायक होता है।
5. **कीट एवं रोग प्रबंधनः** फसलों में समुचित कीट प्रबंधन पर ध्यान देना चाहिए। ज्वार, बाजरा, मूँग, उर्द, लोबिया, मूँगफली, सुरजमुखी तथा अरण्डी के बीजों को थीरम 2–2.5 ग्राम/किलोग्राम बीज की दर से बीजशोधन करना चाहिए।

6. **जल प्रबंधनः** खेत को समतल करने के बाद उसे छोटे–छोटे क्यारियों में बाँट लेना चाहिए ताकि अधिक से अधिक नमी को भूमि में संचित किया जा सके। फसलों की नर्सरी पहले से ही तैयार रखना चाहिए ताकि जैसे ही वर्षा हो उसे खेत में लगया जा सके। दोनों तरफ नालियों वाली चौड़ी क्यारी विधि अथवा मेड़ एवं नाली विधि से खेती करना लाभदायक होता है। इस विधि में क्यारियों को सतह से थोड़ा ऊँचा बनाते हैं तथा उनपर बीजों की बुआई कर देते हैं। क्यारी के दोनों तरफ बनी नालियों में पानी छोड़ते हैं जो रिस कर क्यारियों में जाता है जिसे पौधे आसानी से ग्रहण कर लेते हैं। मेंड़ एवं नाली विधि में फसल को मेंड़ पर लगाया जाता है तथा नालियों में सिचाई जल का प्रवाह किया जाता है। इस विधि में एक नाली के अन्तराल पर सिंचाई जल का प्रवाह किया जाता है जिससे कम जल से अधिक क्षेत्र में सिंचाई सम्भव हो पाती है।
7. **पौधा दूरीः** खरीफ में फसलों को नालियों में कम दूरी पर लगाना चाहिए तथा दो नालियों के बीच अधिक दूरी रखनी चाहिए।
8. मृदा के ऊपरी सतह को हमेशा भूर–भूरी बना कर रखना चाहिए इससे मृदा से वार्ष्पोत्सर्जन द्वारा होने वाली नमी ह्वास में कमी आती है।
9. फसलों को कतारों में लगाना चाहिए तथा दो कतारों के बीच प्लास्टिक या धान के पुआल की मल्चिंग अर्थात मृदा को ढँक देना चाहिए।
10. खेत के कुल क्षेत्रफल के 10वें हिस्से पर तालाब का निर्माण कराया जाना चाहिए। इसके द्वारा पूरे खेत की सिंचाई की जा सकती है। परिणामस्वरुप वर्ष में जहाँ एक फसल ली जाती थी वहाँ दो या तीन फसल ली जा सकती है।
11. वर्षा जल के बूँद–बूँद को खेत में संचय करने का प्रयास करना चाहिए। फलस्वरुप भूमि जल स्तर को ऊँचा उठने में मदद मिलेगी।
12. खेत में संचित वर्षा जल का उपयोग फसलों के माँग के अनुसार अनुकूल समय पर करना चाहिए।
13. नलियों से पानी के रिसाव को रोकने के लिए जल प्रवाह से पूर्व इसमें प्लास्टिक की चादर बिछा देना चाहिए तथा बाद में इसे दूसरे नालियों में भी बिछानें के लिए प्रयोग किया जा सकता है।
14. फसलों को नालियों के दोनों किनारों पर बोना चाहिए तथा सिंचाई एक नाली के अन्तराल पर करना चाहिए अर्थात इस पद्धति में एक नाली में जल प्रवाह करने पर दो मेंड़ों की सिंचाई हो जाती है।
15. सिंचाई की आधुनिक तरीके जैसे टपका सिंचाई विधि (ड्रीप इरीगेशन), फब्वारा सिंचाई विधि (स्पिकलर इरीगेशन) इत्यादि का प्रयोग करना लाभदायक होता है।

16. बागवानी में मटका सिंचाई विधि काफी कारगर है। इससे लम्बे समय तक पौधों को थोड़ी–थोड़ी मात्रा में पानी मिलता रहता है।

17. हाइड्रोजेल, पेट्रोलियम उत्पादों से बनाये गये संश्लेषित बहुलक होते है जो अपने भार से कई गुना जल धारण कर सकते हैं। एक तरफ यह अपरदन, जल अपवाह, सिंचाई की संख्या तथा मृदा धनत्व को कम करते हैं वही दूसरी तरफ जल उपयोग क्षमता, मृदा पारगम्यता तथा अन्तःस्यंदन को बढ़ाने का कार्य करते हैं। इन्डियन ऑरगेनिक केमिकल्स लिमिटेड, खोपोली ने 'जलशक्ति' नामक ऐसे ही बहुलक का निर्माण किया है जो अपने आयतन का 17–20 गुना ज्यादा पानी अवशोषित कर धीरे–धीरे पौधों के आवश्यकतानुसार उपलब्ध करता रहता है। जिस समय जल संचयन की आवश्यकता होती है इसे मृदा में मिला देते हैं। खासकर इसका प्रयोग खरीफ के फसलों में जल संचयन के लिए किया जाता है।

18. फसलों के ऊपर वार्ष्पोत्सर्जन दर को कम करने वाले रसायनों का छिड़काव करने से जल ह्रास को कम किया जा सकता है। ये चार प्रकार के होते है जिन्हें तालिका–11.1 में दर्शाया गया है–

तालिका–11.1 वाष्पोत्सर्जन दर कम करने वाले रसायन

वाष्पोत्सर्जन दर कम करने वाले रसायनों का प्रकार	उदाहरण
पत्तियों पर स्थित छिद्रों (stomata) को बन्द करने वाले रसायन	फिनायल मरक्यूरिक एसिटेट, एट्राजिन (कम सान्द्रता), ए.बी.ए हार्मोन, कार्बन डाइऑक्साइड
पत्तियों के ऊपर परत बनाने वाले रसायन	मोबिलिफ,हेक्साडेकानॉल,सिलिकॉन, तेल या मोम
सूर्य के किरणों को परावर्तित करने वाले रसायन	सेलाइट, बायेलिन (5 प्रतिशत घोल का छिड़काव)
तना एवं पत्तियों के वृद्धि को कम कर जड़ों के वृद्धि को बढ़ाने वाले रसायन	साइकोसिल

तालिका में दिये गये सभी रसायन पौधों में प्रकाश संश्लेषण क्रिया को धीमा कर देते है जिससे पौधे जल का बचत कर अपना जीवन चक्र पूरा कर लेते हैं।

19. कम समय में पक कर तैयार होने वाली फसलों एवं उनके प्रजातियों का चुनाव करना लाभदायक होता है। कुछ ऐसे ही फसल प्रजातियों को तालिका–11.2 में दर्शाया गया है–

तालिका–11.2 कम समय में पक कर तैयार होने वाली फसल प्रजातियाँ

फसल	फसल प्रजाति
धान	साकेत–4, नरेन्द्र–97, सहभागी, शुष्कसम्राट
गेहूँ	एच. यू. डब्लू–234, एच. डी.–3059, एच. डी.–3118, लोक–1, एच.यू.डब्लू–510
जौ	आजाद (के0 125), हरितमा (के0 560), प्रीती (के0 409) मंजुला (के0 329),
सरसों	नरेन्द्र अगेती राई–4, क्रान्ती (आर.के. 9807), वरुणा (टा–59)

20. 10 सितंबर से पहले वर्षा होने पर तोरिया की बुवाई तुरन्त कर देनी चाहिए। यदि इन फसलों का बीज उपलब्ध न हो तो सरसों की अगेती किस्म की बुवाई करनी चाहिए। तापमान अधिक होने पर तोरिया एवं सरसों के अंकुरण में कमी आती हैं। अतः किसान भाई उचित तापमान पर ही इनकी बुवाई करें।

21. यदि वर्षा सितंबर के अन्त में होती है तो गेहूँ + चना अथवा जौ + चना की मिश्रित खेती की जा सकती है। चना के फसल के साथ–साथ 3 मीटर की दूरी पर सरसों के एक कतार की बुआई करना भी लाभकारी होता है। इस अवस्था में मसूर की खेती भी की जा सकती है। सब्जियों में मटर को भी एक सिंचाई पर उगाया जा सकता है।

22. भू–जल एवं सतही जल के कम उपलब्धता की दशा में गंगा के मैदानी भागों में किसान भाईओं को सुझाव दिया जाता है कि जीरोटिल या स्ट्रीपटील ड्रील की सहायता से धान के कटाई के उपरान्त गेहूँ या अन्य फसलों की बुवाई करें

23. सतह से थोड़ी ऊँची क्यारी बना कर इनपर गेहूँ की बुवाई कर नालियों के माध्यम से सिंचाई करने से 30 प्रतिशत कम सिंचाई जल प्रयोग कर के भी अच्छी फसल प्राप्त की जा सकती है।

24. जिन क्षेत्रों में खरीफ की फसल की बुवाई नहीं की गई हो वहाँ रबी के मौसम में चारे, दलहन एवं तिलहन की फसल लगाना लाभदायक होता है।

25. सीड़–कम–फर्टिलाइजर ड्रील / मल्टी क्रॉप प्लांटर इत्यादि का प्रयोग रबी के फसलों की बुवाई के लिए करना चाहिए।

बलुई / हल्की मृदाओं का प्रबंधन (Management of sandy/light soils)

यदि मृदा में 100 सेमी0 गहराई तक 18 प्रतिशत से कम क्ले तथा 60 प्रतिशत से अधिक बालू हो तो ऐसी मृदा को बलुई मृदा के नाम से जानते हैं। ऐसी मृदाओं को हल्की मृदा भी कहते हैं क्योकि इनकी जुताई या निराई–गुड़ाई के लिए कम शक्ति की आवश्यकता

होती है। भारत में बलुई एवं बलुई दोमट मृदा का क्षेत्रफल 10.7 मिलियन हेक्टेयर है जो मुख्य रुप से राजस्थान तथा पंजाब एव हरियाणा के कुछ क्षेत्रों में फैला हुआ है। ये मृदाएँ शुष्क से लेकर नम क्षेत्रों तथा अत्यधिक शुष्क से अत्यधिक ठण्ड़े क्षेत्रों में भी पाई जाती हैं। ऐसी मृदाओं का स्थूल धनत्व (bulk density) ज्यादा होता है। वही द्रवचालिता (hydraulic conductivity) तथा अन्तःस्यंदन (infiltration rate) काफी अधिक होता है। फलस्वरुप इनकी जल एवं उर्वरक उपयोग क्षमता कम होती है।

बलुई मृदा के मुख्य समस्याओं में जल धारण क्षमता का अभाव, जीवांश कार्बन की कमी, उर्वरता का अभाव होना इत्यादि है। इन मृदाओं में बड़े आकार के रन्ध्रावकाश होने के कारण सिंचाई जल रिस कर नीचे चला जाता है जिससे फसलों में कम अन्तराल पर बार–बार सिंचाई करने की आवश्यकता होती है। साथ ही जल रिसाव के कारण मृदा में पहले से उपस्थित पोषक तत्त्व तथा उर्वरकों के माध्यम से दिये जाने वाले पोषक तत्त्व भी रिस कर भू–जल में जा मिलते है जिसके कारण ये जल प्रदूषण को बढ़ावा देते हैं। इसप्रकार इन मृदाओं के प्रबंधन में मृदा के भौतिक गुणों में सुधार के साथ उचित जल एवं पोषक तत्त्व प्रबंधन पर विशेष ध्यान देने की आवश्यकता होती है।

इन मृदाओं के सुधार हेतु स्थूल घनत्व को बढ़ाना अतिआवश्यक होता है। इसके लिए ट्रैक्टर चालित या बैल चालित भारी रोलर को 4–6 बार खेत में घुमाना काफी लाभदायक होता है। इसे मृदा कण एक–दूसरे के नजदीक आते हैं जिससे सघनता में वृद्धि होती है। इसके परिणामस्वरुप सूक्ष्म रन्ध्रावकाशों की संख्या में वृद्धि होती है। अतः अन्तःस्यंदन दर में 30–75 प्रतिशत तक की वृद्धि दर्ज की गई है जिससे सिंचाई दर में कमी आती है, बीजों के जमाव में वृद्धि होती है, पौधों के जड़ों को सम्बल प्राप्त होता है तथा उन्हें पर्याप्त नमी एवं पोषक तत्त्व उपलब्ध हो जाते हैं। इसके साथ ही सफेट चींटी तथा सफेट गर्ब का आक्रमण भी कम होता है। इन मृदाओं में गोबर की खाद, वर्मी कम्पोस्ट, तलाबों की मिट्टी और क्ले को मिश्रित कर बड़े आकार के रन्ध्रावकाशों को छोटे आकार के रन्ध्रावकाशों में परिवर्तित किया जा सकता है जिससे द्रवचालिता एवं अन्तःस्यंदन दर में कमी आने से जल घारण क्षमता में वृद्धि होगी। फसल–चक्र, सतह पर फैल कर बढ़ने वाली फसलों, जीरोटील, टपका एवं छिड़काव विधि से सिंचाई इत्यादि को अपनाकर इसप्रकार की भूमि में फसलोत्पादन को सुनिश्चित किया जा सकता है। बलुई मृदा में कभी भी उर्वरक एवं सिंचाई जल का प्रयोग अधिक नहीं करना चाहिए। इससे उत्पादन लागत में वृद्धि होने के साथ–साथ फसलोत्पदान में कुछ खास वृद्धि नहीं होने से मुनाफे में कमी आती है।

बहुत–सी बलुई मृदा ऐसे ही बेकार पड़ी हुई हैं उन्हें चारागाह के रुप में विकसित किया जा सकता है। यदि सिंचाई की सुविधा उपलब्ध हो तो कुछ सावधानियों को ध्यान में रख कर फसलें भी उगायी जा सकती हैं। ठण्ड़े क्षेत्रों में पायी जाने वाली बलुई मृदा पर बागवानी की फसलों को उगाना लाभदायक होता है। अर्द्ध शुष्क क्षेत्रों में सिंचाई की उपयुक्त

विधि अपनाकर खाद्यान फसलें भी उगायी जा सकती हैं। पश्चिम भारत में इन मृदाओं में बाजरा, मक्का, गेहूँ तथा जौ की खेती की जाती है वही दक्षिणी भारत में किसानों द्वारा ज्वार, मक्का, रागी तथा गन्ने की फसलें उगायी जाती है।

भारी/मटियार मृदाओं का प्रबंधन (Management of clay/heavy soils)

ऐसी मृदा जिसमें कृषि कार्य जैसे जुताई, निराई–गुड़ाई इत्यादि में अधिक शक्ति का प्रयोग करना पड़ता है, भारी मृदा कहलाती है। भारत में ये मृदाएँ 9.43 मिलियन हेक्टेयर में फैली हुई हैं जो मुख्यतः मध्य प्रदेश, महाराष्ट्र, राजस्थान, उत्तर प्रदेश, बिहार एवं तमिलनाडु आदि राज्यों में पायी जाती है।

ऐसी मृदाओं में क्ले की मात्रा 30 प्रतिशत से अधिक होती है इनमें छोटे आकर के रन्ध्रावकाशों की संख्या काफी अधिक होती है। इसके फलस्वरुप अन्तःस्यंदन दर बहुत कम 0.2 सेमी/घण्टा तथा द्रवचालिता 0.15 सेमी/घण्टा से भी कम होता है। अतः वर्षा ऋतु में एक बार वर्षा हो जाने पर इनमें लम्बे समय तक जलजमाव की समस्या उत्पन्न हो जाती है। इन मृदाओं में मॉन्टमोरिलोनाइड क्ले (नमी पा कर फैलने तथा सूखने पर सिकुड़ने की गुण रखने वाले) प्रचुर मात्रा में पाया जाता है। जिसके परिणामस्वरुप जल धारण करने के बाद इनके सतह में फैलाव देखने को मिलता है तथा सूखनें पर सतह में सिकुड़ाव के कारण चौड़ी एवं गहरी दरारे पड़ जाती हैं जिससे कृषि कार्य में काफी दिक्कत आती है। साथ ही गीली मृदा पैरों एवं कृषि यंत्रों में मजबूती से चिपकते हैं जिससे चलने में काफी शक्ति का प्रयोग करना पड़ता है। लम्बे समय तक जल जमाव होने के कारण इन मृदाओं में ऑक्सीजन की कमी हो जाती है तथा कार्बन डाइआक्साइड में वृद्धि होने लगती है जिससे जडों की श्वसन क्रिया प्रभावित होती है। अन्ततोगत्वा पौधों के वृद्धि एवं विकास में कमी आती है। काली कपास वाली मृदाओं को भारी मृदा के श्रेणी में ही रखा गया है। इन मृदाओं में खेती करने के लिए कुछ तरीके विकसित किये गये हैं जो पराम्परागत खेती के तुलना में काफी लाभप्रद है। जैसे–

1. **रेज्ड एवं सन्केन बेड सिस्टम (Raised and sunken bed system):** इस विधि में 20 सेमी ऊँची एवं 3 मीटर चौड़ी एक शय्या (bed) बनाते है जिसपर दलहनी या अन्य कम पानी चाहने वाली फसलों को लगाते हैं। वही 20 सेमी गहरी तथा 6 मीटर चौड़ी एक दूसरी शय्या (bed) बनाते हैं जो जलमग्न रहता है और उसमें धान की फसल उगाते है।

2. **फरो इरिगेटेड रेज्ड बेड सिस्टम (Furrow irrigated raised bed system):** इस विधि में सतह से ऊँची बनी क्यारियों में फसलों की बुवाई/रोपाई करते हैं तथा इसके दोनों किनारों पर बनी नालियों में सिंचाई जल प्रवाहित करते

हैं जो रिस–रिस कर पौधों के जड़ों तक पहुँच जाती है। इस विधि को अपनाने से मृदा के भौतिक दशा में सुधार होता है साथ ही संसाधनों के उपयोग क्षमता में वृद्धि होती है। इन मृदाओं में कार्बनिक खादों, फसल चक्र तथा फॉस्फेटिक उर्वरकों का प्रयोग कर फसलोत्पादन के लिए इन्हें और भी उपजाऊ बनाया जा सकता है।

भारी मृदाओं में चूने का प्रयोग कर हल्की सिंचाई करने से मॉन्टमोरिलोनाइड क्ले के फैलाव में कमी आती है। कैल्सियम का प्रयोग लाभदायक होता है। यह क्ले से सोडियम को हटाने का कार्य करता है जिससे मृदा के फैलाव में कमी आती है। यदि मृदा में फैलाव सिर्फ एक महीन परत के रुप में मृदा सतह पर हो तो बालू या अन्य ऐसे फैलाव रोकने में सहायक पदार्थो का प्रयोग किया जा सकता है। चूँकि यह विधि काफी खर्चीली है अतः बहुत ज्यादा प्रचलन में नहीं है।

भारी मृदाओं में जल ठहराव की समस्या नहीं होने पर ऊपरवार भूमि में ज्वार, कपास, सोयाबीन, अरहर, मटर, टमाटर, मिर्च इत्यादि की खेती की जा सकती है। वही निचली क्षेत्रों जहाँ जल ठहराव की समस्या होती है वहाँ धान तथा चारे के लिए ज्वार, मक्का, मूँग इत्यादि की फसलें उगायी जा सकती हैं।

कठोर, उथली एवं पपड़ी बनने वाली मृदाओं का प्रबंधन

भारत में कठोर, उथली तथा पपड़ी बनने वाली मृदाएँ क्रमशः 20.35, 25.02 तथा 9. 45 मिलियन हेक्टेयर क्षेत्र में फैली हुई हैं। ये मृदाएँ मुख्य रुप से हरियाणा, आन्ध्र प्रदेश तथा तमिलनाडु में पायी जाती हैं। मृदा के कठोर होने से कृषि कार्य में काफी परेशानी होती है साथ ही वायु संचरण, जल संचरण एवं जड़ों के विकास में भी रुकावट आती है। इन मृदाओं में खास कर अरहर, मक्का, अरण्डी, ज्वार इत्यादि की खेती करना लाभदायक होता है। जब मृदा की गहराई 20 सेमी से कम होती है तो ऐसी मृदाएँ उथली मृदा के रुप में जानी जाती है तथा अपरदन की समस्या से भी पीड़ित होती हैं। उथली होने के कारण इसमें नमी की कमी बराबर बनी रहती है तथा जड़ों का विकास भी अवरुद्ध होता है जिसके कारण फसलोत्पादन में काफी समस्या आती है।

जब सतही मृदा में 60 प्रतिशत मोटे तथा 40 प्रतिशत महीन कण तथा जीवांश पदार्थ की मात्रा 1 प्रतिशत से कम होती है तो यह पपड़ी बनने एवं मृदा के कठोर होने के लिए अनुकूल होता है। पपड़ी बनने से बीजों का अंकुरण भँलि–भाँति नही हो पाता है।

कार्बनिक मृदाओं का प्रबंधन (Management of organic soils)

कार्बनिक मृदाओं को पीट (peat) एवं मक (muck) भी कहा जाता है। ये कार्बनिक पदार्थो जैसे पादप एवं जीवों के अवशेषों से विकसित होती हैं तथा उच्च भू–जल द्वारा

संरक्षित किये जाते है। जल जमाव वाले स्थानों पर वनस्पतियाँ उगती रहती हैं तथा जीवन–लीला समाप्त होने के बाद वही जल के साथ घुल–मिल जाते हैं। इन मृदाओं में ऑक्सीजन की कमी होने के कारण इनका अपघटन बहुत धीरे होता है फलस्वरुप ये संरक्षित होते रहते है। ऐसा माना जाता है कि प्रकृति में 30 सेमी मोटी कार्बनिक मृदा के बनने में लगभग 300 वर्षो का समय लगता है।

समय के साथ ये मृदाएँ धँसने (subsidence) लगती है। कार्बनिक मृदाओं का धँसना उनमें उपस्थित जीवांश पदार्थो के ऑक्सीकरण, मृदा का सिकुड़न, वायु अपरदन, जल अपरदन, जीवांश पदार्थो की मात्रा, भू–जल स्तर की ऊँचाई, खेती करने का तरीका इत्यादि पर निर्भर करता है। विभिन्न अनुसंधानों से ज्ञात हुआ है कि मक जैसी कार्बनिक मृदाएँ सघन खेती करने से 30 सेमी/दशक (10 वर्ष) के हिसाब से धँसती हैं।

कार्बनिक मृदाओं का प्रबंधन निम्न प्रकार से किया जा सकता है–

1. **कॉपर का प्रयोग करः** यह कार्बनिक मृदाओं के धँसने के लिए जिम्मेदार इंजाइम की सक्रियता को कम करता है। ये इंजाइम अकेले ही मृदाओं के धँसने के लिए जिम्मेदार होती है। प्रथम तीन वर्षो में 14 किलोग्राम कॉपर/हे0 की दर से प्रयोग कर खेती करना चाहिए। इसके बाद प्रत्येक दूसरे वर्ष में 5 किलोग्राम कॉपर/हे0 की दर से प्रयोग कर प्याज, गाजर, लेट्यूस इत्यादि की खेती करना लाभदायक होता है।
2. **भू–जल स्तर का नियंत्रणः** भू–जल स्तर का मृदा के धँसने पर काफी असर पड़ता है। अतः इसका नियंत्रण इसप्रकार करना चाहिए कि मृदा का धँसना कम से कम हो तथा फसलोत्पादन भी पर्याप्त मात्रा में प्राप्त किया सके। भू–जल स्तर नियंत्रण के लिए छिड़काव विधि से सिंचाई को अपनाना चाहिए, साथ ही जल निकास की उचित व्यवस्था होनी चाहिए। भू–जल स्तर अधिक होने से नत्रजन, फास्फोरस एवं पोटाश की उपलब्धता भी प्रभावित होती है तथा जड़ों के विकास पर भी प्रतिकूल प्रभाव पड़ता है।
3. **वायु अपरदन का नियंत्रणः** सूखी अवस्था में कार्बनिक मृदाओं के कण आपस में दृढ़ता से बँधें नहीं होते हैं अतः वायु अपरदन से नुकसान का खतरा अधिक होता है। ऐसा माना जाता है कि तेज हवाओं के झोकें 1–3 सेमी. मोटी कार्बनिक मृदाओं के ऊपरी सतह को एक स्थान से दूसरे स्थान पर स्थानांतरित करने में सफल होते हैं। अतः वायु अपरदन को रोकना अति आवश्यक होता है। इसे निम्न प्रकार से रोका जा सकता है–

   (क) वायुरोधक वनस्पतियों को उगाकर,

   (ख) मृदा सतह को छिड़काव विधि से सिंचाई कर नम रखना,

(ग) खड़ी फसलों के दो कतारों के बीच भूमि पर रेंग कर फैलने वाली फसलें जैसे उर्द इत्यादि को उगाकर,

(घ) मृदा की कम से कम जुताई करना।

4. **जल अपरदन का नियंत्रणः** जल से होने वाले क्षरण को रोकने के लिए मृदा को पूर्ण रुप से आच्छादित करने करने वाली फसलों को उगाना चाहिए। साथ ही ऐसी फसलें भी चुनी जा सकती है जिनमें सहायक जड़ों की संख्या अधिक हो जो मृदा कणों को बाँधने में सहायता करती हैं।

5. **मृदा का पी0एच0 मानः** कार्बनिक मृदाओं का पी0एच0 मान 4.0 से लेकर 7.5 के बीच रहता है। अम्लीय कार्बनिक मृदाओं में कार्बनिक अम्ल, हाइड्रोजन आयन, आयरन सल्फाइड इत्यादि की मात्रा अधिक होती है। क्षारीय कार्बनिक मृदाओं का निर्माण जैविक पदार्थो के जलाने, अधिक मात्रा में चूना पत्थर (lime stone), मार्ल (marl), शैल की उपस्थिति और अत्यधिक मात्रा में चूने के प्रयोग के कारण होता है। इससे मृदा के सामान्य पी0एच0 मान में 1 या 2 इकाई की बढ़ोतरी होती देखी गयी है। अम्लीय मृदाओं में पी0एच0 मान के हिसाब से चूने का प्रयोग करना लाभदायक होता है।

6. **घुलनशील लवणः** यदि घुलनशील लवण उच्च सान्द्रता में उपस्थित हो तो बीजों का अंकुरण इससे प्रभावित होता है। साथ ही उगे हुए पौधों के अस्तित्व को भी खतरा रहता है। रसायनिक उर्वरकों जैसे अमोनियम नाइट्रेट, पोटैशियम क्लोराइड, सोडियम नाइट्रेट और अमोनियम सल्फेट का प्रयोग करने से मृदा की लवणता स्तर में वृद्धि होती है। यदि मृदा में लवण की अधिकता देखने को मिलती है तो इस दशा में कम लवण सान्द्रता वाले जल का छिड़काव विधि से सिंचाई हेतु प्रयोग करना चाहिए।

7. **पोषक तत्त्व प्रबंधनः** इन मृदाओं में पोषक तत्त्व प्रबंधन, पोषक तत्त्वों की उपलब्धता, पौधों की आवश्यकता तथा मृदा के पी0एच0 मान को ध्यान में रख कर करना चाहिए। पोषक तत्त्व के महत्ता को ध्यान में रख कर इन मृदाओं में मुख्य एवं सूक्ष्म पोषक तत्त्वों का प्रबंधन निम्न प्रकार करना चाहिए।

अ) मुख्य पोषक तत्त्व

(क) नत्रजनः यह जीवांश पदार्थो के विभिन्न अवयवों में विद्यमान रहता है जिससे सूक्ष्मजीवों द्वारा रुपांतरित हो कर पौधों को उपलब्ध होता रहता है। लम्बे समय तक खेती करने से नत्रजन के जीवांश पदार्थो से मुक्त होने की दर में गिरावट आती है। अत्यधिक अम्लीय भूमि में नत्रजन कम मात्रा में पाया जाता है।

(ख) फास्फोरसः यह कार्बनिक रुप में अधिक मात्रा में पाया जाता है तथा खनिजीकरण प्रक्रिया द्वारा पौधों को उपलब्ध हो पाता है। कार्बनिक मृदाओं में उगायी जाने वाली फसलें उर्वरकों के माध्यम से दिये जाने वाले फास्फोरस के प्रति भी प्रतिक्रिया दिखाते है। जिन मृदाओं में लम्बे समय से खेती होती है उनमें फास्फोरस की अधिक मात्रा देखने को मिलती है। अतः इस अवस्था में 20 किलोग्राम फास्फेट को आरम्भक (शुरु करने वाला) के रुप में देना लाभदायक होता है।

(ग) पोटाशः मृदा परीक्षण एवं फसल आवश्यकता के अनुसार पोटाश का प्रयोग लाभदायक होता है। इसके प्रयोग से फसलोत्पादन में वृद्धि होती है, फसल के गुणवत्ता में सुधार होता है तथा पाला एवं कीट–व्याधियों के प्रति पौधों में प्रतिरोधक क्षमता का विकास होता है।

ब) सूक्ष्म पोषक तत्त्व

कार्बनिक मृदाओं में कॉपर, बोरान, मैंगनीज, मैग्नीशियम तथा जिंक की कमी देखी जाती है। इन मृदाओं में कॉपर एवं बोरान की कमी की अवस्था में 50 किलोग्राम कॉपर सल्फेट तथा 20 किलोग्राम बोरेक्स/हे0 की दर से प्रयोग करना चाहिए। मैंगनीज, मैग्नीशियम तथा जिंक की आवश्यकता पड़ने पर इनका पर्णीय छिड़काव (foliar spray) करना लाभप्रद होता है।

8. **मृदा परीक्षणः** उर्वरकों का प्रयोग मृदा परीक्षण के आधार पर ही करना चाहिए। नई कार्बनिक मृदाओं में सामान्तया फास्फोरस एवं पोटाश की कमी पायी जाती है।

9. **फसल चुनावः** कार्बनिक मृदाओं का उचित प्रबंधन कर आलू, प्याज, गाजर, चुकंदर, सलाद पत्ता, सेलरी, फूलगोभी, बन्दगोभी, स्वीट कार्न, मूली, पालक, इत्यादि की खेती की जा सकती है। पाले के प्रति सहनशील फसलें जैसे शकरकंद, काली मिर्च, बैगन, टमाटर इत्यादि की खेती कार्बनिक मृदाओं में करना मुश्किल होता है।

चूना–युक्त मृदाओं का प्रबंधन (Management of calcareous soils)

चूना–युक्त मृदाओं में पैतृक कैल्सियम कार्बोनेट की मात्रा अधिक होती है। आर्द्र एवं शुष्क क्षेत्रों (वार्षिक वर्षा 50 सेमी से कम) में पायी जाने वाली चूना–युक्त मृदाओं में चूना की मात्रा मृदा सतह पर ही पायी जाती है। अर्द्धशुष्क से आर्द्र क्षेत्रों में वर्षा बढ़ने के साथ (100 सेमी से अधिक) ही कैल्सियम कार्बोनेट अधिक गहराई पर पाया जाता है अर्थात् यह पौधों के जड़ के फैलाव क्षेत्र से नीचे चला जाता है। परिणामस्वरुप पौधों के स्वास्थ्य पर दुष्प्रभाव नहीं पड़ता है।

चूना–युक्त मृदाओं का पी0एच0 मान 7.2 के करीब होता है। मृदा में उपस्थित कैल्सियम कार्बोनेट और वायुमण्ड़ीय कार्बन डाइआक्साइड के बीच साम्यावस्था (equilibrium) स्थापित हो जाने पर इनका पी0एच0 मान बढ़ कर 8.5 के करीब पहुँच जाता है। यदि कार्बन डाइआक्साइड की मात्रा कैल्सियम कार्बोनेट से 10 गुना हो तो पी. एच. मान घट कर 7.2 से 7.5 के बीच पहुँच जाता है।

चूना–युक्त मृदा का प्रबंधन कठिन नहीं होता है क्योंकि उनका पी.एच.मान बहुत अधिक नहीं होती है। सामान्यता इन मृदाओं के सुधार हेतु रसायनिक सुधारकों की आवश्यकता नहीं होती है। चूना–युक्त मृदाओं का निम्न प्रकार से प्रबंधन किया जा सकता है–

1. **जुताई कार्यः** हल्की (बलुई) चूना–युक्त मृदा में मृदा कणों को आपस में बँधे रहने के कारण बड़े रन्ध्रावकाशों की संख्या अधिक होती है। इसप्रकार की मृदाओं में जल धारण क्षमता बहुत ही कम होता है। अतः इन मृदाओं में सघनता बढ़ाने के लिए ट्रैक्टर या बैल चालित रोलर को 4–6 बार चलाना लाभदायक होता है।
2. **कार्बनिक खादों का प्रयोगः** इन मृदाओं में उचित मात्रा में गोबर की खाद, वर्मी कम्पोस्ट, हरी खाद इत्यादि का प्रयोग करने पर कार्बन डाइआक्साइड एवं अम्लों की मात्रा में वृद्धि होती है। परिणामस्वरुप इन मृदाओं की पी.एच. मान में कमी आती है।
3. **रसायनिक उर्वरकों का प्रयोगः** इन मृदाओं में फास्फोरस की उपलब्धता कम होती है। अतः फास्फोरस की उपलब्धता बढ़ाने के लिए फास्फेटिक उर्वरकों को पौधों के जड़ों के पास देना चाहिए।
4. **सूक्ष्म पोषक तत्वों का प्रबंधनः** जिंक, आयरन, बोरान तथा कॉपर की कमी होने के कारण इनका प्रयोग फसलोत्पादन में काफी सहायक होता है।
5. **रसायनिक सुधारः** जब चूना–युक्त मृदाओं का पी0एच0 मान 8.5 के करीब होता है तो इन्हें अम्लीकृत करने की आवश्यकता होती है ताकि पी0एच0 मान घट कर उदासीन पी0एच0 (7.0) के करीब पहुँच जाये। इसके लिए मुख्य रुप से तत्त्व के रुप में सल्फर (elemental sulphur), सल्फ्यूरिक अम्ल, एल्यूमिनियम सल्फेट, अमोनियम पॉलिसल्फाइड इत्यादि का प्रयोग किया जा सकता है। अमोनियम थायोसल्फेट एवं अमोनियम पॉलिफास्फेट उर्वरकों का प्रयोग कुड़ों में करने से पी0एच0 मान में कमी आती है जिससे सूक्ष्म पोषक तत्वों की उपलब्धता में वृद्धि होती है। अन्ततोगत्वा फसलोत्पादन में वृद्धि देखी गयी है।

एसिड सल्फेट मृदाओं का प्रबंधन (Management of acid sulphate soils)

इन मृदाओं को कैट क्ले के नाम से भी जानते है। इनका पी.एच. मान काफी कम (<4) होने के कारण प्रबल अम्लीय होती हैं।

कैसे बनती है एसिड सल्फेट मृदाएँ

सल्फाइड की अधिकता वाले इस मृदा से जल निकास कर जब वायु संचरण को बढ़ाया जाता है उस समय सल्फाइड का ऑक्सीकरण होता है। इसके पश्चात् रसायनिक एवं जैविक अभिक्रियों द्वारा यह सल्फेट में परिवर्तित हो जाता है और अन्त में इससे सल्फ्यूरिक अम्ल का निर्माण होता है।

रसायनिक अभिक्रिया

$$2FeS_2 + 7O_2 + 2H_2O \longrightarrow 2FeSO_4 + 2H_2SO_4$$

आयरन सल्फाइड जल फेरस सल्फेट सल्फ्यूरिक अम्ल

जैविक अभिक्रिया

$$4FeSO_4 + O_2 + 2H_2SO_4 \longrightarrow 2Fe_2(SO_4)_3 + 2H_2O$$

फेरस सल्फेट सल्फ्यूरिक अम्ल फेरिक सल्फेट जल

रसायनिक अभिक्रिया (अम्लीय पी0एच0 मान पर तीव्र गति से)

$$FeS_2 + 7Fe_2(SO_4)_3 + 8H_2O \longrightarrow 15Fe\,SO_4 + 8H_2SO_4$$

फेरस सल्फेट जल फेरिक सल्फेट सल्फ्यूरिक अम्ल

एसिड सल्फेट मृदाओं का प्रबंधन

एसिड सल्फेट मृदाओं का प्रबंधन निम्न कारकों पर निर्भर करता है–

1. अम्ल निर्माण का विस्तार (अम्लीयता की सीमा)
2. सल्फाइड स्तर की मोटाई
3. रिसाव की संभावनाएँ
4. सुधार की जाने वाली भूमि की कीमत

एसिड सल्फेट मृदाओं का सुधार निम्न प्रकार से किया जा सकता है–

1. **जल रिसाव द्वारा:** प्रभावित खेत को समतल कर उसे छोटे–छोटे क्यारियों में बाँट कर पानी भर दिया जाता है तथा धान की रोपाई कर देते हैं। इसप्रकार सल्फाइड धीरे–धीरे घुलकर नीचे चला जाता है तथा धान की फसल बिना किसी नुकसान के तैयार हो जाती है।
2. **भू–जल स्तर का नियंत्रण:** आयरन सल्फाइड से प्रभावित मृदा को भू–जल के अधीन रखने से अवायुवीय अवस्था उत्पन्न हो जाती है। जिसके फलस्वरुप आयरन

आक्साइड से सल्फ्यूरिक अम्ल बनने की प्रक्रिया पर रोक लगता है तथा मृदा अधिक अम्लीय होने से बच जाती है।

3. **चूने का प्रयोग एवं जल रिसावः** यह विधि काफी महँगी है तथा आमतौर पर व्यवहार में नहीं लायी जाती है क्योंकि इस विधि में 224 टन प्रति हेक्टेयर की दर से चूने की आवश्यकता पड़ती है।

अम्लीय मृदाओं का प्रबंधन (Management of acid soils)

वे मृदाएँ जिनका पी0एच0 मान हाइड्रोजन आयन, आयरन, एल्यूमिनियम एवं मैंगनीज आक्साइड के कारण 7.0 से कम होती है, अम्लीय मृदा कहलाती है। अम्लीय मृदाएँ खास कर आर्द्र जलवायु के वर्षा वाले क्षेत्रों में पायी जाती हैं। भारत में यह हिमालयी क्षेत्रों, पूर्वी और उत्तरी मैदानी भागों, प्रायद्वीपीय भारत (Penisular India) तथा विभिन्न जलवायु में पायी जाने वाली समुद्रतटीय क्षेत्रों में पायी जाती हैं। यह लगभग 90 मिलियन हेक्टेयर में फैली हुई हैं जो भारत के कुल क्षेत्रफल (328 मिलियन हे0) का एक चौथाई के करीब है। कुल अम्लीय मृदाओं में से आधी मृदाओं पर कृषि कार्य किये जाते हैं जबकि शेष बचे हुआ क्षेत्र पर या तो जंगल है या अन्य दूसरे कार्य होते हैं। भारत में लगभग 25 मिलियन हे0 कृषि योग्य भूमि ऐसी है जिसका पी.एच. मान 5.5 से कम है तथा यह बुरी तरह से अपक्षयित, खराब भौतिक, रसायनिक एवं जैविक गुण वाले हैं। इन्हें चार वर्गों में विभाजित किया जा सकता है जिन्हें तालिका–11.3 में प्रदर्शित किया गया है।

तालिका–11.3 विभिन्न प्रकार की अम्लीय मृदाएँ

अम्लीय मृदाएँ	प्रभावित राज्य
Degraded acidic soil	अरुणाचल प्रदेश, मणिपुर, नागालैण्ड़, मिजोरम, मेघालय, उत्तराखण्ड़, मध्य प्रदेश, असम, छत्तीसगढ़, झारखण्ड़
दोमट अम्लीय मृदा (Alluvial acidic soil)	पश्चिम बंगाल, बिहार, असम, उड़िसा के कुछ हिस्से
दलदली अम्लीय मृदा (Marshy acidic soil)	असम, केरल, पश्चिम बंगाल, उड़िसा के समुन्द्रतटीय क्षेत्र तथा उत्तराखण्ड़, बिहार एवं पश्चिम बंगाल के तराई क्षेत्र
एसिड़ सल्फेट मृदा (Acid sulphate soil)	केरल के कुटानद क्षेत्र

मृदा अम्लीयता के कारक/श्रोत

1. **अधिक वर्षा:** अधिक वर्षा से मृदा में उपस्थित धुलनशील लवणों का रिसाव होने से मृदा अम्लीय हो जाती है।

2. **अम्लीय पैतृक पदार्थो की उपस्थिति:** यदि मृदा अम्लीय पैतृक पदार्थो जैसे ग्रेनाइट, टोनोलाइट, रहायोलाइट, डेकाइट इत्यादि से विकसित होती है तो यह अम्लीय प्रकृति की होती है।

3. **अम्लीयता बढ़ाने वाले उर्वरकों का प्रयोग:** अमोनियम सल्फेट, अमोनियम नाइट्रेट, यूरिया इत्यादि उर्वरकों का लम्बे समय तक प्रयोग करने से मृदाओं में अम्लीयता में वृद्धि होती है। जिसे निम्नलिखित अभिक्रिया से समझा जा सकता है–

$$FeS_2 + 7Fe_2(SO_4)_3 + 8H_2O \longrightarrow 15Fe\,SO_4 + 8H_2SO_4$$

फेरस सल्फेट जल फेरिक सल्फेट सल्फ्यूरिक अम्ल

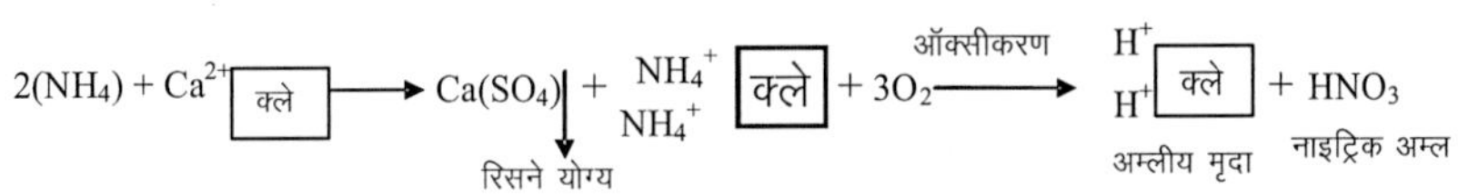

सल्फर का प्रयोग करने से भी मृदा में अम्लीयता की वृद्धि होती है। सल्फर के ऑक्सीकरण से सल्फेट का निर्माण होता है जो हाइड्रोजन आयन से अभिक्रिया कर सल्फ्यूरिक अम्ल में परिवर्तित हो जाता है।

4. **ह्यूमस एवं कार्बनिक अम्ल:** जैव पदार्थो के ह्यूमस में परिर्वतन के दौरान बहुत से कार्बनिक अम्ल, कार्बोक्सिक अम्ल, फिनॉलिक अम्ल इत्यादि का उत्पादन होता है जो मृदा को अम्लीय बनाने में सहायक होते हैं।

5. **कार्बन डाइआक्साइड:** मृदा में उपस्थित कार्बन डाइआक्साइड जल से अभिक्रिया कर कार्बोनिक अम्ल का निर्माण करता है जो मृदा की अम्लीयता बढ़ाने में सहायक होता हैं।

$$CO_2 + H_2O \longrightarrow H_2CO_3$$

कार्बन डाइआक्साइड जल कार्बोनिक अम्ल

6. **आयरन एवं एल्यूमिनियम हाइड्राक्साइड:** आयरन एवं एल्यूमिनियम हाइड्राक्साइड का चरणबद्ध तरीके से हाइड्रोलाइसिस होने से हाइड्रोजन आयन मृदा में मुक्त होते रहते हैं जो मृदा को अम्लीय बनाने में सहायक हैं।

मृदा अम्लीयता का प्रकार

1. **सक्रिय अम्लीयता (Active acidity):** इसप्रकार की अम्लीयता मृदा घोल में हाइड्रोन एवं एल्यूमिनियम आयनों की सान्द्रता के कारण उत्पन्न होती है।
2. **विनिमयशील अम्लीयता (Exchangeable acidity):** जब हाइड्रोजन एवं एल्यूमिनियम आयन ठोस मृदा पर स्थित होते हैं तो इसप्रकार उत्पन्न अम्लीयता को विनिमयशील अम्लीयता के नाम से जानते हैं। इसे आरक्षित या लवण प्रतिस्थापन अम्लीयता (reseve or salt replacement acidity) के नाम से भी जानते हैं।
3. **सम्भावित अम्लीय**ता **(Potential acidity):** जब हाइड्रोजन एवं एल्यूमिनियम आयन, धनायन विनिमय क्षमता (cation exchange capacity) पर निर्भर होते हैं तो इससे उत्पन्न अम्लीयता सम्भावित अम्लीयता कहलाती है। इसप्रकार की अम्लीयता को पी.एच. मीटर द्वारा नहीं मापा जा सकता है। इसके अनुमापन हेतु उपयुक्त क्षार (base) का प्रयोग किया जाता है।
4. **अवशिष्ट अम्लीयता (Residual acidity)**: हाइड्रोजन एवं एल्यूमिनियम आयनों को अविनिमयशील रुप में पाये जाने वाले जैविक एवं क्ले के संरचना साथ बँधने के फलस्वरुप जो अम्लीयता उत्पन्न होती है, उसे अवशिष्ट अम्लीयता के नाम से जानते हैं।
5. **सम्पूर्ण अम्लीयता (Total acidity)**: उपरोक्त चर्चा की गई सभी अम्लीयता को एक साथ सम्पूर्ण अम्लीयता के नाम से जानते हैं। इसे हाइड्रोलायटिक या अनुमापन योग्य अम्लीयता (hydrolytic or titratable acidity) के नाम से भी जानते हैं।

अम्लीय मृदाओं की समस्या

अम्लीय मृदाओं में हाइड्रोजन, आयरन, मैंगनीज, एल्यूमिनियम इत्यादि आयनों की सान्द्रता बहुत अधिक होती है जिससे पौधों का वृद्धि एवं विकास प्रभावित होता है। आयरन के अवकृत रुप में अधिक मात्रा में पाये जाने के कारण जलाक्रान्त अवस्था में धान की जड़ें भूरे रंग (browning disease) की हो जाती हैं। वही एल्यूमिनियम के अधिकता के कारण पौधों का विकास, कोशिकाओं का विभाजन, डी0एन0ए0 का निर्माण, श्वसन क्रिया इत्यादि प्रभावित होती है। इसके साथ ही फास्फोरस, कैल्सियम, आयरन, मैंगनीज इत्यादि का अधिशोषण एवं स्थानांतरण प्रभावित होता है। अधिक अम्लीयता के कारण पौधे सूखने लगते हैं तथा सूक्ष्मजीवों की क्रियाशीलता प्रभावित होती है। अम्लीय मृदाओं में कैल्सियम एवं मैगनीशियम का अभाव होता है। हाइड्राक्साइड के रुप में पाये जाने वाले आयरन एवं एल्यूमिनियम आयनों द्वारा फास्फोरस को जटिल यौगिकों में बदल दिया जाता है जिससे यह पौधों को उपलब्ध नहीं हो पाता है। इन मृदाओं में बोरान एवं मॉलिब्डेनम बहुत कम

मात्रा में पाये जाते हैं तथा पौधों को उपलब्ध नहीं हो पाते हैं। इनका पी. एच. मान 5.5 से कम होने के कारण नत्रजन, फास्फोरस तथा सल्फर की उपलब्धता कम हो जाती है। इन मृदाओं में बैक्टीरिया एवं एक्टीनोमाइसिटिज जैसे सूक्ष्मजीवों की संख्या अम्लीयता के कारण बहुत कम होती है। वही कवकों की संख्या काफी अधिक होती है तथा ये कई बीमारियों को जन्म देते हैं जैसे तम्बाकू का जड़ गलन रोग, आलू का अंगमारी झूलसा रोग (blight disease) इत्यादि।

अम्लीय मृदाओं का सुधार

अम्लीय मृदाओं के सुधार हेतु चूना द्रव्य (liming material) जैसे कैल्सियम चूना पत्थर ($CaCO_3$), डोलोमाइट [$CaMg(CO3)_2$], बिना बुझा हुआ चूना (CaO), बुझा हुआ चूना [$Ca(OH)_2$], मार्ल ($CaCO_3$), खड़िया ($CaCO_3$) इत्यादि का प्रयोग किया जाता है। चाय, काफी, अनानास, आलू गन्ना इत्यादि फसलें अम्लीय भूमि में अधिक उपज देती हैं। परन्तु अधिकांश फसलों का वृद्धि एवं विकास लगभग उदासीन पी0एच0 मान (6. 5–7.5) पर अच्छा होता है। अतः अम्लीय मृदाओं में चूना पत्थर का प्रयोग कर उनका पी0एच0 मान बढ़ा कर उदासीन के करीब लाना आवश्यक होता है। चूना का प्रयोग मृदा परीक्षण से ज्ञात पी0एच0 मान के अनुसार करना चाहिए। आमतौर पर पी0एच0 मान में सामान्य परिवर्तन हेतु बलुई दोमट के तुलना में मटियार दोमट के लिए 3–4 गुना अधिक मात्रा में चूने का प्रयोग किया जाता है। इसके साथ ही जीवांश पदार्थो की मात्रा अधिक होने पर भी अधिक चूने की आवश्यकता होती है। सामान्यतः जीवांश पदार्थ में 1 प्रतिशत की वृद्धि होने पर चूने की आवश्यकता 10 प्रतिशत तक बढ़ जाती है। आमतौर पर अम्लीय मृदाओं के सुधार में 1 से 6 टन प्रति हे0 चूने की आवश्यकता होती है परन्तु 2–3 टन चूना/हे0 की दर प्रयोग कर अम्लीय मृदाओं में सुधार लाया जा सकता है। यदि अम्लीय मृदा में नाली बना कर चूने का प्रयोग किया जाय तो 4–5 क्विंटल चूना/हे0 की दर से प्रयोग करना लाभदायक होता है। विभिन्न प्रकार के अम्लीय मृदाओं में प्रयोग किये जाने वाले चूने की मात्रा पी0एच0 मान के आधार पर निम्न तालिका–11.4 में दिया गया है–

तालिका–11.4 पी0एच0 मान के आधार पर चूने की आवश्यकता (क्रिग्रा0/हे0)

मृदा पी0एच0 मान	पी0एच0 मान 6.5 करने के लिए चूना पत्थर की मात्रा		
	बलुई दोमट	दोमट	मटियार दोमट
5.0	1260	1889	2940
5.4	924	1385	2156
5.8	588	881	1372
6.0	420	621	980
6.2	252	377	588

ऊसर मृदाओं का प्रबंधन (Management of salt affected soils)

ऊसर संस्कृत के **'ऊसर'** शब्द से विकसित हुआ है जिसका अर्थ होता है– अनुपयुक्त भूमि। ऊसर शब्द सभी प्रकार की लवणीय, क्षारीय एवं लवणीय–क्षारीय मृदाओं के लिए प्रयोग किया जाता है। ऊसर मृदाओं को आम बोलचाल की भाषा में 'रेह' कहा जाता है। उत्तरी भारत में इन मृदाओं को कुछ अन्य नामों जैसे– लोना, शोरा, रेह, रेहटा, क्षार एवं खार के नाम से भी जाना जाता है। वही पंजाब एवं दिल्ली में लवणीय मृदाओं को 'थर' एवं क्षारीय मृदाओं को 'रक्कर' तथा 'बारा या वारी' के नाम से जाना जाता है। राजस्थान में लवणीय मृदाओं को रेह, खारी, कल्लर या नमकीन तथा क्षारीय मृदाओं को ऊसर तथा लवणीय–क्षारीय मृदाओं को रेह, खारी के नामों से पुकारा जाता है। ऊसर भूमियों में घुलनशील लवणों या विनिमय सोडियम की अधिकता पायी जाती है। ये घुलनशील लवण वाष्पीकरण प्रक्रिया द्वारा धरातल पर एकत्र होते रहते है, परिणामस्वरुप मिट्टी की उपरी सतह सफेद दिखाई पड़ने लगती है। मृदा घोल में इन लवणों की सान्द्रता बढ़ जाने के कारण पौधे मिट्टी से जल तथा पोषक तत्त्व सुगमता से नहीं ले पाते हैं जिसका पौधों पर हानिकारक प्रभाव पड़ता हैं। सोडियम की अधिकता से मृदा की भौतिक दशा अत्यन्त खराब हो जाती है। साथ ही मृदा पी0एच0 भी काफी बढ़ जाता है जो पौधों के लिए जानलेवा साबित होता है। अतः ये मृदाएँ कृषि की दृष्टिकोण से अत्यन्त निम्नकोटि की मानी जाती हैं।

भारत में ऊसर मृदाओं का वितरण

विश्व का बहुत बड़ा भू–भाग ऊसर मृदाओं के रूप में पाया जाता है। कृषि एवं खाद्य संगठन (FAO) के अनुसार विश्व में ऊसर मृदाओं का क्षेत्रफल लगभग 952 मिलियन हे0 है। वही भारत में इनका क्षेत्रफल लगभग 7.0 मिलियन हे0 है जो सन् 1959 ई0 के क्षेत्रफल से लगभग साढ़े तीन गुना अधिक है। सन् 1972 में केन्द्रीय लवणीय मृदा अनुसंधान संस्थान, करनाल ने ऊसर भूमि पर गहन सर्वेक्षण किया और देश के विभिन्न प्रदेशों में ऊसर मृदाओं के क्षेत्रफल का अनुमानित आँकड़ा प्रस्तुत किया जो तालिका–11.5 में दी गई है।

तालिका–11.5 भारत में ऊसर मृदाओं का विवरण

राज्य	**क्षेत्रफल (मिलियन हे0)**
उत्तर प्रदेश	1.295
गुजरात	1.214
पं0 बंगाल	0.850
राजस्थान	0.728
पंजाब	0.688

महाराष्ट्र	0.534
हरियाणा	0.526
उड़ीसा	0.404
कर्नाटक	0.404
मध्य प्रदेश	0.224
आन्ध्र प्रदेश	0.042
अन्य राज्य	0.040
कुल	6.949

ऊसर मृदाओं का वर्गीकरण

ऊसर मृदाओं को उनके भौतिक एवं रसायनिक गुणों के आधार पर मुख्यतः तीन वर्गों में विभाजित किया गया हैं जिसे तालिका–11.6 में प्रस्तुत किया गया है–

तालिका–11.6 ऊसर मृदाओं के भौतिक एवं रसायनिक गुण

मृदा के गुण	**ऊसर मृदाएँ**		
	लवणीय	**लवणीय–क्षारीय**	**क्षारीय**
पी0 एच0	< 8.5	< 8.5	8.5–10
ई0 सी0 (डे0 सी0/मी0)	> 4	> 4	< 4
विनिमय सोडियम प्रतिषत	< 15	> 15	> 15
प्रबलता से पाये जाने वाले लवण	कैल्सियम के साथ सल्फेट, क्लोराइड एवं नाइट्रेट	–	सोडियम कार्बोनेट
सोडियम अवषोशण अनुपात	< 13	> 13	> 13
कुल घुलनशील लवण सान्द्रता(%)	> 1	> 1	< 1
रंग	सफेद	–	काला
भौतिक दशा	मृदा कण संगठित	सेडियम लवणों के आधार पर मृदा कण संगठित व असंगठित	असंगठित मृदा कण

ऊसर मृदाओं का सुधार

केली (1951) के अनुसार किसी भी सुधार प्रणाली को स्थायी रूप से अपनाने से पूर्व निम्नलिखित तीन बातों पर ध्यान देना चाहिए।

1. भूमि को लवणीय एवं क्षारीय होने से बचाना।
2. क्षतिग्रस्त मृदाओं का भलीभाँति सुधार करना।
3. जड़ों के आस–पास से लवणों या क्षारों को यथासंभव दूर कर देना।

लवणीय मृदाओं के सुधारार्थ प्रचलित विधियों में मेड़बंदी, समतलीकरण, निक्षालन एवं जल निकास प्रमुख है, जिनमें अच्छे गुणों वाले जल का प्रयोग कर इन मृदाओं का सुधार सुगमता पूर्वक किया जा सकता है।

अति क्षारीय मृदाओं का सुधार करने में किसी उपयुक्त सुधारक का प्रयोग करना अत्यन्त आवश्यक होता है जो क्षार को उदासीन करने, विनिमय सोडियम को प्रतिस्थापित करने तथा मृत्तिका को संगठित करने के लिए धुलनषील Ca^{++} की पर्याप्त मात्रा उपलब्ध करा सकें।

लवणीय मृदाओं की सुधार की विधि

1. **मेड़बंदी (Bunding)**: इस विधि के अन्तर्गत खेत के चारो ओर मजबुत मेड़ बनाये जाते हैं। तत्पश्चात् उसमें पानी भर दिया जाता है अथवा वर्षा के पानी को एकत्र होने दिया जाता है जिससे घुलनशील लवण घुलकर मृदा के निचली सतहों में चले जाते हैं। यदि ऊसर भूमि का पी0एच0 मान 8.5 से नीचे हो तो सिर्फ इस विधि के प्रयोग से ही उसे सुधारा जा सकता है। खेतों में मेड़बंदी का कार्य गर्मियों (अप्रैल से जून) में जब जल स्तर पर्याप्त गहराई पर चला जाता है तथा खेत परती (खाली) रहता है कर देना सुविधाजनक एवं लाभप्रद होता है।
2. **समतलीकरण (Leveling)**: समतलीकरण ऊसर भूमि के सुधार का एक महत्वपूर्ण विधि है। यदि जमीन समतल नहीं है या उबड़–खाबड़ है तो खनिज लवण या जैव पदार्थ कहीं–कहीं खड्डों में एकत्रित हो जाते है। इस प्रकार एक उपजाऊ भूमि में जगह–जगह ऊसर भूमि बन जाती है जिसका सुधार बहुत कठिनाई से हो पाता है।
3. **निक्षालन (Leaching)**: इस विधि का प्रयोग लवणीय एवं क्षारीय दोनों प्रकार की मृदाओं में सुगमतापूर्वक किया जा सकता है। लवणीय मृदाओं में निक्षालन, जल निकास का समुचित प्रबंध करने के तत्काल बाद ही किया जा सकता है, परन्तु

क्षारीय मृदाओं में निक्षालन के पूर्व किसी सुधार (जैसे जिप्सम या पाइराइट्स) का प्रयोग करना अति आवश्यक होता है। संयुक्त राज्य लवणीय प्रयोगशाला में किये गये अपने अध्ययनों से बोवर एवं फारमैन (1957) इस निष्कर्ष पर पहुँचें कि जड़ों के आस–पास उपस्थित लवणों में से आधे लवणों को जड़ों से 30 सेमी0 तक दूर करने के लिए लगभग 15 से0मी0 जल की आवश्यकता होती है। असगर एवं धवन (1947) के अनुसार–निक्षालन क्रिया से फसलों के लिए आवश्यक अधिकांश पोषक तत्त्व जैसे नाइट्रोजन, फॉस्फोरस एवं मैंगनीज की मृदा में कमी हो जाती है।

4. **जल–निकास (Drainage)**: जैसा कि हम जानते हैं मृदा में लवणों की उत्पत्ति में सबसे अधिक योगदान जल–निकास का अवरूद्ध होना है। अतः इन मृदाओं के सुधार एवं प्रबंध में जल निकास पर विषेश ध्यान देना चाहिए।

क्षारीय मृदाओं का सुधार

क्षारीय मृदाओं के सुधार में प्रयुक्त होने वाले रसायनों में मुख्यतः जिप्सम, लौह गंधक (Iron Sulphat), पाइराइट्स, कैल्सियम क्लोराइट ($CaCl_2$), गंधक का अम्ल (H_2SO_4), गंधक (Sulphur) एवं एल्युमिनियम गंधक प्रमुख है। इसके अतिरिक्त बारीक चूना पत्थर, चीनी मिलो से प्राप्त चूना आपंक (lime sluge), चूना, गंधक एवं लोहे के कारखानों से प्राप्त स्लैग या अल्म भी प्रयोग में लाये जा सकते हैं।

1. **जिप्समः** जिप्सम घुलनशील कैल्सियम का एक अत्यन्त सस्ता स्रोत है। अतः इसका प्रयोग प्रायः सभी मृदाओं के लिए सुगमतापूर्वक किया जा सकता है। जिप्सम का प्रभाव भारी गठन, ऊँचे जल–स्तर तथा अधिक पी0एच0 एवं विनिमेय सोडियम आयन वाली मृदाओं में सबसे अच्छा दिखता है। भारत में जिप्सम का प्रयोग सर्वप्रथम लीथर (भारतीय मृदा विज्ञान के पिता) ने सन् 1897 में किया। भुँभला एवं साथियों (1971) के अनुसार–औसतन 15–22.5 टन प्रति हे0 की दर से जिप्सम का प्रयोग, अधिकांश मृदाओं के लिए उत्तम होता है। अगर जिप्सम का प्रयोग 10 से0मी0 की गहराई पर किया जाय तो इसका प्रभाव अच्छा पड़ता है।

2. **पाइराइट्सः** निम्न कोटी के पाइराइट्स में लौह 39–40 प्रतिषत एवं गंधक (सल्फर) 43–44 प्रतिषत पाया जाता है। जिसको मृदा में डालने पर ऑक्सीकरण के कारण गंधक एवं लौह–गंधक बनाते है जो हवा और पानी से क्रिया करके गंधक का अम्ल (सल्फ्यूरिक अम्ल) बनाते हैं। फिर सल्फ्यूरिक अम्ल मृदा में उपस्थित कैल्सियम कार्बोनेट से क्रिया कर कैल्सियम सल्फेट बनाता है जो मृत्तिका पर अधिशोषित सोडियम आयन को हाटने का काम करता है कैल्सियम सल्फेट से कैल्सियम अलग होकर सोडियम का स्थान ग्रहण कर लेता है तथा विस्थापित सोडियम, सल्फेट के साथ मिलकर सोडियम सल्फेट बनाकर, पानी के साथ निक्षालित हो जाता है। इस

प्रकार मृदा का सुधार हो जाता है। प्रो0 संत सिंह के देखरेख में वाराणसी जिले के किसानों के खेत में किये गये प्रयोगों ने प्रमाणित कर दिया है कि जिस ऊसर भूमि में पहले बीज अंकुरित तक नहीं होता था वहाँ पाइराइट डालकर अच्छी फसल उगाई गयी। डा0 भूमला एवं डा0 एब्राल के 1971–72 में किये गये परीक्षणों से साबित हुआ है कि धान की खेती में पाइराइट्स का प्रयोग करने से 35 प्रतिशत तक फसलोत्पादन में वृद्धि देखी गयी। इन्हीं खेतों में बिना पाइराइट्स के प्रयोग से गेहूँ की फसल में भी 50 प्रतिषत की वृद्धि हुई। पाइराइट्स के प्रयोग हेतु मई के अंतिम सप्ताह या जून के प्रथम सप्ताह में (या सितंबर के अन्त या अक्टूबर के प्रथम सप्ताह में) खेत की एक जुताई करने के बाद उसे समतल करके, मजबूत मेड़ बना देनी चाहिए। तत्पश्चात, पाइराइट्स को खेत में बराबर बिखेर कर 10 से0मी0 की गहराई तक मिट्टी में मिला देनी चाहिए और तुरन्त 5–7 से0मी0 पानी भर देनी चाहिए। फिर जुलाई के प्रथम सप्ताह में धान की रोपाई करनी चाहिए या अक्टूबर के अंतिम सप्ताह या उसके बाद से गेहूँ की बुवाई करनी चाहिए।

कार्बनिक सुधारक

लवणों से प्रभावित मृदाओं का सुधार कार्बनिक सुधारकों के प्रयोग से भी किया जाता है। कार्बनिक सुधारकों में मुख्य रूप से हरी खाद, गोबर की खाद, प्रेसमड़, फसलों के अवशिष्ट, धान की भूसी, जलकुम्भी इत्यादि आते हैं। इन कार्बनिक सुधारकों का प्रयोग अकेले अथवा दूसरे कार्बनिक एवं अकार्बनिक सुधारकों के साथ, दोनों रूपों में किया जा सकता है। इन सुधारकों का प्रभाव फसलों की जाति एवं किस्म पर भी निर्भर करती है।

ऊसर मृदाओं में सफल फसलोत्पादन के उपयोगी नुस्खे

फसल का चुनावः ऊसर मृदाओं में फसलोत्पादन हेतु फसलों के चुनाव के साथ–साथ उनके उपयुक्त प्रजातियों का चुनाव भी काफी महत्वपूर्ण होता है। फसल प्रजातियों में लवणों के प्रति सहनशीलता कोशिका भित्ति, इंजाइम तथा उपापचयी क्रियाओं को लवणों की अधिक सान्द्रता से बचाने की क्षमता पर निर्भर करती है। एब्राल एवं भूमला (1971) के अनुसार धान लवणों के प्रति अधिक सहनशील होती है। पेनमपेरूमा (1965) ने बताया कि जलमगनता की स्थिति में धान की जड़ों से निकलने वाली कार्बन डाईऑक्साइड गैस का विसरण रूक जाता है जो पौधो को लवणों के प्रति सहनशील बनने में मदद करता है। धान की प्रजातियों जैसे सी0एस0आर0–1, सी0एस0आर0–2 तथा सी0एस0आर0–3 में लवणों के प्रति उच्च प्रतिरोधक क्षमता होती है वही गेहूँ की लवण सहनशील प्रजातियाँ जैसे डब्लू0एच0 157, डब्लू0एच0 711 तथा एच0 डी0 2009 की बुआई मध्यम ऊसर भूमि में लाभदायक होता है। लवण सहनशीलता के आधार पर फसलों को तीन वर्गो में विभाजित किया गया है जो तालिका–11.7 में दिया गया है–

तालिका–11.7 लवण सहनशील फसलें

उच्च सहनशील फसलें	मध्यम सहनशील फसलें	संवेदनशील फसलें
धान	गेहूँ	मटर
गन्ना	सरसों	चना
जौ	मक्का	सेम
जई	बाजरा	मूँगफली
मेंथी	ज्वार	मूंग
लूर्सन	कपास	लेबिया
ढैचा	अरण्ड़ी	मूँगफली
चुकंदर	बरसीम	

श्रोतः उप्पल एवं साथी (1961), एबोल एवं फरमैन (1977)

बुआई से पूर्व सिंचाई : बुआई से पूर्व सिंचाई करने से घुलनशील लवण पौधों के जड़ क्षेत्र से निक्षालित होकर नीचे चले जाते हैं जिसके चलते बीजों के अंकुरण क्षमता में वृद्धि होती है।

बीजोपचारणः बुआई से पूर्व जिबरेलिक अम्ल से बीजों को उपचारित करने से उपज में आशातीत वृद्धि होती है। यह भी देखा गया है कि गेहूँ के बीजों को लवण एवं हार्मोन्स के घोल से उपचारित करने पर बीजों में लवणों तथा बोरान के दुष्प्रभाव को कम करने की क्षमता आ जाती है। मेहता एवं साथियों ने पाया है कि जौ के बीजों को बुआई से पूर्व 1 प्रतिशत मैग्नीशियम क्लोराइड एवं 2 प्रतिशत सोडियम सल्फेट से उपचारित करने पर फसलोत्त्पादन 21 किवंटल प्रति हे0 से बढ़ कर 23–33 किवंटल प्रति हे0 तक पहुँच गया।

बीजदर एवं बुआई की दूरीः ऊसर मृदाओं में फसलों के बीज दर सामान्य मृदाओं के तुलना में अधिक रखी जाती है तथा बीजों को सामान्य से कम दूरी पर बुआई की जाती है। सिंह (1983) के अनुसार 120 किग्रा0 / हे0 की दर से यदि गेहूँ की बुआई की जाय तो काफी हद तक लवण के दुष्प्रभाव से फसलों को बचाया जा सकता है।

बुआई की विधिः मेड़ पर बीज की बुआई करना काफी लाभदायक होता है। मेड़ को पूरब–पश्चिम की दिशा में बनना चाहिए ताकि मेड़ों को सूर्य की किरणों के प्रत्यक्ष प्रभाव से बचाया जा सके। ऐसा करने से लवणों का सतह पर आना काफी हद तक कम हो जाता है तथा इनके हानिकारक प्रभाव से फसलें बच जाती हैं। अगर समतल भूमि पर बीज की बुआई करनी है तो एक जगह पर पाँच से अधिक बीज की बुआई करनी चाहिए तथा अंकुरण के कुछ दिनों बाद एक स्वस्थ्य पौधे को छोड़ कर अन्य पौधों को उखाड़ दें। इस प्रकार खेत में पौधों की सामान्य संख्या बनी रहती है। डारगन के अनुसार गन्ने की बुआई ट्रेन्च विधि से करने पर परम्परागत विधि की तुलना में अंकुरण काफी अधिक होता है।

जल प्रबन्धनः ऊसर मृदाओं में सफल उपज प्राप्त करने के लिए सामान्य मृदाओं की तुलना में अधिक सिंचाई की आवश्यकता पड़ती है। खेत को हमेशा नम बनाये रखने से सतह पर पपड़ी नहीं बन पाती है। स्प्रिन्कलर एवं ड्रीप सिंचाई विधि ऊसर मृदाओं में जल प्रबन्धन हेतु वरदान साबित हो रही है।

पोषक तत्त्वों का प्रबन्धनः क्षारीय मृदाओं का निर्माण सोडियम कार्बोनेट की अधिकता के कारण होता है। इन मृदाओं में विनिमयशील सोडियम अधिक होने के कारण मृदा की भौतिक दशा खराब हो जाती है, साथ ही इनमें कैल्सियम, जिंक तथा आयरन की कमी हो जाती है। इन मृदाओं में कार्बनिक पदार्थो की कमी होने से नत्रजन भी कम होता है क्योंकि कार्बनिक पदार्थ मृदा में नाइट्रोजन का मुख्य स्त्रोत होता है। अतः मृदा में नाइट्रोजन की कमी को दूर करने के लिए सामान्य से 15–20 प्रतिषत अधिक नाइट्रोजन उर्वरकों का प्रयोग करना चाहिए। हरी खाद के रूप में ढैचा का प्रयोग करने पर मृदा में नाइट्रोजन तथा कैल्सियम की आपूर्ति कुछ हद तक सुनिश्चित हो जाती है साथ ही मृदा की भौतिक दशा में भी सुधार होता है। मृदा सुधारक के रूप में प्रयोग किये जाने वाले जिप्सम, फास्फोजिप्सम, प्रेसमड इत्यादि से भी कुछ मात्रा में पोषक तत्त्वों की आपूर्ति होती है। क्षारीय मृदाओं में सामान्यतया फॉस्फोरस और पोटाश अधिक मात्रा में पाये जाते हैं, अतः इनका प्रयोग सुधार के प्रारम्भिक कुछ वर्षो तक नहीं करना चाहिए। इन मृदाओं में जिंक तथा आयरन की कमी को ध्यान में रख कर जिंक सल्फेट (25 किग्रा0 प्रति हे0), आयरन सल्फेट (50 किग्रा0 प्रति हे0), पाइराइट इत्यादि का प्रयोग मृदा में करना चाहिए। जिंक सल्फेट (0.5 % जिंक सल्फेट + 0.25% चूना) तथा आयरन सल्फेट (1% आयरन सल्फेट + 0.5% चूना) के घोल का पर्णीय छिड़काव से भी लाभ मिलता है।

लवणीय मृदाओं में घुलनशील लवणों की अधिकता के कारण उच्च परासरण दाब (High Osmotic Pressure) उत्पन्न हो जाता है। जिसके कारण पौधों की जल अवषोशण क्षमता काफी कम हो जाती है। साथ ही घुलनशील लवण जैसे क्लोरीन तथा सल्फेट का पौधों पर हानिकारक प्रभाव पड़ता है, इसके अलावा मृदा में उपस्थित सोडियम, पोटैशियम एवं कैल्सियम के साथ मिश्रित यौगिक बनाकर पौधों के लिए उनकी उपलब्धता को कम कर देते हैं। लवणीय मृदा में नाइट्रोजन, फॉस्फोरस और पोटाश की कमी पाई जाती है। अतः उचित मृदा प्रबंधन के साथ नाइट्रोजन, फॉस्फोरस और पोटाश के उर्वरकों का प्रयोग सामान्य मृदा की भाँति करके अच्छी उपज प्राप्त की जा सकती है।

सावधानियाँ

1. ऊसर भूमि का सुधार करने के लिए खेत समतल होना चाहिए।
2. अगर सम्भव हो तो इनमें अम्लीय उर्वरकों का प्रयोग करना चाहिए।

3. धान की खेती के लिए हमेशा संस्तुत प्रजातियों जैसे–साकेत–4, ऊसर धान–1, सी. एस.आर.–10, झोना–349, जया इत्यादि का चुनाव क्षारीय मृदाओं के लिए तथा सरजू–52, आई.आर.–8 और जया का चुनाव लवणीय मृदाओं के लिए करना चाहिए।
4. धान की नर्सरी ऊसर भूमि में तैयार नहीं करना चाहिए। नर्सरी हमेशा सामान्य अच्छी भूमि में तैयार करना चाहिए।
5. पहले साल धान के खेत में कीचड़ नहीं करनी चाहिए अर्थात् रोपाई के समय खेत में पानी भर कर देशी हल या कल्टीवेटर से जुताई करके बगैर पाटा लगाये 30 से 35 दिन के पौधों की रोपाई करनी चाहिए।
6. धान की रोपाई 3–4 से0मी0 की गहराई पर करना चाहिए।
7. चुनी गई प्रजातियों की रोपाई सही समय पर अर्थात् ऊसर धान–1, एवं सी.एस.आर. –10, की रोपाई 10 जुलाई, साकेत–4 की रोपाई 30 जुलाई तक अवश्य सम्पन्न करा लेनी चाहिए।
8. एक स्थान पर धान के 3–4 पौधे लगाना चाहिए। यदि किसी कारणवश किसी स्थान पर पौधे मर गये हो तो वहाँ उसी आयु के पौधों का पुनः रोपण करना चाहिए।
9. ऊसर मृदाओं में नत्रजन का प्रयोग सामान्य मात्रा से 15 से 25 प्रतिशत बढ़ाकर करनी चाहिए तथा पोटाश का प्रयोग रोपाई से पूर्व खेत में करनी चाहिए। इन मृदाओं में सुधार के प्रथम 2 से 3 सालों तक फॉस्फेटिक उर्वरकों की आवश्यकता नहीं होती। परन्तु मृदा में इसकी कमी हो तो संतुलित मात्रा में इनका भी प्रयोग करना चाहिए। ऊसर मृदाओं में जिंक की कमी होती है अतः रोपाई के समय 25 कि.ग्रा. जिंक सल्फेट प्रति हेक्टर की दर से प्रयोग करनी चाहिए। यदि इसके बाद भी खैरा रोग का प्रकोप खेत में दिखायी दे तो 5 कि.ग्रा. जिंक सल्फेट तथा 20 कि.ग्रा. यूरिया 1000 लीटर पानी में घोल कर 10 से 15 दिनों के अन्तराल पर 2 से 3 बार पौधों पर छिड़कना चाहिए।
10. धान में कटाई के तुरन्त बाद खेत को रबी फसल के लिए तैयार करना चाहिए।
11. गेहूँ की फसल में सिचाई की संख्या बढ़ा देनी चाहिए अर्थात् हल्की सिंचाई कई बार करनी चाहिए।
12. सुधार की हुई भूमि परती नही छोड़नी चाहिए।
13. भूमि को सुखने से बचाना चाहिए।

पर्वतीय क्षेत्रों में मृदा प्रबंधन (Management of hill soils)

भारत भूमि को चार प्रमुख क्षेत्रों में बाँटा गया है–(1) हिमालय का पहाड़ी क्षेत्र, (2) सिंधु–गंगा का मैदानी क्षेत्र, (3) दक्षिण का प्रायद्वीप और (4) समुद्रमटीय मैदान। हिमालय के पहाड़ी क्षेत्रों को भी 4 वर्गो में विभाजित किया गया है जो निम्नलिखित है–

1. शिवालिक
2. निम्न हिमालय क्षेत्र
3. मध्य हिमालय क्षेत्र
4. हिमालय पार क्षेत्र

1. **शिवालिकः** यह मैदानी भागों के उत्तर में 8 से 50 किलोमीटर क्षेत्र में फैला हुआ है तथा इसकी पहाड़ियों की ऊँचाई 1000 मीटर से कम है।
2. **निम्न हिमालय क्षेत्रः** ये शिवालिक पहाड़ियों से जुड़ी हुई उत्तर की निचली पवर्त मालाएँ हैं जो 60 से 80 किलोमीटर के क्षेत्र में फैली हुई हैं तथा ये 6000 मीटर तक ऊँची हैं।
3. **मध्य हिमालय क्षेत्रः** इन पर्वत क्षेत्र में संसार की सबसे अधिक ऊँची चोटियाँ पायी जाती है जो अधिकांश समय तक वर्फ से ढ़की रहती हैं। यहाँ 6 ऐसे पर्वत हैं जिनकी ऊँचाई 8000 मीटर के करीब है तथा लगभग 12 ऐसे हैं जिनकी ऊँचाई 6000 से 7000 मीटर के बीच है।
4. **हिमालय पार क्षेत्रः** यह क्षेत्र मध्य हिमालय के पीछे उत्तर में लगभग 40 किलोमीटर क्षेत्र में फैला हुआ है जहाँ पर अधिकतर नदी घाटियाँ देखी जा सकती हैं।

असम में गारो, खाँसी, जयंतियाँ, नामक पहाड़ियों के अलावा उत्तरी–पूर्वी भाग में मिकिर पहाड़ियों की श्रृंखला फैली हुई हैं। पश्चिमी व पूर्वी घाट, विन्ध्याचल, सतपुड़ा एवं अरावली दक्षिण प्रायद्वीप की प्रमुख पहाड़ी श्रृंखला के रुप में जानी जाती हैं जो केपकामोरिन तक लगभग 1400 किलोमीटर लम्बी हैं तथा 1200 से 1800 मीटर के बीच ऊँची हैं। पूर्वी एवं पश्चिमी घाट की पर्वत श्रेणियाँ आगे जा कर नीलगिरी की उच्च समभूमि से मिल जाती हैं।

पर्वतीय क्षेत्रों में मृदाओं की समस्या

पर्वतीय क्षेत्रों में भूमि अपरदन मुख्य समस्या है जिसे तीन वर्गो में विभाजित किया जा सकता है–

1. अवनालिका अपरदन
2. भू–स्खलन अपरदन
3. सरिता तट अपरदन

1. **अवनालिका अपरदन (Gully erosion):** भू–सतह पर वनस्पति आच्छादन कम होने के कारण वर्षा के बूँदों के आघात से मृदा कण अलग होने लगते हैं। परिणामस्वरुप जल बहाव के साथ एक महीन चादर के रुप में भू–सतह से मृदा का विस्थापन होता है। साथ ही भूमि पर एकत्रित जल ढलान के तरफ पतली पतली नालियों (ऊँगली की मोटाई के बराबर) से बहती है जिसे समतल भूमि पर ढलान के दिशा में स्पष्ट देखा जा सकता है। इन नालियों की गहराई ढलान बढ़ने के साथ ही बढ़ती जाती है तथा आगे चल कर ये अवनालिकाओं (gullies) में परिवर्तित हो जाती हैं। ये अवनालिकाएँ इतनी चौड़ी एवं गहरी होती है कि आसानी से इन्हे भरा नहीं जा सकता है। परिणामस्वरुप कृषि कार्य में काफी दिक्कत आती है। हिमाचल प्रदेश में इस प्रकार के अवनालिकाओं को देखा जा सकता है।
2. **भू–स्खलन (Landslide):** जब वर्षा अति तीव्र गति से अधिक समय के लिए होती है तो भू–स्खलन का खतरा बढ़ जाता है। जब चट्टानों के बीच अवस्थित मृदा जल से संतृप्त हो जाती है तो इनसे जुड़े हुए चट्टानों का पकड़ कमजोर पड़ने लगता है और वे अपने जगह से खिसकने लगते हैं। वर्षा ऋतु में इसप्रकार की घटना आमतौर पर हिमालयी क्षेत्रों में देखी जा सकती है।
3. **सरिता तट अपरदन (Stream bank erosion):** जब नदी नालों में बाढ़ आती है तो इसमें क्षमता से अधिक जल प्रवाह होने लगता है। अतः इनके दोनों किनारों पर जल दबाव बढने से किनारों का अपरदन होने लगता है। साथ ही नदियों द्वारा बहा कर लाये गये मृदा एवं कंकड़ पत्थर, नदियों का वेग कम होने के साथ जगह जगह पर एकत्रित होते रहते हैं जिससे नदियों का मार्ग भी परिवर्तित होता रहता है।

अपरदन रोकने का उपाय

1. **भूमि का क्षमता के आधार पर उपयोग करना (Use of land on the basis of land capacity):** ऐसा माना जाता है कि देश में हिमाचल प्रदेश, पंजाब, उत्तर प्रदेश तथा जम्मू व कश्मीर के हिमालयी क्षेत्रों में 60 लाख हेक्टेयर से ज्यादा भूमि पर कृषि कार्य हो रहा है जिसमें से 40 लाख हेक्टेयर भूमि मृदा अपरदन से प्रभावित है। पर्वतीय क्षेत्रों में अवैज्ञानिक एवं अनियंत्रित ढंग से हो रहे कृषि कार्य के कारण मृदा की उर्वरता एवं उत्पादकता दोनों प्रभावित हो रही है। ढाल एवं गहराई के आधार पर उत्तर प्रदेश की पहाड़ी भूमियों का वर्गीकरण तालिका–11.8 में दिया गया है। वैज्ञानिक ढंग से प्रबंधन करने के लिए उत्तर प्रदेश के पर्वतीय मृदाओं को उत्तर प्रदेश सरकार ने निम्नलिखित 7 वर्गो में विभाजित किया है–

तालिका–11.8 ढाल तथा गहराई के आधार पर उत्तर प्रदेश की पहाड़ी भूमियों का वर्गीकरण

मृदा की गहराई (मीटर में)	ढाल प्रतिशत					
	0–3	**3–8**	**8–15**	**15–25**	**25–40**	**40 से अधिक**
1 से अधिक	ए–वर्ग	बी–वर्ग	सी–वर्ग	डी–उपवर्ग	डी–वर्ग	ई–उपवर्ग
1 से 0.45	बी–वर्ग	सी–वर्ग	डी–उपवर्ग	डी–वर्ग	ई–उपवर्ग	ई–वर्ग
0.45 से 0.225	सी–वर्ग	डी–उपवर्ग	डी–वर्ग	ई–उपवर्ग	ई–वर्ग	ई–वर्ग
0.225 से 0.075	डी–उपवर्ग	डी–वर्ग	ई–उपवर्ग	ई–वर्ग	ई–वर्ग	ई–वर्ग
0.075 से कम	ई–वर्ग	ई–उपवर्ग	ई–वर्ग	ई–वर्ग	ई–वर्ग	ई–वर्ग

(क) **ए–वर्ग की मृदाएँ:** ये समस्यारहित मृदाएँ होती हैं। अतः कृषि कार्य हेतु किसी संरक्षण पद्धति को अपनाने की कोई आवश्यकता नहीं होती है।

(ख) **बी–वर्ग की मृदाएँ:** इन मृदाओं में भू–कटाव की समस्या होती है। अतः उचित प्रबंधन हेतु खेत का समतलीकरण, सीढ़ीदार खेती, मेड़बन्दी, सम्मोच कृषि, जैविक खादों का प्रयोग, दलहनी फसलों को फसल चक्र में सामिल करना इत्यादि आवश्यक होता है।

(ग) **सी–वर्ग की मृदाएँ:** इन मृदाओं में अपेक्षाकृत बी–वर्ग की मृदाओं के तुलना में ज्यादा कटाव होता है। अतः बी–वर्ग की मृदाओं के सुधार में अपनाये जाने वाले सभी प्रकियों को अपनाने के साथ जिप्सम तथा चूना का प्रयोग, वेदिकाओं का निर्माण, पट्टीदार खेती इत्यादि को भी महत्त्व देना चाहिए।

(घ) **डी–उपवर्ग की मृदाएँ:** इन मृदाओं में सघन कृषि पद्धतियों को अपनाकर कृषि कार्य किया जा सकता है। उद्यान हेतु यह मृदा काफी उपयुक्त होती है।

(ड.) **डी–वर्ग की मृदाएँ:** ये मृदाएँ समस्याग्रत होती हैं जिसके कारण कृषि कार्य करना सम्भव नहीं हो पाता है। अतः इनका उपयोग उद्यान हेतु करना लाभदायक होता है।

(च) **ई–उपवर्ग की मृदाएँ:** ये मृदाएँ वन–रोपण के लिए उपयुक्त होती हैं परन्तु वैज्ञानिक विधि का प्रयोग कर इन्हें चारागाह के रुप में विकसित किया जा सकता है।

(छ) **ई–वर्ग की मृदाएँ:** ये मृदाएँ कृषि कार्य के लिए उपयुक्त नहीं होती हैं। अतः इनका उपयोग वन–रोपण एवं वन–जीव संरक्षण के लिए किया जाता है।

2. **स्थानांतरित/झूम खेती पर रोक (Ban on Jhoom/shifting cultivation):** वनों को काट कर एवं जला कर अस्थायी रुप से एक जगह पर 2 से 3 साल तक खेती करने के बाद दूसरी जगह जंगल काट कर खेती करने की प्रथा को स्थानांतरित खेती के नाम से जानते हैं। इस विधि में खेती की जगह 2 से 3 साल में बदलते रहते हैं। वर्तमान में यह कृषि प्रणाली असम, उड़ीसा, आन्ध्र प्रदेश, मध्य प्रदेश, तमिलनाडु तथा झारखण्ड़ की पहाडियों पर आदिवासियों द्वारा अपनायी जा रही है। स्थानांतरित खेती के कुप्रभाव को रोकने के लिए आदिवासी समूहों में जागरुकता अभियान चला कर तथा कृषि के नये तरीकों को समझा कर इस प्रथा पर रोक लगायी जा सकती है।

3. **सम्मोच्च खाई एवं बाँध बनाना (Contour trench and bund construction)** : यह विधि मृदा अपवाह (runoff) वाले क्षेत्रों में अपनायी जाती है। इस विधि में थोड़ी–थोड़ी दूरी पर खाई (6 मीटर से कम गहरी) खोदी जाती है तथा खाईयों से निकली हुई मिट्टी एवं कंकड़ पत्थर की सहायता से छोटे–छोटे बाँध बनाते हैं। परिणामस्वरुप अपवाह जल के साथ आने वाली मृदा, कंकड़, पत्थर इत्यादि खाईयों में फँस कर वही रुक जाती है और धीरे–धीरे स्वच्छ जल आगे बढ़ता रहता है। वर्षा ऋतुओं में इन्ही खाईयों में मृदा को बाँधे रखने के लिए नीम, बबूल इत्यादि का पेड़ लगा दिये जाते हैं।

4. **बेंच वेदिकाएँ (Bench terraces):** यह मेज की तरह समतल या ढालदार हो सकती है। वेदिकाओं का ढाल पहाड़ों की तरफ हो सकता है। तमिलनाडु में नीलगिरी पहाड़ियों पर बेंच वेदिकाओं में 2.5 प्रतिशत का ढाल पहाड़ी के अन्दर की तरफ होता है। पंजाब तथा हिमाचल प्रदेश के पर्वतीय क्षेत्रों में 25 प्रतिशत का ढलान तथा उड़ीसा में 10 प्रतिशत पर भी बेंच वेदिकाओं को बना कर खेती की जाती है। श्रेणीकृत (graded) बेंच वेदिकाएँ 16 से 33 प्रतिशत ढालों के उपयुक्त होती हैं।

बेंच वेदिकाओं को लम्बे समय तक खेती हेतु उपयोग में लाने के लिए खेती के आधुनिक विधियों का प्रयोग, घास लगाना तथा पशुओं को खुले में चरने से रोकना अनिवार्य होता है।

5. **रोक बाँध या पुश्त बनाना (Check dam):** यह घासपात, पत्थर, या ईटों का प्रयोग कर बनाया जाता है। इससे गाद या कीचड़ को रोकने में सहायता मिलती है तथा साफ पानी बाँध के ऊपर से बह कर निकल जाता है।

6. **वनारोपण (Aforestation):** अनाच्छादित पर्वतीय ढालों पर देवदार, रोवीनिच स्पीशीज, गुलमोहर, यूकेलिप्टस, करंज, सिरस इत्यादि के पेड़ लगाये जाते है। मूर्ति (1969) ने उपयोगिता के आधार पर पेड़ों को लगाने की संस्तुति की है जिन्हें तालिका–11.9 में दर्शाया गया है–

तालिका–11.9 वनरोपण हेतु उपयोगी वृक्ष

उपयोगिता	उपयोगी वृक्ष
ईंधन के लिए	झाऊ, बबूल तथा साल
इमारती लकड़ी के लिए	शीसम, गमहार, सिरस तथा जामुन
आर्थिक समृद्धि हेतु	बाँस, यूकेलिप्टस तथा काजू
पानी के धारा के नियंत्रण हेतु	आम, अमरुद, अनार तथा कटहल

चारागाह प्रबंधन (Management of pasture land)

पर्वतीय क्षेत्रों में मृदा क्षरण को रोकने के लिए चारागाहों का प्रबंधन करना अतिआवश्यक होता है। भारत में कुल भौगोलिक क्षेत्र का मात्र 4 प्रतिशत भाग चारागाह के लिए उपयोग किया जाता है। चूँकि पर्वतीय क्षेत्रों में उगने वाले वनस्पतियों की गुणवत्ता एवं सघनता मैदानी भागों के तुलना में कम होता है। अतः एक पशु को चरने के लिए 10–15 एकड़ चारागाह की आवश्यकता होती है। अज्ञानतावश अनियंत्रित चराई कराने से प्राकृतिक रुप में चारागाह के विकास में काफी बाधा आती है। अतः अनियंत्रित चारागाहों पर रोक लगाकर कृत्रिम चारागाहों के विकास पर बल देना चाहिए। पर्वतीय क्षेत्रों में पट्टीदार चाराई, आवर्ती चराई तथा अस्थगित चराई उपयुक्त होती है।

(क) **पट्टीदार चराई (Srtrip grazing):** इस विधि में पशुओं को प्रतिदिन एक निश्चित क्षेत्र में ही चराया जाता है जिससे चारे की क्षति नहीं होती है तथा चारे का विकास सामान्य रुप से होता रहता है।

(ख) **आवर्ती चराई (Rotational grazing):** इस विधि में चारागाहों को तीन खण्ड़ों में विभाजित कर दिया जाता है तथा प्रत्येक खंण्ड में एक निश्चित अवधि तक चराई करायी जाती है। इस प्रकार वनस्पतियों का वृद्धि एवं विकास तथा बीजोत्पादन का क्रम सुचारु रुप से चलता रहता है।

(ग) **अस्थगित चराई (Deffered grazing):** इस विधि में चारागाह को तीन भागों में बाँट दिया जाता है। दो खण्डों में चराई अदल–बदल कर करायी जाती है जबकि तीसरे खण्ड़ में बनस्पतियों के बीजों के बनने के उपरान्त चराई करायी जाती है जिससे पशुओं के चरनें के दौरान बीज जमीन पर बिखरते रहते हैं तथा खाये हुए बीज भी गोबर के साथ चारागाह में फेलते रहते हैं।

❑❑❑

सम्पर्क हेतु कुछ महत्वपूर्ण पते

1. **राष्ट्रीय जैविक खेती केंद्र**
   सेक्टर 19, हापुड़ रोड़ कमला नेहरु नगर, गाजियाबाद–201002 (उत्तर प्रदेश)
   मोबाईल: 09891339859, 0120–2764212, 2764906 फैक्स 0120–276490
   Email: nbdc@nic.in
   Website: http://ncof.dacnet.nic.in and http://pgsindia&ncof.gov.in/

2. **क्षेत्रीय जैविक खेती केंद्र (मुख्यालय)**
   सेक्टर 19, हापुड़ रोड़ कमला नेहरु नगर, गाजियाबाद–201002 (उत्तर प्रदेश)
   मोबाईल: 09891339859, 0120–2764212, 2764906 फैक्स 0120–276490
   Email: nbdc@nic.in
   Website: http://ncof.dacnet.nic.in
   कार्य क्षेत्र: उत्तर प्रदेश, उत्तराखंड़, दिल्ली एवं राजस्थान

3. **क्षेत्रीय जैविक खेती केंद्र**
   किसान भवन, सेक्टर 14, पंचकूला–134109 (हरियाणा)
   मोबाईल: 09855599656, 0172–2564460
   Email: biofkk05@nic.in rcf_akl@yahoo.in
   कार्य क्षेत्र: हरियाणा, हिमाचल प्रदेश, पंजाब, जम्मू–कश्मीर

4. **क्षेत्रीय जैविक खेती केंद्र**
   कन्नामन्गला कास व्हाइट फील्ड–होसकोटे रोड, काडुगोडी पोस्ट, बेंगलूरु–560067 (कर्नाटक)
   मोबाईल: 09844664592, 080–28450503
   Email: biofkk06@nic.in rcofbgi@gmial.com
   कार्य क्षेत्र: कर्नाटक, केरल, तमिलनाडु, पांडिचेरी तथा लक्ष्यद्वीप

5. **क्षेत्रीय जैविक खेती केंद्र**
67/1, केशव स्मषति, लक्ष्मीपुर, शताब्दीपुरम, मुस्कान प्लाजा के पीछे,
जबलपुर–482002 (मध्य प्रदेश)
मोबाईलः 07398441091, 0761–2460972
Email: biofmp06@nic.in
कार्य क्षेत्रः मध्य प्रदेश, छतीसगढ़, झारखण्ड

6. **क्षेत्रीय जैविक खेती केंद्र**
जीए–114, नीलाद्री विहार, केवी–4 के पास
पीओः शैलाश्री विहार,
भुवनेश्वर–751007 (उड़िसा)
मोबाईलः 07894267286, 0674–2721231
Email: biofor04@nic.in
कार्य क्षेत्रः बिहार, उड़िसा, पश्चिम बंगाल एवं अंडमान निकोबार

7. **क्षेत्रीय जैविक खेती केंद्र**
लंगोल रोड़, लैम्फलपेट, इंफाल–795004 (मणिपुर)
मोबाईलः 09436235483, 0358–2413239
Email: biofmm01@nic.in
कार्य क्षेत्रः असम, अरुणाचल प्रदेश, मेघालय, मिजोरम, मणिपुर, नागालैण्ड़, त्रिपुरा

8. **क्षेत्रीय जैविक खेती केंद्र**
अमरावती रोड़, राष्टीय राजमार्ग 6, ग्राम–गोंडखेरी, पोस्ट– वाडी, कलमेश्वर
नागपुर–440023 (महाराष्ट्र)
मोबाईलः 09545520037, 07118–277052
Email: rcofnagpur@gmail.com biofmh10@nic.in
कार्यः महाराष्ट्र, गुजरात, आन्ध्रप्रदेश, गोवा, दमन व द्वीव, दादर और नगर हवेली

9. **डब्लू. एस. टेलेमैटिक्स प्राइवेट लिमिटेड**
432, दूसरा फ्लोर, एफआइई, पटपडगंज औद्योगिक क्षेत्र, नई दिल्ली–110092,
मोबाईलः 09958302277, 07042160018 (वजीर सिंह दहिया, कम्पनी के डारेक्टर)
Email. wstelematics@gmail.com
Website: www.wstelematics.com

एपेडा द्वारा मान्यता प्राप्त कुछ प्रमाणीकरण इकाईयाँ

10. **मेयर्स नागार्जुना एग्रोकेमिकल्स प्राइवेट लिमिटेड**
हैदराबाद

11. **मिट्टी कूल क्ले क्रिएशन**
रामकृष्णा नगर, पंचसार रोड़, वानकानेर–363621 (गुजरात)
फोन न0 02828–221156

12. **स्कल इंडिया**
तीसरा फ्लोर, मोनार्क चैम्बर,122, इन्फेन्टरी रोड,
बंगलौर–फोन न.: (080) 2860338

13. **इन्सटिच्यूट ऑफ मार्केटोलाजी (आर.एन.ओ.)**
78, प्रथम फ्लोर, 11th क्रोस, इन्दिरा नगर 1st स्टेज, बंगलौर
फोन न.: (080) 5285883

14. **इकोसर्ट इंटरनेशनल**
एस. ए. सेक्टर–3 6/3 एवं 4 हिन्दूस्तान आवास लि0
गुजरातवाल्मी–वालनुज रोड़, औरंगाबाद–431002
फोन न.: (0124) 6399990–8

15. **एस0जी0जी0 इंडिया प्रा0 लि0**
250 उद्योग बिहार, फेज–4, गुडगांव–122015 फोन न.: (0124) 23763336

16. **लीफ कलर चार्ट उत्पादक कम्पनी**
नाइट्रोजन पैरामीटर्स, पोस्ट बॉक्स नं. 8707, अदाम्बक्कम, चेनई–600088 (भारत)
फोनः +91 4464614580 (O) +91 9884222269 (M)
ई–मेल: business@nitrogenparameters.com

□□□